Peter Hofbauer – Heidi Metzger-Schuhäker

Mathematik mit wirtschaftlichen Anwendungen, Band 1 für Höhere Lehranstalten für Humanberufe

Um die Übersicht zu erhöhen und das Arbeiten mit dem Buch zu erleichtern, sind die Aufgaben durch farbige Aufgabennummern differenziert:

- Einstiegsaufgaben (also Aufgaben, die zu einem neuen Themenbereich hinführen) sind durch **orangefarbene** Aufgabennummern gekennzeichnet.
- **Schwarze** Aufgabennummern kennzeichnen Aufgaben, deren Lösung im Lehrbuch vollständig dargestellt wird. Solche Aufgaben sind darüber hinaus auch durch eine grüne Rasterunterlegung vom übrigen Text deutlich abgegrenzt.
- Die anderen Aufgaben sind je nach Anspruchsniveau durch **rote** (niedriges Anspruchsniveau), **blaue** (mittleres Anspruchsniveau) und **grüne** (hohes Anspruchsniveau) Aufgabennummern gekennzeichnet. Die mit dieser Kennzeichnung vorgenommene Differenzierung ist für den Unterricht nicht verbindlich.

Bei jeder Aufgabe wird angeführt, welche **Handlungsdimensionen** gemäß dem **Kompetenzmodell (Bildungsstandards Angewandte Mathematik BHS)** jeweils angesprochen werden:

A … Modellieren und Transferieren
B … Operieren und Technologieeinsatz
C … Interpretieren und Dokumentieren
D … Argumentieren und Kommunizieren

Die überwiegend angesprochene **Inhaltsdimension** wird jeweils am unteren Seitenrand angeführt.

Mit Bescheid des Bundesministeriums für Unterricht, Kunst und Kultur vom 6. April 2012, GZ 5.034/0006-Präs.8/2011, gemäß § 14 Abs. 2 und 5 des Schulunterrichtsgesetzes, BGBl. Nr. 472/86, und gemäß den derzeit geltenden Lehrplänen als für den Unterrichtsgebrauch für die Höheren Lehranstalten für wirtschaftliche Berufe, für die Höheren Lehranstalten für künstlerische Gestaltung und für die Höheren Lehranstalten für Tourismus im Unterrichtsgegenstand Mathematik und angewandte Mathematik geeignet erklärt.

Dieses Schulbuch wurde auf der Grundlage eines zielorientierten Lehrplans verfasst. Konkretisierung, Gewichtung und Umsetzung der Inhalte erfolgen durch die Lehrerinnen und Lehrer.

Es ist in Teilen eine Bearbeitung des Werks „Mathematik mit technischen Anwendungen, Band 1 – neu nach Lehrplan 2011" von Eva-Maria Sidlo, Ursula Puhm, Cornelia Steinmair, Petrus Dullnig, Susanne Pollack-Drs, Georg Wymlatil, Christina Camilo und Wolfgang Drs (© Verlag Hölder-Pichler-Tempsky, Wien 2012).

Schulbuchnummer: 155182

Bildquellen: Bildarchiv der Österreichischen Nationalbibliothek (ÖNB), Wien (8, 46, 60); ESA (29); Fotolia.com: © Aslan Topcu (237/6.19), © Carolin Tietz (222), © Deklofenak (240), © Digitalpress (104), © el lobo (241), © Elena Baryshkina (117), © EtiAmmos (123), © fotofrank (179/4.129), © Foto-Ruhrgebiet (193/oben), © Franz Pfluegl (171, 209), © Gino Santa Maria (111), © herb (144), © Hewac (190), © hoangthinguyet (48), © Ichbins11 (62), © Kai Michael Neuhold (195), © Mikhail Basov (191), © Peter Hansen (179/4.127), © Petra Hilke (165), © Stana (237/6.20), © Thomas Francois (238); Kleine Enzyklopädie Mathematik (Seite 86), © Verlag Harri Deutsch, Thun und Frankfurt am Main (102/unten); Mathematisches Forschungsinstitut Oberwolfach (5); Österreichische Nationalbank (193/unten); Texas Instruments (249); Wikimedia. Commons (102/oben); alle übrigen von den Autorinnen und Autoren.
In Fällen freier Werknutzung: Schulbuchvergütung/Bildrechte: © VBK, Wien 2012

1. Auflage 2012 (1,00)

Technische Zeichnungen: Herbert Löffler
Satz: Peter Barosch KG, 1220 Wien
Druck und Bindung: Brüder Glöckler GmbH & Co. KG, 2752 Wöllersdorf

ISBN 978-3-230-03544-8

Bestellschein

Liebe Schülerin, lieber Schüler!

Zu diesem Schulbuch gibt es ein Lösungsheft, das die Lösungen zu den Aufgaben dieses Buchs enthält.

Weiters gibt es ein Tabellenheft, das die grundlegenden Formeln der Mathematik enthält und seinen praxisrelevanten Schwerpunkt bei der Wirtschaftsmathematik hat.

Das Tabellenheft orientiert sich zwar am Lehrplan der Handelsakademie, deckt jedoch auch alle an Höheren Lehranstalten für Humanberufe lehrplanmäßig vorgesehenen Themenbereiche aller Jahrgänge ab.

Bitte gib den ausgefüllten und unterschriebenen Bestellabschnitt in deiner Buchhandlung ab oder bestelle direkt beim Verlag:

Adresse: Verlag Hölder-Pichler-Tempsky GmbH & Co. KG, Frankgasse 4, 1090 Wien
Tel.: 01/403 77 77
E-mail: service@verlaghpt.at

Fax: 01/403 77 77 DW 77

Hiermit bestelle ich mit Rechnung:

Lösungen zu Band 1

_____ Expl. Lösungen zu Band 1
(ISBN 978-3-230-03545-5)*

*) € 8,80 inkl. Porto und Verpackung

Tabellen und Formeln – Ausgabe HAK

_____ Expl. Tabellen und Formeln –
Ausgabe HAK (SBNR 3300)**

**) € 5,93 inkl. Porto und Verpackung

Für alle Angebote gilt:
Preisänderungen vorbehalten

Bitte gib deinen Namen und deine Adresse an:

Name:

____

____

Adresse:

____

____

____

Datum und Unterschrift:

____
(bei Minderjährigen des Erziehungsberechtigten)

Inhaltsverzeichnis

Inhaltsverzeichnis

1 Zahlen und Mengen

Die Mathematik kann guten Gewissens als eine der ältesten Wissenschaften bezeichnet werden. Ihre „Geburtsstunde“ müssen wir uns vor ca. 30 000 Jahren vorstellen, als Steinzeitmenschen begannen, Tiere, Felle usw. zu zählen und dazu Kerben in Knochen ritzten. Heute ist Mathematik die treibende Kraft hinter modernen Technologien. Physik, Chemie oder Wirtschaftswissenschaften sind undenkbar ohne Mathematik. Sie stellt Modelle zur Beschreibung der Wirklichkeit zur Verfügung und liefert Methoden zur Problemlösung.

1.1 Die natürlichen Zahlen

Die Zahl 1 111 000 in ägyptischen Zahlzeichen

MDCXXIV

Die Jahreszahl 1624 in römischen Zahlzeichen

Indische Ziffern

Weder Alltagsgespräche noch wissenschaftliche Diskussionen könnten ohne die Verwendung von Zahlen und Zahlwörtern geführt werden. Die ersten Zahlen, die du als Kind kennen gelernt hast, waren die natürlichen Zahlen 1, 2, 3 … . Sie waren bereits den frühesten Kulturen bekannt. Die Ziffern, die heute praktisch weltweit verwendet werden, sind aus den indischen Ziffern hervorgegangen. Im 13. Jh. wurden sie durch die Araber nach Europa gebracht und ein Jahrhundert später als „arabische“ Ziffern bezeichnet. Die indischen Mathematiker haben bereits im 5. Jh. einer wichtigen Ergänzung zum Durchbruch verholfen. Sie gaben dem „Nichts“ ein eigenes Zeichen, die Null war erfunden und wurde ab dem Mittelalter auch in unserem Kulturkreis als Zahl akzeptiert. Wenn auch die Schreibweise der Ziffern seither im Wesentlichen unverändert blieb, hat es auf dem Gebiet der Zahlen noch entscheidende Fortschritte gegeben. Neue Zahlenbereiche wurden „erfunden“ und das Zahlenverständnis hat sich grundlegend verändert.

Guiseppe Peano (1858 – 1932)

In der modernen Mathematik werden Zahlen als Zahlenmengen beschrieben. Unter einer **Menge** versteht man dabei die Zusammenfassung von Objekten mit gemeinsamen Eigenschaften zu einem Ganzen. Ein Grundprinzip der mathematischen Arbeitsweise ist es, Behauptungen mithilfe korrekter mathematischer Rechen- und Argumentationsschritte auf schon Bewiesenes zurückzuführen. Trotzdem muss man einige unbewiesene Grundaussagen, die man **Axiome** (altgriechisch: „Grundsatz“) nennt, akzeptieren. Auch die Beschreibung der natürlichen Zahlen erfolgt nach diesen Grundsätzen. Die von Peano (italienischer Mathematiker) formulierten Axiome lauten vereinfacht ausgedrückt und wie früher üblich mit 1 beginnend:

- 1 ist eine natürliche Zahl.
- Jede natürliche Zahl hat einen Nachfolger.
- Verschiedene Zahlen haben verschiedene Nachfolger.
- Keine Zahl hat den Nachfolger 1.
- Eine Menge, die 1 enthält und zu jeder Zahl auch deren Nachfolger, enthält alle natürlichen Zahlen.

Die **Menge der natürlichen Zahlen** wird mit $\mathbb{N}$ bezeichnet. Sie wird mithilfe von geschwungenen Klammern { }, auch Mengenklammern genannt, angeschrieben: $\mathbb{N} = \{0, 1, 2, 3 ...\}$
Mit $\mathbb{N}^*$ wird die Menge der natürlichen Zahlen ohne die Zahl Null bezeichnet: $\mathbb{N}^* = \{1, 2, 3 ...\}$

Bemerkung:
Kardinalzahlen (Angabe einer Anzahl): eins, zwei, drei … . Vergleiche: one, two, three …
Ordinalzahlen (Angabe einer Reihenfolge): erstes, zweites … . Vergleiche: first, second …

Zahlen und Mengen

1.1.1 Rechnen mit natürlichen Zahlen

Wir fassen wichtige Bezeichnungen und die für die Grundrechnungsarten geltenden Rechengesetze noch einmal zusammen.

Bezeichnungen	Rechengesetze und -regeln, Eigenschaften
Addition $a + b = c$ a, b ... Summanden c ... Summe	• Die Addition zweier natürlicher Zahlen ergibt immer eine natürliche Zahl. Die Menge der natürlichen Zahlen ist daher abgeschlossen bezüglich der Addition. • **Kommutativgesetz:** Die Reihenfolge der Summanden darf vertauscht werden. $a + b = b + a$ ZB: $2 + 7 = 7 + 2$ • **Assoziativgesetz:** Zwischensummen dürfen beliebig gebildet werden. $a + (b + c) = (a + b) + c$ ZB: $3 + (4 + 5) = (3 + 4) + 5$
Subtraktion $a - b = c$ a ... Minuend b ... Subtrahend c ... Differenz	• Die Subtraktion ist die Umkehrung der Addition. Sie ist innerhalb der natürlichen Zahlen nur eingeschränkt ausführbar. ZB: $(5 - 7)$ ist keine natürliche Zahl. • Minuend und Subtrahend dürfen nicht vertauscht werden. • Die Reihenfolge der Subtrahenden darf vertauscht werden. ZB: $10 - 2 - 3 = 10 - 3 - 2$ • Durch Setzen von Klammern kann man mehrere Subtrahenden zusammenfassen und gemeinsam abziehen. ZB: $10 - 2 - 3 = 10 - (2 + 3) = 10 - 5 = 5$
Multiplikation $a \cdot b = c$ a, b ... Faktoren c ... Produkt	• Die Multiplikation zweier natürlicher Zahlen ergibt immer eine natürliche Zahl. Die Menge der natürlichen Zahlen ist daher abgeschlossen bezüglich der Multiplikation. • **Kommutativgesetz:** Die Reihenfolge der Faktoren darf vertauscht werden. $a \cdot b = b \cdot a$ ZB: $3 \cdot 4 = 4 \cdot 3$ • **Assoziativgesetz:** Teilprodukte dürfen beliebig gebildet werden. $a \cdot (b \cdot c) = (a \cdot b) \cdot c$ ZB: $3 \cdot (4 \cdot 5) = (3 \cdot 4) \cdot 5$
Division $a : b = c$ a ... Dividend b ... Divisor c ... Quotient	• Die Division ist die Umkehrung der Multiplikation. Sie ist innerhalb der natürlichen Zahlen nur eingeschränkt ausführbar. ZB: $2 : 6$ ist keine natürliche Zahl. • Dividend und Divisor dürfen nicht vertauscht werden. • Klammern können nicht beliebig gesetzt werden. ZB: $48 : 12 : 2 = (48 : 12) : 2 = 4 : 2 = 2$, aber $48 : (12 : 2) = 48 : 6 = 8$

Verbindung der Grundrechnungsarten

Damit bei Rechenausdrücken mit verschiedenen Rechenzeichen die Reihenfolge der Abarbeitung eindeutig festgelegt ist, gilt:

- **Punktrechnung vor Strichrechnung**: ZB: $5 + 2 \cdot 3 = 5 + 6 = 11$

  Punktrechnung zuerst ausführen ↗ (bei $2 \cdot 3$) Strichrechnung danach ↖ (bei $5 + 6$)

- Eine andere Reihenfolge der Abarbeitung wird durch das Setzen von Klammern erzielt.
  Distributivgesetz: $a \cdot (b + c) = a \cdot b + a \cdot c$
  ZB: $2 \cdot 137 = 2 \cdot (100 + 37) = 200 + 74 = 274$

Zahlen und Mengen

In der Menge der natürlichen Zahlen $\mathbb{N}$ kann man uneingeschränkt addieren und multiplizieren.
Es gilt: Klammern zuerst, dann Punktrechnung vor Strichrechnung.

1.1 Berechne das Ergebnis. **B**
1) $2 \cdot 7 + 4 \cdot 3$ **2)** $2 \cdot (7 + 4 \cdot 3)$ **3)** $2 \cdot (7 + 4) \cdot 3$ **4)** $(2 \cdot 7 + 4) \cdot 3$

1.2 Setze die fehlende Klammer an der richtigen Stelle ein. **BC**
a) $2 \cdot 5 + 4 \cdot 3 + 1) = 26$ **b)** $2 \cdot (5 + 4 \cdot 3 + 1 = 36$ **c)** $2 \cdot (5 + 4 \cdot 3 + 1 = 55$

1.3 Setze rechts vom Gleichheitszeichen die fehlende Klammer. **BC**
a) $33 - 10 - 11 - 2 = 33 - 10 + 11 + 2$
b) $125 - 40 - 55 - 17 = 125 - 40 + 55 - 17$
c) $1\,020 - 650 - 290 - 99 = 1\,020 - 650 - 290 + 99$

1.4 Jede der folgenden Rechnungen kann durch Anwenden von Rechengesetzen vereinfacht werden. Schreibe die vereinfachten Rechnungen an und erkläre, welches Rechengesetz bzw. welche Rechenregel du dabei verwendest. **BD**
1) $534 - 78 - 34$ **2)** $45 - 12 - 8$ **3)** $11 + 168 + 89$ **4)** $325 - 93 + 30 - 7$

1.5 Rechne möglichst geschickt und erkläre deine Überlegungen. **BD**
a) $3\,728 + 4\,003 - 3$ **b)** $951 - 37 - 13$ **c)** $1\,279 - 315 - 279$

1.6 Arbeite mit den Zahlen aus dem grünen Kästchen. **ABC**

45 38 110 99 19 10 87

1) Wie lautet die größte bzw. die kleinste Summe, die aus zwei Zahlen gebildet werden kann?
2) Welche beiden Zahlen haben die größte, welche die kleinste Differenz?
3) Wähle jene drei Zahlen aus, deren Summe möglichst knapp über 100 liegt.

1.7 Wie ändert sich die Summe von zwei Zahlen, wenn man **ABD**
a) die erste um vier vergrößert bzw. vermindert?
b) die zweite um drei vergrößert bzw. vermindert?
c) jede der beiden um fünf vergrößert?
d) einen Summanden um sieben vergrößert und den anderen um sechs vermindert?
e) einen Summanden um a vergrößert und den anderen um a verkleinert?

1.8 Wie ändert sich die Differenz zweier Zahlen, wenn man **ABD**
a) den Minuenden um 40 vergrößert bzw. vermindert?
b) den Subtrahenden um drei vergrößert bzw. vermindert?
c) den Minuenden um fünf vergrößert und den Subtrahenden um vier vergrößert?
d) den Minuenden um elf vergrößert und den Subtrahenden um zehn vermindert?

1.9 Welche der Behauptungen ist richtig, welche nicht? Begründe deine Antworten. **AD**
1) Die Summe von natürlichen Zahlen ist immer größer als jeder einzelne Summand.
2) Die Differenz von zwei natürlichen Zahlen ist kleiner als der Subtrahend.
3) Die Differenz von zwei natürlichen Zahlen ist nie kleiner als der Minuend.

1.10 Arbeite mit den Zahlen aus dem grünen Kästchen. **ABC**

2 9 3 12 18 24 4 6

1) Wie lautet das größte bzw. das kleinste Produkt, das aus zwei Zahlen gebildet werden kann?
2) Gib alle Multiplikationen mit zwei Faktoren an, deren Ergebnis zwischen 40 und 60 liegt.
3) Welche Multiplikationen mit zwei Faktoren haben das gleiche Ergebnis über 100?

D **1.11** Wie ändert sich das Produkt zweier Zahlen, wenn man
a) einen Faktor verdoppelt bzw. wenn man beide Faktoren verdoppelt?
b) einen Faktor verdoppelt und den anderen halbiert?
c) einen Faktor verdoppelt und den anderen vervierfacht?

AC **1.12** ***a)*** Nenne die größte vierstellige natürliche Zahl, die genau einen Neuner enthält.
b) Nenne die größte vierstellige natürliche Zahl, die genau einen Achter enthält.
c) Nenne die größte vierstellige natürliche Zahl, die keine Ziffer genau zweimal enthält.
d) Nenne die kleinste vierstellige natürliche Zahl, die keine Ziffer genau zweimal enthält.

Es wird berichtet, dass der bekannte Mathematiker Carl Friedrich Gauß (1777 – 1885) schon im Alter von sieben Jahren seine Lehrer ziemlich aus der Fassung gebracht haben soll. So löste er folgende Aufgabe in angeblich nur einer Minute:

Addiere die Zahlen von 1 bis 100.

AB **1.13** Wie könnte man jeweils zwei Zahlen von 1 bis 100 zusammenfassen, um auf diese Weise die Summe der Zahlen von 1 bis 100 schneller als durch Addition von 100 einzelnen Zahlen zu erhalten?

Lösung:

1 + 2 + 3 + ... + 98 + 99 + 100

101 (3 + 98)
101 (2 + 99)
101 (1 + 100)

$(1 + 100) + (2 + 99) + (3 + 98) + ... + (50 + 51) = 50 \cdot 101 = 5\,050$

Auch andere Lösungswege sind möglich, zB: $\frac{100 \cdot (100 + 1)}{2} = 5\,050$

BCD **1.14** ***a)*** Berechne wie in Aufgabe **1.13** die Summe aller natürlichen Zahlen von
1) 1 bis 40. ***2)*** 1 bis 11. Beschreibe, was dir auffällt.
b) Die Summe aller natürlichen Zahlen von 1 bis n ist $\frac{n \cdot (n + 1)}{2}$. Argumentiere, warum das Ergebnis immer ganzzahlig ist. Überprüfe anhand einiger Zahlen durch Einsetzen mithilfe eines Tabellenkalkulationsprogramms.

BC **1.15** ***1)*** Berechne wie in Aufgabe **1.14 *b)*** die Summe der natürlichen Zahlen von 1 bis 360.
2) Berechne unter Verwendung deiner Lösung von ***1)*** die Summe aller natürlichen Zahlen von 250 bis 360.

1.1.2 Primzahlen und Teilbarkeit

1.16 Ein Säckchen enthält 18 kleine Schokoladestücke. ABD

1) Auf wie viele Personen kann man die Schokoladestücke aufteilen, wenn alle gleich viele bekommen sollen und kein Stück übrig bleiben darf?

2) Jemand hat vor dem Aufteilen ein Stück genascht. Kann die Aufteilung nun noch gelingen?

Jede natürliche Zahl, die in einer anderen ohne Rest enthalten ist, heißt **Teiler** dieser Zahl.
Eine natürliche Zahl größer 1, die nur durch 1 und sich selbst teilbar ist, heißt **Primzahl**.
Die Menge der Primzahlen wird mit $\mathbb{P}$ bezeichnet: $\mathbb{P} = \{2, 3, 5, 7, 11, 13, 17 ...\}$

ZB: Man sagt „3 ist Teiler von 12" oder „12 ist durch 3 teilbar" und schreibt: $3 \mid 12$.

17 ist eine Primzahl, weil sie nur durch 1 und 17 teilbar ist.

1 ist weder eine Primzahl noch das Produkt aus Primzahlen; 1 hat eine „Sonderrolle". Jede Zahl ist ein Vielfaches von 1, für alle Zahlen a gilt: $a \cdot 1 = a$
Man nennt a **unechtes Vielfaches** von a, alle anderen Vielfachen heißen **echte Vielfache**.

Umgekehrt ist a auch immer Teiler von a und wird **unechter Teiler** von a genannt. Alle anderen Teiler heißen **echte Teiler**.

Primzahlen übten auf Mathematikerinnen und Mathematiker seit jeher einen großen Reiz aus. Was mit der bloßen Faszination der Zahlen begann, erwies sich im 20. Jh. als unerwartet brauchbar. Die Kryptografie (griechisch: „kryptos" = geheim, verborgen und „graphé" = Schrift) ist die Wissenschaft vom Ver- und Entschlüsseln von Nachrichten. Um heikle Daten wie Konto- oder Kreditkartennummern im Internet sicher übertragen zu können, benötigt man eine Chiffrierung, die von Unbefugten möglichst nicht zu entschlüsseln ist. Ein häufig angewendetes Verfahren benützt das Produkt großer Primzahlen. Man kann mit einem Computer innerhalb von Sekunden zwei 500-stellige Primzahlen miteinander multiplizieren, die Primfaktorzerlegung dieses Produkts würde dagegen auch unter Einsatz von Computern einige Millionen Jahre dauern.

Die größte derzeit bekannte Primzahl ist eine Zahl mit 12 978 189 Stellen, das würde in einem Buch wie diesem rund 4 000 Seiten füllen.

Schon bei Euklid findet sich der im Folgenden gezeigte Beweis, dass es **unendlich viele Primzahlen** gibt:
Nennen wir die größte bisher bekannte Primzahl p. Nun multiplizieren wir alle bekannten Primzahlen miteinander, addieren 1 und bezeichnen das Ergebnis mit m:

$$m = 2 \cdot 3 \cdot 5 \cdot 7 \cdot 11 \cdot ... \cdot p + 1$$

Dividieren wir nun diese neue Zahl m durch 2, dann bleibt 1 Rest. Auch bei Division durch 3, 5, 7 ... p bleibt jeweils 1 Rest. Somit ist m durch keine bekannte Primzahl teilbar. Nun gibt es zwei Möglichkeiten:

Wenn m eine Primzahl ist, haben wir bereits eine Primzahl gefunden, die noch größer ist als p.

Wenn m keine Primzahl ist, muss m durch eine Primzahl teilbar sein. Wie oben gezeigt wurde, kann das aber keine der bisher bekannten Primzahl sein, es muss also eine größere sein. Auch in diesem Fall haben wir also eine Primzahl gefunden, die größer ist als p.

Da man den beschriebenen Vorgang immer weiter fortsetzen kann, muss es unendlich viele Primzahlen geben.

Zahlen und Mengen

Alle echten Vielfachen von Primzahlen sind keine Primzahlen. Sie heißen zusammengesetzte Zahlen und sind als Produkt von Primzahlen darstellbar.

Auf diesem Zusammenhang beruht eine einfache, seit der Antike bekannte Methode zur Ermittlung von Primzahlen. Sie wurde nach dem griechischen Mathematiker Eratosthenes von Kyrene (ca. 273 – 194 v. Chr.) benannt, der die Bezeichnung „Sieb" für die im Folgenden gezeigte Schreibweise verwendete.

Und so funktioniert das **Sieb des Eratosthenes**:

1	(2)	(3)	~~4~~	(5)	~~6~~	7	~~8~~	~~9~~	~~10~~
11	~~12~~	13	~~14~~	~~15~~	~~16~~	17	~~18~~	19	~~20~~
~~21~~	~~22~~	23	~~24~~	~~25~~	~~26~~	~~27~~	~~28~~	29	~~30~~
31	~~32~~	~~33~~	~~34~~	~~35~~	~~36~~	37	~~38~~	~~39~~	~~40~~
41	~~42~~	43	~~44~~	~~45~~	~~46~~	47	~~48~~	49	~~50~~
~~51~~	~~52~~	53	~~54~~	~~55~~	~~56~~	~~57~~	~~58~~	59	~~60~~
61	~~62~~	~~63~~	~~64~~	~~65~~	~~66~~	67	~~68~~	~~69~~	~~70~~
71	~~72~~	73	~~74~~	~~75~~	~~76~~	77	~~78~~	79	~~80~~
~~81~~	~~82~~	83	~~84~~	~~85~~	~~86~~	~~87~~	~~88~~	89	~~90~~
91	~~92~~	~~93~~	~~94~~	~~95~~	~~96~~	97	~~98~~	~~99~~	~~100~~

- Die kleinste Primzahl ist 2. Alle ihre Vielfachen sind keine Primzahlen und werden gestrichen.
- Die nächstgrößere Zahl ist 3. Die Zahl wurde nicht gestrichen, weil sie nicht durch 2 teilbar ist. 3 ist also eine Primzahl und alle Vielfachen von 3 werden nun gestrichen.
- Die nächste Zahl 4 ist gestrichen, weil sie ein Vielfaches der Primzahl 2 und daher selbst keine Primzahl ist.
- 5 ist durch keine davor liegende Zahl teilbar, also eine Primzahl, die Vielfachen werden gestrichen usw.

B **1.17** Gib die Primfaktorzerlegung von 150 an.

Lösung:
Wir zerlegen schrittweise und beginnen dabei mit möglichst kleinen Primfaktoren:
$150 = 2 \cdot 75 = 2 \cdot 3 \cdot 25 = 2 \cdot 3 \cdot 5 \cdot 5$

- Oft wird auch folgende Schreibweise verwendet:

150	2
75	3
25	5
5	5
1	

Einige Berechnungen lassen sich mithilfe der Primfaktorzerlegung leichter durchführen als mit den ursprünglichen Zahlen, wie das Ermitteln von kgV und ggT.
ZB: Berechne kgV(420, 450) und ggT(420, 450).

kgV ... **kleinstes gemeinsames Vielfaches**; kleinste Zahl, in der sowohl 420 als auch 450 als Teiler enthalten sind. Das kgV wird zum Beispiel zur Ermittlung des gemeinsamen Nenners beim Addieren und Subtrahieren von Brüchen verwendet.

ggT ... **größter gemeinsamer Teiler**; größte Zahl, die sowohl in 420 als auch in 450 ohne Rest enthalten ist. Der ggT wird zum Beispiel beim Kürzen von Brüchen verwendet.

Wir zerlegen die Zahlen in Primfaktoren.
$420 = 2 \cdot 210 = 2 \cdot 2 \cdot 105 = 2 \cdot 2 \cdot 3 \cdot 35 = 2 \cdot 2 \cdot 3 \cdot 5 \cdot 7$
$450 = 2 \cdot 225 = 2 \cdot 3 \cdot 75 = 2 \cdot 3 \cdot 3 \cdot 25 = 2 \cdot 3 \cdot 3 \cdot 5 \cdot 5$

kgV(420, 450) =
$= 2 \cdot 2 \cdot 3 \cdot 3 \cdot 5 \cdot 5 \cdot 7 =$
$= 6\,300$

Das kleinste gemeinsame Vielfache enthält alle vorkommenden Primfaktoren (mehrfach vorkommende Faktoren jeweils mit ihrer größten Anzahl).

ggT(420, 450) = $2 \cdot 3 \cdot 5 =$
$= 30$

Der größte gemeinsame Teiler enthält alle Primfaktoren, die sowohl in der einen als auch in der anderen Zerlegung vorkommen.

Mithilfe von Technologie lassen sich sowohl die Primfaktorzerlegung als auch die Berechnung von ggT und kgV einfach durchführen.

TI-Nspire:
Primfaktorzerlegung: **factor(Zahl1)**,
ggT: **gcd(Zahl1,Zahl2)** (greatest common divisor)
kgV: **lcm(Zahl1,Zahl2)** (least common multiple)

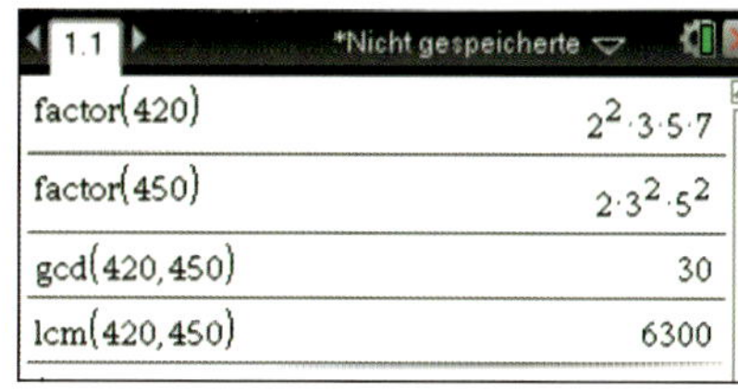

TI-84+:
Auch hier können die Befehle **gcd(Zahl1,Zahl2)** und **lcm (Zahl1,Zahl2)** verwendet werden.

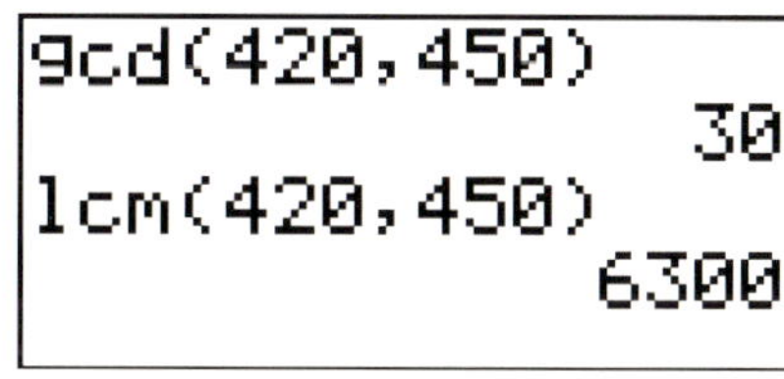

Excel:
Hier stehen die Funktionen **=GGT(Zahl1;Zahl2;...)** und **=KGV(Zahl1;Zahl2;...)** zur Verfügung.

Hinweis: Es ist üblich, die Primfaktorzerlegung in Potenzschreibweise anzugeben. In Abschnitt 1.5 wird genauer auf die Potenzrechnung eingegangen.

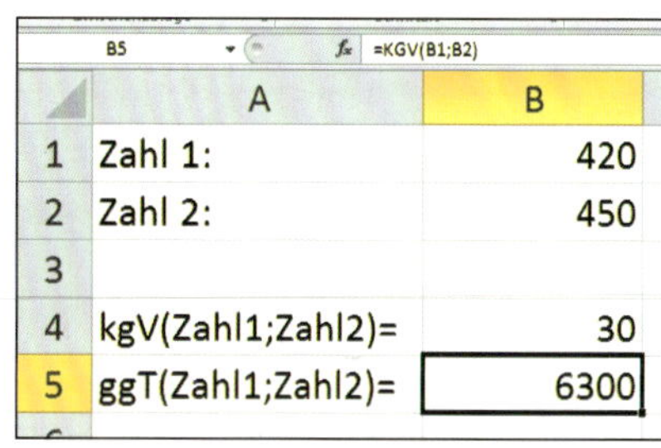

Teilbarkeitsregeln

Um zu überprüfen, ob eine Zahl durch eine andere teilbar ist, kann man die Division ausführen.

Für einige Zahlen gibt es jedoch einfache Regeln, die diese Überprüfung ohne Ausführen der Division ermöglichen.

2 Alle geraden Zahlen sind durch 2 teilbar, sie haben die **Endziffer 0, 2, 4, 6 oder 8**.

3 bzw. 9 Eine Zahl ist durch 3 bzw. 9 teilbar, wenn ihre **Ziffernsumme durch 3 bzw. 9 teilbar** ist.
ZB: 3 teilt 435, da 4 + 3 + 5 = 12 (durch 3 teilbar); 9 teilt 414, da 4 + 1 + 4 = 9

5 Alle Zahlen mit den **Endziffern 0 oder 5** sind durch 5 teilbar.

4 bzw. 25 Eine Zahl ist durch 4 bzw. 25 teilbar, wenn die **aus Einer- und Zehnerziffer gebildete Zahl** durch 4 bzw. durch 25 teilbar ist.
ZB: 4 teilt 23 916, da 16 durch 4 teilbar ist; 25 teilt 7 975, da 75 durch 25 teilbar ist.

8 bzw. 125 Eine Zahl ist durch 8 bzw. 125 teilbar, wenn die **aus Einer-, Zehner- und Hunderterziffer gebildete Zahl** durch 8 bzw. durch 125 teilbar ist.
ZB: 8 teilt 23 808, da 808 durch 8 teilbar ist; 125 teilt 7 375, da 375 durch 125 teilbar ist.

Beachte: Ist eine Zahl durch 2 und durch 3 teilbar, so ist sie auch durch 6 teilbar; ist eine Zahl durch 3 und durch 4 teilbar, so ist sie auch durch 12 teilbar. ABER: Eine Zahl, die durch 2 und durch 4 teilbar ist, muss nicht durch 8 teilbar sein, da 2 in 4 bereits als Teiler enthalten ist. Das „Kombinieren" der Teilbarkeitsregeln funktioniert also nur, wenn die jeweiligen Teiler keine gemeinsamen Faktoren enthalten.

B **1.18** Zerlege in ein Produkt von Primfaktoren und überprüfe die Ergebnisse mittels Technologieeinsatz.

TE

a) 72 **b)** 315 **c)** 480 **d)** 486

B **1.19** Bestimme das kleinste gemeinsame Vielfache und überprüfe die Ergebnisse mittels Technologieeinsatz.

TE

a) 30, 42 **b)** 55, 105 **c)** 60, 72 **d)** 42, 66

B **1.20** Bestimme den größten gemeinsamen Teiler und überprüfe die Ergebnisse mittels Technologieeinsatz.

TE

a) 84, 126 **b)** 135, 315 **c)** 176, 330 **d)** 252, 392

B **1.21** Bestimme ***1)*** kgV und ***2)*** ggT und überprüfe die Ergebnisse mittels Technologieeinsatz.

TE

a) 180, 840, 1 008 **b)** 1 350, 2 250, 3 375

AB **1.22** Suche im Internet nach Teilbarkeitsregeln für 7, 11 und 19 und teste sie an je zwei selbst gewählten Beispielen. Verwende zur Überprüfung deine Technologie.

TE

BC **1.23** Das Preisgeld für den noch fehlenden Beweis der 1742 vom deutschen Mathematiker Christian Goldbach aufgestellten Vermutung beträgt eine Million Dollar: „Jede gerade Zahl größer 2 lässt sich als Summe von zwei Primzahlen darstellen." Prüfe die Vermutung für 84, 312 und 586 nach.

BD **1.24** Ermittle alle Primzahlen bis 400 mithilfe des Siebs des Eratosthenes. Bis zu welcher Zahl muss man den Vorgang „Vielfache streichen" durchführen, um alle Primzahlen im gesuchten Bereich erkennen zu können? Begründe deine Antwort.

AB **1.25** Am Busbahnhof fährt die Linie 45 alle 12 Minuten ab, die Linie 43 alle 15 Minuten und die Linie 27B alle 20 Minuten. Der erste Bus verlässt die Station jeweils um 6:30 Uhr. Nach wie vielen Minuten fährt wieder gleichzeitig von jeder der Linien ein Bus ab?

AB **1.26** Für die Badezimmer eines Hotels werden Marmorfliesen eigens zugeschnitten. Es sollen Wände mit 252 cm Breite und solche mit 396 cm Breite verfliest werden. Welche Breite sollten die Fliesen haben, wenn man die Verfugung vernachlässigt und mit möglichst großen Fliesen arbeiten möchte, ohne zuschneiden zu müssen?

AD **1.27** Sind „kleinster gemeinsamer Teiler" und „größtes gemeinames Vielfaches" sinnvolle Begriffe? Begründe deine Antwort.

D **1.28** Erkläre, welche Aussage du über k treffen kannst, wenn gilt:

a) ggT(k, 45) = 45 **b)** ggT(k, 51) = 17

D **1.29** Argumentiere, was sich über das ggT(x, y) aussagen lässt, wenn gilt: kgV(x, y) = $x \cdot y$

BCD **1.30** Bereits Euklid war bekannt: „Ein Produkt ist nur dann durch eine Primzahl teilbar, wenn mindestens ein Faktor durch diese Primzahl teilbar ist." Prüfe den Zusammenhang an selbst gewählten Beispielen nach. Erkläre diesen Zusammenhang mit eigenen Worten.

1.2 Die ganzen Zahlen

1.2.1 Rechnen mit ganzen Zahlen

Zur Angabe von Schulden, Temperaturen, Meereshöhen unter dem Meeresspiegel usw. benötigt man negative Zahlen.

1.31 Um 11:00 Uhr zeigt das Thermometer +2 °C. Drei Stunden vorher war es noch um 5 °C kälter. Wie viel Grad Celsius hatte es um 8:00 Uhr? **AB**

Die Menge der ganzen Zahlen wird mit $\mathbb{Z}$ bezeichnet. $\mathbb{Z} = \{... -3, -2, -1, 0, +1, +2, +3 ...\}$
Darstellung auf der Zahlengeraden:

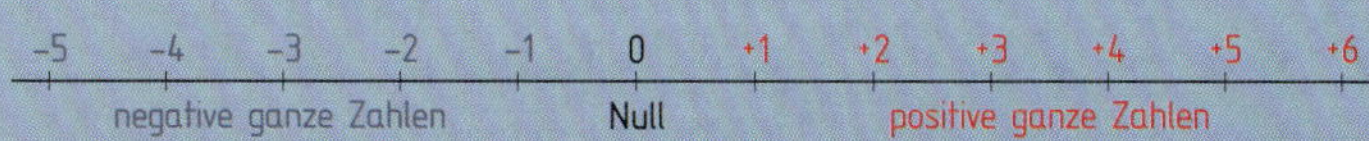

Null ist weder positiv noch negativ.
Beim Schreiben von positiven ganzen Zahlen wird üblicherweise das „+“ weggelassen.
Man nennt (−n) die **Gegenzahl** von n. ZB: (−3) ist die Gegenzahl von (+3) und umgekehrt.
In der Menge $\mathbb{Z}$ kann man uneingeschränkt addieren, subtrahieren und multiplizieren.

Das Addieren einer negativen ganzen Zahl entspricht dem Subtrahieren der Gegenzahl.

$\mathbf{a + (-b) = a - (+b) = a - b}$
ZB: $7 + (-3) = 7 - (+3) = 7 - 3$

Das Subtrahieren einer negativen ganzen Zahl entspricht dem Addieren der Gegenzahl.

$\mathbf{a - (-b) = a + (+b) = a + b}$
ZB: $7 - (-3) = 7 + (+3) = 7 + 3$

Beachte den Unterschied:

11 − (−3)

Rechenzeichen (erstes „−“) **Vorzeichen** (zweites „−“)

Das Rechenzeichen „−“ stellt den „Arbeitsauftrag“ Subtrahieren dar. Diese Rechenoperation „arbeitet“ mit zwei Zahlen, dem Minuenden und dem Subtrahenden.
Das Vorzeichen „−“ informiert darüber, dass es sich um eine negative Zahl handelt. Es bezieht sich nur auf eine Zahl und gibt deren Lage auf der Zahlengeraden (links oder rechts von Null) an.
Am Taschenrechner wird meist durch eigene Tasten zwischen Vorzeichen und Rechenzeichen unterschieden (siehe Aufgabe 1.43).

Die für natürliche Zahlen angegebenen Rechenregeln gelten weiterhin. Meist werden das Vorzeichen „+“ und nicht notwendige Klammern weggelassen.
ZB: $(+3) \cdot (-4) = 3 \cdot (-4)$; $(-3) \cdot (+4) = -3 \cdot 4$

Beim Multiplizieren ganzer Zahlen sind die Vorzeichenregeln zu beachten.

$\mathbf{(+a) \cdot (+b) = +a \cdot b}$ $\mathbf{(-a) \cdot (+b) = -a \cdot b}$
$\mathbf{(+a) \cdot (-b) = -a \cdot b}$ $\mathbf{(-a) \cdot (-b) = +a \cdot b}$

Für die Division gelten sinngemäß die gleichen Regeln (mit $b \neq 0$).

$\mathbf{(+a) : (+b) = +a : b}$ $\mathbf{(-a) : (+b) = -a : b}$
$\mathbf{(+a) : (-b) = -a : b}$ $\mathbf{(-a) : (-b) = +a : b}$

ZB: $3 \cdot 4 = 12$ $-3 \cdot 4 = -12$ $35 : 5 = 7$ $-35 : 5 = -7$
$3 \cdot (-4) = -12$ $-3 \cdot (-4) = 12$ $35 : (-5) = -7$ $-35 : (-5) = 7$

1.32 Wende das Kommutativgesetz an und berechne das Ergebnis. **B**

1) $2 + 5$ ***2)*** $-2 + 5$ ***3)*** $2 - 5$ ***4)*** $-2 - 5$

Lösung:
1) $2 + 5 = 5 + 2 = 7$
2) $-2 + 5 = 5 - 2 = 3$
3) $2 - 5 = -5 + 2 = -3$
4) $-2 - 5 = -5 - 2 = -7$

C **1.33** Gib ohne zu rechnen an, ob die Ergebnisse von ***1)*** und ***2)*** gleich sind, Gegenzahlen sind oder keines von beiden.

a) 1) −1 251 + 3 897 ***2)*** −3 897 + 1 251
b) 1) 456 − 235 ***2)*** −235 + 456
c) 1) −6 701 + 3 009 ***2)*** 3 009 − 6 701

Aufgaben 1.34 – 1.35: Berechne die Ergebnisse. Ändere anschließend in der Angabe Vorzeichen bzw. Rechenzeichen so ab, dass die Ergebnisse nun jeweils die Gegenzahlen der ursprünglichen Ergebnisse sind.

BC **1.34** ***a)*** −13 + 24 ***b)*** 36 − 48 ***c)*** −12 − 27

BC **1.35** ***a)*** −101 + 900 ***b)*** −9 999 + 10 000 ***c)*** −100 000 + 99 998

B **1.36** Rechne im Kopf.

a) 11 − 18 + 3 ***b)*** −7 − 9 + 16 ***c)*** 20 − 30 − 5 ***d)*** 159 − 38 − 18 ***e)*** −57 − 41 − 79 ***f)*** 145 + 78 − 38

AB **1.37** Welche Zahl liegt genau in der Mitte zwischen den angegebenen?

a) −2 und 4 ***b)*** −11 und −3 ***c)*** −98 und −104

AB **1.38** Füge zwischen den angegebenen Zahlen zwei weitere so ein, dass die Differenzen zwischen jeweils zwei aufeinanderfolgenden Zahlen gleich groß sind.

a) −8; 4 ***b)*** −129; −15 ***c)*** −99; −255

Aufgaben 1.39 – 1.40: Berechne jeweils das Ergebnis.

B **1.39** ***a)*** 4 · (−8) ***b)*** −5 · 12 ***c)*** −3 · (−11) ***d)*** −24 : (−4) ***e)*** 56 : (−8) ***f)*** −63 : 9

B **1.40** ***a)*** −35 : (−7) − 11 · (−2) ***b)*** 16 − 15 · (−2) + (−21) : (−3) ***c)*** −2 · (−3) − (−12) : (−2) ***d)*** 2 · (−5) − (−8 · (−3) − 12 : (−6))

AB **1.41** Überlege zuerst und schreibe anschließend die Probe als Rechnung an.

a) Welche Zahl muss man zu (−11) addieren, um (−15) zu erhalten?
b) Welche Zahl muss man von (−20) subtrahieren, um (−25) zu erhalten?
c) Welche Zahl muss man von (−30) subtrahieren, um (−40) zu erhalten?

ABD **1.42** Ist die Aussage jeweils richtig oder falsch? Begründe deine Antworten und gib je zwei Beispiele oder Gegenbeispiele an.

1) Ist der Subtrahend größer als der Minuend, ist das Ergebnis negativ.
2) Sind Minuend und Subtrahend negative Zahlen, so ist die Differenz positiv.
3) Ist der Minuend eine positive Zahl und der Subtrahend eine negative Zahl, so ist die Differenz positiv.

B **1.43** Gib die folgenden Rechnungen in deinen Taschenrechner ein. Achte dabei auf die unterschiedliche Eingabe des negativen Vorzeichens und des Rechenzeichens Minus und kontrolliere das Ergebnis im Kopf.

1) 30 − 45 ***2)*** −30 − 45 ***3)*** −30 − (−45)

Rechenzeichen

negatives Vorzeichen

B **1.44** Überprüfe deine Ergebnisse aus **1.39** und **1.40** durch richtiges Eingeben in dein Rechenwerkzeug.

1.2.2 Betrag (Absolutbetrag) einer ganzen Zahl

1.45 Auf einer Ferieninsel werden U-Bootfahrten zu einem Riff angeboten. Das U-Boot sinkt dabei von der Meeresoberfläche auf eine Meereshöhe von –35 m. Wie viel Meter ist es getaucht? A

Unter dem Betrag einer ganzen Zahl z versteht man deren Abstand vom Nullpunkt.
Man schreibt $|z|$. [Sprich: „Betrag von z"], | | ... Betragsstriche

ZB: z = +3 ... 3 Einheiten von 0 entfernt, $|+3| = 3$
z = –3 ... 3 Einheiten von 0 entfernt, $|-3| = 3$

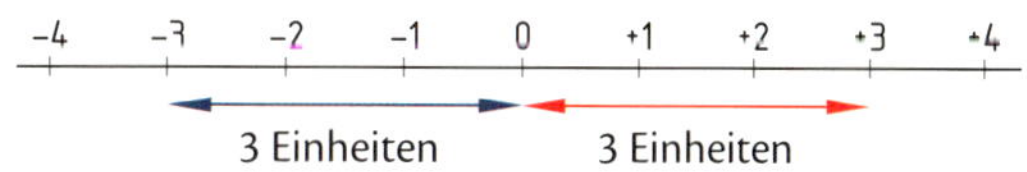

Das Vorzeichen gibt an, in welcher Richtung eine Zahl (von Null aus gesehen) auf der Zahlengeraden liegt. Du kannst den Betrag einer Zahl bilden, indem du das Vorzeichen weglässt. Ist die Zahl z positiv, so ist ihr Betrag die Zahl z, ist sie negativ, ist ihr Betrag die (positive) Gegenzahl –z.

Betrag (Absolutbetrag) einer Zahl z: $|z| = \begin{cases} z, \text{ wenn } z \geq 0 \\ -z, \text{ wenn } z < 0 \end{cases}$

ZB: Alle ganzen Zahlen, deren Betrag kleiner als vier ist, können als Menge angegeben und auf der Zahlengeraden dargestellt werden.

$A = \{x \in \mathbb{Z} \mid |x| < 4\}$ ... Angabe der Menge im beschreibenden Verfahren
Abkürzungen: | ... „für die gilt", $\in$ ... „ist Element von", $\notin$ ... „ist kein Element von"
$A = \{-3, -2, -1, 0, 1, 2, 3\}$ ... Angabe der Menge im aufzählenden Verfahren

Hinweis: Wenn du Technologie (TI-Nspire, TI-84+, Excel) verwendest, dann lässt sich der Absolutbetrag über den Befehl **ABS(Zahl)** eingeben.

1.46 Berechne. **a)** $|-2| - |2|$ **b)** $|5 - 7|$ **c)** $4 - |-6|$ B

Lösung:
a) $|-2| - |2| = 2 - 2 = 0$ **b)** $|5 - 7| = |-2| = 2$ **c)** $4 - |-6| = 4 - 6 = -2$

1.47 Gib $|x|$, $|y|$, $|x| + |y|$, $|x + y|$, $|x - y|$ und $|x| - |y|$ an. B
a) $x = 5, y = -7$ **b)** $x = -11, y = 9$ **c)** $x = -14, y = -8$

1.48 Berechne. B
a) $|-2 - 7|$ **b)** $|-2| - 7$ **c)** $-2 - |-7|$ **d)** $|-2| - |-7|$

1.49 Berechne. B
a) $|-3| \cdot 2 - |3 \cdot 4 - 11| - (-2) \cdot (-3)$ **c)** $(-8) \cdot (16 - |2 \cdot 5 - 3 \cdot 4| - 10) + |7 - 9|$
b) $|-3 + 5| - 3 \cdot |-7 - 11| - |-5|$ **d)** $12 - |4 - 12| - |-4| \cdot |-12| - 12 \cdot |-4|$

1.50 Kennzeichne die angegebenen Zahlen auf der Zahlengeraden und gib die Menge im aufzählenden Verfahren an. B
a) $A = \{x \in \mathbb{Z} \mid |x| < 3\}$ **b)** $B = \{x \in \mathbb{Z} \mid |x| > 4\}$ **c)** $C = \{x \in \mathbb{Z} \mid |x| \geq 5\}$

1.51 Für welche Zahlen ist die Behauptung richtig? Begründe deine Antwort. CD
1) $|a| > a$ **2)** $|a| < a$ **3)** $|a| + |b| = |a + b|$

1.52 Ist die folgende Behauptung richtig oder falsch? Begründe deine Antwort. CD
Wenn a und b negative Zahlen sind, gilt: $a < b \Rightarrow |a| > |b|$.

1.3 Rationale Zahlen

1.3.1 Rechnen mit Brüchen

AB **1.53** Einige Schülerinnen und Schüler der 1A bestellen in der Mittagspause gemeinsam Pizza. Wie viel bekommt bei gleichmäßiger Aufteilung jede(r)?

a) 1 Pizza für 4 Personen ***b)*** 3 Pizzen für 8 Personen

Um Teile von ganzen Einheiten anzugeben, benötigt man rationale Zahlen. Im Alltag werden rationale Zahlen in Bruchdarstellung meist kurz Brüche genannt.

> Alle positiven und negativen Zahlen der Form $\frac{a}{b}$ (a, b $\in \mathbb{Z}$, b $\neq$ 0) bilden die **rationalen Zahlen**. Die Menge der rationalen Zahlen wird mit $\mathbb{Q}$ abgekürzt.
>
> $\mathbb{Q} = \left\{\frac{a}{b} \mid a, b \in \mathbb{Z}, b \neq 0\right\}$

In der Menge $\mathbb{Q}$ lassen sich alle vier Grundrechenarten uneingeschränkt ausführen.

Auch alle ganzen Zahlen sind rationale Zahlen, zB: $2 = \frac{2}{1}$

Rational kommt vom lateinischen Wort „ratio", das Verhältnis bedeutet; auch im Englischen heißt Verhältnis ratio. Das $\mathbb{Q}$ als Abkürzung kommt vom Wort Quotient.

Bezeichnungen und Begriffe

- Bezeichnungen: Bruch $\frac{a}{b}$ — a ← Zähler; — ← Bruchstrich; b ← Nenner
- Man unterscheidet Brüche nach ihrem Wert:
  Echte Brüche: Wert < 1, zB: $\frac{1}{2}, \frac{3}{4}, \frac{5}{11}$ **Unechte Brüche**: Wert $\geqslant$ 1, zB: $\frac{7}{2}, \frac{5}{3}, \frac{11}{4}, \frac{18}{18}$
- Brüche mit Zähler 1 heißen **Stammbrüche**: $\frac{1}{2}, \frac{1}{3}, \frac{1}{4}$ ...
- Brüche mit Nenner 10, 100, 1 000 ... (dekadische Einheiten) heißen **Dezimalbrüche**. Sie können als Dezimalzahlen mit endlich vielen Dezimalstellen angeschrieben werden.
  ZB: $\frac{7}{10} = 0{,}7$; $\frac{11}{100} = 0{,}11$; $\frac{3}{1\,000} = 0{,}003$

Kürzen und Erweitern von Brüchen

Jede rationale Zahl kann durch (unendlich viele) verschiedene Brüche dargestellt werden, zB: $\frac{1}{2} = \frac{2}{4} = \frac{4}{8} = \ldots \frac{80}{160} = \ldots$

> Der Wert eines Bruchs ändert sich nicht, wenn man
> - Zähler und Nenner mit der gleichen Zahl ($\neq$ 0) multipliziert, das heißt erweitert.
> - Zähler und Nenner durch die gleiche Zahl ($\neq$ 0) dividiert, das heißt kürzt.

B **1.54** Erweitere den Bruch auf den angegebenen Nenner.

a) $\frac{3}{4} = \frac{?}{12}$ ***b)*** $\frac{7}{25} = \frac{?}{100}$

Lösung:

a) $\frac{3}{4} = \frac{9}{12}$
- Der Nenner wurde mit 3 multipliziert, also muss auch der Zähler mit 3 multipliziert werden.

b) $\frac{7}{25} = \frac{28}{100}$
- Der Nenner wurde mit 4 multipliziert, also muss auch der Zähler mit 4 multipliziert werden.

1.55 Erweitere die Brüche $\frac{3}{4}, \frac{5}{6}, \frac{5}{8}$ auf einen (möglichst kleinen) gemeinsamen Nenner. **B**

Lösung:

$\frac{3}{4} = \frac{18}{24}, \quad \frac{5}{6} = \frac{20}{24}, \quad \frac{5}{8} = \frac{15}{24}$

- Der kleinste gemeinsame Nenner ist das kleinste gemeinsame Vielfache der Einzelnenner: kgV(4, 6, 8) = 24

1.56 Kürze die Brüche $\frac{12}{18}, \frac{75}{90}$ soweit wie möglich. **B**

Lösung:

$\frac{12}{18} = \frac{2}{3}$ (:6)

- Dividiere Zähler und Nenner durch ihren größten gemeinsamen Teiler.

$\frac{75}{90} = \frac{15}{18} = \frac{5}{6}$

- Es darf auch schrittweise gekürzt werden.

Addieren und Subtrahieren von Brüchen

Brüche mit gleichem Nenner (gleichnamige Brüche) werden addiert bzw. subtrahiert, indem man die Zähler der Brüche addiert bzw. subtrahiert. Der Nenner bleibt dabei unverändert. Brüche, die verschiedene Nenner haben (ungleichnamige Brüche), müssen vor dem Addieren bzw. Subtrahieren gleichnamig gemacht werden.

Als gemeinsamen Nenner verwendet man im Allgemeinen den kleinsten gemeinsamen Nenner, das ist das kleinste gemeinsame Vielfache der Einzelnenner.

1.57 Berechne das Ergebnis. **B**

a) $\frac{2}{7} + \frac{3}{7} - \frac{1}{7}$ **b)** $\frac{2}{3} + \frac{1}{2} - \frac{3}{4}$

Lösung:

a) $\frac{2}{7} + \frac{3}{7} - \frac{1}{7} = \frac{2+3-1}{7} = \frac{4}{7}$

b) $\frac{2}{3} + \frac{1}{2} - \frac{3}{4} = \frac{8}{12} + \frac{6}{12} - \frac{9}{12} = \frac{8+6-9}{12} = \frac{5}{12}$

Multiplizieren und Dividieren von Brüchen

Brüche werden multipliziert, indem man die Zähler miteinander multipliziert und die Nenner miteinander multipliziert.

$$\frac{\text{Zähler 1}}{\text{Nenner 1}} \cdot \frac{\text{Zähler 2}}{\text{Nenner 2}} = \frac{\text{Zähler 1} \cdot \text{Zähler 2}}{\text{Nenner 1} \cdot \text{Nenner 2}}$$

Man dividiert durch einen Bruch, indem man mit dem Kehrwert des Bruchs multipliziert. Der Kehrwert eines Bruchs wird durch Vertauschen von Zähler und Nenner gebildet.

$$\frac{\text{Zähler 1}}{\text{Nenner 1}} : \frac{\text{Zähler 2}}{\text{Nenner 2}} = \frac{\text{Zähler 1}}{\text{Nenner 1}} \cdot \frac{\text{Nenner 2}}{\text{Zähler 2}} = \frac{\text{Zähler 1} \cdot \text{Nenner 2}}{\text{Nenner 1} \cdot \text{Zähler 2}}$$

1.58 Berechne das Ergebnis. Kürze dabei so früh wie möglich. **B**

a) $\frac{5}{12} \cdot \frac{8}{15}$ **b)** $\frac{9}{16} : \frac{3}{20}$

Lösung:

a) $\frac{5}{12} \cdot \frac{8}{15} = \frac{\overset{1}{\cancel{5}} \cdot \overset{2}{\cancel{8}}}{\underset{3}{\cancel{12}} \cdot \underset{3}{\cancel{15}}} = \frac{1 \cdot 2}{3 \cdot 3} = \frac{2}{9}$

b) $\frac{9}{16} : \frac{3}{20} = \frac{\overset{3}{\cancel{9}} \cdot \overset{5}{\cancel{20}}}{\underset{4}{\cancel{16}} \cdot \underset{1}{\cancel{3}}} = \frac{15}{4} \left(= 3\frac{3}{4}\right)$

Unechte Brüche können auch als gemischte Zahlen angeschrieben werden.
ZB: $3\frac{3}{4}$ bedeutet $3 + \frac{3}{4}$, obwohl sonst nur das Multiplikationszeichen weggelassen werden darf. Diese Schreibweise sollte daher vermieden werden.

Zahlen und Mengen

Doppelbrüche

Steht im Zähler und/oder im Nenner eines Bruchs wieder ein Bruch, so spricht man von einem Doppelbruch. Man kann dann den Hauptbruchstrich durch ein Divisionszeichen ersetzen.

$$\frac{\frac{\text{Zähler 1}}{\text{Nenner 1}}}{\frac{\text{Zähler 2}}{\text{Nenner 2}}} = \frac{\text{Zähler 1}}{\text{Nenner 1}} : \frac{\text{Zähler 2}}{\text{Nenner 2}} = \frac{\text{Zähler 1}}{\text{Nenner 1}} \cdot \frac{\text{Nenner 2}}{\text{Zähler 2}}$$

Merkhilfe: $„\frac{\text{außen mal außen}}{\text{innen mal innen}}“$, zB: $\frac{\frac{3}{4}}{\frac{5}{7}} = \frac{3}{4} : \frac{5}{7} = \frac{3}{4} \cdot \frac{7}{5} = \frac{21}{20}$

In einem Doppelbruch kann auch schon vor dem Auflösen gekürzt werden. Vergleiche den gegebenen Doppelbruch mit dem „aufgelösten“ Bruch:

$\frac{\frac{12}{25}}{\frac{8}{5}} = \frac{12 \cdot 5}{25 \cdot 8}$ Die Zahlen, die gekürzt werden dürfen, stehen im ursprünglichen Doppelbruch entweder in der 1. und 3. Zeile (hier **12**, **8**) oder in der 2. und 4. Zeile (hier **5**, **25**).

B 1.59 Berechne das Ergebnis und kürze dabei so früh wie möglich: $\frac{\frac{39}{16}}{\frac{26}{96}}$

Lösung:

$$\frac{\frac{39}{16}}{\frac{26}{96}} = \frac{\frac{\cancel{39}^{3}}{{}_{1}\cancel{16}}}{\frac{\cancel{26}^{2}}{{}_{6}\cancel{96}}} = \frac{\frac{3}{1}}{\frac{\cancel{2}^{1}}{{}_{3}\cancel{6}}} = \frac{3 \cdot 3}{1 \cdot 1} = 9$$

oder

$$\frac{\frac{39}{16}}{\frac{26}{96}} = \frac{\frac{39}{16}}{\frac{\cancel{26}^{13}}{{}_{48}\cancel{96}}} = \frac{\frac{\cancel{39}^{3}}{{}_{1}\cancel{16}}}{\frac{\cancel{13}^{1}}{{}_{3}\cancel{48}}} = \frac{3 \cdot 3}{1 \cdot 1} = 9$$

- Auch innerhalb jedes Teilbruchs darf gekürzt werden. Die Reihenfolge der Abarbeitung ist dabei beliebig.

B 1.60 Berechne den angegebenen Bruchteil.

a) $\frac{3}{4}$ von 16 **b)** $\frac{2}{3}$ von 1,5 **c)** $\frac{3}{8}$ von 200 **d)** $\frac{3}{10}$ von 6

B 1.61 Welcher Bruchteil ist das? Gib das Ergebnis als gekürzten Bruch an.

a) 5 von 20 **b)** 30 von 480 **c)** 0,1 von 0,3 **d)** 10 von 15

B 1.62 Kürze so weit wie möglich.

a) $\frac{24}{32}$ **b)** $\frac{75}{125}$ **c)** $\frac{84}{96}$ **d)** $\frac{36}{100}$ **e)** $\frac{108}{144}$ **f)** $\frac{175}{200}$ **g)** $\frac{96}{104}$

B 1.63 Erweitere auf den angegebenen Nenner.

a) $\frac{3}{5} = \frac{?}{35}$ **b)** $\frac{3}{8} = \frac{?}{144}$ **c)** $\frac{2}{5} = \frac{?}{75}$ **d)** $\frac{2}{3} = \frac{?}{72}$ **e)** $\frac{5}{12} = \frac{?}{288}$

BD 1.64 Welche Zahl passt nicht dazu? Begründe deine Antwort.

a) $\frac{2}{10}$ 0,2 $\frac{20}{100}$ $\frac{1}{\frac{20}{4}}$ $\frac{10}{200}$ $\frac{1}{5}$

b) $\frac{1}{\frac{2}{3}}$ $\frac{75}{50}$ $1\frac{1}{2}$ 1,5 $\frac{2}{3}$ $\frac{15}{10}$

1.65 Führe die Rechnung mittels Technologie durch: B

$\left[\frac{3}{80} - \frac{1}{2} \cdot \left(\frac{5}{12} - \frac{3}{8}\right) + \frac{2}{5}\right] : \frac{5}{21} =$

Achte bei der Eingabe auf die korrekte Struktur.

Lösung:

Eingabe mit dem GTR (TI-84+):

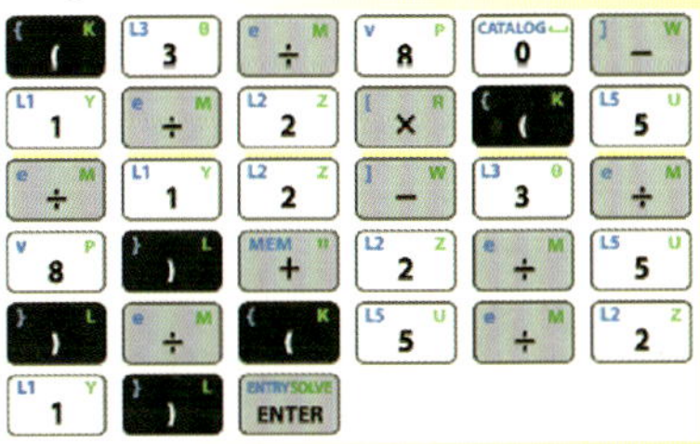

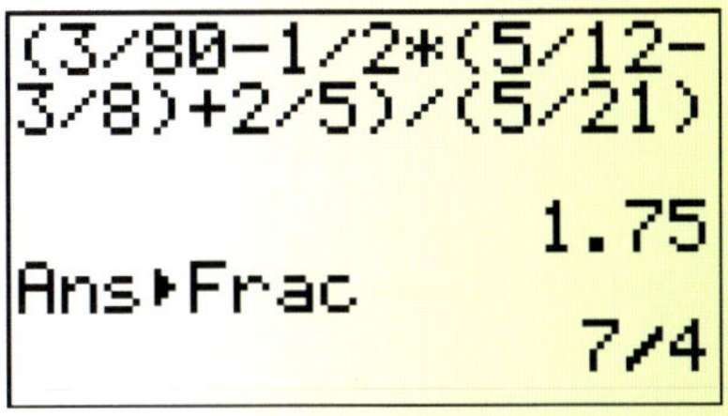

Mit einem (grafikfähigen) Taschenrechner muss die Eingabe zumeist linear (also in einer Zeile) erfolgen. Dabei muss man sich im Vorfeld bereits genau überlegen, wo Klammern zu setzen sind.

Ob der Term korrekt eingegeben wurde ist in der linearen Darstellungsform meist nicht besonders gut zu kontrollieren.
Der Befehl **Ans→Frac** bewirkt, dass das letzte Ergebnis als Bruch dargestellt wird. Näheres dazu auf Seite 24, wenn es um Dezimal- und Bruchschreibweise geht.

TI-Nspire:

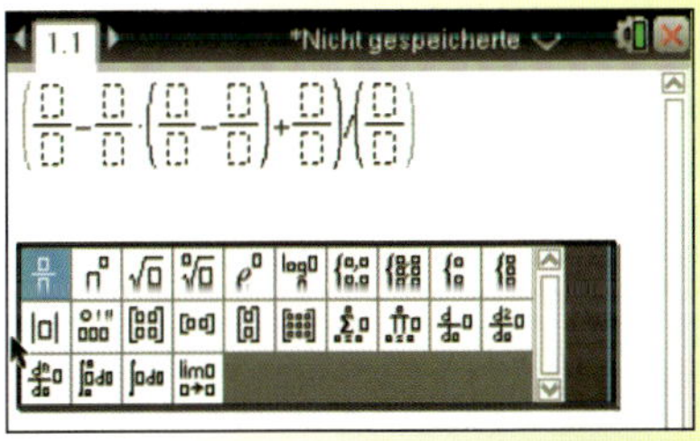

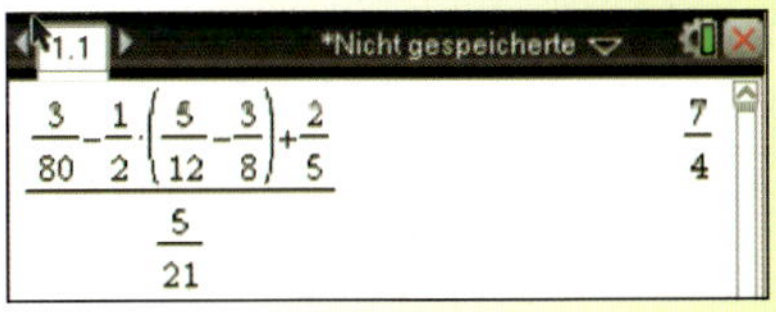

Einige CAS ermöglichen neben der linearen Eingabe von Termen (wie beim GTR) auch eine zweidimensionale Eingabe. Mit dem TI-Nspire lässt sich die Termstruktur über das Menü **Mathematische Vorlagen** übersichtlich aufbauen und mit der Angabe vergleichen.

Wenn die Struktur passt, kann man die Werte in die einzelnen Felder einfügen und damit die Termeingabe vervollständigen.

Aufgaben 1.66 – 1.69: Berechne und gib das Ergebnis als gekürzten Bruch an. Überprüfe anschließend durch Eingabe der Angabe in deine Technologie und achte dabei auf die korrekte Klammernsetzung zur Umsetzung der Strukturen.

1.66 **a)** $\left(\frac{2}{5} - \frac{1}{3} + \frac{4}{7} - \frac{1}{15}\right) : \left(\frac{3}{4} - \frac{5}{8}\right)$ **b)** $500 + \frac{18}{13} : \left(\frac{1}{2} - \frac{5}{39} - \frac{3}{8}\right)$ **c)** $\frac{1}{3} \cdot \left[\left(\frac{5}{7} - \frac{3}{8}\right) \cdot \frac{8}{19} + \frac{3}{4}\right] : \frac{5}{14} - \frac{1}{5}$ B

1.67 **a)** $\left[\frac{3}{80} - \frac{1}{2} \cdot \left(\frac{5}{12} - \frac{3}{8}\right) + \frac{2}{5}\right] : \frac{5}{21}$ **b)** $\frac{2}{11} - \left[\frac{15}{49} : \left(\frac{1}{5} \cdot \frac{3}{8} + \frac{59}{280}\right) - \frac{1}{14}\right]$ B

1.68 **a)** $\frac{1}{15} - \frac{1}{2} \cdot \left\{\frac{1}{3} \cdot \left[\frac{1}{4} \cdot \left(\frac{1}{5} - \frac{1}{6}\right) + \frac{1}{40}\right] + \frac{1}{45}\right\}$ **b)** $\frac{1}{15} + \left\{\frac{1}{3} : \left[\frac{1}{4} : \left(\frac{1}{5} + \frac{1}{6}\right) - \frac{2}{11}\right] + \frac{1}{5}\right\} : \frac{1}{2}$ B

1.69 **a)** $\left[\left(\frac{4}{5} + \frac{2}{3}\right) \cdot \frac{3}{11} + \frac{1}{5}\right] : \left[\frac{3}{7} \cdot \frac{21}{25} - \left(\frac{1}{8} - \frac{1}{9}\right) \cdot \frac{24}{25}\right]$ **b)** $\left[\left(\frac{1}{7} - \frac{2}{3}\right) \cdot \frac{3}{11} + \frac{1}{8}\right] : \left[\frac{4}{7} \cdot \frac{2}{3} + \left(\frac{1}{8} - \frac{1}{5}\right) \cdot \frac{5}{3}\right]$ B

Zahlen und Mengen

Aufgaben 1.70 – 1.71: Setze voraus, dass Zähler und Nenner positive Zahlen sind.

BCD **1.70** Welche der folgenden Aussagen sind richtig, welche falsch? Begründe deine Antworten und gib je zwei Beispiele bzw. Gegenbeispiele an.

1) Wird der Zähler eines Bruchs vergrößert, so vergrößert sich sein Wert.

2) Wird der Nenner eines Bruchs vergrößert, so vergrößert sich sein Wert.

3) Ein Bruch wird mit einer ganzen Zahl multipliziert, indem man Zähler und Nenner mit dieser Zahl multipliziert.

4) Ein Bruch wird durch eine ganze Zahl dividiert, indem man den Nenner mit dieser Zahl multipliziert.

BCD **1.71** Ändere den Bruch $\frac{7}{11}$ zuerst, indem du den Zähler um 1 verminderst und danach, indem du den Nenner um 1 vergrößerst. Welcher der entstehenden Brüche ist größer? Versuche nun, Beispiele zu finden, bei denen die Frage anders als in diesem Beispiel zu beantworten ist. Kann es sein, dass die entstehenden Brüche den gleichen Wert haben? Begründe.

TE Aufgaben 1.72 – 1.73: Berechne die Ergebnisse und überprüfe deine Berechnungen mit deiner Technologie. Achte dabei auf die notwendigen Klammern bei der Eingabe.

B **1.72** ***a)*** $\frac{\frac{2}{3}+1}{\frac{5}{7}}$ ***b)*** $\frac{\frac{3}{4}}{1+\frac{1}{2}}$ ***c)*** $\frac{\frac{1}{2}+\frac{2}{3}}{\frac{1}{5}}$ ***d)*** $\frac{2-\frac{1}{4}}{1+\frac{3}{4}}$

B **1.73** ***a)*** $\frac{\frac{4}{7}\cdot\frac{1}{2}+1}{2-\frac{7}{8}}$ ***b)*** $\frac{1\frac{1}{2}+\frac{2}{3}}{-\frac{1}{2}\cdot\frac{2}{3}}$ ***c)*** $\frac{\frac{1}{3}-\frac{1}{2}}{\frac{2}{3}\cdot\frac{6}{7}-1\frac{1}{7}}$ ***d)*** $\frac{\frac{1}{4}\cdot\frac{2}{5}-1}{\frac{1}{3}-\frac{5}{8}}$

B **1.74** Ermittle das Ergebnis mithilfe des Taschenrechners und gib es als Dezimalzahl und in Bruchform an.

TE

a) $\frac{3}{4+\frac{1}{2}}$ ***b)*** $\frac{\frac{2}{3}+1}{5}$ ***c)*** $\frac{4-\frac{5}{7}}{\frac{1}{2}}$ ***d)*** $\frac{\frac{4}{7}-\frac{1}{4}}{1+\frac{1}{5}}$

BC **1.75** Schreibe die Rechungen ***1)*** bis ***4)*** in der Anzeige deines Rechenwerkzeugs als Brüche an. Ordne jeweils das passende Ergebnis ***A)*** bis ***E)*** zu. Führe die Berechnung mit deinem Rechenwerkzeug durch und kontrolliere das Ergebnis.

TE

a)

1)	2/3+5	***A)***	1
2)	2/(3+5)	***B)***	17/3
3)	(2+3)/5	***C)***	13/5
4)	2+3/5	***D)***	1/3
		E)	1/4

b)

1)	4/(5+2/3)	***A)***	5
2)	4/5+2/3	***B)***	13/2
3)	4+5/(2+3)	***C)***	19/2
4)	4+5/2+3	***D)***	22/15
		E)	12/17

1.3.2 Verhältnisse

1.76 Sophie und Maximilian bekommen von ihren Eltern einmal in der Woche Taschengeld. Im Vorjahr erhielt Sophie, die Ältere, 8,00 € und Maximilian 4,00 €. Heuer erhält Sophie 10,00 €. Wie viel Taschengeld wäre für Maximilian nun gerechter: 5,00 € oder 6,00 €? ABD

Vergleicht man zwei Zahlen (oder Größen) miteinander, so kann dies auf zwei Arten geschehen. Durch die Subtraktion wird die Differenz berechnet, durch die Division das Verhältnis ermittelt. Zum Beispiel ist der Gangkhar Puensum, der zur Zeit höchste noch unbestiegene Berg der Welt, um 3 772 m höher als der Großglockner und damit ungefähr zweimal so hoch wie der höchste Berg Österreichs.

Verhältnisse sind oft aussagekräftiger als Differenzen: Ein Elefant kann 500 kg tragen, das ist rund ein Zehntel seiner Körpermasse. Der ca. 25 g schwere Nashornkäfer kann zwar höchstens 20 kg heben, allerdings kann er damit das 800fache seiner Körpermasse tragen.

Unter dem **Verhältnis** zweier Zahlen (bzw. Größen) a und b versteht man den Quotienten $\frac{a}{b}$ und schreibt oft a : b [sprich: „a zu b"].

Im Allgemeinen werden Verhältnisse so umgeformt, dass entweder a oder b gleich 1 ist, oder das Verhältnis wird mit möglichst kleinen ganzen Zahlen angegeben.

1.77 Stelle das Verhältnis 24 : 36 als Verhältnis möglichst kleiner natürlicher Zahlen dar. B

Lösung:
24 : 36 = 2 : 3 • Division durch 12 = ggT(24, 36)

1.78 Bring das Verhältnis 10 : 125 in die Form a : 1. B

Lösung:
10 : 125 = 0,08 : 1 • Division durch 125

1.79 Prüfe, ob folgende Aussage richtig ist und begründe deine Antwort. BD
a) 150 : 30 = 25 : 5 **b)** 35 : 20 = 5 : 3 **c)** 100 : 20 = 4 : 1 **d)** 81 : 18 = 9 : 2

1.80 Bring das gegebene Verhältnis in die Form **1)** a : 1, **2)** 1 : b. B
a) 32 : 8 **b)** 52 : 13 **c)** 56 : 14 **d)** 18 : 96

Aufgaben 1.81 – 1.82: Stelle jeweils als Verhältnis möglichst kleiner ganzer Zahlen dar.

1.81 **a)** 68 : 85 **b)** 567 : 837 **c)** 648 : 504 **d)** 645 : 860 B

1.82 **a)** 1,25 : 2,5 **b)** 0,48 : 1,68 **c)** 51,84 : 691,2 **d)** 0,2 : 3,6 B

1.83 Welches Größenverhältnis besteht zwischen einem Neugeborenen und einem Erwachsenen, wenn die Durchschnittsgröße eines Neugeborenen mit 50 cm und die Durchschnittsgröße eines Erwachsenen mit 1,75 m angenommen werden kann? AB

1.84 In einer Gruppe von 100 Männern sind erfahrungsgemäß 8 farbenfehlsichtig. Wie viele normal sehende Männer kommen auf einen farbenfehlsichtigen Mann? AB

1.85 Beantworte die Frage und begründe deine Antwort. D
1) Wie muss sich a ändern, wenn das Verhälnis a : b gleich bleiben soll, während b verdoppelt wird?
2) Wie ändert sich das Verhältnis a : b, wenn a halbiert und b vervierfacht wird?

1.3.3 Rationale Zahlen in Dezimaldarstellung

Rationale Zahlen können nicht nur in Bruchdarstellung sondern auch in Dezimaldarstellung angeschrieben werden. Man gelangt von der Bruch- zur Dezimaldarstellung, indem man die durch den Bruchstrich angegebene Teilung als Division anschreibt.

BD **1.86** Schreibe anstelle des Bruchs die Division auf und berechne. ***1)*** $\frac{3}{4}$ ***2)*** $\frac{1}{3}$
Beschreibe den unterschiedlichen Verlauf der beiden Divisionen mit eigenen Worten.

Wenn die Division nach einer endlichen Anzahl von Dezimalstellen abbricht, erhalten wir eine endliche Dezimaldarstellung. Andernfalls führt die Division auf eine periodische Dezimaldarstellung (Vergleiche Aufgabe 1.86). Auch rationale Zahlen kann man auf der Zahlengeraden darstellen:

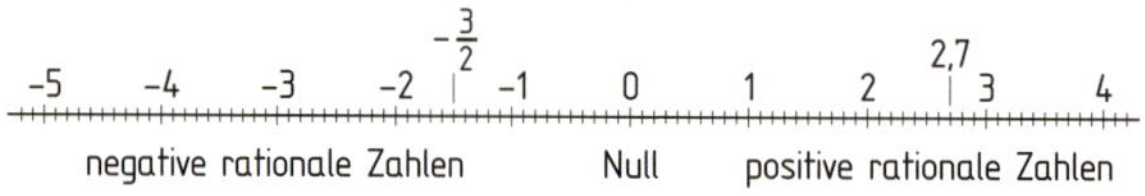

Zwischen zwei rationalen Zahlen kann man immer beliebig viele weitere rationale Zahlen finden. ZB: zwischen 1,1 und 1,2 liegen 1,11; 1,12 ... zwischen 1,11 und 1,12 liegen 1,111; 1,112 ...

BCD **1.87** Führe die durch den Bruchstrich gegebene Division aus. ***1)*** $\frac{1}{7}$ ***2)*** $\frac{3}{11}$
Überlege anhand der beiden Beispiele. Zwischen welchen Werten kann der Rest bei der Division jeweils liegen? Nach höchstens wie vielen Divisionsschritten muss sich ein Rest ergeben, der im Verlauf der Division bereits aufgetreten ist?

Jede rationale Zahl in Bruchschreibweise lässt sich durch Ausführen der entsprechenden Division in eine endliche oder eine periodische Dezimaldarstellung umwandeln. Umgekehrt kann man jede endliche und jede periodische Dezimaldarstellung in eine Bruchdarstellung umwandeln.

B **1.88** Ermittle die Bruchdarstellung.
a) 0,031 ***b)*** $0{,}0\dot{3}\dot{1}$

Lösung:
a) $0{,}031 = \frac{31}{1\,000}$

b) $0{,}0\dot{3}\dot{1} = 0{,}031\ 31\ 31... = x$

$$x = 0{,}0\,31\,31\,31\,31\ldots \quad | \cdot 100$$
$$- \quad 100 \cdot x = 3{,}1\,31\,31\,31\,31\ldots$$
$$99 \cdot x = 3{,}1\,00\,00\,00\,00\ldots \quad | \cdot 10$$
$$990 \cdot x = 31 \quad | : 990$$
$$x = \frac{31}{990}$$

- Achte darauf, an welcher Stelle die letzte (von 0 verschiedene) Ziffer der Dezimalzahl steht, zum Beispiel 1 steht an der Tausendstelstelle.
- Multipliziere mit 10, falls die Periode eine Ziffer lang ist, bei einer 2-ziffrigen Periode mit 100, bei 3 Ziffern mit 1 000 usw. Subtrahiere nun. Falls die Differenz keine ganze Zahl sondern – wie in diesem Beispiel – eine endliche Dezimalzahl ist, multipliziere so, dass sich eine ganze Zahl ergibt. Ermittle x durch geeignetes Dividieren.

B **1.89** Ermittle durch Ausführen der Division die endliche Dezimaldarstellung des gegebenen Bruchs.
a) $\frac{1}{4}$ ***b)*** $\frac{2}{5}$ ***c)*** $\frac{7}{10}$ ***d)*** $\frac{8}{25}$ ***e)*** $\frac{11}{50}$ ***f)*** $\frac{13}{100}$ ***g)*** $\frac{9}{125}$

B **1.90** Ermittle durch Ausführen der Division die periodische Dezimaldarstellung des gegebenen Bruchs.
a) $\frac{1}{3}$ ***b)*** $\frac{2}{7}$ ***c)*** $\frac{7}{9}$ ***d)*** $\frac{8}{11}$ ***e)*** $\frac{11}{6}$ ***f)*** $\frac{11}{12}$ ***g)*** $\frac{1}{99}$

Aufgaben 1.91 – 1.92: Schreibe jeweils als Bruch und kürze wenn möglich.

1.91 **a)** 0,4 **b)** 0,3 **c)** 0,05 **d)** 0,08 **e)** 0,007 **f)** 0,004 **g)** 0,000 8 **h)** 0,000 9 B

1.92 **a)** 0,24 **b)** 0,35 **c)** 0,375 **d)** 1,18 **e)** 0,055 **f)** 0,145 **g)** 0,084 **h)** 1,012 B

1.93 Zeichne einen geeigneten Ausschnitt der Zahlengeraden und markiere die angegebenen rationalen Zahlen. B

a) $-4{,}3$; $\frac{7}{2}$; $2{,}5$; $-\frac{1}{10}$
b) $0{,}99$; $\frac{49}{50}$; $1{,}01$; $0{,}995$; $1{,}025$
c) $-4{,}03$; $-3{,}97$; $-3{,}09$; $-4{,}13$
d) $-\frac{1}{1\,000}$; $-0{,}000\,97$; $-0{,}001\,2$; $-\frac{99}{100\,000}$

1.94 Beantworte die Frage und fertige eine Skizze an. B
Welche Zahl liegt auf der Zahlengeraden
a) 9 Einheiten links von (−23)?
b) 0,9 Einheiten rechts von (−5,4)?
c) 0,01 Einheiten links von (−1)?
d) 0,000 1 Einheiten rechts von (−0,01)?

Aufgaben 1.95 – 1.96: Lies ab, welche Zahlen auf der Zahlengeraden markiert sind.

1.95 C

1.96 C

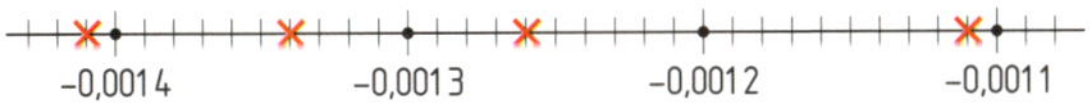

1.97 Wie lautet die Dezimalzahl, die genau in der Mitte zwischen den angegebenen Zahlen liegt? AB
a) 3,4 und 3,5 **b)** 7,01 und 7,02 **c)** −0,004 und −0,005 **d)** 2,104 6 und 2,104 7

1.98 Gib drei Zahlen an, die zwischen den gegebenen Zahlen und näher bei der kleineren der beiden liegen. AB
a) −1,5 und −1,6 **b)** 6,2 und 6,3 **c)** −5,55 und −5,56 **d)** −0,002 und −0,003

1.99 Welchen Bruch gibt die periodische Dezimalzahl an? B
a) $0{,}\dot{3}$ **b)** $0{,}0\dot{4}$ **c)** $0{,}\dot{2}\dot{3}$ **d)** $0{,}0\dot{4}\dot{8}$ **e)** $0{,}\dot{5}0\dot{7}$

1.100 Stellt der Bruch eine periodische oder endliche Dezimalzahl dar? Begründe deine Antwort. BD
a) $\frac{17}{35}$ **b)** $\frac{19}{32}$ **c)** $\frac{1}{125}$ **d)** $\frac{45}{90}$

Zahlen und Mengen

Bei **Computeralgebrasystemen (CAS)** und **grafikfähigen Taschenrechnern (GTR)** kann man die Art der Ausgabe von Ergebnissen meist selbst wählen (Bruchdarstellung oder Dezimalzahl).

Wechseln von Darstellungsformen im TI-Nspire:

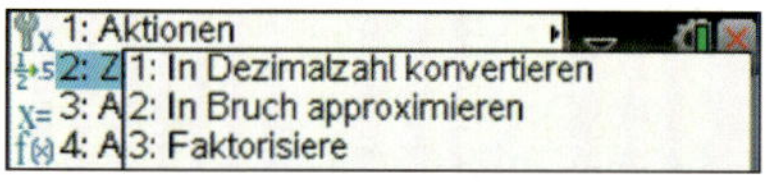

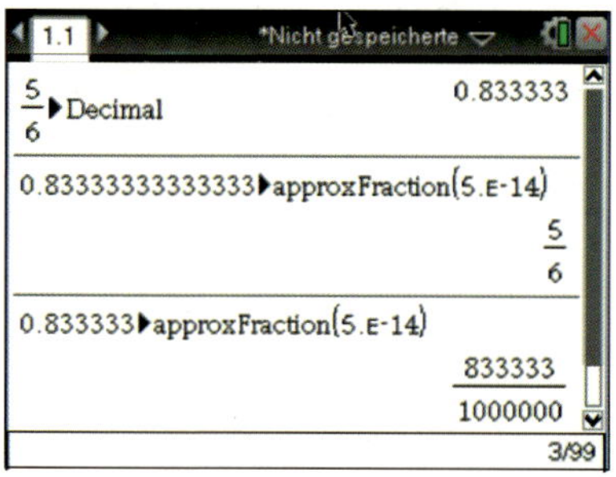

Im Menüpunkt **Calculator** kann unter Zahl angegeben werden, ob eine Dezimalzahl in einen Bruch umgewandelt (konvertiert) werden oder ob ein Bruch (näherungsweise) als Dezimalzahl dargestellt werden soll.

Am Beispiel des Bruchs $\frac{5}{6}$ kann man die „Gefahren" des Wechsels der Darstellungsformen erkennen: $\frac{5}{6}$ entspricht der periodischen Dezimalzahl $0{,}8\dot{3}$. Die Konvertierung in eine Dezimalzahl ergibt im CAS mit 0,833333 daher nur eine Näherung für den tatsächlichen Wert des Bruchs.

Wandelt man dieses Ergebnis mit **ANS** sofort wieder in einen Bruch um, so erhält man interessanter Weise $\frac{5}{6}$. Die händische Eingabe der Dezimalkonvertierung liefert bei einer „Rückumwandlung" in einen Bruch allerdings nicht mehr $\frac{5}{6}$. Der Grund dafür liegt darin, dass manche CAS intern entweder weiterhin mit dem Bruch rechnen (obwohl er als Dezimalzahl angezeigt wird) oder intern mit weit mehr Dezimalstellen rechnen als angezeigt werden. Beim approximieren einer Dezimalzahl als Bruch wird dann jener Bruch angezeigt, der innerhalb eines vorgegebenen Fehlers der Dezimalzahl am nächsten kommt (im Screenshot ist ein maximaler Fehler von 5*10^(-14) vorgegeben).

Wechseln der Darstellungsformen mit dem TI-84+:

Im Menü **MATH** kann man die Darstellung als Bruch (**Frac**) oder als Dezimalzahl (**Dec**) auswählen.

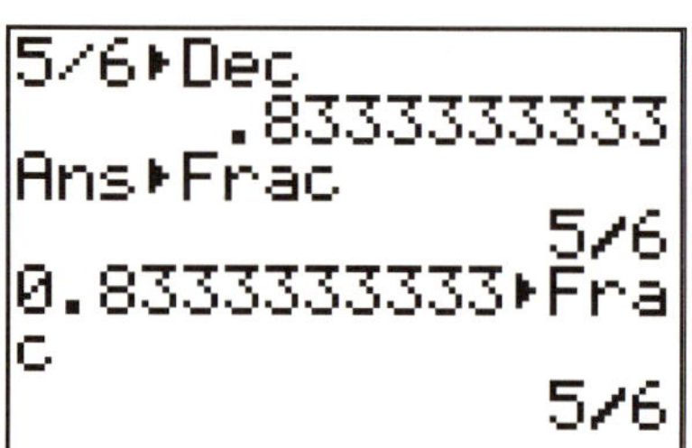

Das Beispiel zeigt, dass der Bruch $\frac{5}{6}$ auch vom GTR näherungsweise als Dezimalzahl dargestellt werden kann und anschließend die „Rückverwandlung" des Näherungswertes (**ANS**) in den Bruch möglich ist. Dass dies genau genommen nicht ganz korrekt ist, wird oben am Beispiel des TI-Nspire näher erklärt.

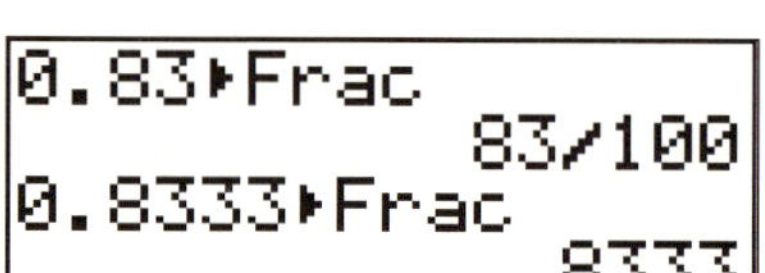

Interessant ist, dass die Umwandlung von Dezimalzahlen in Brüche beim GTR relativ rasch an die Grenzen des GTR stößt. Während 0,83 noch korrekt als $\frac{83}{100}$ dargestellt wird, scheitert die Darstellung von 0,833 3 als $\frac{8\,333}{10\,000}$ bereits.

B **1.101** Wandle die Dezimalzahl in einen gekürzten Bruch um. Kontrolliere deine Rechnung mit Technologie.

TE

a) 0,55 ***b)*** 1,24 ***c)*** 0,016 ***d)*** 0,256 ***e)*** 0,007 5

1.3.4 Prozent und Promille

1.102 Joghurt wird mit unterschiedlichem Fettgehalt verkauft. Wie viel Milliliter (mℓ) reines Fett sind in 200 mℓ Joghurt mit einem Fettgehalt von 1 % enthalten? **AB**

Kleine Anteile von einem Ganzen werden im Alltag meist durch Prozent, Promille oder parts per million (ppm) beschrieben.

> Prozent: $1\,\% = \frac{1}{100} = 0{,}01$ Promille: $1\,‰ = 0{,}001$ parts per million: $1\text{ ppm} = 0{,}000\,001$
>
> p % eines **Grundwerts G** werden als **Anteil A** (Prozentanteil, Prozentwert) bezeichnet.
>
> **p %** nennt man **Prozentsatz**. $A = \frac{G \cdot p}{100}$

Durch Umformen der Formel $A = \frac{G \cdot p}{100}$ erhält man $p = \frac{A}{G} \cdot 100$ zur Berechnung des Prozentsatzes bzw. $G = \frac{A \cdot 100}{p}$ zur Berechnung des Grundwerts.

Promilleangaben beziehen sich auf 1 000 ‰. Der Umrechnungsfaktor bei der Multiplikation ist somit $\frac{1}{1\,000}$ und es gilt entsprechend $A = \frac{G \cdot p}{1\,000}$, $p = \frac{A}{G} \cdot 1\,000$ und $G = \frac{A \cdot 1\,000}{p}$.

Prozentaufgaben können auf verschiedene Arten gelöst werden, die anhand des folgenden Beispiels gezeigt werden.

1.103 In einer Zeitung wird berichtet, dass die Firma NieFrost mit ihren Heizungsanlagen im Vorjahr einen Umsatz von 3,5 Millionen € hatte. Dieser wird dieses Jahr vermutlich um 12 % gesteigert. Berechne die erwartete Umsatzsteigerung in Euro. **AB**

Lösung:

1. Möglichkeit: Schlussrechnung

100 % .... 3 500 000,00 €

1 % .... $\frac{3\,500\,000{,}00\,€}{100}$

12 % .... A

$A - \frac{3\,500\,000{,}00\,€ \cdot 12}{100} - 420\,000{,}00\,€$

- Der Prozentwert (Prozentanteil) A steht immer im direkten Verhältnis zum Prozentsatz: Je höher der Prozentsatz, desto größer die Umsatzsteigerung.
- Die Umsatzsteigerung ist gesucht, daher sind die gegebenen 3,5 Millionen € entsprechen 100 %.

2. Möglichkeit: Formel

$A = \frac{G \cdot p}{100} = \frac{3\,500\,000{,}00\,€ \cdot 12}{100} = 420\,000{,}00\,€$

3. Möglichkeit: Multiplikation

$12\,\% = \frac{12}{100} = 0{,}12$

$A = 3\,500\,000{,}00\,€ \cdot 0{,}12 = 420\,000{,}00\,€$

- Schreibe die Prozentangabe als Dezimalzahl an.
- Multipliziere den Grundwert mit dieser Dezimalzahl.

1.104 Ermittle 3 ‰ und 15 ppm von 4 Millionen. **B**

Lösung:

3 ‰ von 4 000 000 ... $4\,000\,000 \cdot 0{,}003 = 12\,000$

15 ppm von 4 000 000 ... $4\,000\,000 \cdot 0{,}000\,015 = 60$

B **1.105** Welchen Betrag B erhält man, wenn man den Grundwert G von 5 000,00 € um 7 % vermindert?

Lösung:

$B = G - G \cdot 0{,}07$ • 7 % des Grundwerts vom Grundwert abziehen.

$B = G \cdot (1 - 0{,}07) = G \cdot 0{,}93 = 5\,000{,}00\ € \cdot 0{,}93 = 4\,650{,}00\ €$

B **1.106** Gib in Prozent und Promille an.

a) $\frac{1}{4}$ ***b)*** $\frac{1}{5}$ ***c)*** $\frac{3}{10}$ ***d)*** $\frac{5}{8}$ ***e)*** 0,33 ***f)*** 1,25 ***g)*** 0,003 ***h)*** 0,125

B **1.107** Berechne den Prozentwert bzw. Promillewert.

a) 20 % von 40,00 € ***d)*** 85 ‰ von 90 mg ***g)*** 1 ‰ von 5,5 ℓ
b) 145 % von 110 km ***e)*** 80 % von 30,5 h ***h)*** 0,3 ‰ von 18 km
c) 40 ‰ von 70 000 km^2 ***f)*** 115 % von 120 $\frac{km}{h}$ ***i)*** 3,25 % von 12 500,00 €

B **1.108** Berechne den Prozentsatz für den angegebenen Prozentwert und Grundwert.

a) 30 ha von 120 ha ***b)*** 25 m von 125 m ***c)*** 3 t von 60 t ***d)*** 36 mg von 80 mg

B **1.109** Berechne den Promillesatz für den angegebenen Promillewert und Grundwert.

a) 8 m von 256 m ***b)*** 74 mℓ von 222 mℓ ***c)*** 0,175 s von 350 s ***d)*** 15 hℓ von 225 hℓ

B **1.110** Berechne den Grundwert.

a) 33,00 € sind 11 % von ... ***b)*** 57 km^2 sind 19 ‰ von ... ***c)*** 84 h sind 21 % von ...

AD **1.111** Um einen Grundwert G um 20 % zu vermehren, rechnet Anna $1{,}2 \cdot G$. Begründe, warum diese Rechnung richtig ist.

AB **1.112** Gib den Faktor an, mit dem der Grundwert G multipliziert werden muss.

a) 95 % von G ***c)*** um 3 % weniger ***e)*** G wird um 15 % verringert
b) G wird um 10 % erhöht ***d)*** um 100 % mehr ***f)*** 75 ppm von G

AB **1.113** Vollmilch wird mit einen Fettgehalt von 3,6 % verkauft. Wie viel Milliliter reines Fett sind in einem halben Liter Vollmilch enthalten?

AB **1.114** In einem Jahr verletzten sich 5 400 Radfahrerinnen und Radfahrer im Straßenverkehr und 26 400 bei Freizeitunfällen. 21 700 der an Freizeitunfällen Beteiligten trugen keinen Fahrradhelm, 21 % davon erlitten Kopfverletzungen.

a) Wie viel Prozent der an Freizeitunfällen beteiligten Personen trugen keinen Helm?
b) Wie viele Personen ohne Helm erlitten bei Freizeitunfällen eine Kopfverletzung?

ABC **1.115** 5 % der täglichen Produktion, das sind 800 Stück, sind Ausschuss. Wie viel Stück werden im Monat Juli produziert, wenn täglich gearbeitet wird? Wie viel Stück sind es mindestens bzw. höchstens, wenn Samstag und Sonntag nichts produziert wird?

AB **1.116** Der Preis eines Pullovers wird von 100,00 € zuerst um 10 % erhöht und nach einer Woche um 10 % vermindert. Wird der Pullover jetzt wieder um 100,00 €, um weniger als 100,00 € oder um mehr als 100,00 € verkauft? Schätze zuerst, bevor du rechnest!

ABD **1.117** Der Preis eines Flachbildfernsehapparats wird von 990,00 € zuerst um 15 % verringert und nach einem Monat um 15 % erhöht. Wird der Fernsehapparat jetzt wieder um 990,00 €, um weniger als 990,00 € oder um mehr als 990,00 € verkauft?
Ist es egal, ob zuerst erhöht oder zuerst reduziert wird? Begründe durch eine Rechnung.

ABCD **1.118** In einer Reklame wurde angekündigt: „Heute ersparen Sie sich die Mehrwertsteuer."
Beim Einkauf wurden dann aber nur 16,67 % vom normalen Verkaufspreis abgezogen.
Hast du Einwände gegen diese Berechnung? Kommentiere und begründe ausführlich.

1.4 Reelle Zahlen

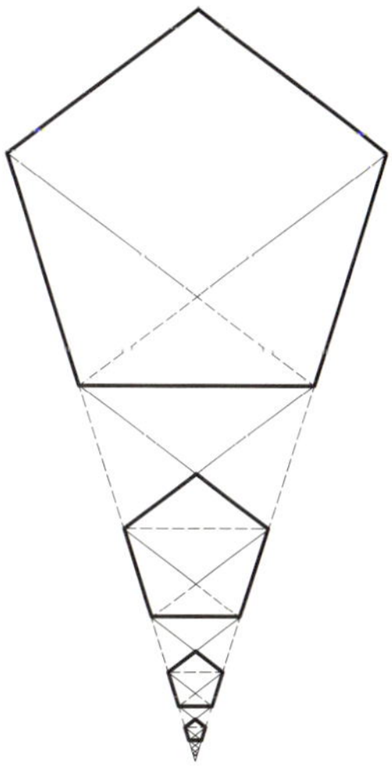

Die Anhänger des Pythagoras (ca. 570 – 510 v. Chr.) waren noch davon überzeugt, dass sich die Welt durch Verhältnisse ganzer Zahlen vollkommen beschreiben lässt. „Alles ist Zahl" war der Leitspruch der Pythagoreer, die man heute wohl als Sekte bezeichnen würde. Ca. 450 v. Chr. machte ein Mitglied, Hippasos von Metapont, eine folgenschwere Entdeckung. Die Seitenlänge und die Diagonale eines regelmäßigen Fünfecks haben ein Längenverhältnis, das sich nicht durch einen Bruch beschreiben lässt. Weil er diese Erkenntnis nicht für sich behielt, wurde er als Verräter bezeichnet. Ob sein Tod bei einem Schiffsunglück bald danach Zufall war, wird wohl nicht mehr zu klären sein.

Schon bald danach wussten die Mathematiker, dass $\sqrt{2}, \sqrt{3}, \sqrt{5}$ ... nicht durch rationale Zahlen dargestellt werden können.

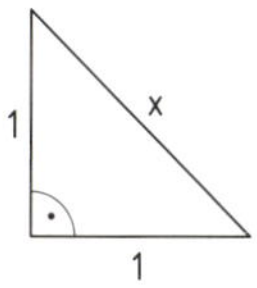

Wir betrachten nebenstehendes Dreieck.
Nach dem Satz des Pythagoras muss gelten:

$$x^2 = 1^2 + 1^2 \Rightarrow x^2 = 2$$

x muss also eine Zahl sein, die, mit sich selbst multipliziert, 2 ergibt. Angenommen, es gibt eine rationale Zahl x ($1 < x < 2$), die diese Forderung erfüllt. Wir geben diese Zahl als gekürzten Bruch an.

$$x = \frac{p}{q} \text{ mit } ggT(p, q) = 1, q \neq 1$$

Dann ist $x^2 = \frac{p}{q} \cdot \frac{p}{q}$ ebenfalls nicht mehr kürzbar, x^2 daher keine ganze Zahl. Das ist ein Widerspruch zu unserer Annahme $x^2 = 2$. Es gibt also keine rationale Zahl x mit $x^2 = 2$. Die Zahl x kann dann weder eine periodische noch eine endliche Dezimalzahl sein. x muss daher eine nicht periodische Dezimalzahl mit unendlich vielen Dezimalstellen sein.

Wurzeln aus natürlichen Zahlen sind natürliche Zahlen oder irrationale Zahlen. Im letzteren Fall kann man ihren Wert nur bis zu einer gewissen Genauigkeit angeben, zB $\sqrt{2} = 1{,}414\,213\,5... \approx 1{,}41$.

Auch die Kreiszahl $\pi = 3{,}141\,592\,653\,589\,7... \approx 3{,}14$ ist eine irrationale Zahl, der Nachweis ist jedoch umfangreich und schwierig.

Eine Zahl, die nicht als Verhältnis ganzer Zahlen ausdrückbar ist, hat eine nicht periodische Dezimaldarstellung mit unendlich vielen Dezimalstellen und heißt **irrationale Zahl**.

Die Menge der rationalen Zahlen und die Menge der irrationalen Zahlen bilden zusammen die Menge der **reellen** Zahlen. Die Menge der reellen Zahlen wird mit $\mathbb{R}$ bezeichnet. Jeder reellen Zahl kann ein Punkt auf der Zahlengeraden zugeordnet werden und umgekehrt. Auch für reelle Zahlen gelten die für die natürlichen Zahlen besprochenen Rechengesetze.

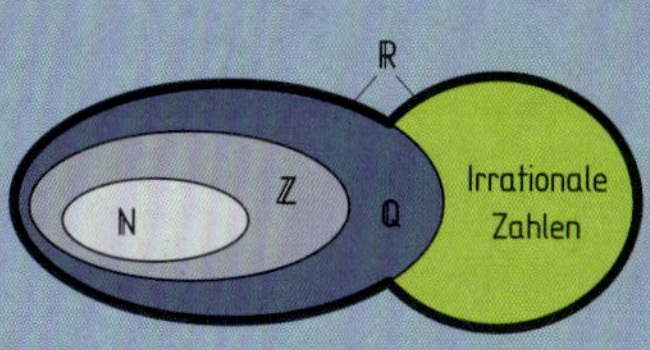

Zahlen und Mengen

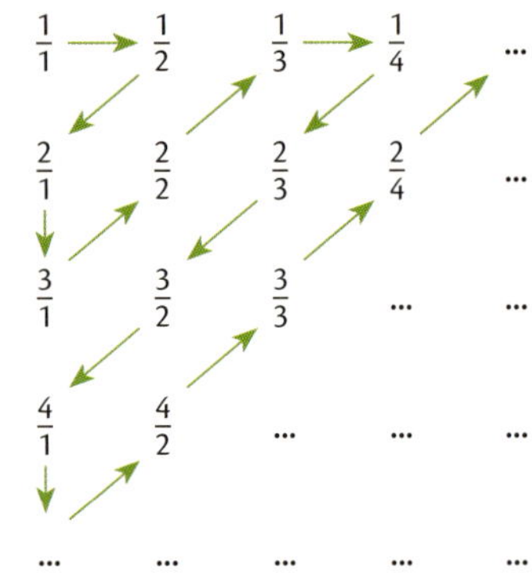

Wir wissen bereits, dass es unendlich viele rationale Zahlen gibt. Man kann die Menge der rationalen Zahlen aber „durchnummerieren“:

Das Verfahren heißt nach seinem Erfinder 1. Cantor'sches Diagonalverfahren (Georg Cantor, deutscher Mathematiker, 1845 – 1918). Dabei werden die rationalen Zahlen, wie durch die Pfeile angezeigt, durchlaufen. Brüche gleichen Werts werden nur beim ersten Auftreten gezählt.

Man sagt, es gibt **abzählbar unendlich** viele rationale Zahlen.

Im Gegensatz dazu kann man die Menge der reellen Zahlen nicht durchnummerieren. Man nennt die Menge der reellen Zahlen daher **überabzählbar**.

Eine Teilmenge der reellen Zahlen, die sich als zusammenhängender Bereich auf der Zahlengeraden darstellen lässt, nennt man ein **Intervall**.
Intervalle können in Intervallschreibweise oder als Menge angegeben bzw. auf der Zahlengeraden dargestellt werden.

ZB:

$[2; 5] = \{x \in \mathbb{R} \mid 2 \leq x \leq 5\}$

abgeschlossenes Intervall:
Alle reellen Zahlen zwischen 2 und 5, wobei die „Ränder“ 2 und 5 zum Intervall gehören.

$[2; 5[= \{x \in \mathbb{R} \mid 2 \leq x < 5\}$

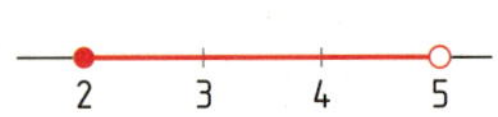

rechts offenes Intervall:
5 gehört dem Intervall nicht an.

$]2; 5] = \{x \in \mathbb{R} \mid 2 < x \leq 5\}$

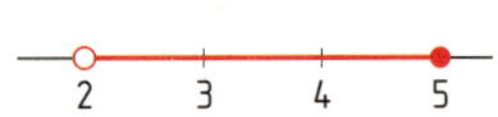

links offenes Intervall:
2 gehört dem Intervall nicht an.

$]2; 5[= \{x \in \mathbb{R} \mid 2 < x < 5\}$

offenes Intervall:
Weder 2 noch 5 gehören dem Intervall an.

B **1.119** Schreibe den angegebenen Bereich der reellen Zahlen als Intervall an und kennzeichne ihn auf einem geeigneten Ausschnitt der Zahlengeraden.

a) $A = \{x \in \mathbb{R} \mid -1 \leq x < 3\}$
b) $B = \{x \in \mathbb{R} \mid 1 < x \leq 6\}$
c) $C = \{x \in \mathbb{R} \mid -4 < x < -1{,}5\}$
d) $D = \{x \in \mathbb{R} \mid 2{,}5 \leq x \leq 5\}$
e) $E = \{x \in \mathbb{R} \mid -7 < x \leq -5\}$
f) $F = \{x \in \mathbb{R} \mid 1 < x < 2\}$

B **1.120** Schreibe als Menge an.

a) [3; 6] ***b)***]5; 8,9[***c)***]−7; −2,5] ***d)*** [0; 3,7[***e)***]−2,3; 0,5[

BD **1.121** Die Abbildung rechts zeigt die Spirale des griechischen Mathematikers Theodoros von Kyrene (ca. 460 v. Chr. – 399 v. Chr.)

1) Erkläre, welche Formel er dabei anwendet.
2) Konstruiere eine Spirale bis $\sqrt{17}$.

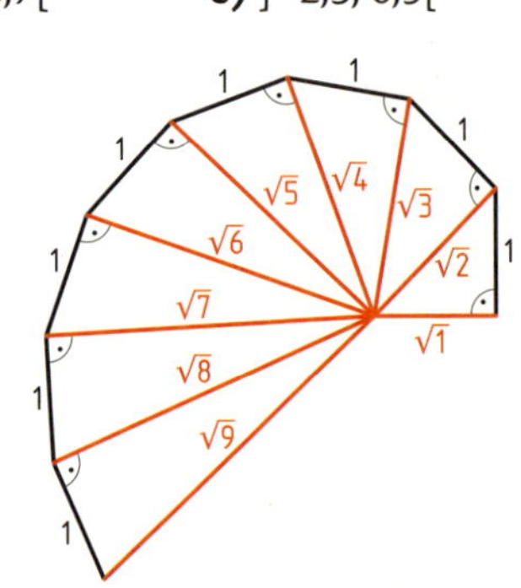

1.5 Potenzen und Wurzeln

1.5.1 Grundlagen

MDCCCLXXIX – MCMLV
Abb. 1.2

Kannst du dir vorstellen, dass Einstein all seine Berechnungen auch mit römischen Zahlen durchführen hätte können? Wohl kaum, schon der Versuch, aus den Daten unter seinem Bild (Abb. 1.2) zu berechnen, wie alt er wurde, ist mühsam, wenn wir die römischen Zahlen nicht durch Zahlen aus unserem Stellenwertsystem ersetzen. Dieses Stellenwertsystem erleichtert die Angabe von sehr großen und sehr kleinen Zahlen, weil wir die Zehnerpotenzen, die sich hinter unseren Zahlen „verstecken", nicht anschreiben müssen.

Sowohl für die „Alltagstauglichkeit" der Mathematik als auch für ihre Weiterentwicklung war es wichtig, Zahlen und Rechenvorgänge möglichst kurz und einfach anzuschreiben.

Für die **Multiplikation von gleichen Faktoren** verwenden wir die Schreibweise:
$\underbrace{a \cdot a \cdot a \cdot \ldots \cdot a}_{n\ \text{Faktoren}} = a^n$ [sprich: „a hoch n"]

Zusätzlich wird festgelegt: $a^1 = a$
$a^0 = 1$ mit $a \neq 0$

Bezeichnungen: a^n
a ... **Basis** oder Grundzahl n ... **Exponent** oder Hochzahl
Der Rechenvorgang wird **Potenzieren**, a^n wird **Potenz** genannt.

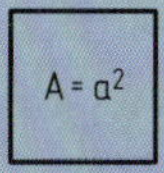

Quadrat

Für die am häufigsten auftretenden Hochzahlen 2 und 3 gibt es eigene Bezeichnungen:
a^2 ... Rechenvorgang: Quadrieren, Ergebnis: Quadrat
a^3 ... Rechenvorgang: Kubieren, Ergebnis: Kubus
(Mehrzahl: Kuben)

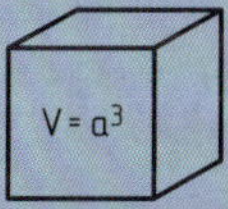

Würfel
(latein: „cubus")

10^n ... Zehnerpotenz

1.122 Schreibe als Potenz an und berechne das Ergebnis. B

a) $5 \cdot 5 \cdot 5$ ***b)*** $(-8) \cdot (-8)$

Lösung:
a) $5 \cdot 5 \cdot 5 = 5^3 = 125$ ***b)*** $(-8) \cdot (-8) = (-8)^2 = 64$

1.123 Schreibe als Potenz an und berechne wenn möglich. B

a) $(-3) \cdot (-3) \cdot (-3) \cdot (-3)$ ***b)*** $0{,}4 \cdot 0{,}4 \cdot 0{,}4 \cdot 0{,}4$ ***c)*** $a \cdot a \cdot a \cdot a \cdot a \cdot a$

1.124 Schreibe als Produkt an und berechne. B

a) $(-2)^3$ ***b)*** 4^3 ***c)*** 2^2 ***d)*** $(-3)^2$

1.5.2 Rechnen mit Potenzen

B **1.125** Schreibe die Rechnungen mithilfe von Potenzen an und berechne jeweils das Ergebnis.

1) $2 \cdot 2 + 3 \cdot 3$ **2)** $2 + 3 \cdot 3$ **3)** $2 \cdot 2 + 3$ **4)** $(2 + 3) \cdot (2 + 3)$

Der **Exponent** bezieht sich immer nur **auf einen** Wert bzw. Ausdruck. Achte auf die richtige Reihenfolge des Abarbeitens, zB $7 + 4 \cdot 3^2 = 7 + 4 \cdot 9 = 7 + 36 = 43$.

Merkhilfe: **Potenz vor Punktrechnung vor Strichrechnung**

Potenzieren von negativen Zahlen
Überlege anhand der Vorzeichenregeln der Multiplikation:
ZB: $(-2)^2 = (-2) \cdot (-2) = +4$
$(-2)^3 = (-2) \cdot (-2) \cdot (-2) = -8$
$(-2)^4 = (-2) \cdot (-2) \cdot (-2) \cdot (-2) = +16$
$(-2)^5 = (-2) \cdot (-2) \cdot (-2) \cdot (-2) \cdot (-2) = -32$

Potenz eines Produkts
ZB: $(5 \cdot 3)^2 = 5 \cdot 3 \cdot 5 \cdot 3 = 5 \cdot 5 \cdot 3 \cdot 3 = 5^2 \cdot 3^2$

Ein **Produkt** wird potenziert, indem man **jeden Faktor** einzeln **potenziert**.

Potenz eines Bruchs (Quotienten)
ZB: $\left(\frac{3}{4}\right)^2 = \frac{3}{4} \cdot \frac{3}{4} = \frac{3^2}{4^2}$

Ein **Bruch** wird potenziert, indem man **Zähler** und **Nenner** getrennt **potenziert**.

Potenz einer Potenz
ZB: $(5^2)^3 = (5^2) \cdot (5^2) \cdot (5^2) = 5 \cdot 5 \cdot 5 \cdot 5 \cdot 5 \cdot 5 = 5^6$

Beim **Potenzieren** einer Potenz werden die **Exponenten multipliziert**. Die Basis bleibt dabei unverändert.

Achte auf den Unterschied: ZB: $(5^2)^3 = (5^3)^2 = 5^6$, aber $5^{(2^3)} = 5^8$

Für **Potenzen mit gleicher Basis** gilt:
ZB: $7^3 \cdot 7^2 = 7 \cdot 7 \cdot 7 \cdot 7 \cdot 7 = 7^{3+2} = 7^5$
ZB: $\frac{4^5}{4^3} = \frac{4 \cdot 4 \cdot 4 \cdot 4 \cdot 4}{4 \cdot 4 \cdot 4} = 4^{5-3} = 4^2$

Beim **Multiplizieren** von Potenzen mit gleicher Basis werden die **Exponenten addiert**.
Beim **Dividieren** von Potenzen mit gleicher Basis werden die **Exponenten subtrahiert**.

Rechenregeln für Potenzen

$$(-a)^n = \begin{cases} a^n, \text{ wenn n gerade} & \text{(Hochzahl gerade} \Rightarrow \text{Ergebnis positiv)} \\ -a^n, \text{ wenn n ungerade} & \text{(Hochzahl ungerade} \Rightarrow \text{Ergebnis negativ)} \end{cases}$$

Für $a, b \neq 0$ und $m, n \in \mathbb{N}$ gilt:

Potenz	... eines Produkts:	... eines Bruchs:	... einer Potenz:
	$(a \cdot b)^n = a^n \cdot b^n$	$\left(\frac{a}{b}\right)^n = \frac{a^n}{b^n}$	$(a^n)^m = a^{n \cdot m}$
Potenzen mit gleicher Basis	$a^n \cdot a^m = a^{n+m}$	$\frac{a^n}{a^m} = a^{n-m}$	

B **1.126** Berechne das Ergebnis.

a) $(-2)^3 \cdot 5 - (-4)^2$ **b)** $\frac{2^5 \cdot 2^3}{2^2 \cdot 2^4}$

Lösung:
a) $(-2)^3 \cdot 5 - (-4)^2 = -8 \cdot 5 - 16 = -40 - 16 = -56$
b) $\frac{2^5 \cdot 2^3}{2^2 \cdot 2^4} = \frac{2^8}{2^6} = 2^2 = 4$

1.127 Berechne die Ergebnisse. **B**

1) $(2 \cdot 3 - 4)^2$ **3)** $2 \cdot 3 - 4^2$ **5)** $2 \cdot (3 - 4)^2$ **7)** $(2 \cdot 3)^2 - 4$

2) $2^3 \cdot (4^2 - 6)$ **4)** $(3^2 - 4)^2 \cdot 3^2$ **6)** $(2 \cdot 7 - 3^2)^3$ **8)** $(2^2 \cdot 3)^2 - 4^3$

1.128 Gib das Ergebnis in der Form a^n oder $-a^n$ an. **B**

a) $(-2)^3$ **b)** $(-3)^2$ **c)** $-(-5)^4$ **d)** $-(5^2)$ **e)** $-(-4)^3$

Aufgaben 1.129 – 1.130: Schreibe die Ergebnisse in der Form a^n an.

1.129 **a)** $3^2 \cdot 3^4$ **b)** $2^5 \cdot 2^3$ **c)** $7 \cdot 7^3$ **d)** $3^0 \cdot 3^4$ **e)** $11 \cdot 11^0$ **B**

1.130 **a)** $\frac{3^5}{3^2}$ **b)** $\frac{7^3}{7^3}$ **c)** $\frac{4^5}{4}$ **d)** $\frac{5^3}{5^0}$ **e)** $\frac{4}{4^0}$ **B**

Aufgaben 1.131 – 1.132: Schreibe jeweils ohne Klammern.

1.131 **a)** $(2 \cdot 5)^2$ **b)** $(3 \cdot 4)^4$ **c)** $(7 \cdot 5)^3$ **d)** $(11 \cdot 6)^5$ **B**

1.132 **a)** $\left(\frac{2}{3}\right)^5$ **b)** $\left(\frac{1}{5}\right)^3$ **c)** $\left(-\frac{1}{3}\right)^4$ **d)** $\left(-\frac{3}{4}\right)^2$ **B**

1.133 Berechne das Ergebnis. **B**

a) $(-2^2)^3$ **b)** $(3^2)^2$ **c)** $(-(-1)^2)^3$ **d)** $2^{(2^3)}$

1.134 Welche der folgenden Behauptungen sind richtig, welche falsch? Begründe deine Antworten, gib wenn möglich Beispiele bzw. Gegenbeispiele an. **AD**

1) Das Quadrat einer rationalen Zahl ist eine positive oder negative rationale Zahl.

2) Quadriert man die Hälfte einer Zahl, so kann das Ergebnis größer sein als das Quadrat der ursprünglichen Zahl.

3) Die dritte Potenz einer Bruchzahl ist immer größer als das Quadrat dieser Zahl.

4) Wenn man Zähler und Nenner eines Bruchs quadriert, ändert das den Wert der Bruchzahl nicht.

1.135 Welche Zahlen werden durch Quadrieren größer, welche kleiner? Begründe deine Antwort. **AD**

1.136 Für welche Zahlen stimmt die Behauptung, für welche nicht? Gib je zwei Beispiele und Gegenbeispiele an. **ABD**

„Der Betrag einer Zahl wird durch Quadrieren größer."

Aufgabe 1.137 – 1.142: Berechne jeweils das Ergebnis.

1.137 **a)** $3 \cdot [2^2 + 5 \cdot (3^3 - 10)^2]$ **b)** $3 \cdot [(2 + 5) \cdot (3^3 - 10)^2]$ **c)** $3 \cdot [2^2 + 5 \cdot (3^3 - 10^2)]$ **B**

1.138 **a)** $45 : (4^2 - 7) + (-63 : 9)^2$ **b)** $[45 : (4^2 - 7)]^2 + (-63 : 9)^2$ **c)** $45 : (4^2 - 13)^2 + (-63) : 3^2$ **B**

1.139 $2 \cdot \{[(-200 : (-2)^3 + 5^2) + (-4)^2] \cdot (-1)^2 - 4^3\}^2$ **B**

1.140 $2 \cdot \{[(-200 : 2^3 + 5^2) \cdot (-4)^3] \cdot (-5)^3 + 3^2\}^2$ **B**

1.141 **a)** $\frac{2^3}{5} - \left(\frac{2}{5}\right)^3 + \frac{2}{5^3}$ **b)** $\frac{3}{4} \cdot \left(\frac{2}{3}\right)^3 - \left(\frac{3}{4} \cdot \frac{2}{3}\right)^3$ **c)** $\frac{5}{6} + \left(-\frac{1}{3}\right)^2 - \left(\frac{5}{6} - \frac{1}{3}\right)^2$ **B**

1.142 **a)** $\left[\left(\frac{2}{3}\right)^2 - 1\right] \cdot \left(-\frac{3}{5}\right)^2$ **b)** $\left[2 - \left(\frac{3}{4} \cdot \frac{2}{3}\right)^2\right]^2 - \left(-\frac{5}{4}\right)^2$ **c)** $\left[\frac{1}{2} - \left(\frac{3}{7} - 5 \cdot \frac{2^2}{49}\right) : \frac{2}{7}\right]^2$ **B**

B **1.143** Gib die Rechnung in dein Rechenwerkzeug ein.

1) $5 + 2^3$ ***2)*** $(5 + 2)^3$ ***3)*** $\frac{2}{7^3}$ ***4)*** $\left(\frac{2}{7}\right)^3$ ***5)*** -2^3 ***6)*** $(-2)^3$

Lösung:

1) `5+2^3`

2) `(5+2)^3`

3) `2/7^3`

4) `(2/7)^3`

5) `-2^3`

6) `(-2)^3`

- Die Eingabe ist vom verwendeten Taschenrechner abhängig. Bei den meisten Geräten wird die Potenz mithilfe der Taste ^ eingegeben.
- Die eingegebene Hochzahl bezieht sich immer nur auf die zuvor eingegebene Zahl. Soll eine Zahl mit negativem Vorzeichen potenziert werden, so müssen Klammern gesetzt werden.

C **1.144** Schreibe den Rechenausdruck an, der durch die folgende Eingabe beschrieben wird.

a) `-(3/4)^2+1` ***b)*** `(7-3)/5^2` ***c)*** `2+5^3/4` ***d)*** `2*5^3/4+7`

BD **1.145** Arbeitet zu zweit. Schreibt die folgenden Ausdrücke so an, wie die Eingabe in dein Rechenwerkzeug erfolgen müsste (siehe Aufgabe 1.143). Ein Partner berechnet nun das Ergebnis mithilfe des Taschenrechners, der andere ohne. Wer ist schneller?

1) $-\frac{2^3}{4} + 1$ ***2)*** $\frac{(-2)^3}{4} + 1$ ***3)*** $-\left(\frac{2}{4}\right)^3 + 1$ ***4)*** $-\frac{2^3}{4 + 1}$

1.5.3 Rechnen mit Wurzeln

AB **1.146** Welchen Rechenvorgang musst du bei folgenden Aufgaben ausführen?

1) Ein Quadrat hat eine Fläche von 16 cm^2. Gib seine Seitenlänge an.

2) Ein Würfel hat ein Volumen von 8 cm^3. Welche Kantenlänge hat dieser Würfel?

Die Berechnung der Quadratwurzel ist der Umkehrrechenvorgang zum Quadrieren.

Es gilt zum Beispiel $3^2 = 9$, daher $\sqrt{9} = 3$. Es gilt zwar auch $(-3)^2 = 9$, man hat sich aber im Verlauf der Geschichte darauf geeinigt, als Quadratwurzel jeweils nur den **positiven Wert** zu bezeichnen.

Ebenso kann man den Rechenvorgang Kubieren umkehren, man erhält dann die Kubikwurzel und schreibt zum Beispiel $\sqrt[3]{64} = 4$, da $4^3 = 64$.

Man nennt die (nicht negative) Zahl $x = \sqrt{a}$ $(a \geqslant 0)$ die **Quadratwurzel** von a, wenn gilt: $x^2 = a$

Man nennt die Zahl $x = \sqrt[3]{a}$ $(a \geqslant 0)$ die **Kubikwurzel** von a, wenn gilt $x^3 = a$.

Allgemein definiert man:

Sei $a \geqslant 0$ und $n \in \mathbb{N}^*$, so nennt man jene reelle Zahl $x \geqslant 0$, für die $x^n = a$ gilt, **„n-te Wurzel aus a“**.

Symbolisch schreibt man: $x = \sqrt[n]{a}$

a ... Radikand, n ... Wurzelexponent

Für das Wurzelziehen gelten ähnliche Rechenregeln wie für das Potenzieren, zB:

- $\sqrt{a \cdot b} = \sqrt{a} \cdot \sqrt{b}$ zB: $\sqrt{9 \cdot 4} = \sqrt{36} = 6$, $\sqrt{9} \cdot \sqrt{4} = 3 \cdot 2 = 6$
- $\sqrt{\frac{a}{b}} = \frac{\sqrt{a}}{\sqrt{b}}$ zB: $\sqrt{\frac{100}{25}} = \sqrt{4} = 2$, $\frac{\sqrt{100}}{\sqrt{25}} = \frac{10}{8} = 2$

Beweise und weitere Rechenregeln für Wurzeln werden in Band 2 angeführt.

Nicht jedes Rechenwerkzeug erlaubt die Eingabe von Wurzeln mit unterschiedlichen Wurzelexponenten. Häufig kann nur die Quadratwurzel direkt eingegeben werden. Wir überlegen:

ZB: $(4^5)^2 = 4^{5 \cdot 2} = 4^{10}$

- Beim Potenzieren werden die Hochzahlen multipliziert. Insbesondere bedeutet das Quadrieren einer Potenz, dass die Hochzahl mit 2 multipliziert wird.

$\sqrt{4^{10}} = 4^{\frac{10}{2}} = 4^5$

- Beim Umkehrvorgang Quadratwurzelziehen muss die Hochzahl also durch 2 dividiert werden.

$(2^4)^3 = 2^{4 \cdot 3} = 2^{12}$

$\sqrt[3]{2^{12}} = 2^{\frac{12}{3}} = 2^4$

- Analog gilt für das Kubikwurzelziehen, dass die Hochzahl durch 3 dividiert wird.

Aus den obigen Überlegungen ergibt sich folgender Zusammenhang:

Für $a \geq 0$, $m \in \mathbb{Z}$ und $n \in \mathbb{N}^*$ gilt: $\sqrt[n]{a^m} = a^{\frac{m}{n}}$

Berechnung der Wurzel mit dem Rechenwerkzeug:
Bei einigen Geräten erfolgt die Eingabe des Quadratwurzelzeichens mithilfe der Zweitbelegung der Quadrattaste. Andere Geräte haben eine eigene Taste für die Quadratwurzel.

Kann $\sqrt[x]{\ }$ eingegeben werden, so erhält man auch Wurzeln mit anderen Wurzelexponenten.
Die Kubikwurzel etwa erhält man mit der Tastenfolge:

Vor allem CAS und GTR verwenden zur Darstellung von Wurzeln bevorzugt die Potenzschreibweise mit rationalen Exponenten.

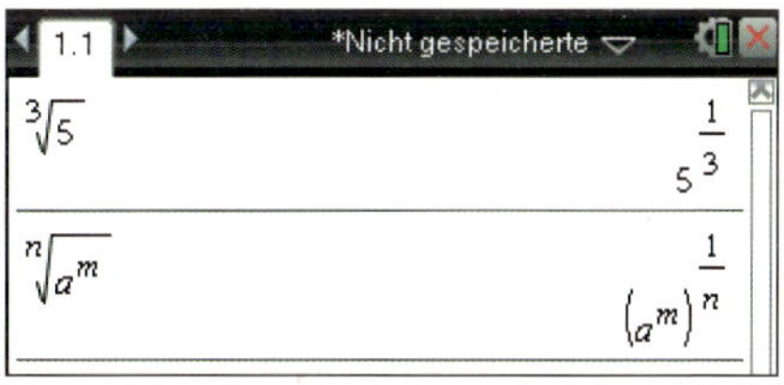

Aufgaben 1.147 – 1.148: Rechne im Kopf. Überprüfe anschließend mit deinem Rechenwerkzeug.

1.147 **a)** $\sqrt{36}$ **c)** $\sqrt{121}$ **e)** $\sqrt{4\,900}$ **g)** $\sqrt{144}$ **i)** $\sqrt{81}$ **B**
b) $\sqrt[3]{27}$ **d)** $\sqrt[3]{64}$ **f)** $\sqrt[3]{27\,000}$ **h)** $\sqrt[3]{729}$ **j)** $\sqrt[3]{8\,000}$

1.148 **a)** $\sqrt{3^8}$ **b)** $\sqrt[3]{25^3}$ **c)** $\sqrt[3]{10^6}$ **d)** $\sqrt{17^4}$ **e)** $\sqrt[3]{11^6}$ **B**

B **1.149** Schreibe mit gemeinsamem Wurzelzeichen und berechne anschließend. Überprüfe mit deinem Rechenwerkzeug.

a) $\sqrt{2} \cdot \sqrt{8}$ **b)** $\sqrt[3]{3} \cdot \sqrt[3]{9}$ **c)** $\sqrt{27} \cdot \sqrt{3}$ **d)** $\sqrt[3]{100} \cdot \sqrt[3]{80}$

e) $\sqrt{72} \cdot \sqrt{2}$ **f)** $\sqrt[4]{8} \cdot \sqrt[4]{6} \cdot \sqrt[4]{27}$ **g)** $\sqrt[5]{12} \cdot \sqrt[5]{18} \cdot \sqrt[5]{36}$ **h)** $\sqrt[3]{7} \cdot \sqrt[3]{28} \cdot \sqrt[3]{14}$

B **1.150** Schreibe mit getrenntem Wurzelzeichen und berechne anschließend. Überprüfe mit deinem Rechenwerkzeug.

a) $\sqrt{\frac{4}{9}}$ **b)** $\sqrt[3]{\frac{8}{27}}$ **c)** $\sqrt{\frac{1}{4}}$ **d)** $\sqrt[3]{\frac{1}{1\,000}}$

e) $\sqrt{\frac{16}{25}}$ **f)** $\sqrt[4]{\frac{81}{156}}$ **g)** $\sqrt[5]{\frac{2^{10}}{5^5}}$ **h)** $\sqrt{\frac{6^6}{3^4}}$

ABCD **1.151** Arbeitet zu zweit. Berechnet die folgenden Wurzeln mithilfe eures Rechenwerkzeugs. Versucht, eine Gesetzmäßigkeit zu erkennen, für welche Radikanden das Ergebnis eine ganze Zahl ist. Welche Rechenregeln kann man bei diesen Radikanden anwenden, um das Ergebnis leicht im Kopf zu berechnen?

1) $\sqrt{4}$ $\sqrt{40}$ $\sqrt{400}$ $\sqrt{4\,000}$ $\sqrt{40\,000}$ $\sqrt{400\,000}$ $\sqrt{4\,000\,000}$

2) $\sqrt[3]{27}$ $\sqrt[3]{270}$ $\sqrt[3]{2\,700}$ $\sqrt[3]{27\,000}$ $\sqrt[3]{270\,000}$ $\sqrt[3]{2\,700\,000}$ $\sqrt[3]{27\,000\,000}$

ACD **1.152** Begründe mithilfe der Vorzeichenregeln für das Potenzieren, warum du mit manchen Rechnern die Quadratwurzel aus einer negativen Zahl nicht berechnen kannst, die Kubikwurzel jedoch schon. Vergleiche mit der Definition von Wurzeln und triff eine Aussage darüber, ob jene Rechner, die eine Kubikwurzel aus einer negativen Zahl berechnen können, aus mathematischer Sicht besser oder schlechter sind als die anderen Rechner.

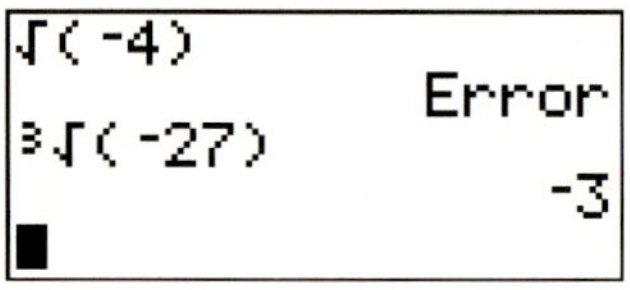

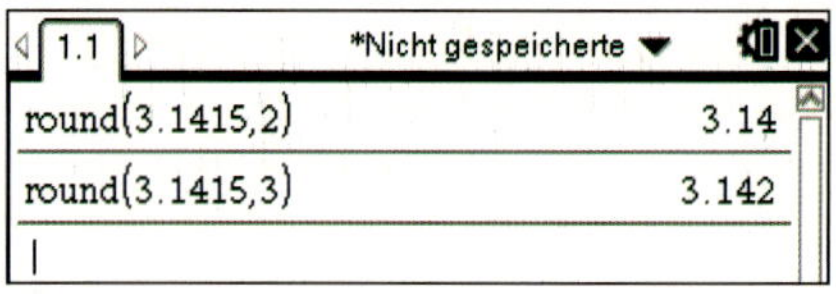

ABCD **1.153** Sind die folgenden Behauptungen richtig oder falsch? Begründe deine Antwort und gib jeweils Beispiele bzw. Gegenbeispiele an.

1) Es gibt Zahlen, für die gilt: $\sqrt{x} > x$

2) Die Quadratwurzel aus einer Zahl ist immer größer als die Kubikwurzel aus dieser Zahl.

3) Die Quadratwurzel und die Kubikwurzel einer Zahl können gleich groß sein.

4) Wird eine Zahl quadriert und aus dem Ergebnis die Quadratwurzel gezogen, erhält man wieder die ursprüngliche Zahl.

1.6 Zehnerpotenzen und Gleitkommadarstellungen

1.6.1 Negative Hochzahlen

1.154 Markus spielt mit seinen Geschwistern Monopoly (siehe nebenstehende Abbildung). Wie viel „Bargeld" hat er derzeit?

B

Im **dekadischen System** werden ganze Zahlen mithilfe von **Ziffern** (0 ... 9) und **Stellenwerten** (Position innerhalb der Zahl) angegeben.

ZB: 3 427

3 Tausender, 4 Hunderter, 2 Zehner, 7 Einer

Einer, Zehner, Hunderter, Tausender ... nennt man **dekadische Einheiten**. Die dekadischen Einheiten können mithilfe von Zehnerpotenzen angeschrieben werden:

$1 = 10^0$ $\qquad 10 = 10^1$ $\qquad 100 = 10^2$ $\qquad 1\,000 = 10^3$ usw.

Damit kann man die Zahl 3 427 so angeben: $3\,427 = 3 \cdot 10^3 + 4 \cdot 10^2 + 2 \cdot 10^1 + 7 \cdot 10^0$

Zur Angabe von Dezimalzahlen wurde das Stellenwertsystem erweitert. Die dekadischen Einheiten, die kleiner als 1 sind, kann man durch Dezimalzahlen oder als Brüche angeben:
1 Zehntel $= 0{,}1 = \frac{1}{10}$, 1 Hundertstel $= 0{,}01 = \frac{1}{100}$ usw.
Um die Darstellung mithilfe von Zehnerpotenzen auch für Dezimalzahlen anwenden zu können, verwenden wir folgende Schreibweise:

$0{,}1 = \frac{1}{10} = \frac{1}{10^1} = 10^{-1}$ $\qquad 0{,}001 = \frac{1}{1\,000} = \frac{1}{10^3} = 10^{-3}$

$0{,}01 = \frac{1}{100} = \frac{1}{10^2} = 10^{-2}$ $\qquad 0{,}000\,1 = \frac{1}{10\,000} = \frac{1}{10^4} = 10^{-4}$

Die Schreibweise mit negativen Hochzahlen ist nicht nur für Zehnerpotenzen, sondern auch allgemein für Potenzen möglich. Die Begründung für diese Schreibweise liegt in den Rechenregeln für die Division von Potenzen mit gleicher Basis (siehe Seite 30).

Potenzen mit negativen Exponenten: $a^{-n} = \frac{1}{a^n} = \left(\frac{1}{a}\right)^n \qquad a \neq 0;\ n \in \mathbb{N}$

ZB: $4^{-1} = \frac{1}{4}$ $\qquad \left(\frac{1}{4}\right)^{-1} = \frac{1}{\left(\frac{1}{4}\right)^1} = 4$ $\qquad \left(\frac{2}{3}\right)^{-1} = \frac{3}{2}$ $\qquad \left(\frac{3}{4}\right)^{-2} = \left(\frac{4}{3}\right)^2 = \frac{4^2}{3^2} = \frac{16}{9}$

Alle bisher besprochenen Rechenregeln gelten auch für negative Hochzahlen.
Beachte: Das negative Vorzeichen des Exponenten ist ein Symbol für den Auftrag: „Bilde den Kehrwert". Es hat nichts mit dem Vorzeichen der Basis bzw. der Potenz zu tun.

ZB: $\left(-\frac{2}{3}\right)^{-3} = \left(-\frac{3}{2}\right)^3 = -\frac{3^3}{2^3} = -\frac{27}{8}$

negative Hochzahl → Kehrwert bilden

Der Kehrwert der negativen Zahl $-\frac{2}{3}$ ist die (ebenfalls) negative Zahl $-\frac{3}{2}$.

Durch Anwenden dieser Schreibweise können auch die Nachkommastellen einer Dezimalzahl mithilfe von Zehnerpotenzen angegeben werden:
ZB: $3\,427{,}859 = 3 \cdot 10^3 + 4 \cdot 10^2 + 2 \cdot 10^1 + 7 \cdot 10^0 + 8 \cdot 10^{-1} + 5 \cdot 10^{-2} + 9 \cdot 10^{-3}$

B **1.155** Schreibe die Zahl als Summe von Zehnerpotenzen an.

a) 456,7 **b)** 0,004 32

Lösung:

a) $456{,}7 = 4 \cdot 10^2 + 5 \cdot 10^1 + 6 \cdot 10^0 + 7 \cdot 10^{-1}$ **b)** $0{,}004\,32 = 4 \cdot 10^{-3} + 3 \cdot 10^{-4} + 2 \cdot 10^{-5}$

B **1.156** Schreibe als Zehnerpotenz an.

a) 0,001 **b)** $\frac{1}{10\,000}$ **c)** $\frac{1}{0{,}01}$

Lösung:

a) $0{,}001 = 10^{-3}$ **b)** $\frac{1}{10\,000} = \frac{1}{10^4} = 10^{-4}$ **c)** $\frac{1}{0{,}01} = \frac{1}{10^{-2}} = 10^2$

B **1.157** Gib in Dezimaldarstellung an.

a) 10^{-1} **b)** $\frac{1}{10^3}$ **c)** $\frac{1}{10^{-4}}$

Lösung:

a) $10^{-1} = 0{,}1$ **b)** $\frac{1}{10^3} = \frac{1}{1\,000} = 0{,}001$ **c)** $\frac{1}{10^{-4}} = 10^4 = 10\,000$

B **1.158** Schreibe mit positivem Exponenten an und berechne gegebenenfalls.

a) $(-2)^{-3}$ **b)** $0{,}25^{-1}$ **c)** $\left(-\frac{3}{5}\right)^{-2}$

Lösung:

a) $(-2)^{-3} = \left(-\frac{1}{2}\right)^3 = -\frac{1}{8}$ **b)** $0{,}25^{-1} = \left(\frac{1}{4}\right)^{-1} = 4$ **c)** $\left(-\frac{3}{5}\right)^{-2} = \left(-\frac{5}{3}\right)^2 = \frac{25}{9}$

B **1.159** Schreibe die Zahl als Summe von Zehnerpotenzen an.

a) 678,5 **b)** 0,032 4 **c)** 1 002,05 **d)** 0,070 809 **e)** 40 507 000,009

B **1.160** Schreibe als Zehnerpotenz an.

a) 1 000 **c)** 100 000 000 **e)** 0,000 001 **g)** 0,000 000 01
b) 1 000 000 **d)** 0,01 **f)** 0,000 1 **h)** 0,000 000 000 1

ABCD **1.161** Hier hat sich jemand einen Scherz erlaubt. Stelle die Zahlenangaben im folgenden Text so dar, wie es normalerweise üblich ist. Welche der Zahlenwerte können unmöglich stimmen? Begründe deine Antworten.

„Maximilian ist heute um $\frac{1}{0{,}1}$ Minuten nach sieben Uhr aufgestanden. Am Weg in die $0{,}25^{-1}$ km entfernte Schule kauft er noch etwas zu essen ein. Er hat in seiner Geldbörse $\frac{1}{10^{-1}}$ € in Scheinen und drei $0{,}05^{-1}$-€-Münzen. Im Geschäft kauft er $\left(\frac{1}{2}\right)^{-1}$ Kornweckerl mit $\frac{1}{0{,}01}$ dag Schinken. Anschließend fährt er 2^{-2} Stunden mit dem Bus. Von der Station bis zum Schultor sind es noch $\frac{1}{10^5}$ mm zu Fuß. In der 10^0. Stunde hat Maximilian Mathematik, danach $\frac{1}{0{,}01}$ Minuten Turnen. Der Unterricht endet um $-0{,}2^{-2}$ Minuten nach 14:00 Uhr."

B **1.162** Gib zuerst als Bruch mit positivem Exponenten an und berechne anschließend.

a) $\left(\frac{2}{3}\right)^{-1}$ **b)** $\left(-\frac{4}{3}\right)^{-2}$ **c)** $\left(\frac{1}{5}\right)^{-2}$ **d)** $(-3)^{-2}$ **e)** $\left(-\frac{1}{10}\right)^{-3}$ **f)** $\left(\frac{3}{2}\right)^{-3}$

BC **1.163** Markiere in jedem Kästchen jene Werte, die gleich groß sind.

Kästchen 1: $0{,}001$ $\frac{1}{10^{-2}}$ $\frac{1}{0{,}000\,1}$ $\frac{1}{1\,000}$ $1\,000$ $\frac{1}{10^3}$

Kästchen 2: $0{,}04$ $\left(\frac{5}{2}\right)^{-1}$ 4^{-1} $\left(\frac{4}{10}\right)^{-1}$ 2^{-2} $\left(-\frac{10}{2}\right)^2$

1.164 Gib als Zehnerpotenz an. B

a) $\frac{1}{100}$ **b)** $\frac{1}{1\,000\,000}$ **c)** $\frac{1}{0{,}001}$ **d)** $\frac{1}{100\,000}$ **e)** $\frac{1}{0{,}1}$ **f)** $\frac{1}{0{,}000\,001}$

Aufgaben 1.165 – 1.168: Gib die Ergebnisse als Zehnerpotenzen und in Dezimaldarstellung an.

1.165 **a)** $\frac{1}{10^3}$ **b)** $\frac{1}{10^{-4}}$ **c)** $\frac{1}{10^5}$ **d)** $\frac{1}{10^{-6}}$ **e)** $\frac{1}{10^9}$ **f)** $\frac{1}{10^{-7}}$ B

1.166 **a)** $\frac{10^5}{10^{-3}}$ **b)** $\frac{10}{10^{-6}}$ **c)** $\frac{10^{-4}}{10^{-7}}$ **d)** $\frac{10^{-5}}{10^3}$ **e)** $\frac{10^0}{10^{-3}}$ **f)** $\frac{10^0}{10}$ B

1.167 **a)** $\frac{10^2}{10^{-3}\cdot 10^5}$ **b)** $\frac{10^{-2}}{10^3\cdot 10^5}$ **c)** $\frac{10^{-2}}{10^{-3}\cdot 10^5}$ **d)** $\frac{10^2}{10^{-3}\cdot 10^{-5}}$ **e)** $\frac{10^{-2}}{10^{-3}\cdot 10^{-5}}$ B

1.168 **a)** $\frac{10^2\cdot 10^0}{10^{-4}\cdot 10^3}$ **b)** $\frac{10^3\cdot 10^{-5}}{10^{-3}\cdot 10^2}$ **c)** $\frac{10^{-2}\cdot 10^{-3}}{10^{-4}\cdot 10^7}$ **d)** $\frac{10^{-5}\cdot 10^2}{10^4\cdot 10^{-7}}$ B

1.6.2 Gleitkommadarstellungen

Sehr große oder sehr kleine Zahlen werden oft nicht in „normaler" Dezimaldarstellung angegeben, weil diese Schreibweise sehr unübersichtlich wäre. Beim Arbeiten mit einem Taschenrechner ist das durch die begrenzte Größe der Anzeige oft auch gar nicht mehr möglich.

1.169 Wie viele gleiche Münzen bzw. Scheine ergeben einen Geldbetrag von 3 200,00 €? AB

1) 100-€-Scheine ***2)*** 10-€-Scheine ***3)*** 1-€-Münzen ***4)*** 10-Cent-Münzen ***5)*** 1-Cent-Münzen

Der Wert eines Produkts bleibt unverändert, wenn ein Faktor durch eine Zahl ($\neq 0$) dividiert und der andere mit derselben Zahl multipliziert wird, zum Beispiel $24 \cdot 100 = 240 \cdot 10$

1.170 Ergänze den fehlenden Faktor. B

a) $4{,}8 \cdot 1\,000 = 48 \cdot ?$ ***c)*** $62 \cdot 1\,000 = ? \cdot 100$ ***e)*** $5{,}3 \cdot 100 = 530 \cdot ?$

b) $0{,}3 \cdot 10 = 0{,}03 \cdot ?$ ***d)*** $81 \cdot 0{,}01 = ? \cdot 0{,}1$ ***f)*** $29 \cdot 1 = ? \cdot 100$

Wird eine Zahl mit einer Zehnerpotenz multipliziert, so entspricht das einer Kommaverschiebung.

ZB:

$7{,}891 \cdot 10^2 = 789{,}1$
$7{,}891 \cdot 10^1 = 78{,}91$
$7{,}891 \cdot 10^0 = 7{,}891$
$7{,}891 \cdot 10^{-1} = 0{,}7891$
$7{,}891 \cdot 10^{-2} = 0{,}07891$
$7{,}891 \cdot 10^{-3} = 0{,}007891$

$\cdot 10^2$ entspricht der Multiplikation mit 100. Das Komma muss so um **zwei Stellen** verschoben werden, dass die **Zahl größer wird**, also nach links.
$\cdot 10^{-3}$ entspricht der Multiplikation mit 0,001 bzw. der Division durch 1 000. Das Komma muss so um **drei Stellen** verschoben werden, dass die **Zahl kleiner wird**, also nach rechts.

Umgekehrt kann man jede Zahl auf verschiedene Arten als Produkt mit einer Zehnerpotenz darstellen:

ZB: $32\,456 = 3\,245{,}6 \cdot 10^1 = 324{,}56 \cdot 10^2 = 32{,}456 \cdot 10^3 = 3{,}245\,6 \cdot 10^4 = 0{,}324\,56 \cdot 10^5 = \ldots$

Jedes der Produkte hat dabei den gleichen Wert wie die ursprüngliche Zahl. Da das Komma an verschiedene Positionen „geschoben" werden kann, nennt man diese Schreibweise **Gleitkommaformat** oder **Gleitkommadarstellung** (englisch: floating point notation).

Der Faktor vor der Zehnerpotenz wird **Mantisse** genannt.

Darstellung im Gleitkommaformat: Zahl = Mantisse · Zehnerpotenz

BCD **1.171** Ergänze den fehlenden Exponenten und formuliere deine Überlegungen.

a) $245{,}7 = 2{,}457 \cdot 10^{?}$ **b)** $0{,}005\,68 = 568 \cdot 10^{-?}$

Lösung:	Beschreibung:
a) $245{,}7 = 2{,}457 \cdot 10^{2}$	Das Komma wurde so um zwei Stellen verschoben, dass die Mantisse kleiner ist als die gegebene Zahl. Sie muss daher mit 10^2 multipliziert werden. Kontrolle: In der Mantisse steht die Ziffer 2 an der Einerstelle und wird mit hundert multipliziert. In der ursprünglichen Zahl steht die Ziffer 2 an der Hunderterstelle.
b) $0{,}005\,68 = 568 \cdot 10^{-5}$	Bei einer ganzen Zahl steht das Komma (nicht sichtbar) hinter der Einerstelle. Das Komma ist um 5 Stellen so verschoben worden, dass die Mantisse größer ist als die ursprüngliche Zahl. Sie muss daher mit 10^{-5} multipliziert werden.

Merkhilfen:

- Der Exponent der Zehnerpotenz gibt an, um wie viele Stellen das Komma verschoben werden muss, wenn man die Zahl ohne Zehnerpotenzen schreiben will.
- Der Wert der dargestellten Zahl muss unverändert bleiben, daher:
  Mantisse wird größer ↔ Exponent wird kleiner
  Mantisse wird kleiner ↔ Exponent wird größer

In der Praxis werden folgende Darstellungen verwendet:

- **Normiertes Gleitkommaformat**, zB: $0{,}049\,3 = 4{,}93 \cdot 10^{-2}$
  Vor dem Komma ist nur die Einerstelle mit einer der Ziffern 1, 2 ... 9 besetzt.
  Es gilt daher: $1 \leq \text{Mantisse} < 10$
  Dieses Format wird von den meisten Taschenrechnern benutzt, wenn die darzustellende Zahl zu lang für die Anzeige ist oder „wissenschaftliche Schreibweise" (scientific notation) als Ausgabeformat eingestellt wird. Im englischsprachigen Raum ist auch die Darstellung $0{,}493 \cdot 10^{-1}$ üblich. Dabei ist die erste von null verschiedene Stelle die Zehntelstelle.
- Darstellung mit einem **durch 3 teilbaren Exponenten**, zB: $0{,}000\,023\,5 = 23{,}5 \cdot 10^{-6}$
  Für technische Anwendungen ist es oft vorteilhaft, wenn der **Exponent** der Zehnerpotenz **durch 3 teilbar** ist. Das erleichtert die Umrechnung bei der Verwendung von Einheiten. Das Komma wird dabei so gesetzt, dass gilt: $1 \leq \text{Mantisse} < 1\,000$.
  Dieses Format wird am Taschenrechner meist **Engineering Format** genannt.
- Darstellung als **ganze Zahl · Zehnerpotenz**, zB: $0{,}004\,8 = 48 \cdot 10^{-4}$
  Viele Rechnungen können so leicht im Kopf gelöst werden.

Eingabe auf dem Taschenrechner:
Auf vielen Taschenrechnern kann man die Zehnerpotenzen bei Gleitkommadarstellungen mithilfe von **EE** eingeben.

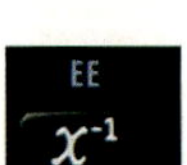

ZB: $4{,}5 \cdot 10^3$ ... 4.5EE3

Meist kann man zwischen verschiedenen Anzeigearten wählen.

Excel ermöglicht über das Zellenformat die Ausgabe in Gleitkommadarstellung.
Auch in den meisten **CAS** und **GTR** lassen sich verschiedene Darstellungsformen einstellen.

1.172 Nimm dein Rechenwerkzeug zur Hand und versuche mithilfe des Handbuchs oder der Hilfefunktion anhand einiger selbst gewählter Beispiele zwischen verschiedenen Darstellungsformaten zu wechseln. B TE

1.173 Stelle in normiertem Gleitkommaformat, im Engineering Format bzw. in der Form ganze Zahl · Zehnerpotenz dar. B

a) 23 500 000 **b)** 0,000 000 89

Lösung:

a) $23\,500\,000 = 2{,}35 \cdot 10^7 = 23{,}5 \cdot 10^6 = 235 \cdot 10^5$

b) $0{,}000\,000\,89 = 8{,}9 \cdot 10^{-7} = 890 \cdot 10^{-9} = 89 \cdot 10^{-8}$

1.174 Schreibe mithilfe von ganzen Zahlen und Zehnerpotenzen an und rechne im Kopf. B

a) $-3\,200 \cdot 0{,}004$ **b)** $0{,}048 : 0{,}000\,12$

Lösung:

a) $-3\,200 \cdot 0{,}004 = -32 \cdot 10^2 \cdot 4 \cdot 10^{-3} = -128 \cdot 10^{-1} = -12{,}8$

b) $0{,}048 : 0{,}000\,12 = (48 \cdot 10^{-3}) : (12 \cdot 10^{-5}) = (48 : 12) \cdot (10^{-3} : 10^{-5}) = 4 \cdot 10^2 = 400$

Aufgaben 1.175 – 1.176: Gib das Ergebnis jeweils in normiertem Gleitkommaformat an.

1.175 $\frac{0{,}3^2 \cdot 240}{0{,}018 \cdot 0{,}5}$ B

Lösung:

$$\frac{0{,}3^2 \cdot 240}{0{,}018 \cdot 0{,}5} = \frac{(3 \cdot 10^{-1})^2 \cdot 24 \cdot 10^1}{18 \cdot 10^{-3} \cdot 5 \cdot 10^{-1}} = \frac{\overset{1}{\cancel{9}} \cdot 10^{-2} \cdot \overset{12}{\cancel{24}} \cdot 10^1}{\underset{1}{\cancel{2}}\cancel{18} \cdot 5 \cdot 10^{-4}} = \frac{12 \cdot 10^{-1}}{5 \cdot 10^{-4}} = \frac{12}{5} \cdot 10^{-1-(-4)} = \frac{12}{5} \cdot 10^3 = 2{,}4 \cdot 10^3 = 2\,400$$

1.176 $3{,}8 \cdot 10^7 - 4{,}5 \cdot 10^6 =$ B

Lösung:

$3{,}8 \cdot 10^7 - 4{,}5 \cdot 10^6 = 3{,}8 \cdot 10^7 - 0{,}45 \cdot 10^7 = 3{,}35 \cdot 10^7$

• Beachte: Addieren und Subtrahieren ist nur bei gleichen Zehnerpotenzen möglich.

1.177 Schreibe ohne Zehnerpotenzen an. B

a) $2{,}1 \cdot 10^3$ **c)** $5{,}6 \cdot 10^{-2}$ **e)** $-4{,}6 \cdot 10^5$ **g)** $9{,}8 \cdot 10^{-3}$

b) $357{,}5 \cdot 10^{-5}$ **d)** $-0{,}009\,7 \cdot 10^2$ **f)** $56\,500 \cdot 10^{-4}$ **h)** $0{,}000\,002 \cdot 10^7$

1.178 Schreibe in normiertem Gleitkommaformat an. B

a) −3 750 **b)** 0,044 **c)** −678 000 **d)** 0,000 071

1.179 Setze den fehlenden Exponenten ein. B

a) $456{,}37 = 4{,}563\,7 \cdot 10^?$ **c)** $788{,}23 \cdot 10^3 = 7{,}882\,3 \cdot 10^?$

b) $0{,}012\,049 = 1{,}204\,9 \cdot 10^?$ **d)** $-0{,}066\,4 \cdot 10^6 = -6{,}64 \cdot 10^?$

1.180 Ergänze das Komma richtig. B

a) $88{,}9 = 0\,0\,8\,8\,9\,0\,0 \cdot 10^{-2}$ **b)** $35{,}27 \cdot 10^{-4} = 0\,0\,0\,3\,5\,2\,7\,0\,0$

1.181 Richtig oder falsch? Überlege, wo das Komma falsch gesetzt wurde und korrigiere die Fehler. BC

$34{,}12 \cdot 10^3 = 0{,}341\,2$ $4{,}108 \cdot 10^2 = 410{,}8$ $7\,520 \cdot 10^{-4} = 0{,}752$

$0{,}003\,6 \cdot 10^2 = 0{,}36$ $0{,}878 \cdot 10^{-2} = 87{,}8$ $0{,}054 \cdot 10^{-3} = 0{,}000\,054$

1.182 Die Multiplikationen bzw. Divisionen in den Kästchen liefern mit einer Ausnahme das gleiche Ergebnis. Welches Kästchen ergibt einen anderen Wert? Um welchen Faktor unterscheidet sich dieses Ergebnis von allen anderen? BC

$x \cdot 10^{-2}$	$x \cdot \frac{1}{10^2}$
$\frac{x}{10^{-2}}$	$x \cdot 0{,}01$

1.183 Schreibe folgende Zahlen ohne Potenzen und in Worten: B

a) $5 \cdot 10^3 =$ **c)** $13 \cdot 10^{12} =$ **e)** $27{,}25 \cdot 10^4 =$ **g)** $0{,}4 \cdot 10^{-3} =$

b) $1{,}5 \cdot 10^6 =$ **d)** $0{,}105 \cdot 10^{10} =$ **f)** $2{,}5 \cdot 10^{-5} =$ **h)** $9 \cdot 10^{-9} =$

B **1.184** Schreibe ohne Zehnerpotenz und in normiertem Gleitkommaformat an.
a) 34 Millionen **b)** 5,6 Millionen **c)** 8,5 Milliarden

B **1.185** Schreibe das Ergebnis ohne Zehnerpotenz an.
a) $(6 \cdot 10^{-3}) \cdot (2 \cdot 10^5)$ **b)** $(12 \cdot 10^{-3}) : (-4 \cdot 10^2)$ **c)** $(1{,}5 \cdot 10^{-2})^2$

BCD **1.186** Finde den Fehler und erkläre, was falsch gemacht wurde.
a) $0{,}02^2 = (2 \cdot 10^{-2})^2 = 4 \cdot 10^4 = 40\,000$
b) $0{,}036 : 0{,}12 = 36 \cdot 10^{-3} : 12 \cdot 10^{-2} = 36 : 12 \cdot 10^{-3} \cdot 10^{-2} = 3 \cdot 10^{-5} = 0{,}000\,03$

TE Aufgabe. 1.187 – 1.192: Schreibe mithilfe von ganzen Zahlen und Zehnerpotenzen an. Berechne dann die Ergebnisse und gib sie ohne Verwendung von Zehnerpotenzen an. Kontrolliere anschließend deine Ergebnisse mithilfe deiner Technologie.

B **1.187** **a)** $0{,}002 \cdot 45\,000$ **b)** $-0{,}05 \cdot 60\,000$ **c)** $-12\,000\,000 \cdot (-0{,}000\,5)$

B **1.188** **a)** $40 : 0{,}008$ **b)** $-0{,}027 : 90\,000$ **c)** $0{,}003\,6 : (-0{,}000\,09)$

B **1.189** **a)** $0{,}02^2$ **b)** $(-0{,}05)^2$ **c)** $(-0{,}003)^3$ **d)** $0{,}002^3$ **e)** $0{,}12^2$ **f)** $0{,}2^4$

B **1.190** **a)** $\frac{0{,}03^2 \cdot 4\,000}{160 \cdot 0{,}09}$ **b)** $\frac{0{,}2^2 \cdot 6\,000}{120 \cdot 0{,}008}$ **c)** $\frac{0{,}9^2 \cdot 400}{160 \cdot 0{,}000\,3}$

B **1.191** **a)** $\frac{0{,}04^2 \cdot 250}{0{,}5^3 \cdot 800}$ **b)** $\frac{0{,}3^3 \cdot 0{,}6}{900^2 \cdot 0{,}04}$ **c)** $\frac{3{,}6 \cdot 400^2}{0{,}9^2 \cdot 250}$

B **1.192** **a)** $\frac{(0{,}052 : 0{,}002\,6)^2 - 0{,}22 \cdot 10^3}{(0{,}02)^3 \cdot 4{,}5 \cdot 10^3}$ **b)** $\frac{(0{,}69 : 0{,}023)^2 - 1{,}5 \cdot 10^2}{(0{,}04)^2 \cdot 2{,}5 \cdot 10^3}$ **c)** $\frac{(0{,}03)^2 \cdot 2{,}5 \cdot 10^3}{7{,}5 \cdot 10^2 - (0{,}69 : 0{,}023)^2}$

B **1.193** Gib das Ergebnis in normiertem Gleitkommaformat an.
a) $3{,}5 \cdot 10^3 - 4{,}2 \cdot 10^2$ **b)** $5{,}6 \cdot 10^{-5} + 9{,}1 \cdot 10^{-6}$ **c)** $0{,}005\,4 - 4{,}6 \cdot 10^{-5}$

BCD TE **1.194** Berechne mit deinem Rechenwerkzeug und im Kopf. Erkläre das auftretende Problem mit eigenen Worten und gib an, worauf man achten muss.
1) $7{,}3 \cdot 10^3 + 0{,}6 \cdot 10^4 - 7{,}3 \cdot 10^3$ **2)** $7{,}3 \cdot 10^{38} + 0{,}1 - 7{,}3 \cdot 10^{38}$

1.6.3 Einheiten und Einheitenvorsilben

Messergebnisse in Physik und Technik werden (physikalische) Größen genannt. Jede **Größe** ist ein **Produkt aus** einer **Maßzahl** (Zahlenwert) **und** einer **Einheit**. Im internationalen **Einheitensystem** (SI) stehen für viele Zehnerpotenzen **Abkürzungen** zur Verfügung.

ZB: 7,5 m bedeutet $7{,}5 \cdot 1$ m
(7,5 ↑ Maßzahl, m ↑ Einheit)

$5\,000 \text{ m} = 5 \cdot 10^3 \text{ m} = 5 \text{ km}$

Die folgende Liste stellt eine Auswahl der verwendeten Vorsilben dar, es gibt noch weitere Abkürzungen für größere und kleinere Zehnerpotenzen.

Zehnerpotenz	Vorsilbe	Abkürzung
10^{12}	Tera	T
10^9	Giga	G
10^6	Mega	M
10^3	Kilo	k
10^2	Hekto	h
10^1	Deka	da

Zehnerpotenz	Vorsilbe	Abkürzung
10^{-1}	Dezi	d
10^{-2}	Centi	c
10^{-3}	Milli	m
10^{-6}	Mikro	µ
10^{-9}	Nano	n
10^{-12}	Piko	p

ZB: $3 \text{ MW} = 3 \cdot 10^6 \text{ W} = 3\,000\,000 \text{ W}$ $7 \text{ cm} = 7 \cdot 10^{-2} \text{ m} = 0{,}07 \text{ m}$

Zur Erinnerung:

Längenmaße	1 km	.	.	1 m	1 dm	1 cm	1 mm	.	.	1 µm	.	.	1 nm

ZB: 1 m = 10 dm, 1 mm = 0,1 cm, 1 mm = 1 000 µm

Flächenmaße	$1\ km^2$	.	1 ha	.	1 a	.	$1\ m^2$	.	$1\ dm^2$	.	$1\ cm^2$	.	$1\ mm^2$

ZB: $1\ m^2 = 100\ dm^2$, $1\ cm^2 = 0{,}01\ dm^2$, $1\ cm^2 = 0{,}000\ 1\ m^2$

Beachte: Werden Einheitenvorsilben durch Zehnerpotenzen ersetzt, muss beim Potenzieren die jeweilige Zehnerpotenz ebenfalls potenziert werden.

ZB: $1\ cm^2 = 1 \cdot (10^{-2}\ m)^2 = 1 \cdot 10^{-4}\ m^2 = 0{,}000\ 1\ m^2$

Volumsmaße bzw.	$1\ m^3$	.	.	$1\ dm^3$	.	.	$1\ cm^3$	.	.	$1\ mm^3$
Hohlmaße	.	1 hℓ	.	1 ℓ	1 dℓ	1 cℓ	1 mℓ	.	.	1 µℓ

ZB: 1 hℓ = 100 ℓ, $1\ cm^3 = 1\ 000\ mm^3$, $1\ mℓ = 1\ cm^3$

Massenmaße	1 t	.	.	1 kg	.	1 dag	1 g	1 dg	1 cg	1 mg	.	.	1 µg

ZB: 1 t = 1 000 kg, 1 dag = 10 000 mg, $1\ µg = 0{,}000\ 001\ g = 1 \cdot 10^{-6}\ g$

1.195 Wandle in die angegebene Einheit um und gib das Ergebnis in normiertem Gleitkommaformat an. **B**

a) 0,023 Mt = ... t **b)** 456 750 mℓ = ... hℓ

Lösung:

a) $0{,}023\ Mt = 0{,}023 \cdot 10^6\ t = 2{,}3 \cdot 10^{-2} \cdot 10^6\ t = 2{,}3 \cdot 10^4\ t$

$1\ Mt = 10^6\ t$

b) $45\ 670\ mℓ = 45\ 670 \cdot 10^{-5}\ hℓ = 4{,}567 \cdot 10^4 \cdot 10^{-5}\ hℓ = 4{,}567 \cdot 10^{-1}\ hℓ$

$1\ mℓ = 10^{-5}\ hℓ$

1.196 Setze den richtigen Exponenten ein. **B**

a) $30\ mm = 3 \cdot 10^?\ m$ **c)** $0{,}2\ MW = 2 \cdot 10^?\ W$ **e)** $35\ ms = 3{,}5 \cdot 10^?\ s$

b) $420\ kW = 4{,}2 \cdot 10^?\ W$ **d)** $0{,}05\ k\Omega = 5 \cdot 10^?\ \Omega$ **f)** $27\ µF = 2{,}7 \cdot 10^?\ F$

1.197 Setze die richtige Vorsilbe ein. **B**

a) 0,5 kg = ... g **c)** 0,45 mg = ... dag **e)** 0,05 g = ... ng

b) 250 g = ... t **d)** 15 µg = ... g **f)** 0,7 t = ... g

1.198 Setze das Komma an der richtigen Stelle ein. **B**

a) 2,5 J = 0 0 0 2 5 0 0 0 kJ **c)** 0,089 kW = 0 0 0 8 9 0 0 0 W

b) 0,006 7 V = 0 0 0 6 7 0 0 0 mV **d)** 3 450 ℓ = 0 0 0 3 4 5 0 0 0 m^3

1.199 Gib die angegebenen Größen ohne Zehnerpotenzen in einer sinnvollen Einheit an. Begründe, welche der Aussagen so nicht richtig sein können. Ändere dann die angegebene Einheit der Größe so ab, dass eine sinnvolle Aussage entsteht. **BCD**

1) Peters Schwester ist $1{,}72 \cdot 10^{-3}$ m groß, sein kleiner Bruder nur $0{,}154 \cdot 10^4$ cm.

2) In die neue Badewanne passen $0{,}27 \cdot 10^6$ mℓ Wasser.

3) Tinas Motorrad hat einen Hubraum von $7{,}5 \cdot 10^5\ mm^3$.

4) Das Reihenhaus hat eine Wohnfläche von $0{,}097 \cdot 10^7\ km^2$.

5) Der neue Kleinwagen kann mit einer Tankfüllung $9{,}6 \cdot 10^2$ m weit fahren.

Aufgaben 1.200 – 1.203: Gib die Größe jeweils in der angegebenen Einheit **1)** ohne Zehnerpotenzen **2)** in normiertem Gleitkommaformat an.

B **1.200** **a)** 0,045 km = ... m **b)** 1,7 mm = ... m **c)** 2,56 m = ... km **d)** 80 nm = ... mm **e)** 65 µm = ... m **f)** 0,04 m = ... mm

B **1.201** **a)** 650 cm^2 = ... m^2 **b)** 0,002 mm^2 = ... cm^2 **c)** 0,05 ha = ... m^2 **d)** 0,045 cm^2 = ... mm^2 **e)** 5,3 cm^2 = ... m^2 **f)** 0,046 m^2 = ... mm^2

B **1.202** **a)** 3,5 hℓ = ... m^3 **b)** 19,3 m^3 = ... hℓ **c)** 48 cm^3 = ... ℓ **d)** 5,7 dℓ = ... cm^3 **e)** 0,5 mℓ = ... mm^3 **f)** 0,043 mm^3 = ... dℓ

B **1.203** **a)** 0,5 MW = ... kW **b)** 250 V = ... kV **c)** 0,45 mW = ... W **d)** 15 mV = ... V **e)** 0,05 W = ... mW **f)** 0,7 V = ... mV

B **1.204** Setze die passende Zahl in normiertem Gleitkommaformat ein.
a) 2,5 cm = ... mm = ... dm = ... m
b) $4{,}05 \cdot 10^{-3}$ mm = ... cm = ... µm = ... nm
c) 24,2 V = ... mV = ... kV
d) $0{,}005\,7 \cdot 10^4$ kV = ... V = ... MV
e) 3,7 MΩ = ... kΩ = ... Ω
f) $45{,}7 \cdot 10^{-5}$ Ω = ... = ... mΩ = ... µΩ

B **1.205** Rechne in die angegebene Einheit um.

$45\,\frac{\ell}{\text{min}} = \dots \frac{\text{h}\ell}{\text{h}}$

Lösung:

$$45\,\frac{\ell}{\text{min}} = \frac{45\,\ell}{1\,\text{min}} = \frac{45 \cdot 10^{-2}\,\text{h}\ell}{\frac{1}{60}\,\text{h}} = 45 \cdot 10^{-2} \cdot 60\,\frac{\text{h}\ell}{\text{h}} = 2\,700 \cdot 10^{-2}\,\frac{\text{h}\ell}{\text{h}} = 27\,\frac{\text{h}\ell}{\text{h}}$$

Aufgaben 1.206 – 1.207: Rechne jeweils in die angegebene Einheit um.

B **1.206** **a)** $72\,\frac{\text{km}}{\text{min}} = \dots \frac{\text{m}}{\text{s}}$ **b)** $180\,\frac{\text{h}\ell}{\text{h}} = \dots \frac{\ell}{\text{min}}$ **c)** $4\,\frac{\text{m}}{\text{s}} = \dots \frac{\text{km}}{\text{h}}$ **d)** $25\,\frac{\ell}{\text{min}} = \dots \frac{\text{h}\ell}{\text{h}}$ **e)** $17\,\frac{\text{m}}{\text{min}} = \dots \frac{\text{km}}{\text{h}}$ **f)** $100\,\frac{\ell}{\text{s}} = \dots \frac{\text{m}^3}{\text{h}}$

B **1.207** **a)** $50\,\frac{\text{g}}{\text{dm}^3} = \dots \frac{\text{t}}{\text{m}^3}$ **b)** $0{,}3\,\frac{\text{t}}{\text{h}\ell} = \dots \frac{\text{kg}}{\text{m}^3}$ **c)** $80\,\frac{\text{g}}{\text{m}\ell} = \dots \frac{\text{kg}}{\text{m}^3}$

Aufgaben 1.208 – 1.209: Gib die Ergebnisse in jeder in der Angabe vorkommenden Einheit **1)** ohne Verwendung von Zehnerpotenzen und **2)** in normiertem Gleitkommaformat an.

B **1.208** **a)** 1,2 km – 850 m **b)** 0,9 t – 320 kg **c)** 0,5 m – 12 mm

B **1.209** **a)** $\frac{8\,\text{cm} \cdot 15\,\text{mm}^2}{0{,}3\,\text{dm}}$ **b)** $\frac{(1{,}2\,\text{cm})^2 \cdot 0{,}3\,\text{m}}{27\,\text{dm}}$ **c)** $\frac{(0{,}4\,\text{m} \cdot 3\,\text{cm})^2}{0{,}6\,\text{m}}$

AB TE **1.210** Die Maßeinheit für eine Datenmenge von 8 Bit ist das Byte (B). Für größere Kapazitätsangaben wie zum Beispiel 2^{10} = 1 024 werden als Abkürzungen die SI-Einheitenvorsilben verwendet, also 1 Kilobyte = 1 024 Byte. Da mit zunehmender Speicherkapazität der dabei entstehende Fehler nicht mehr vernachlässigbar ist, werden nun oft folgende Einheitenvorsilben verwendet: Kibi = 2^{10}, Mebi = 2^{20}, Gibi = 2^{30}, Tebi = 2^{40}.
Wie groß ist jeweils der prozentuelle Fehler, wenn man die dezimalen Einheitenvorsilben k, M, G und T anstelle der korrekten Zweierpotenzen verwendet?

BCD **1.211** Was stimmt hier nicht? Begründe deine Antwort.
a) $0{,}5\,\text{m}^2 = (50\,\text{cm})^2 = 2\,500\,\text{cm}^2 = 0{,}25\,\text{m}^2$ **b)** $4\,\text{cm}^2 = 4 \cdot 10^{-2}\,\text{m}^2 = 0{,}04\,\text{m}^2 = 400\,\text{cm}^2$

ABC **1.212** Unser Sonnensystem hat eine Ausdehnung von ca. 12 Milliarden km. Wie lange benötigt das Licht bei einer Geschwindigkeit von 300 000 km/s zur Durchquerung unseres Sonnensystems? Rechne mit Zehnerpotenzen.

1.6.4 Runden von Zahlen, Zahlen beschränkter Genauigkeit

Im Alltag ist es oft wichtig, das ungefähre Ergebnis einer Rechnung mit geringem Aufwand im Kopf ermitteln zu können. Auch wenn man einen Taschenrechner verwendet, braucht man eine Vorstellung von der Größenordnung des Ergebnisses, damit man Eingabefehler bemerken kann.

In Wirtschaft und Technik arbeitet man oft mit Zahlen, die nur mit beschränkter Genauigkeit gegeben sind oder gebraucht werden. Messungen etwa können immer nur mit beschränkter Genauigkeit vorgenommen werden. Daher haben auch die aus Messwerten berechneten Ergebnisse dann eine eingeschränkte Genauigkeit.

Für das **Runden von Zahlen** auf eine bestimmte dekadische Einheit gilt folgende Regel:
Es wird nur die Stelle unmittelbar rechts von dieser Einheit beachtet. Ist diese Ziffer 0, 1, 2, 3 oder 4 wird abgerundet, andernfalls aufgerundet.

Runden findet vor allem bei Messwerten Anwendung. In vielen Fragestellungen, bei denen nur ganzzahlige Lösungen sinnvoll sind, ist aber NICHT der gerundete Wert gesucht.

1.213 **1)** Eine Tafel Schokolade kostet im Supermarkt 0,90 €. Thomas hat nur mehr 2,52 €. Er rechnet: 2,52 : 0,9 = 2,8 ≈ 3 und nimmt 3 Tafeln. Was passiert bei der Kassa? ACD
2) Ein Kübel Dispersionsfarbe reicht zum Streichen von 15 m^2 Wand. Wie viele Kübel sollte man für 32 m^2 Wand besorgen? Begründe deine Antwort.
3) Der Klassenkassier hat berechnet, dass der Bus für den Ausflug pro Kopf 8,742 € kostet. Welchen Betrag sollte er pro Kopf einsammeln? Begründe deine Antwort.

1.214 **a)** Runde 12,42; 23,78; 46,51; 17,349; 33,999 auf Zehntel. B
b) Runde 234 967 auf Zehner, Hunderter bzw. Tausender.

Lösung:
a) 12,42 ≈ 12,4; 23,78 ≈ 23,8; 46,51 ≈ 46,5; 17,349 ≈ 17,3; 33,999 ≈ 34,0
b) Zehner: 234 967 ≈ 234 970, Hunderter: 234 967 ≈ 235 000, Tausender: 234 967 ≈ 235 000

Viele Rechenwerkzeuge können so eingestellt werden, dass die angezeigte Zahl auf eine vorgegebene Anzahl von Dezimalstellen gerundet ist. Dabei ist aber zu beachten, dass intern normalerweise mit den genauen Werten weitergerechnet wird.

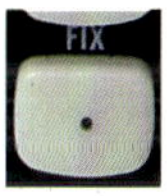

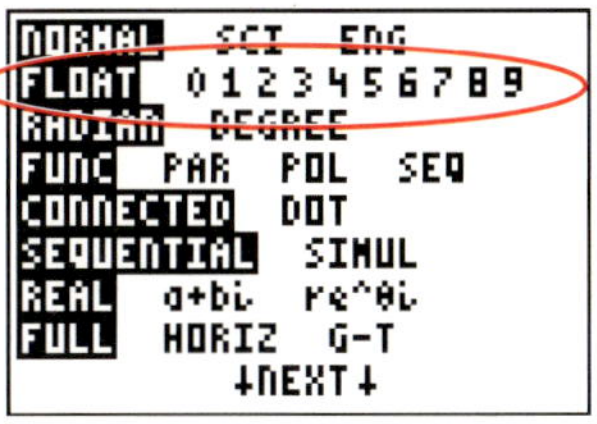

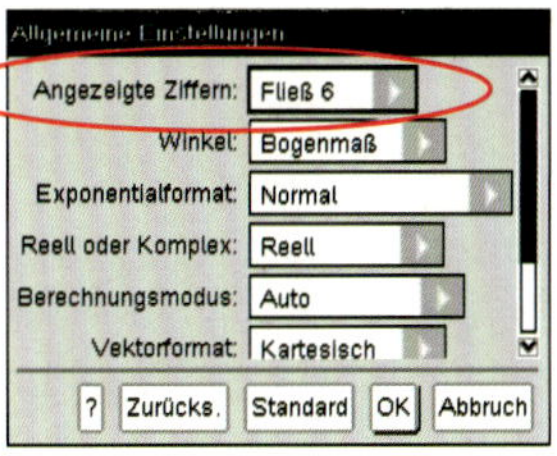

Viele GTR und CAS verfügen über Befehle zum direkten Runden eines Ergebnisses, ohne dabei die Einstellungen des Systems zu verändern:

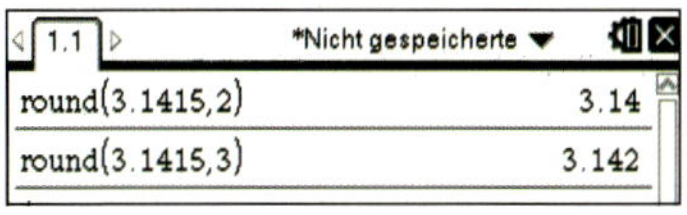

1.215 Runde auf **1)** Zehntel, **2)** Hundertstel, **3)** Tausendstel. B

a) 2,345 49 **b)** 0,909 99 **c)** 1,091 104 **d)** 0,099 9 **e)** 0,999 9

1.216 Runde auf **1)** Zehner, **2)** Hunderter, **3)** Tausender. B

a) 12 345 **b)** 367 890 **c)** 4,677 58 **d)** 0,003 721 6 **e)** 0,987 699

1.6.5 Überschlagsrechnung

ZB: Ein Auto verbraucht auf 100 km rund 5,9 ℓ Dieseltreibstoff. Kann man ohne zu tanken von Wien nach Venedig fahren (rund 630 km), wenn der Tank 45 ℓ fasst?
Überschlagsrechnung: $5{,}9 \cdot 6{,}3 \approx 6 \cdot 6 = 36$ ℓ $\Rightarrow$ Ein voller Tank reicht für diese Fahrt.

Um das Ergebnis einer Rechnung näherungsweise zu ermitteln, verwendet man eine **Überschlagsrechnung**. Im Allgemeinen **rundet** man so, dass in der **normierten Gleitkommadarstellung** die **Mantisse ganzzahlig** wird.

BC **1.217** Berechne überschlagsweise $11{,}6 \cdot 3{,}5$ bzw. $11{,}6 : 3{,}5$. Runde dabei die Zahl 3,5 jeweils einmal auf 3 und einmal 4 und vergleiche mit den genauen Ergebnissen. Was fällt dir auf?

Bei Multiplikationen wird meist so gerundet, dass ein Faktor auf-, der andere abgerundet wird („gegensinnig runden"). Bei Divisionen werden meist Dividend und Divisor beide auf- oder beide abgerundet („gleichsinnig runden").

B **1.218** Berechne überschlagsweise.

a) $48{,}7 \cdot 1{,}99$ ***b)*** $43\,500 : 75{,}9$ ***c)*** $78\,564\,000 \cdot 0{,}000\,032$

Lösung:

a) $48{,}7 \cdot 1{,}99 \approx 50 \cdot 2 = 100$
- Runde so, dass du die Rechnung im Kopf schaffst.

b) $43\,500 : 75{,}9 \approx 42\,000 : 70 = 600$
- Wähle Zahlen, für die die Division ohne Rest möglich ist.

c) $78\,564\,000 \cdot 0{,}000\,032 \approx 8 \cdot 10^7 \cdot 3 \cdot 10^{-5} = 24 \cdot 10^2 = 2\,400$
- Verwende Zehnerpotenzen, um mit sehr großen und sehr kleinen Zahlen leichter arbeiten zu können.

In manchen Fällen kann auch für die überschlagsweise Berechnung eine höhere Genauigkeit erforderlich sein, zum Beispiel wenn im Nenner eines Bruchs kleine Differenzen auftreten. Wähle dann eine sinnvolle höhere Genauigkeit.

Überschlagsweises Wurzelziehen

Die Wurzeln aus Quadratzahlen können im Kopf berechnet werden. Auch die Wurzeln aus Zehnerpotenzen mit geraden Hochzahlen sind im Kopf berechenbar (siehe Seite 30).

Eine (Quadrat)wurzel kann auf folgende Art überschlagsweise berechnet werden, zB:

$\sqrt{387} =$
$= \sqrt{3|87} =$
$= \sqrt{3{,}87 \cdot 10^{2}} \approx$
$\approx \sqrt{4 \cdot 10^2} =$
$= 2 \cdot 10^1 = 20$

Schreibe den Radikanden (Zahl, aus der die Wurzel gezogen werden soll) im Gleitkommaformat an. Verschiebe dabei das Komma um eine **gerade** Anzahl von Stellen, sodass die Vorzahl ein- oder zweistellig ist. Der **Exponent** der Zehnerpotenz ist dann eine **gerade Zahl**.
Runde nun die Vorzahl auf die **nächstliegende Quadratzahl**.
Ziehe die Wurzel aus jedem Faktor des Produkts einzeln.

Analog kann man mit Kubikwurzeln verfahren, zB:

$\sqrt[3]{63\,715} = \sqrt[3]{63|715} =$
$= \sqrt[3]{63{,}715 \cdot 10^{3}} \approx$
$\approx \sqrt[3]{64 \cdot 10^3} =$
$= 4 \cdot 10^1 = 40$

- Das Komma wird so verschoben, dass die Hochzahl durch 3 teilbar ist und die Vorzahl ein-, zwei- oder dreistellig ist.
- Die Vorzahl wird auf die nächstliegende Kubikzahl gerundet.

1.219 Berechne überschlagsweise. B

a) $\sqrt{0{,}4}$ **b)** $\sqrt{9\,170\,904{,}3}$ **c)** $\sqrt[3]{7\,349\,567}$ **d)** $\sqrt[3]{0{,}000\,031}$

Lösung:

a) $\sqrt{0{,}4} = \sqrt{0{,}40|} = \sqrt{40 \cdot 10^{-2}} \approx \sqrt{36 \cdot 10^{-2}} = 6 \cdot 10^{-1} = 0{,}6$

b) $\sqrt{9\,170\,904{,}3} = \sqrt{9|17|09|04{,}3} = \sqrt{9{,}170\,904\,3 \cdot 10^{6}} \approx \sqrt{9 \cdot 10^{6}} = 3 \cdot 10^{3} = 3\,000$

c) $\sqrt[3]{7\,349\,567} = \sqrt[3]{7|349|567} = \sqrt[3]{7{,}349\,567 \cdot 10^{6}} \approx \sqrt[3]{8 \cdot 10^{6}} = 2 \cdot 10^{2} = 200$

d) $\sqrt[3]{0{,}000\,031} = \sqrt[3]{0{,}000|031|} = \sqrt[3]{31 \cdot 10^{-6}} \approx \sqrt[3]{27 \cdot 10^{-6}} = 3 \cdot 10^{-2} = 0{,}03$

Aufgaben 1.220 – 1.223: Ermittle die Ergebnisse überschlagsweise.

1.220 **a)** $\sqrt{405{,}3}$ **b)** $\sqrt{1\,532}$ **c)** $\sqrt{8\,074}$ **d)** $\sqrt{637\,986}$ B

1.221 **a)** $\sqrt[3]{3\,125}$ **b)** $\sqrt[3]{59\,517}$ **c)** $\sqrt[3]{707\,707}$ **d)** $\sqrt[3]{6\,400\,000}$ B

1.222 **a)** $\sqrt[3]{0{,}000\,49}$ **b)** $\sqrt[3]{0{,}001\,11}$ **c)** $\sqrt[3]{0{,}5}$ **d)** $\sqrt[3]{0{,}06}$ B

1.223 **a)** $\frac{208{,}7 \cdot 0{,}465}{83{,}45}$ **b)** $\frac{15\,600 \cdot 0{,}084\,3}{72{,}5}$ **c)** $\frac{7{,}853}{4{,}51 \cdot 407{,}2}$ B

1.224 Berechne überschlagsweise und ermittle so den richtigen Wert für x. B

a) $\frac{0{,}000\,81 \cdot 293\,417 \cdot \sqrt[3]{27\,224}}{\sqrt{0{,}008\,1}} \approx 8 \cdot 10^{x}$ **b)** $\frac{0{,}000\,053 \cdot 68\,341 \cdot \sqrt[3]{9\,124}}{\sqrt{0{,}006\,7}} \approx 9{,}25 \cdot 10^{x}$

1.225 Lukas hat mit dem Taschenrechner gerechnet: $\frac{32{,}5 \cdot 19{,}3}{44{,}201 - 44{,}103} = -29{,}9$ BCD

1) Zeige mithilfe einer Überschlagsrechnung, dass das Ergebnis nicht stimmen kann.

2) Versuche herauszufinden, welchen Eingabefehler er gemacht hat und beschreibe ihn mit eigenen Worten.

1.226 Jennifer sollte $\frac{4{,}8}{0{,}100\,5 - 0{,}100\,4}$ überschlagsweise berechnen. Nach dem Runden wollte sie es sich leicht machen und hat den Taschenrechner benutzt, der jedoch ERROR anzeigt. Welchen Fehler hat sie wahrscheinlich gemacht? Erkläre das Problem und rechne korrekt. BCD

1.227 In Österreich werden durchschnittlich pro Person und Tag 48 ℓ Wasser für die Spülung der Toilette verbraucht. Berechne überschlagsweise, wie viel Kubikmeter Wasser in Österreich (ca. 8 300 000 Einwohner) pro Jahr für die Toilettenspülungen verbraucht werden. AB

1.228 Ein Wassertropfen hat ein Volumen von ca. 0,08 cm^3. Berechne überschlagsweise die Anzahl der Tropfen in einer 0,5-Liter-Flasche, einer Badewanne (rund 200 Liter) bzw. in einem Pool mit den Maßen 8 m x 4 m x 1,5 m. AB

1.229 1 Liter Luft hat eine Masse von rund 1,3 g. Berechne überschlagsweise, welche Seitenlänge ein Korkwürfel mit der gleichen Masse wie die Luft in deinem Zimmer hat. AB
(Dichte von Kork: $\rho = 0{,}2\,\frac{g}{cm^3}$)

1.7 Mengen, Mengenoperationen und Aussagen

1.7.1 Mengen

Georg Cantor

Um die Wende vom 19. zum 20. Jh. erforderten es der mathematische und technische Fortschritt, die Mathematik auf eine einheitliche, feste Basis, ein Fundament aus klaren Begriffen, zu stellen. Einen wesentlichen Beitrag dazu lieferte die **Mengenlehre**, als deren Begründer Georg Cantor (deutscher Mathematiker, 1845 – 1918) angesehen wird. Die Mengenlehre bildet eine gemeinsame Fachsprache der Mathematik und stellt die Grundlage dar, das „Unendliche" mathematisch in den Griff zu bekommen.

D **1.230** Gib an, wie die Zahlenmengen $\mathbb{N}$, $\mathbb{Q}$ und $\mathbb{R}$ in diesem Abschnitt beschrieben wurden. Wodurch unterscheiden sich die Beschreibungen grundlegend?

Die Mathematik beschäftigt sich mit verschiedenen Objekten und deren Eigenschaften. Aus Abschnitt 1.1 ist bekannt, dass **Elemente**, also Objekte mit einer gemeinsamen Eigenschaft, zu einer **Menge** zusammengefasst werden können. Eine Menge kann auf zwei Arten angegeben werden:

- **aufzählendes Verfahren**: durch Aufzählen der einzelnen Elemente, zB: $A = \{0, 1, 2, 3\}$
- **beschreibendes Verfahren**: durch Angeben einer Bedingung, zB: $B = \{x \in \mathbb{R} \mid x > 1{,}75\}$
  [Sprich: „B ist die Menge aller x aus den reellen Zahlen, für die gilt: x ist größer als 1,75."]

Ist x **ein Element** der Menge A, so schreibt man $x \in A$.
Ist x **kein Element** der Menge A, so schreibt man $x \notin A$.

1.7.2 Beziehungen zwischen Mengen

AC **1.231** Am Schulanfang notiert der Klassenvorstand von seinen insgesamt 24 Schülerinnen und Schülern, welche Freigegenstände sie gewählt haben und welchen Religionsunterricht sie besuchen. Um Zeit zu sparen, gibt er nur die Katalognummern an.

Freigegenstände:		Religionsunterricht:	
Basketball:	1, 3, 7, 12, 15, 24	Römisch-katholisch:	1, 4, 5, 6, 8, 10, 11, 14, 17, 23
Volleyball:	2, 18, 19, 21, 23	Evangelisch:	3, 12
Französisch:	3, 11, 12, 18, 21	Islamisch:	7, 9, 18, 21, 24

1) Zähle die Elemente der Menge auf (gib die Katalognummern an).
A = {besucht einen sportlichen Freigegenstand}
B = {besucht Basketball und Französisch}
C = {besucht Volleyball, aber nicht Französisch}
D = {spielt Basketball und besucht islamischen Religionsunterricht}
E = {besucht keinen Religionsunterricht}

2) Was kannst du über die Schülerinnen und Schüler der folgenden Menge aussagen?
$F = \{4, 5, 6, 8, 10, 14, 17\}$

In der Mathematik ist es oft notwendig, mit mehreren Mengen und deren Beziehung zueinander zu arbeiten. Um Beziehungen zwischen Mengen anzugeben, benötigt man den Begriff der **Teilmenge**.

	Schreibweise:
Zwei Mengen A und B heißen **gleich**, wenn sie **die gleichen Elemente** enthalten. Die Reihenfolge der Elemente ist nicht von Bedeutung.	$A = B$
Eine Menge A heißt **Teilmenge** einer Menge B, wenn jedes Element der Menge A auch ein Element der Menge B ist.	$A \subseteq B$
Eine Menge A heißt **echte Teilmenge** einer Menge B, wenn $A \subseteq B$ und $A \neq B$.	$A \subset B$
Eine Menge, die keine Elemente enthält, heißt **leere Menge**.	$\{\}$ oder $\varnothing$

1.232 Gib jeweils an, ob $A \subset B$, $B \subset A$ oder $A = B$ gilt. **AB**

1) $A = \{3, 4, 5\}$; $B = \{x \in \mathbb{N} \mid 2 \leq x \leq 6\}$ ***3)*** $A = \{2 \cdot n \mid n \in \mathbb{N}^*\}$; $B = \{2, 4, 6, 8, 10 ...\}$

2) $A = \{x \in \mathbb{N}_u \mid x > 3\}$; $B = \{5, 7, 9, 11, 13\}$ mit $\mathbb{N}_u$ ... Menge der ungeraden Zahlen

Lösung:

1) $A = \{3, 4, 5\}$; $B = \{2, 3, 4, 5, 6\} \Rightarrow A \subset B$

2) $A = \{5, 7, 9, 11, 13, 15, 17 ...\}$; $B = \{5, 7, 9, 11, 13\} \Rightarrow B \subset A$ bzw. $A \supset B$

3) $A = \{2, 4, 6, 8, 10 ...\}$; $B = \{2, 4, 6, 8, 10 ...\} \Rightarrow A = B$

1.233 Gib die Zahlenmenge im aufzählenden Verfahren an. **A**

a) Zweistellige natürliche Zahlen, die mindestens einmal die Ziffer 4 enthalten.

b) Dreistellige natürliche Zahlen, die die Hunderterziffer 7 haben und durch 11 teilbar sind.

c) Natürliche Zahlen unter 1 000, die mindestens dreimal die Ziffer 5 enthalten.

1.234 Gib die beschriebene Menge im aufzählenden Verfahren an. **B**

a) $A = \{3 \cdot n \mid n \in \mathbb{N}\}$ ***b)*** $B = \{10 \cdot n - 1 \mid n \in \mathbb{N}\}$

1.235 Welche der Aussagen $A \subset B$ oder $B \subset A$ oder $A = B$ ist richtig? **C**

a) $A = \{x \in \mathbb{N} \mid 1 \leq x \leq 6\}$, $B = \{2, 3, 4\}$

b) $A = \{x \in \mathbb{Z} \mid |x| \geq 5\}$, $B = \{x \in \mathbb{Z} \mid x \geq 6\}$

c) A = {Schülerinnen und Schüler der 1AHIF},
B = {Schülerinnen und Schüler der 1AHIF, die mit öffentlichen Verkehrsmitteln zur Schule kommen}

1.236 Füge passend $\subset$ oder $\supset$ ein und begründe deine Antwort. **AD**

a) Menge aller Fahrzeuge ... Menge aller Autos

b) Menge aller Dreiecke ... Menge aller gleichseitigen Dreiecke

c) Menge aller natürlichen Zahlen ... Menge aller ganzen Zahlen

1.237 Schreibe die Menge jeweils im aufzählenden und im beschreibenden Verfahren an. **A**

1) A = Menge der durch 3 teilbaren natürlichen Zahlen, die kleiner als 3 sind

2) B = Menge der positiven ganzen Zahlen, die kleiner als 7 sind

3) C = Menge der durch 5 teilbaren Zahlen, die kleiner als 30 sind

1.238 Beschreibe die dargestellte Menge mit eigenen Worten. **D**

a) $A = \{x \in \mathbb{N} \mid 2 \text{ teilt } x\}$ ***b)*** $B = \{x \in \mathbb{Z} \mid 4 < x < 10\}$

1.7.3 Verknüpfungen von Mengen

C **1.239** Eine Gruppe von Jugendlichen möchte Mittagessen gehen. Die Pizzeria würde Anna, Julia, Jasmin, Lukas und Markus zusagen. Mit einem Mittagessen im Chinarestaurant wären David, Julia, Sophie, Stefan und Markus einverstanden.

1) Gib an, wer in einem Lokal Mittag essen möchte.
2) Wem sind beide Lokale recht?
3) Wer möchte in die Pizzeria, aber nicht ins Chinarestaurant gehen?

Oft ist es von Bedeutung, zwei Mengen zu einer neuen Menge zu verbinden. Dazu stehen eigene Operatoren zur Verfügung.

- **Durchschnitt**

  Die Menge der Elemente, die **sowohl** in A **als auch** in B enthalten sind, nennt man den Durchschnitt der beiden Mengen. Man schreibt:

  $A \cap B = \{x \mid x \in A \text{ und } x \in B\}$

  [Sprich: **„A geschnitten B** ist die Menge aller x, für die gilt: **x ist ein Element von A und x ist ein Element von B.**"]

  ZB: $A = \{1, 2, 3, 4, 5\}$, $B = \{2, 4, 6, 8, 10\} \Rightarrow A \cap B = \{2, 4\}$

  Enthält der Durchschnitt zweier Mengen kein Element, nennt man die Mengen **disjunkt**.

- **Vereinigung**

  Die Menge der Elemente, die in einer Menge A **oder** in einer Menge B enthalten sind, nennt man die Vereinigung der beiden Mengen. Man schreibt:

  $A \cup B = \{x \mid x \in A \text{ oder } x \in B\}$

  [Sprich: „**A vereinigt B** ist die Menge aller x, für die gilt: **x ist ein Element von A oder x ist ein Element von B.**"]

  ZB: $A = \{1, 2, 3, 4, 5\}$, $B = \{4, 6, 8, 10\} \Rightarrow A \cup B = \{1, 2, 3, 4, 5, 6, 8, 10\}$

- **Differenzmenge**

  Entfernt man aus der Menge A alle Elemente, die auch in B vorkommen, so erhält man die Differenzmenge. Diese enthält alle Elemente von A, die nicht in B enthalten sind. Man schreibt:

  $A \setminus B = \{x \mid x \in A \text{ und } x \notin B\}$; [Sprich: „**A ohne B**"]

  ZB: $A = \{1, 2, 3, 4, 5, 6\}$, $B = \{4, 6, 8, 10\} \Rightarrow A \setminus B = \{1, 2, 3, 5\}$

Mengen bzw. Mengenverknüpfungen können durch **Mengendiagramme** (**Venn-Diagramme**, John Venn, englischer Mathematiker, 1834 – 1923) veranschaulicht werden. Dabei wird die Menge durch eine ovale Fläche dargestellt.

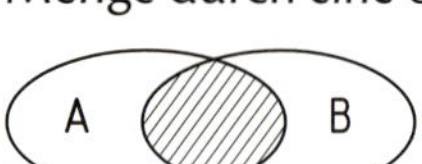

$A \cap B$

$A \cup B$

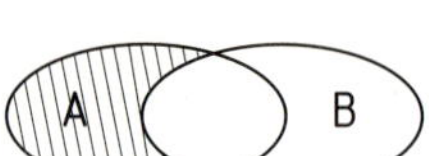

$A \setminus B$

1.240 Gegeben sind die Mengen A = {2, 4, 7, 9}, B = {1, 3, 4, 7} und C = {4, 5, 9, 10}. Stelle $A \cup B$, $A \cap B \cap C$ und $B \setminus A$ mithilfe von Mengendiagrammen dar und gib sie jeweils im aufzählenden Verfahren an. **B**

1.241 M_1 = {a, c, e, f, g, h, k, m, r, t}, M_2 = {b, e, j, n, p, t, u}, M_3 = {a, f, j, h, o, s, x} **B**
Stelle mit Mengendiagrammen dar und gib im aufzählenden Verfahren an.
a) $M_1 \cup M_2$ **b)** $M_2 \cap M_3$ **c)** $M_1 \setminus M_2$ **d)** $M_2 \setminus M_1$

1.242 A = {2, 4, 6, 8, 10, 12, 14}, B = {3, 6, 9, 12, 15}, C = {4, 8, 12, 16, 20} **BC**
1) Beschreibe mit eigenen Worten die Elemente der Mengen A, B und C.
2) Stelle mit Mengendiagrammen dar und gib im aufzählenden Verfahren an.
a) $A \cup B$ **b)** $B \cap C$ **c)** $A \cap B \cap C$ **d)** $A \cap C$

1.243 Bilde die Vereinigungsmenge, die Durchschnittsmenge sowie die Differenzmengen. **B**
a) A = {1, 3, 5, 8, 9}, B = {3, 4, 8, 11, 12}
b) X = {a, c, f, g, h, r, t, x, y, z}, Y = {d, f, k, l, s, t, x}
c) M = {rot, grün, blau, gelb}, N = {rosa, lila, blau, braun}

1.244 Gib den Durchschnitt $A \cap B$ und die Vereinigung $A \cup B$ an. **AB**
a) $A = \{x \in \mathbb{N} \mid 4 < x < 10\}$, $B = \{x \in \mathbb{N} \mid x < 6\}$
b) $A = \{x \in \mathbb{N} \mid x > 3\}$, $B = \{x \in \mathbb{N} \mid x < 8\}$
c) $A = \{x \in \mathbb{Z} \mid 2 \leq x \leq 20\}$, $B = \{x \in \mathbb{P} \mid x < 30\}$

1.245 In einem Studienjahr absolvierten 40 Studierende die Physikprüfung (P), 46 die Chemieprüfung (C) und 32 die Biologieprüfung (B). 16 Studierende traten in Physik und Chemie, 18 Chemie und Biologie und 8 Biologie und Physik. Nur 6 wählten alle drei Prüfungen. **AC**
1) Stelle diese Informationen in einem Venn-Diagramm dar.
2) Gib an, was die Menge $P \cup C \cup B$ bedeutet.

1.7.4 Aussagen

Behauptungen über Objekte und ihre Eigenschaften können nicht nur als Mengen angegeben werden, sondern auch in Form von **Aussagen**. Eine Aussage ist zum Beispiel der Satz: „Die Zahl 6 ist ein Teiler von 30."

> Unter einer **Aussage a** versteht man einen Satz, der entweder **wahr (w)** oder **falsch (f)** sein kann. Jeder Aussage kann ein **Wahrheitsgehalt**, wahr oder falsch, zugeordnet werden.

Sätze, die im Widerspruch zur Grammatik stehen, sowie Fragen und Befehle stellen keine Aussagen dar, da man ihnen keinen Wahrheitsgehalt zuordnen kann.

ZB: „Wird morgen die Sonne scheinen?", „Gib mir bitte dein Hausübungsheft!"

- **Verneinung (Negation)** von Aussagen

  Bezeichnet man eine Aussage allgemein mit a, so wird ihre Negation mit dem Symbol $\neg$ gekennzeichnet: $\neg a$ [Sprich: „not a" oder „nicht a"]

  Es muss darauf geachtet werden, dass die Aussagen richtig verneint werden.

  ZB ist die richtige Verneinung der Aussage „Die Sonne scheint." die Aussage „Es ist nicht richtig, dass die Sonne scheint." bzw. „Die Sonne scheint nicht."
  Eine falsche Verneinung wäre: „Nicht die Sonne scheint." Diese Aussage lässt den Schluss zu, dass zwar nicht die Sonne, aber etwas anderes scheinen könnte.

Zahlen und Mengen

Ist eine Aussage wahr, so ist ihre Negation falsch und umgekehrt.

ZB: „3 **ist** Teiler von 28." ... falsch, aber: „3 **ist kein** Teiler von 28." ... wahr

Durch eine **Negation** $\neg$ kehrt sich der Wahrheitsgehalt einer Aussage um.

In der mathematischen Logik bedeutet eine doppelte Verneinung $\neg(\neg a)$ ein Wiederherstellen des ursprünglichen Wahrheitsgehalts, das heißt, die Verneinung wird rückgängig gemacht.

D **1.246** Welche der Aussagen ist wahr, welche falsch? Begründe deine Antworten.

1) π ist eine irrationale Zahl.
2) 7 ist ein Teiler von 117 649.
3) $\sqrt{3}$ ist eine rationale Zahl.
4) $3 \cdot 16 + 5 - 17 = 36$
5) 18 ist eine Primzahl.
6) Das Quadrat von 11 ist 121.
7) $0,\dot{3}$ kann nicht als Bruch dargestellt werden.
8) 81 ist ein Vielfaches von 3.

D **1.247** Welche der Aussagen sind wahr? Begründe deine Antworten.

1) Wenn x eine ungerade ganze Zahl ist, dann ist 2x eine gerade ganze Zahl.
2) Wenn zwei Dreiecke kongruent sind, dann sind sie ähnlich.
3) Ist $\sqrt{2}$ eine irrationale Zahl, dann ist auch $4 + 3 \cdot \sqrt{2}$ eine irrationale Zahl.
4) Ist eine Zahl durch 4 teilbar, dann ist sie auch durch 6 teilbar.

D **1.248** Gib an, welche Verneinungen der Aussage a richtig sind. Begründe deine Antworten.

a: Der Rucksack ist schwer.

1) $\neg a$: Der Rucksack ist nicht schwer.
2) $\neg a$: Der Rucksack ist leicht.
3) $\neg a$: Nicht der Rucksack ist schwer.
4) $\neg a$: Der Rucksack ist nicht leicht.

CD **1.249** Ein Rätsel besagt, dass von drei Personen, nur eine die Wahrheit spricht und die anderen beiden lügen. Man kennt die Aussagen der drei Personen:

A: „Ich lüge nie."
B: „A lügt. Ich sage hier die Wahrheit."
C: „B lügt. Ich bin die ehrliche Person von uns."

Finde anhand der drei Aussagen heraus, wer die Wahrheit spricht und wer lügt.

AC **1.250** Bilde die richtige Verneinung der Aussagen.

1) $x > 4$
2) Jede natürliche Zahl ist durch 6 teilbar.
3) Von 20 Kirschen waren mindestens 5 wurmig.
4) Von 3 Mandarinen ist genau eine verdorben.

1.7.5 Verknüpfungen von Aussagen

Nicht nur Mengen können verknüpft werden, auch zwei Aussagen lassen sich zu einer neuen Aussage verbinden. Dafür stehen eigene Operatoren zur Verfügung, die in der Aussagenlogik als **Junktoren** bezeichnet werden.

- **Konjunktion**: logisches UND

  Die Verknüpfung mit „UND" entspricht dem Durchschnitt A ∩ B. Man schreibt:

  $a \wedge b$ [Sprich: „a **und** b" oder „**sowohl** a **als auch** b"]

  ZB: a: 6 ist durch 2 teilbar, b: 6 ist durch 3 teilbar
  $a \wedge b$: 6 ist durch 2 und durch 3 teilbar

  Die Aussage $a \wedge b$ ist wahr, wenn sowohl die Aussage a als auch die Aussage b wahr ist. Ist eine der Aussagen falsch, so ist die Gesamtaussage falsch. Übersichtlich lassen sich alle möglichen Fälle mithilfe einer so genannten **Wahrheitstafel (Wahrheitstabelle)** darstellen.

a	b	a ∧ b
w	w	w
w	f	f
f	w	f
f	f	f

- **Disjunktion**: logisches ODER

  Die Verknüpfung mit „ODER" entspricht der Vereinigung A ∪ B. Man schreibt:

  $a \vee b$ [Sprich: „a **oder** b"] (latein: „vel" ... oder)

  „ODER" ist hier einschließend zu verstehen. Das bedeutet, dass beide Aussagen gleichzeitig zutreffen können.

  ZB: a: x ist durch 3 teilbar, b: x ist durch 4 teilbar
  $a \vee b$: x ist durch 3 oder 4 teilbar

  Die Disjunktion entspricht der Vereinigung A ∪ B. Die Aussage $a \vee b$ ist wahr, wenn mindestens eine der beiden Aussagen oder beide wahr sind.

a	b	a ∨ b
w	w	w
w	f	w
f	w	w
f	f	f

- **Implikation**

  Um Schlussfolgerungen zu ziehen, verwendet man in der Mathematik die Implikation. Man schreibt:

  $a \Rightarrow b$ [Sprich: „**Aus** a ..., **folgt** b..."]

  1) Aus $6 \mid x$ folgt $2 \mid x$ ... w
  2) Aus $6 \mid x$ folgt $2 \nmid x$ ... f
  3) Aus $6 \nmid x$ folgt $2 \mid x$ ... ?
  4) Aus $6 \nmid x$ folgt $2 \nmid x$ ... ?

  Man nennt die Aussage, die vor dem Pfeil steht, **Prämisse** oder **Voraussetzung**, die Aussage hinter dem Pfeil **Konklusion** oder **Schluss**.

a	b	a ⇒ b
w	w	w
w	f	f
f	w	w
f	f	w

  Ist die Voraussetzung falsch, kann die Konklusion beliebig sein, die Implikation wird als wahr festgesetzt.

  Die Implikation darf man nicht umkehren, zB: aus $2 \mid x$ folgt nicht $6 \mid x$. Dieser Junktor ist als einziger nicht kommutativ. Das heißt, dass sich durch Vertauschen von Voraussetzung und Schluss der Wahrheitsgehalt im Allgemeinen ändert.

Äquivalenz

Für Beweise und Definitionen wird oft die Äquivalenz verwendet. Man schreibt:

a $\Leftrightarrow$ b [Sprich: „a gilt **dann und nur dann, wenn** b gilt."]

ZB: Ein Dreieck ist gleichseitig, dann und nur dann, wenn alle drei Seiten gleich lang sind.

Die Äquivalenz „vergleicht" zwei Aussagen miteinander. Ist der Wahrheitsgehalt der beiden Teilaussagen gleich, so erhält man die Gesamtaussage wahr, sind die beiden unterschiedlich, so erhält man den Wahrheitswert falsch.

a	b	$a \Leftrightarrow b$
w	w	w
w	f	f
f	w	f
f	f	w

Eine Aussagenvariable ist eine Variable, die den Wahrheitsgehalt wahr oder falsch annehmen kann.

Sind mehrere Aussagen bzw. Aussagenvariablen miteinander zu einer **aussagenlogischen Formel** verbunden, verwendet man eine Wahrheitstabelle, um den Gesamtwahrheitsgehalt zu bestimmen. Die Auswertung erfolgt Schritt für Schritt in einer bestimmten **Auswertungsreihenfolge** (Klammern, $\neg$, $\wedge$, $\vee$, $\Rightarrow$, $\Leftrightarrow$). Treten gleiche Zeichen auf, werden diese von links nach rechts ausgewertet.

B **1.251** Bestimme den Wahrheitsgehalt der aussagenlogischen Formel: $p \Rightarrow q \wedge \neg(r \vee p)$

Lösung:
In den ersten Spalten der Wahrheitstafel werden alle möglichen Wahrheitswerte der vorkommenden Aussagenvariablen aufgelistet. Danach wertet man die einzelnen Ausdrücke der Reihenfolge entsprechend aus. Das Ergebnis lässt sich aus der letzten Spalte der Tabelle ablesen.

p	q	r	$r \vee p$	$\neg(r \vee p)$	$q \wedge \neg(r \vee p)$	$p \Rightarrow q \wedge \neg(r \vee p)$
w	w	w	w	f	f	f
w	w	f	w	f	f	f
w	f	w	w	f	f	f
w	f	f	w	f	f	f
f	w	w	w	f	f	w
f	w	f	f	w	w	w
f	f	w	w	f	f	w
f	f	f	f	w	f	w

A **1.252** Formuliere die folgenden Aussagen unter Verwendung der entsprechenden Junktoren.

1) Wenn man ein Schokoladestück in die Sonne legt, dann schmilzt es.
2) Der Neuwagen ist mit Schiebedach und Klimaanlage ausgestattet.
3) Wenn ein Viereck vier gleich lange Seiten und vier rechte Winkel hat, genau dann ist es ein Quadrat.
4) Die Palatschinken können mit Eis oder Schokolade gefüllt werden.
5) Thomas isst heute Pizza oder Lasagne.

1.253 Welche der folgenden Aussagen sind wahr? BC

1) $\frac{3}{7} > \frac{5}{8}$

2) $\frac{x}{2} \cdot \frac{3}{2x} < \frac{4x}{3} \cdot \frac{6}{5x} \quad x \in \mathbb{N}^*$

3) $\frac{2}{9} : \frac{5}{3} < \frac{1}{2}$

4) $x^2 + 2 < x^2 - 1$

1.254 Für welche Zahlen x ist die Aussage gültig? BC

1) $x^3 = 8 \wedge x < 4 \quad x \in \mathbb{N}$

2) $x \geq -2 \wedge x < 3 \quad x \in \mathbb{Z}$

3) $\sqrt{x} > 3 \wedge x < 20 \quad x \in \mathbb{Z}$

4) $x^2 + 2x - 1 > 6 \quad x \in \mathbb{Z}$

1.255 Überprüfe, welche der Aussagen richtig sind, bzw. gib ein Gegenbeispiel an. AD

1) Eine Zahl ist durch 21 teilbar, wenn sie durch 3 und durch 7 teilbar ist.

2) Wenn in einem Viereck die Diagonalen aufeinander normal stehen, dann handelt es sich um einen Rhombus.

3) Wenn man herausfinden möchte, ob eine Zahl x eine Primzahl ist, dann genügt es, die Zahlen bis zur Wurzel aus dieser Zahl zu überprüfen.

4) Ist eine Zahl durch 3 teilbar, dann ist ihre Ziffernsumme durch 9 teilbar.

1.256 Überprüfe die folgenden Aussagen auf ihre Richtigkeit. Begründe deine Antwort. AD

1) Wenn a eine gerade ganze Zahl ist, dann ist $\frac{a}{2}$ eine ungerade ganze Zahl.

2) Mithilfe des Ausdrucks $2x + 1$ mit $x \in \mathbb{N}$ lassen sich alle ungeraden natürlichen Zahlen beschreiben.

3) Wenn $x + y = 12$ ist, dann muss $x = 6$ und $y = 6$ sein.

4) Wenn in einem Dreieck zwei Seiten gleich lang sind, dann ist es ein gleichseitiges Dreieck.

1.257 Bestimme den Wahrheitsgehalt der aussagenlogischen Formel mithilfe einer Wahrheitstafel. B

a) $q \Leftrightarrow \neg r \vee p \Leftrightarrow \neg q \wedge r$

b) $r \wedge q \wedge \neg p \Leftrightarrow \neg r$

1.258 Bestimme den Wahrheitsgehalt der aussagenlogischen Formel. B

a) $p \wedge s \vee \neg r \vee q \Rightarrow \neg p$

b) $p \vee r \wedge \neg s \vee q \Leftrightarrow \neg p$

c) $\neg (r \vee p) \Rightarrow s \wedge (q \Leftrightarrow \neg r)$

d) $\neg p \vee \neg s \Leftrightarrow r \wedge q$

e) $\neg s \vee \neg p \Rightarrow r \wedge q$

f) $q \wedge r \vee \neg s \wedge p$

1.259 Überprüfe die Gültigkeit des Gesetzes $\neg a \wedge \neg b \Leftrightarrow \neg (a \vee b)$ mithilfe einer Wahrheitstabelle. B

1.260 Überprüfe den Ausdruck $\neg a \vee \neg b \Leftrightarrow \neg (a \wedge b)$ auf seine Gültigkeit mithilfe einer Wahrheitstabelle. B

1.261 Zeige die Gültigkeit des Verschmelzungsgesetzes $a \vee (a \wedge b) \Leftrightarrow a$ mithilfe D

1) einer Wahrheitstafel,

2) mit einem Venn-Diagramm.

1.262 Zeige die Distributivität der Konjunktion bezüglich der Disjunktion mithilfe einer Wahrheitstabelle für $a \wedge (b \vee c) \Leftrightarrow (a \wedge b) \vee (a \wedge c)$ D

1.263 Gib die richtige Verneinung der Aussage $\neg (a \vee b)$ an. Formuliere ein Beispiel. B

Zahlen und Mengen

Zusammenfassung

Zahlenmengen

Menge der **natürlichen Zahlen** $\mathbb{N} = \{0, 1, 2, 3 ...\}$ bzw. $\mathbb{N}^* = \{1, 2, 3 ...\}$

Primzahlen $\mathbb{P}$: Zahlen > 1, die nur durch 1 und sich selbst teilbar sind.

Menge der **ganzen Zahlen** $\mathbb{Z} = \{... -3, -2, -1, 0, 1, 2, 3 ...\}$

Betrag einer Zahl: $|a| = \begin{cases} a, \text{ wenn } a \geq 0 \\ -a, \text{ wenn } a < 0 \end{cases}$

Menge der **rationalen Zahlen** $\mathbb{Q} = \left\{\frac{a}{b} \mid a, b \in \mathbb{Z}, b \neq 0\right\}$

Jede rationale Zahl in Bruchdarstellung kann als endliche oder periodische Dezimalzahl angegeben werden.

Das **Verhältnis** a : b zweier Zahlen (oder Größen) a und b ist der Quotient $\frac{a}{b}$.

Prozent: 1 % = 0,1; Promille: 1 ‰ = 0,01; parts per million: 1 ppm = 0,000 001

Unendliche, nicht periodische Dezimalzahlen (zB $\sqrt{2}$, π ...) heißen **irrationale Zahlen**. Sie bilden zusammen mit den rationalen Zahlen die Menge der **reellen Zahlen** $\mathbb{R}$.

Rechenoperationen

Addition:	Summand + Summand = Summe	
	$a + b = b + a$	(Kommutativgesetz)
	$a + (b + c) = (a + b) + c$	(Assoziativgesetz)
Subtraktion:	Minuend – Subtrahend = Differenz	
	Es gilt: $a - b - c = a - (b + c)$	
Multiplikation:	Faktor · Faktor = Produkt	
	$a \cdot b = b \cdot a$	(Kommutativgesetz)
	$a \cdot (b \cdot c) = (a \cdot b) \cdot c$	(Assoziativgesetz)
Division:	Dividend : Divisor = Quotient	

Vorzeichenregeln

$(+a) \cdot (+b) = +a \cdot b$	$(-a) \cdot (+b) = -a \cdot b$	$(+a) : (+b) = +a : b$	$(-a) : (+b) = -a : b$
$(+a) \cdot (-b) = -a \cdot b$	$(-a) \cdot (-b) = +a \cdot b$	$(+a) : (-b) = -a : b$	$(-a) : (-b) = +a : b$

Rechnen mit Brüchen

Brüche kann man kürzen und erweitern.

Vor dem Addieren und Subtrahieren müssen Brüche auf gleichen Nenner gebracht werden, dann werden die Zähler addiert bzw. subtrahiert, der Nenner bleibt unverändert.

Beim Multiplizieren werden die Zähler und die Nenner jeweils miteinander multipliziert.

Durch einen Bruch dividiert man, indem man mit seinem Kehrwert multipliziert.

Rechnen mit Potenzen

$a \cdot a \cdot ... \cdot a = a^n$ (n Faktoren)	$a^1 = a$	$a^0 = 1 \ (a \neq 0)$
Es gilt: $a^n \cdot a^m = a^{n+m}$	$(a \cdot b)^n = a^n \cdot b^n$	$a^{-n} = \frac{1}{a^n} \ (a \neq 0)$
$\frac{a^n}{a^m} = a^{n-m} \ (a \neq 0)$	$\left(\frac{a}{b}\right)^n = \frac{a^n}{b^n} \ (b \neq 0)$	$(a^n)^m = a^{n \cdot m}$

Überschlagsrechnung, beschränkte Genauigkeit

Überschlagsrechnungen liefern eine Vorstellung von der Größenordnung eines Ergebnisses bzw. dienen der Kontrolle von Taschenrechnerergebnissen.

Rechnen mit Wurzeln

Quadratwurzel: $x^2 = a \Rightarrow x = \sqrt{a}, \ a \geq 0, \ x \geq 0$

n-te Wurzel: $x^n = a \Rightarrow x = \sqrt[n]{a} = a^{\frac{1}{n}}, \ a \geq 0, \ x \geq 0, \ n \in \mathbb{N}^*$

Es gilt: $\sqrt{a \cdot b} = \sqrt{a} \cdot \sqrt{b}$ und $\sqrt{\frac{a}{b}} = \frac{\sqrt{a}}{\sqrt{b}}, \ b \neq 0$ (gilt analog für n-te Wurzeln)

Mengen und Aussagen
Menge: Zusammenfassung von (unterscheidbaren) Objekten nach bestimmten Kriterien

Mengenbeziehungen
A = B, wenn jedes Element von A auch Element von B ist und umgekehrt.
$A \subseteq B$, wenn jedes Element von A auch Element von B ist.
$A \subset B$, wenn $A \subseteq B$ und $A \neq B$.

Mengenoperationen
Die Durchschnittsmenge $A \cap B$ enthält alle Elemente, die in der Menge A UND in der Menge B enthalten sind.
Die Vereinigungsmenge $A \cup B$ enthält alle Elemente, die in der Menge A ODER in der Menge B enthalten sind. ODER ist im mathematischen Sinn (nicht ausschließend) zu verstehen.
Die Differenzmenge $A \setminus B$ enthält alle Elemente, die in A, aber nicht in B vorkommen.

Aussagen
Unter einer Aussage a versteht man eine Behauptung, der immer einer der Wahrheitswerte wahr oder falsch zugeordnet werden kann. Durch die Negation ($\neg$) einer Aussage kehrt sich deren Wahrheitsgehalt um.

Verknüpfung von Aussagen
$a \wedge b$ ... **Konjunktion** (UND)
$a \vee b$ ... **Disjunktion** (ODER)
$a \Rightarrow b$ ... **Implikation**
$a \Leftrightarrow b$ ... **Äquivalenz**

Weitere Aufgaben

Natürliche Zahlen und ganze Zahlen

Aufgaben 1.264 – 1.265: Berechne jeweils das Ergebnis.

1.264 **a)** $3^2 \cdot [(-3) \cdot (-5) - (-2) \cdot (-7)]^2$ **b)** $\{(-1) \cdot [4^3 - 5 \cdot (-2)^2] + 8\}^3$ B

1.265 **a)** $25 - (5 - |-3|) - |-7 + 3|$ **b)** $25 - 5 - |-3| - |-7| + 3$ B

1.266 Kennzeichne auf einem geeigneten Ausschnitt der Zahlengeraden. B
a) $A = \{x \in \mathbb{Z} \mid |x| < 5\}$ **b)** $B = \{x \in \mathbb{Z} \mid |x| > 2\}$ **c)** $C = \{x \in \mathbb{Z} \mid |x| \leq 8\}$

1.267 Kreuze die Teiler an. B

... ist Teiler von ...	108	270	436	480	1 800	2 310	2 520	3 600
2								
3								
4								
5								
6								
8								
9								
12								
25								

B TE **1.268** Bestimme das kleinste gemeinsame Vielfache und den größten gemeinsamen Teiler. Überprüfe die Ergebnisse anschließend mit deinem Rechenwerkzeug.

a) 48, 54 ***b)*** 270, 108 ***c)*** 210, 315 ***d)*** 432, 720

AB **1.269** Wenn man eine Primzahl „verkehrt" liest und so wieder eine Primzahl erhält, nennt man sie Mirp-Zahl, zum Beispiel ist 149 eine Mirp-Zahl, weil auch 941 eine Primzahl ist. Ermittle die Mirp-Zahlen, die kleiner als 50 sind.

BD **1.270** kgV(a, b) · ggT(a, b) = a · b

1) Prüfe die Behauptung mit a = 24, b = 36 und a = 315, b = 420 nach.

2) Versuche mit eigenen Worten zu erklären, warum die Behauptung allgemein gilt.

B **1.271** Kennzeichne das angegebene Intervall auf der Zahlengeraden und gib es in Mengenschreibweise an.

a) [2,5; 7] ***b)***]−2; 5] ***c)*** [−3; 4[***d)***]−5; −1[

Rationale Zahlen

B **1.272** Gib in Dezimalschreibweise an.

a) $\frac{1}{2}$ ***b)*** $\frac{1}{4}$ ***c)*** $\frac{3}{4}$ ***d)*** $\frac{3}{8}$

e) $\frac{2}{5}$ ***f)*** $\frac{1}{25}$ ***g)*** $\frac{3}{20}$ ***h)*** $\frac{9}{100}$

B **1.273** Schreibe als gekürzten Bruch an.

a) 0,8 ***b)*** 0,05 ***c)*** 0,15 ***d)*** 0,015

e) 0,275 ***f)*** 0,004 ***g)*** 0,16 ***h)*** 0,791

B **1.274** Berechne das Ergebnis und kürze wenn möglich.

a) $\frac{5}{8}-\frac{7}{12}+\frac{17}{24}-\frac{3}{16}-\frac{2}{3}$ ***b)*** $\frac{1}{3}-\frac{5}{12}+\frac{17}{24}-\frac{4}{9}-\frac{2}{3}$

c) $\frac{7}{15}-\frac{3}{25}+\frac{1}{5}-\frac{17}{30}+\frac{3}{10}$ ***d)*** $\frac{4}{7}+\frac{3}{5}-\frac{3}{56}-\frac{1}{4}+\frac{3}{40}$

B **1.275** Kürze soweit wie möglich und berechne das Ergebnis.

a) $\frac{24}{7}\cdot 21$ ***b)*** $16:\frac{8}{9}$ ***c)*** $\frac{12}{25}\cdot\frac{15}{16}$ ***d)*** $\frac{5}{11}:10$

e) $\frac{6}{5}:\frac{10}{21}$ ***f)*** $\frac{7}{9}\cdot 12\cdot\frac{27}{14}$ ***g)*** $48\cdot\frac{5}{6}:\frac{15}{9}$ ***h)*** $\frac{7}{13}\cdot\frac{78}{7}:\frac{35}{27}$

B TE **1.276** Berechne und kürze wenn möglich das Ergebnis. Gib die Rechnung anschließend zur Kontrolle in dein Rechenwerkzeug ein. Achte auf die korrekte Darstellung der Termstrukturen.

a) $\frac{1}{3}\cdot\left[\frac{2}{3}\cdot\left(\frac{2}{5}-\frac{1}{10}\right)+\frac{2}{5}\right]$ ***b)*** $\frac{5}{18}-\left[\frac{1}{6}-\frac{8}{27}:\left(-\frac{32}{3}\right)\right]$

c) $\frac{1}{2}:\left[\frac{3}{4}\cdot\left(\frac{2}{15}-\frac{1}{10}\right)+\frac{7}{20}\right]$ ***d)*** $\left[\frac{4}{7}-\left(\frac{4}{9}:\frac{21}{15}+2\right)\right]:\frac{11}{9}$

B TE **1.277** Berechne und kontrolliere anschließend mit deinem Rechenwerkzeug. Achte dabei gegebenenfalls auf die korrekte Klammernsetzung.

a) $\frac{\frac{3}{4}}{9}$ ***b)*** $\frac{5}{\frac{10}{13}}$ ***c)*** $\frac{\frac{3}{4}}{\frac{6}{7}}$ ***d)*** $\frac{1-\frac{1}{5}}{\frac{2}{3}\cdot\frac{6}{8}}$

1.278 In einem Liter Luft sind rund $6 \cdot 10^{21}$ Sauerstoffteilchen und $2 \cdot 10^{16}$ Heliumteilchen. Gib das Verhältnis Helium : Sauerstoff an. **AB**

1.279 2009 fuhren in Österreich 2,2 Millionen PKW mit Diesel, 3 800 waren Hybridautos. Gib das Verhältnis mit möglichst kleinen Zahlen an. **AB**

1.280 Der Preis eines Taschenrechners wird in einem Geschäft zuerst von 75,00 € um 8 % gesenkt und dann um 8 % erhöht. In einem anderen Geschäft wird der Preis des gleichen Geräts, das dort ebenfalls 75,00 € kostet, zuerst um 8 % erhöht und dann um 8 % gesenkt. In welchem Geschäft ist der Taschenrechner nun billiger? Begründe! **ABD**

1.281 Ermittle die Bruchdarstellung. **B**

a) $0{,}\dot{7}$ ***b)*** $0{,}0\dot{3}$ ***c)*** $0{,}\dot{2}\dot{5}$ ***d)*** $0{,}2\dot{5}$

1.282 Berechne und kontrolliere anschließend mit deinem Rechenwerkzeug. Achte dabei auf die korrekte Klammernsetzung. **B** TE

a) $\dfrac{\frac{13}{3} - \frac{7}{12}}{\left(\frac{7}{16} - \frac{17}{48}\right) \cdot 15}$ ***b)*** $\dfrac{\dfrac{2\frac{7}{24}}{2\frac{1}{16}} + 8\frac{64}{117} \cdot \frac{13}{80}}{\frac{1}{5} + \dfrac{5\frac{19}{25}}{12\frac{12}{35}}}$

1.283 Thomas gibt 80 % seiner Ersparnisse für DVDs aus und kauft anschließend einen Pullover. Jetzt besitzt er noch 20 Cent, das sind 2 ‰ seiner ursprünglichen Ersparnisse. Wie viel Geld hat er für die DVDs ausgegeben und wie viel hat der Pullover gekostet? **AB**

1.284 In einem magischen Quadrat ist die Summe jeder Zeile, jeder Spalte und jeder Diagonale jeweils gleich. Ergänze die fehlenden Zahlen. **BC**

a)

$\frac{3}{4}$		$\frac{7}{12}$
	$\frac{1}{2}$	
		$\frac{1}{4}$

b)

$\frac{17}{12}$		
1		
$\frac{13}{12}$		$\frac{11}{12}$

c)

$\frac{13}{15}$		
$\frac{9}{20}$	$\frac{37}{60}$	$\frac{47}{60}$

1.285 Jedes Jahr im Juli finden sich Schlagzeilen wie „Jede zweite Ehe in Österreich scheitert" in den Medien. Die folgenden Daten stammen von Statistik Austria: **ABCD**
2006 gab es rund 1 715 600 verheiratete Paare in Österreich, rund 20 300 davon wurden geschieden. Die Scheidungsrate betrug 48,9 %.

1) Wie viel Prozent aller Ehen wurden 2006 geschieden?
2) Angenommen, 48,9 % aller Ehen wären tatsächlich geschieden worden. Wie viele Scheidungen hätte es dann 2006 gegeben?
3) Verfasse einen Leserbrief an eine Zeitung. Versuche, mithilfe deiner Berechnungen zu erklären, dass die oben angeführte Schlagzeile in dieser Formulierung nicht stimmen kann. Hinweis: Die Scheidungsrate gibt vereinfacht ausgedrückt das Verhältnis der geschiedenen Ehen zu den Eheschließungen an.

Zahlen und Mengen

Potenzen, Wurzeln, Zehnerpotenzen, Gleitkommadarstellungen

B **1.286** Rechne im geeigneten Gleitkommaformat und gib das Ergebnis ohne Zehnerpotenzen an.
a) 0,000 2 · 15 000 000 **b)** 0,003 6 : 0,000 009 **c)** $(0{,}01 : 0{,}000\,25)^2$

B **1.287** Schreibe ohne Zehnerpotenz an.
a) $2{,}5 \cdot 10^3$ **b)** $5{,}8 \cdot 10^{-2}$ **c)** $34{,}6 \cdot 10^{-3}$ **d)** $455 \cdot 10^{-6}$

B **1.288** Gib die Zahl im normierten Gleitkommaformat an.
a) 23 500 **b)** 0,056 **c)** 759 000 **d)** 0,000 041

B **1.289** Setze das Komma mithilfe einer Überschlagsrechnung.
a) 239 · 47 = 0 0 1 1 2 3 3 0 0 0
b) 930 430 : 48 970 = 0 0 1 9 0 0
c) 0,005 47 · 58 520 = 0 0 3 2 0 1 0 4 4 0 0
d) 0,965 55 : 0,007 85 = 0 0 1 2 3 0 0

B **1.290** Setze die fehlende Zehnerpotenz ein.
a) 0,007 45 kJ = $7{,}45 \cdot 10^{?}$ J
b) 23 mV = $2{,}3 \cdot 10^{?}$ V
c) 67 500 m = $6{,}75 \cdot 10^{?}$ km
d) 0,000 088 µm = $8{,}8 \cdot 10^{?}$ nm

B **1.291** Ziehe die Wurzel überschlagsweise.
a) $\sqrt{41\,756}$ **b)** $\sqrt{0{,}417\,56}$ **c)** $\sqrt{36\,945}$ **d)** $\sqrt{0{,}080\,9}$

B **1.292** Schreibe mit ganzen Zahlen und Zehnerpotenzen, berechne das Ergebnis und gib es im normierten Gleitkommaformat an.
a) $\frac{0{,}03^2 \cdot 4\,000}{160 \cdot 0{,}09}$ **b)** $\frac{0{,}2^2 \cdot 6\,000}{120 \cdot 0{,}04}$

ABCD **1.293** Bei der Opernballübertragung 2011 wurde im ORF berichtet, dass die Tanzfläche 1 km^2 groß sei.
1) Kann die angegebene Größe der Tanzfläche stimmen? Vergleiche diese mit der Fläche des 1. Wiener Gemeindebezirks.
2) Welcher Fehler könnte passiert sein? Wie groß kann die Tanzfläche tatsächlich sein?

ABC **1.294** Die Lichtgeschwindigkeit beträgt rund $3 \cdot 10^5 \frac{km}{s}$. Runde bei der Beantwortung der folgenden Fragen sinnvoll und wähle ein geeignetes Zahlenformat.
1) Welchen Weg legt das Licht in einer Minute, in einem Tag bzw. in einem Jahr zurück?
2) Der nächstgelegene Fixstern ist der Alpha Centauri im Sternbild Centaur. Er ist ca. 4,2 Lichtjahre von der Erde entfernt. Gib die Entfernung in Kilometern an.
3) Der Andromedanebel ist eine der Milchstraße ähnliche Galaxie. Er hat von der Erde eine Entfernung von rund $2 \cdot 10^6$ Lichtjahren. Wie viel Kilometer sind das?

Mengen und Aussagen

BC **1.295** $A = \{1, 3, 5, 7, 9, 11, 13\}$, $B = \{2n \mid (n \in \mathbb{N}) \wedge (n < 6)\}$, C = {Primzahlen kleiner 30}
1) Gib B und C im aufzählenden Verfahren an.
2) Gib im aufzählenden Verfahren an und stelle mithilfe von Mengendiagrammen dar: $A \cap C$, $B \cup C$, $A \setminus C$

B **1.296** Bestimme den Wahrheitsgehalt der aussagenlogischen Formel.
a) $\neg p \wedge s \vee r \vee q \Rightarrow \neg p$ **b)** $\neg p \wedge s \Leftrightarrow r \vee \neg q$

Wissens-Check

		gelöst
1	Ich kenne die Zahlenmengen und ihre Beziehungen zueinander.	
2	Ich kann die Begriffe ggT und kgV erklären und anwenden, zB: ggT(144, 216) = ... kgV(32, 48) = ...	
3	Wenn a eine negative Zahl ist, dann gilt $\lvert a \rvert$ = ... ZB: $\lvert -3 \rvert$ = ...	
4	Setze richtig ein: Damit man Brüche addieren kann, muss man sie auf gleichen ... bringen. Der ... ist das kleinste gemeinsame ... der Einzel	
5	Gib als Dezimalzahl an: $\frac{14}{25}$; $\frac{8}{11}$	
6	Vereinfache den Doppelbruch: $\frac{1+\frac{1}{3}}{4}$	
7	Ich kann Ausdrücke, die Klammern erfordern, korrekt in mein Rechenwerkzeug eingeben. ZB: $\frac{\frac{2}{3}+1}{5} - 7$	
8	Ich kann Wurzeln mit meinem Rechenwerkzeug berechnen, zB: $\sqrt[4]{625}$	
9	Setze die richtig Zahl ein: A: 15 % von ... sind 48,00 €. B: 21,00 € sind ... % von 70,00 €.	
10	Ich kann die Rechenregeln für Potenzen richtig anwenden. $(-2)^3 \cdot \left(-\frac{2}{3}\right)^{-2}$ = ...	
11	Ich kann Größen in normiertem Gleitkommaformat angeben und mit Einheitenvorsilben rechnen. $0{,}345 \cdot 10^{-5}$ kg = ... µg	
12	Ich kann den Vorgang beim überschlagsweisen Wurzelziehen erklären.	
13	Ist die Aussage wahr oder falsch? Begründe deine Antwort. A: ¬ („In der Klasse sind höchstens 20 Personen.") ⇔ „In der Klasse sind mindestens 20 Personen." B: $(x \in M_1) \wedge (x \in M_2) \Rightarrow x \in (M_1 \cap M_2)$	

Lösung:
1) siehe Seite 27   2) 72; 96; siehe Seite 10   3) –a; 3
4) Nenner – gemeinsame Nenner – Vielfache – -nenner
5) 0,56; $0,\dot{7}\dot{2}$ 6) $\frac{1}{3}$ 7) (2/3+1)/5-7   8) 5   9) A: 320,00 €; B: 30
10) –18   11) $3{,}45 \cdot 10^3$ µg   12) siehe Seite 44   13) A: falsch; B: wahr

2 Terme und Variablen

Als sich vor ca. 4 000 Jahren die ersten Schriften entwickelten, gab es bereits Zeichen für Zahlen. Variablen, also Buchstaben als Platzhalter anstelle konkreter Zahlen, sind hingegen eine „moderne" Entwicklung. Zwar begannen arabische Mathematiker um 800 n. Chr. mit der Verwendung von Formeln und Variablen, aber erst im Europa des 17. Jahrhunderts setzte sich diese Schreibweise in mathematischen Kreisen durch. Bis dahin gab es keine einfache Möglichkeit, mathematische Zusammenhänge, wie zum Beispiel den Zusammenhang zwischen der Seitenlänge und dem Flächeninhalt eines Quadrats, kurz und präzise anzugeben. Der französische Mathematiker René Descartes (1596 – 1650) war einer der Ersten, der den Buchstaben x als Platzhalter für eine unbekannte Zahl verwendete. Mit der Verwendung von Termen – das sind sinnvolle mathematische Ausdrücke, die Zahlen, Variablen und Rechenzeichen enthalten können – nahm die Wissenschaft Mathematik einen enormen Aufschwung.

2.1 Grundbegriffe

A 2.1 Zeichne ein Dreieck und bezeichne die Winkel mit den griechischen Buchstaben α, β und γ.
Versuche folgende Formulierung von Euklid (griechischer Mathematiker, 4. Jh. v. Chr.) mithilfe von Variablen anzuschreiben:
In jedem Dreieck sind zwei Winkel, beliebig zusammengenommen, kleiner als zwei rechte (Winkel).
(Die Elemente, 1. Buch, § 17)

Anhand eines Beispiels soll nun gezeigt werden, worin die Vorteile von Variablen liegen und wie deren Verwendung die Mathematik vereinfacht. In den wohl berühmtesten Mathematikbüchern, den „Elementen" von Euklid, der „Vater der Geometrie" genannt wird, steht geschrieben:
Am rechtwinkligen Dreieck ist das Quadrat über der dem rechten Winkel gegenüberliegenden Seite den Quadraten über den den rechten Winkel umfassenden Seiten zusammen gleich.
(Die Elemente, 1. Buch, § 47)

So lautet einer der bekanntesten mathematischen Sätze ohne Verwendung von Variablen. Wie könnte diese Aussage mit Variablen formuliert werden? Verwende ein wie üblich beschriftetes rechtwinkliges Dreieck und du erhältst eine dir schon bekannte Formel: $c^2 = a^2 + b^2$

Mit Variablen lassen sich mathematische Zusammenhänge formulieren. Wie aus obigem Beispiel ersichtlich ist, können drei Buchstaben zusammen mit den entsprechenden Zahlen und Rechenzeichen genauso viel aussagen wie 148 Buchstaben, nur einfacher und schneller.

Variablen sind Buchstaben oder andere Symbole, die als Platzhalter für Zahlen dienen.
Ein **Term** ist ein sinnvoller, mathematischer Ausdruck, der aus Zahlen, Variablen und Rechenzeichen besteht.

A

2.2 Verwende x als Platzhalter für eine beliebige Zahl. Schreibe den Text vereinfacht als Term an.

a) das Dreifache der Zahl
b) die Hälfte der Zahl
c) die um vier verminderte (verkleinerte) Zahl
d) das Siebenfache der um acht vergrößerten Zahl

Lösung:

a) $3 \cdot x$
- „Das Dreifache der Zahl" bedeutet, dass die Zahl x mit drei multipliziert wird.

b) $\frac{x}{2}$ oder $\frac{1}{2} \cdot x$ oder $0{,}5 \cdot x$
- „Die Hälfte der Zahl" bedeutet, dass die Zahl x halbiert wird.

c) $x - 4$
- „Die um vier verminderte Zahl" bedeutet, dass von der Zahl x vier subtrahiert wird.

d) $7 \cdot (x + 8)$
- „Die um acht vergrößerte Zahl" bedeutet, dass zu der Zahl x acht addiert wird. Dieser Term wird mit sieben multipliziert.

Durch Belegung der Variablen eines Terms mit Zahlenwerten kann ein nicht sinnvoller Ausdruck entstehen. Daher muss man diese Werte angeben.

ZB: Für $\frac{1}{x-4}$ muss $x \neq 4$ gelten; beim Term $\sqrt{x-1}$ muss $x \geqslant 1$ angegeben werden.

Für eine Variable als Platzhalter dürfen beim Einsetzen von Zahlenwerten nur jene Zahlen verwendet werden, die sinnvolle Ausdrücke ergeben. Alle Werte für Variablen, die nicht auf sinnvolle Ausdrücke führen, müssen angegeben werden.

Einige Terme haben eigene Bezeichnungen; die wichtigsten sind hier im Überblick aufgelistet:

Bezeichnung	Beispiele
Monom: eingliedriger Term, die Variablen kommen nicht im Nenner eines Bruchs vor	$-4{,}78$; x; $5a$; $\frac{5}{7}x$; $-2y^2$; a^3b^5
Binom (zweigliedriger Term): Summe oder Differenz zweier Monome	$a + b$; $-2x^2 - 4y$; $6y^2 - 0{,}8ax$
Polynom (mehrgliedriger Term): Summe oder Differenz von mehreren Monomen	$a + b + c$; $4 - 5y^2 + x^3y^2$
Polynom in einer Variablen (ganzrationaler Term): Die Monome sind meist nach absteigender Hochzahl geordnet; die größte Hochzahl der Variablen nennt man den **Grad des Polynoms**.	$4x^2 - 6x + 9$ ... Polynom 2. Grads oder quadratisches Polynom $x^4 + x^3 - 52$ ... Polynom 4. Grads
Bruchterm (gebrochen rationaler Term): mindestens eine Variable steht im Nenner	$\frac{5}{x}$; $\frac{65x}{yz}$; $\frac{x^2+6}{x^3-3}$

Faktoren, die vor den Variablen stehen, werden **Koeffizienten** genannt, zB 5 bei $5 \cdot a$. Der Malpunkt zwischen Koeffizient und Variable wird meist weggelassen, zB $5 \cdot a = 5a$. Ebenso wird der Koeffizient 1 üblicherweise weggelassen, zB $1x^2 = x^2$.

Terme und Variablen

Aufgaben 2.3 – 2.6: Verwende x als Platzhalter für eine beliebige Zahl und schreibe den Text als Term an.

A **2.3** **a)** das Fünffache der Zahl
b) die um neun verkleinerte Zahl
c) ein Drittel der Zahl
d) die um 17 vergrößerte Zahl
e) die um 78 vermehrte Zahl
f) die durch vier dividierte Zahl
g) die um 36 verminderte Zahl
h) die mit neun multiplizierte Zahl

A **2.4** **a)** ein Viertel vom Siebenfachen der Zahl
b) das Doppelte der Zahl, um fünf vermindert
c) neun vermehrt um das Drittel der Zahl
d) das Dreifache von der Hälfte der Zahl

A **2.5** **a)** das Doppelte der um drei vergrößerten Zahl
b) das Sechsfache der um zwei verkleinerten Zahl
c) die Hälfte der um sieben vermehrten Zahl
d) ein Fünftel der um fünf verminderten Zahl

A **2.6** **a)** Die Differenz zwischen der Zahl und drei wird durch sieben dividiert.
b) Die Summe von der Zahl und vier wird mit fünf multipliziert.
c) Das Produkt aus der Zahl und sieben wird um zwei vermindert.
d) Der Quotient aus der Zahl und zwei wird um $\frac{1}{2}$ vermehrt.

A **2.7** Schreibe die Rechenanweisung, die zu folgendem Term führt, in Worten an.
a) $4x$ **b)** $\frac{x}{5}$ **c)** $x - 5$ **d)** $7 + x$ **e)** $5 - 2x$ **f)** $\frac{x}{3} + 7$ **g)** $\frac{5x - 6}{11}$ **h)** $\frac{6 + 13x}{5}$

ABC **2.8** Mario geht in Wien eine Straße stadtauswärts entlang und bleibt vor dem siebenten Haus der linken Straßenseite stehen. Finde im Internet heraus, wie in Wien die Hausnummern zugeordnet werden. Bei welcher Hausnummer steht Mario? Gib einen Term für die Hausnummern des n-ten Hauses der linken Seite an. Welche Voraussetzungen triffst du dabei?

A **2.9** Eine Lehrerin geht mit x Kindern ins Kino. Jedes Kind nimmt als Begleitung seine Eltern mit. Im Saal sitzen schon acht Personen. Stelle einen Term für die Anzahl aller
1) Köpfe, **2)** Hände und **3)** Finger im Saal auf.

C **2.10** An einem Wintertag fehlten in einer Klasse mit s Schülern drei Schüler den ganzen Tag, vier kamen um 10 Minuten zu spät und zwei um zwei Stunden. Für welche Zeitspanne beschreibt der gegebene Term die Anzahl der anwesenden Schüler?
1) $s - 3$ **2)** $s - 5$ **3)** $s - 9$

ACD **2.11** Du möchtest s Schrauben auf k Kisten gleichmäßig aufteilen. Wie lautet der Term zur Berechnung der Anzahl der Schrauben pro Kiste? Ist es immer möglich, gleich viele Schrauben in jede Kiste zu geben? Begründe deine Antwort.

2.12 Verwende als erste Zahl x und als zweite Zahl y und schreibe den Text als Term an. A

a) Die Summe einer Zahl und elf wird mit der zweiten Zahl multipliziert.
b) Vermindere das Dreifache einer Zahl um fünf und dividiere durch die zweite Zahl.
c) Das Drittel der Differenz zweier beliebiger Zahlen wird gebildet.
d) Das Produkt einer Zahl und fünf wird durch eine zweite Zahl dividiert.

2.13 Kreuze alle Terme an, die den Text beschreiben. Begründe deine Auswahl. AD

1) der Quotient aus der Summe zweier Zahlen und der Differenz einer der Zahlen und sieben
◯ $\frac{x-y}{x-7}$ ◯ $\frac{x+y}{x-7}$ ◯ $\frac{x+y}{y+7}$ ◯ $\frac{x+y}{y-7}$

2) das Zehnfache des Dreifachen einer Zahl vermehrt um neun
◯ $10 \cdot x \cdot (3 + 9)$ ◯ $10 \cdot (3x + 9)$ ◯ $10 \cdot 3x + 9$ ◯ $10 \cdot 3 \cdot (x + 9)$

3) das Produkt der Differenz zweier Zahlen und der Summe des Vierfachen der ersten Zahl und des Dreifachen der zweiten Zahl
◯ $x \cdot y - 4x + 3y$ ◯ $x - y \cdot (4x + 3y)$ ◯ $(x - y) \cdot 4x + 3y$ ◯ $(x - y) \cdot (4x + 3y)$

2.14 Ermittle den Wert des Terms für $x = 2$, $y = 3$ und $z = 4$. B

a) $5x - 2$ **c)** $4x + 3y - 2z$ **e)** $8xy - 12yz + 3zx$
b) $\frac{x+y}{3}$ **d)** $\frac{2x+3y}{z}$ **f)** $\frac{3x}{z-y}$

2.15 Berechne, wenn möglich, den Wert des Terms für die gegebenen Zahlen. Falls das nicht möglich ist, begründe warum. BD

a) $\frac{x^3}{4} + \frac{x}{2}$ für $x = 1, x = 0, x = -1$ **c)** $\frac{5}{x^2}$ für $x = 2, x = 0, x = -4$
b) $\sqrt{x}$ für $x = 16, x = 0, x = -4$ **d)** $\sqrt{x-6}$ für $x = 2, x = 6, x = -2$

2.16 Auf einem Parkplatz stehen a Autos und m Motorräder. AC

1) Gib einen Term für die Anzahl der Reifen an. Welche Annahmen triffst du dabei?
2) Um wie viele Reifen mehr befinden sich am Parkplatz, wenn die Anzahl der Autos verdoppelt wird?
3) n Motorräder verlassen den Parkplatz, k treffen ein. Wieviele Motorräder stehen nun auf dem Parkplatz?

2.17 Eine zweite Klasse mit n Schülerinnen und Schülern fährt auf Wintersportwoche. Ein Sechstel der Klasse geht langlaufen und benötigt keinen Schipass, der Rest fährt Schi oder Snowboard. Der Elternverein unterstützt alle Teilnehmer mit 70,00 € und übernimmt zusätzlich 30,00 € von den Kosten für jeden Schipass. Stelle einen Term für die vom Elternverein übernommenen Kosten auf. A

2.18 Stelle durch einen allgemeinen Term dar: A

a) 4-mal so viel wie x
b) 4-mal mehr als x
c) um 40 % mehr als x
d) um ein Drittel weniger als x
e) um 2 % weniger als x

2.2 Rechenregeln

Rechengesetze, die für Zahlen gültig sind, gelten im Allgemeinen auch für Variablen. Dazu zählen die Vorrangregeln (Punktrechnung vor Strichrechnung), die Vorzeichenregeln sowie Assoziativ- und Kommutativgesetz (vergleiche dazu Abschnitt 1).

Termumformungen können kontrolliert werden, in dem sowohl in die Angabe (den Anfangsterm) als auch in das Ergebnis (den Endterm) für gleiche Variablen gleiche Zahlen eingesetzt werden. Um einen Fehler bei der Probe nicht zu wiederholen, sollte, wenn möglich, ein anderer Rechenweg als bei der ursprünglichen Termumformung gewählt werden (zum Beispiel Klammern ausrechnen statt auflösen). Stimmen die beiden Ergebnisse dieser Probe nicht überein, dann wurde bei der Termumformung (oder der Probe) ein Fehler gemacht. Bei Übereinstimmung ist jedoch die Richtigkeit nicht garantiert. Die eingesetzten Zahlen können den Fehler nicht anzeigen, wenn man zum Beispiel die Probe mit 0 oder 1 durchführt oder Rechenfehler sich zufällig aufheben.

Addition und Subtraktion von Monomen

Monome, die sich nur durch ihre Koeffizienten unterscheiden, können addiert bzw. subtrahiert werden, indem die Anzahl der Terme zusammengefasst wird. Terme, die unterschiedliche Variablen enthalten, können hingegen nicht addiert bzw. subtrahiert werden.

B **2.19** Vereinfache den folgenden Term soweit wie möglich und führe eine Probe mit $x = 2$ und $y = 3$ durch.

a) $5xy + 7xy$ ***b)*** $14x - 9xy - y - 6x + 5y$

Lösung:

a) $5xy + 7xy = 12xy$

Probe: Angabe: $5 \cdot 2 \cdot 3 + 7 \cdot 2 \cdot 3 = 30 + 42 = 72$

Ergebnis: $12 \cdot 2 \cdot 3 = 72$

b) $14x - 9xy - y - 6x + 5y = 14x - 6x - 9xy - y + 5y = 8x - 9xy + 4y$

Probe: Angabe: $14 \cdot 2 - 9 \cdot 2 \cdot 3 - 3 - 6 \cdot 2 + 5 \cdot 3 = 28 - 54 - 3 - 12 + 15 = -26$

Ergebnis: $8 \cdot 2 - 9 \cdot 2 \cdot 3 + 4 \cdot 3 = 16 - 54 + 12 = -26$

BCD **2.20** Beim Vereinfachen des Terms $2x + 2xy + 2x$ erhält Lukas ein falsches Ergebnis:

$2x + 2xy + 2x = 4x^2 + 2xy$

Für die Probe verwendet er für $x = 1$ und $y = 3$ und erhält:

Angabe: $2 \cdot 1 + 2 \cdot 1 \cdot 3 + 2 \cdot 1 = 2 + 6 + 2 = 10$

Ergebnis: $4 \cdot 1^2 + 2 \cdot 1 \cdot 3 = 4 + 6 = 10$

1) Erkläre, warum der Fehler bei der Probe nicht „entdeckt" wurde.

2) Führe eine Probe durch, die den Fehler aufdeckt und stelle das Ergebnis richtig.

Lösung:

1) Aufgrund der Wahl von $x = 1$ wurde der Fehler nicht entdeckt, da dann $x^2 = x = 1$ ist.

2) Probe mit $x = 3$ und $y = 5$:

Angabe: $2 \cdot 3 + 2 \cdot 3 \cdot 5 + 2 \cdot 3 = 6 + 30 + 6 = 42$

Ergebnis: $4 \cdot 3^2 + 2 \cdot 3 \cdot 5 = 36 + 30 = 66 \Rightarrow 42 \neq 66$

Korrektur: $2x + 2xy + 2x = 4x + 2xy$

Ergebnis: $4 \cdot 3 + 2 \cdot 3 \cdot 5 = 12 + 30 = 42 \Rightarrow 42 = 42$

Multiplikation und Division von Monomen

Monome mit unterschiedlichen Variablen werden multipliziert bzw. dividiert, indem ihre Koeffizienten multipliziert bzw. dividiert werden. Die Multiplikation von Monomen mit gleichen Variablen wird im Abschnitt „Potenzen", die Division im Abschnitt „Bruchterme" behandelt.

2.21 Vereinfache den folgenden Term. **B**

a) $3x \cdot 6y$ ***b)*** $18a : 5$

Lösung:

a) $3x \cdot 6y = 3 \cdot 6 \cdot x \cdot y = 18xy$ ***b)*** $18a : 5 = 18 : 5 \cdot a = 3{,}6a$

Klammernregeln

Beim Auflösen von Klammerntermen müssen die Vorzeichenregeln beachtet werden.

Ein **Minus vor einem Klammernterm** ändert beim Weglassen der Klammern jedes Vor- und Rechenzeichen im Klammernterm.

2.22 Vereinfache den Term und führe die Probe für a = 2 und b = 3 durch. **B**

$4 + (3a - 2b) - (5a - b + 6)$

Lösung:

$4 + (3a - 2b) - (+5a - b + 6) = 4 + 3a - 2b - 5a + b - 6 = -2a - b - 2$

Probe: Angabe: $4 + (3 \cdot 2 - 2 \cdot 3) - (5 \cdot 2 - 3 + 6) = 4 + (6 - 6) - (10 - 3 + 6) = 4 - 13 = -9$

Ergebnis: $-2 \cdot 2 - 3 - 2 = -9$

Multiplikation von Polynomen

Beim Multiplizieren von Polynomen wird das Distributivgesetz angewendet.

Distributivgesetz	**Herausheben von Faktoren**
$a \cdot (b + c) = a \cdot b + a \cdot c$	$a \cdot b + a \cdot c = a \cdot (b + c)$
$(a + b) \cdot c = a \cdot c + b \cdot c$	$a \cdot c + b \cdot c = (a + b) \cdot c$

2.23 Multipliziere die Terme. **B**

$6x \cdot (y + 3z - 1)$

Lösung:

$6x \cdot (y + 3z - 1) = 6x \cdot y + 6x \cdot 3z - 6x \cdot 1 = 6xy + 18xz - 6x$

2.24 Hebe aus dem Term 5ab – 15ac den Faktor (–5a) heraus und beschreibe deine Schritte. **BC**

Lösung:

$5ab - 15ac = -5a \cdot (-b + 3c)$

Beschreibung:

Da eine negative Zahl herausgehoben wird, müssen die Vorzeichen geändert werden.

Soll ein Term als Produkt angeschrieben werden („faktorisiert werden"), so kann man das zum Beispiel durch Herausheben von Faktoren erreichen. Man erhält dann ein Produkt mit einem Klammernterm.

B 2.25 Zerlege den Term $24xy - 6$ in Faktoren und kontrolliere anschließend durch Ausmultiplizieren.

Lösung:

$24xy - 6 = 6 \cdot 4xy - 6 \cdot 1 =$
$= 6 \cdot (4xy - 1)$

Kontrolle:

$6 \cdot (4xy - 1) = 6 \cdot 4xy - 6 \cdot 1 = 24xy - 6$

- Der ggT(24, 6) = 6 kann herausgehoben werden.
- Vergiss nicht, beim Herausheben 1 anzuschreiben.

Um Klammerterme zu multiplizieren wird das Distributivgesetz wiederholt angewendet.

Polynome werden multipliziert, indem jeder Summand der einen Summe mit jedem Summanden der anderen Summe multipliziert wird. Bei Differenzen wird analog vorgegangen.

Merkhilfe: „Jedes mit jedem multiplizieren."

B 2.26 Multipliziere die Klammern $(4x - 5) \cdot (5y + 8)$ und führe die Probe mit $x = 3$ und $y = 4$ durch.

Lösung:

$(4x - 5) \cdot (5y + 8) = 4x \cdot 5y + 4x \cdot 8 - 5 \cdot 5y - 5 \cdot 8 =$
$= 20xy + 32x - 25y - 40$

Probe: Angabe: $(4 \cdot 3 - 5) \cdot (5 \cdot 4 + 8) = 7 \cdot 28 = 196$
Ergebnis: $20 \cdot 3 \cdot 4 + 32 \cdot 3 - 25 \cdot 4 - 40 = 196$

- Bei der Probe werden zuerst die Rechnungen in den Klammern ausgeführt.

BC 2.27 Zerlege den Term $4ab - 4ac + 3b - 3c$ in Faktoren und beschreibe deine Schritte.

Lösung:

$4ab - 4ac + 3b - 3c = 4a \cdot (b - c) + 3 \cdot (b - c) =$
$= (4a + 3) \cdot (b - c)$

Beschreibung:
Herausheben von 4a bzw. 3, erneutes Herausheben von $(b - c)$

Beachte den Unterschied zwischen $2 \cdot (a \cdot b)$ und $2 \cdot (a + b)$:
$2 \cdot (a \cdot b)$ stellt die **Multiplikation eines Produkts** mit 2 dar. Es gilt das Assoziativgesetz, die Klammern können deshalb weggelassen werden:
$2 \cdot (a \cdot b) = 2 \cdot a \cdot b = 2ab$.
$2 \cdot (a + b)$ stellt die **Multiplikation einer Summe** mit 2 dar. Das Distributivgesetz muss angewendet werden, die Klammern dürfen nicht weggelassen werden:
$2 \cdot (a + b) = 2 \cdot a + 2 \cdot b = 2a + 2b$

D 2.28 Zeige anhand eines Beispiels, dass $2 \cdot (a \cdot b) \neq 2a \cdot 2b$ ist.

CD 2.29 Peter bekommt für vier Stunden Babysitten 4 · 7,00 €. Susi bekommt für dieselbe Arbeit das Doppelte bezahlt. Welche Rechnung beschreibt ihre Einkünfte: 8 · 14,00 € oder 4 · 14,00 €? Begründe deine Entscheidung.

Technologieeinsatz: Termrechnung mit Unterstützung eines Computeralgebrasystems

Computeralgebrasysteme (CAS) sind in der Lage symbolisch zu rechnen, dh Berechnungen nicht nur mit Zahlen, sondern auch mit Variablen durchzuführen. Beim Termrechnen kann das ausgesprochen hilfreich sein.

TI-Nspire:

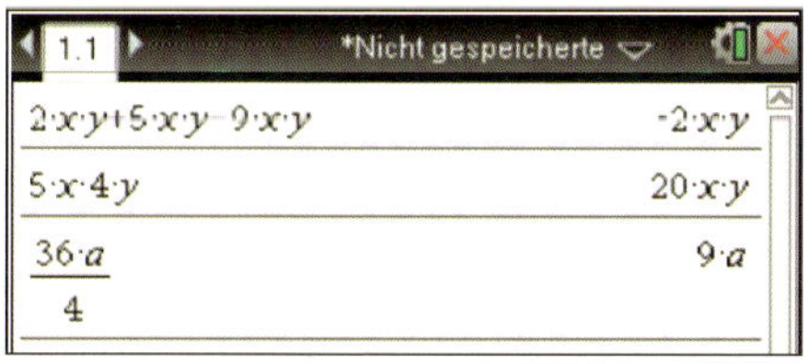

- Monome addieren und subtrahieren sowie multiplizieren und dividieren erledigt das **CAS** von selbst.

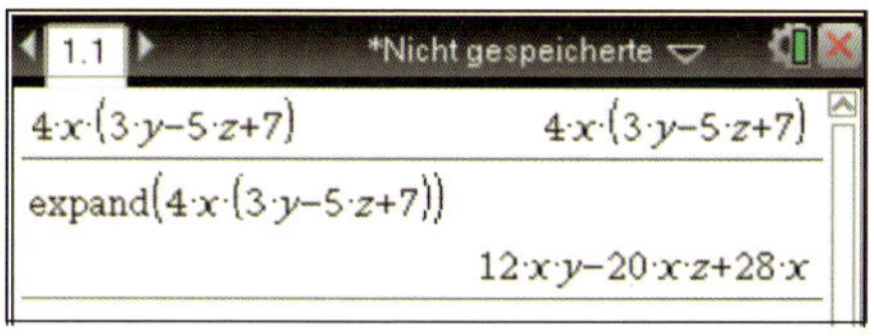

- Sollen Klammern ausmultipliziert werden, so verwendet man den Befehl **expand** (**Entwickle**).

- Man kann den Befehl direkt eingeben oder aus dem Menüpunkt **Algebra** auswählen.

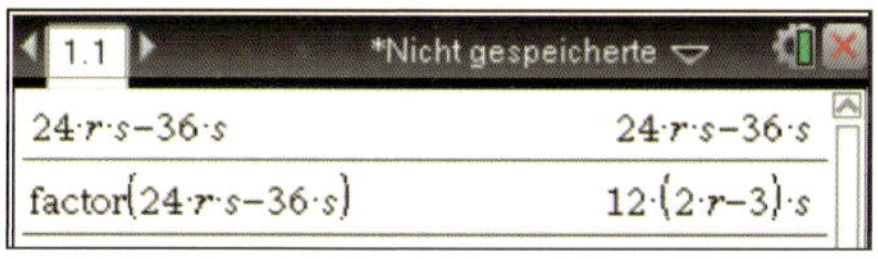

- Auch das Herausheben kann vom CAS übernommen werden. Der Befehl dafür lautet **factor** (**Faktorisiere**).

- Wieder kann man den Befehl direkt eingeben oder aus dem Menüpunkt **Algebra** auswählen.

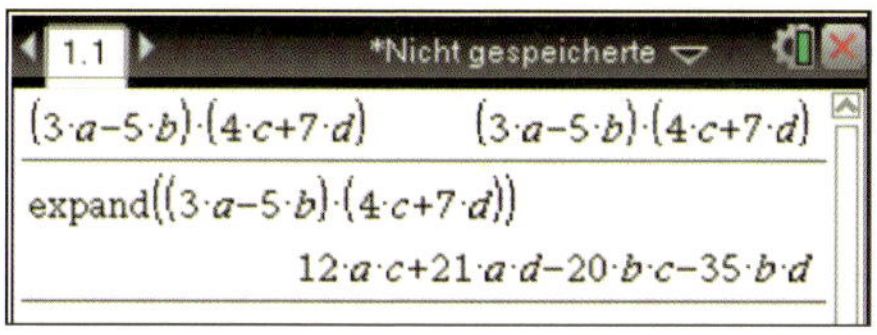

- Selbstverständlich lassen sich mit **expand** (**Entwickle**) auch Polynome ausmultiplizieren.

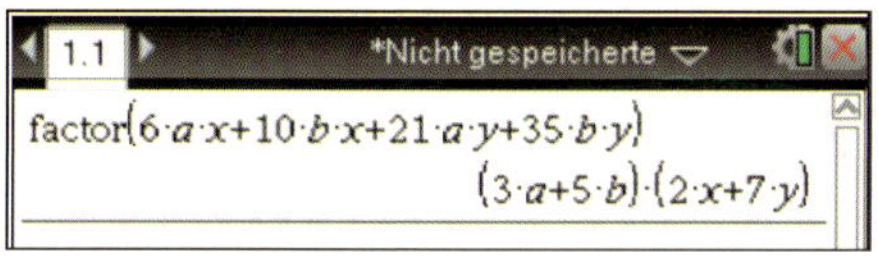

- Auch kompliziertere Ausdrücke lassen sich mit **factor** (**Faktorisiere**) als Produkt von Polynomen darstellen.

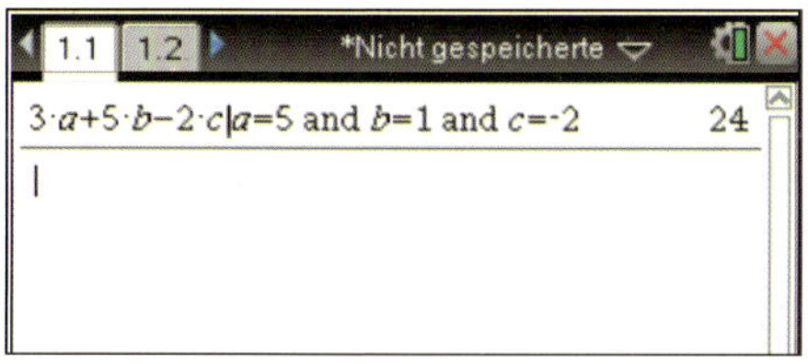

- Das Einsetzen von Zahlen (zB zur Probe) ist mit dem With-Operator („|“) besonders einfach. Mehrere Variablen lassen sich durch **and** gleichzeitig belegen.

Addition und Subtraktion von Monomen

TE Aufgaben 2.30 – 2.31: Fasse die Terme zusammen und führe die Probe für $x = 2$ und $y = 3$ durch. Kontrolliere anschließend mit deinem Rechenwerkzeug.

B **2.30** **a)** $4x + 6y + 9x - 5y$ **b)** $y + 5x - 8y - 7x$

B **2.31** **a)** $7y + 13x - 6y - 11x + y - 2x$ **b)** $18y + 9x - 8y + 5x - 17y + 7x$

Klammernregeln

TE Aufgaben 2.32 – 2.33: Vereinfache die Terme so weit wie möglich. Kontrolliere anschließend mit deinem Rechenwerkzeug.

B **2.32** **a)** $15a + (+27a) - (+5a)$ **b)** $6c - (+42c) + (-18c)$ **c)** $24b - (+11b) + (-18b)$

B **2.33** **a)** $-14e + 25f - (-18e) + (-22f)$ **b)** $36f + (-19e) - (-33e) + (-11f)$

TE Aufgaben 2.34 – 2.35: Löse die Klammern auf und vereinfache die Terme so weit wie möglich. Kontrolliere anschließend mit deinem Rechenwerkzeug.

B **2.34** **a)** $16a + 4b - (11a + 8b)$ **b)** $7f - 9g + (18g + 4f) - 15g$

B **2.35** **a)** $16n + (4 - 18n) + 11 - (21m + 12n)$ **b)** $17n - (k + 4) + (-3k + 6n) - 23$

CD **2.36** In drei Schülerheften wurde folgender Term vereinfacht: $-(4a - 2b) + (-6a - 2b)$
Welche Fehler wurden gemacht? Begründe deine Antwort.
A) $4a + 2b + 6a - 2b = 10a$ **B)** $4a + 2b - 6a - 2b = 2a$ **C)** $-4a - 2b - 6a - 2b = -10a - 2b$

TE Aufgaben 2.37 – 2.38: Vereinfache die Terme und beschreibe deine Vorgangsweise. Kontrolliere anschließend mit deinem Rechenwerkzeug. Beachte, dass im CAS nur runde Klammern erlaubt sind.

BC **2.37** **a)** $[14p - (12 - 7q)] - 15p$ **b)** $4p - [(22 - 20q) - 14p] - 19p$

BC **2.38** **a)** $[18r - 40r + (-16s + 22r)] - 11s$ **c)** $8{,}4s + [-(12{,}5s + 6{,}9r - 4{,}5) + 16{,}1r]$
b) $-22s + [-45r - (16s + 10r) - 18s]$ **d)** $-[(9{,}99r + 18{,}1s) - (-11{,}99s)] + (-15{,}1r)$

B **2.39** Vereinfache die Terme und kontrolliere anschließend mit deinem Rechenwerkzeug.
TE
a) $-4{,}9y + \{6{,}8z - 8{,}1x + [4{,}01y - 2{,}9x - (7{,}8x - 1{,}2z)] + 3{,}9x\} - 3{,}01z$
b) $10{,}1z - \{5{,}01y - 3{,}01x + [-4{,}01z + (4{,}9x - 0{,}6y) + 5{,}5y + 6{,}1x] - 8{,}9x\}$

TE Aufgaben 2.40 – 2.41: Vereinfache die Terme, die – wie in der Informatik üblich – ausschließlich runde Klammern enthalten. Kontrolliere deine Ergebnisse anschließend mit deinem Rechenwerkzeug.

B **2.40** **a)** $4s - (3r - (9s + 6t - 7r) + 4t)$ **c)** $7r + (-4t + (3r + 8s) - (12t + 6s))$
b) $(8r + (4r - 6t + 4s - 12t)) + 3s$ **d)** $5t - (3s - (6r + 8t) - (7r + 3s))$

B **2.41** **a)** $7x - (8y + (6 + 9y) - (10x + 5y))$ **c)** $-9 + (7y - (3y - 3x) - (3x + 5y))$
b) $y - (y - 2x + (-x - 3y) - (y - 5x))$ **d)** $-x - (2x - (y - (4x - y) - y) - 7y)$

Aufgaben 2.42 – 2.43: Setze fehlende Klammern jeweils so ein, dass das Ergebnis richtig ist.

C **2.42** **a)** $x - y - z - x - y - z = 0$ **c)** $(x - y - z - x - y - z = -2y$
b) $(x - y - z - x - y - z = 2x - 2z$ **d)** $x - y - z - x - y - z = -2y + 2z$

C **2.43** **a)** $v - \{2x - [3y - 4z - z - 2y - 3x - 4v = 5v - 5x + y - 5z$
b) $\{v - [2x - 3y - 4z - z - 2y - 3x - 4v = -3v - 5x + y - 3z$

Multiplikation von Monomen und Polynomen

Aufgaben 2.44 – 2.46: Berechne.

2.44 **a)** $(+8)\cdot(+2)\cdot(-g)$ **b)** $(-k)\cdot(+4)\cdot(-8)$ **c)** $(-2h)\cdot(+11)\cdot(-1)$ B

2.45 **a)** $(-2)\cdot\left(-\frac{5}{4}m\right)\cdot(+7)\cdot(-10)$ **b)** $(-4)\cdot\left(-\frac{5}{6}p\right)\cdot(+4)\cdot(+8)$ **c)** $(-3)\cdot\left(-\frac{7}{9}\right)\cdot(-3n)\cdot(-1)$ B

2.46 Vereinfache den Term und führe die Probe für $a = 2$ durch. B
a) $3\cdot 7a - 4\cdot 3a$ **b)** $-6\cdot(-a) + 2\cdot(-5a)$ **c)** $-5\cdot 5a + (-7)\cdot 2a$

Aufgaben 2.47 – 2.49: Vereinfache die Terme soweit wie möglich und kontrolliere anschließend mit deinem Rechenwerkzeug. TE

2.47 **a)** $4\cdot(2x - 7) - 7\cdot(-x + 3)$ **b)** $(3 - 2x)\cdot(-5) - 6\cdot(3x - 5)$ B

2.48 **a)** $4\cdot(d - 4) - 2\cdot(2d + 3) + (5 - 8d)\cdot 6$ **c)** $5\cdot(c + 3) - (-6c - 9)\cdot 7 + 2\cdot(1 + 5c)$ B
b) $(3b - 7)\cdot(-9) + (1 - 11b) - 3\cdot(-6b + 9)$ **d)** $-\left(12a + \frac{1}{2}\right) + 4\cdot(a + 9) - \frac{1}{4}\cdot(-3 - 28a)$

2.49 **a)** $7c\cdot(a + 3b) - (5c - b)\cdot 3a - 6b\cdot(a + c)$ **c)** $k\cdot(h + 9g) + (2k - 5h)\cdot g - 7h\cdot(3g + k)$ B
b) $8q\cdot(p + 3r) - p\cdot(4r + 2q) + (2p + q)\cdot r$ **d)** $\left(x + \frac{y}{5}\right)\cdot 5z + 3y\cdot\left(\frac{x}{2} + 12z\right) - x\cdot\left(z + \frac{y}{2}\right)$

Aufgaben 2.50 – 2.54: Schreibe den Term als Summe an und kontrolliere anschließend mit deinem Rechenwerkzeug. TE

2.50 **a)** $(5x + 3)\cdot(2y + 5)$ **b)** $(4a + 7)\cdot(3b - 5)$ **c)** $(-3n + 1)\cdot(5m - 2)$ B

2.51 **a)** $(7x - 2y)\cdot(-a + 3b)$ **b)** $(-2x + 3a)\cdot(5y - 2b)$ **c)** $(-2a - 3y)\cdot(5x - 3b)$ B

2.52 **a)** $(8r - 1)\cdot(6s - 7) - (s + 11)\cdot(2r - 9)$ **c)** $(9z + 3)\cdot(3y - 7) - (2y - 1)\cdot(12z - 5)$ B
b) $(10a - b)\cdot(5c - 7) - (9a + 1)\cdot(4b - 8c)$ **d)** $(2p + 1)\cdot(q - 5r) - (8p + 6r)\cdot(2q - 3)$

2.53 **a)** $-9\cdot(2a + 4b)\cdot(x - y + 8) - (4a + 3b - 1)\cdot(2x + 7y)\cdot 4$ B
b) $(7a + 9b + 4)\cdot 6\cdot(3x - 4y) + (\ 3)\ (y\ \ 2x)\ (10a\ \ b\ \ 1)$

2.54 **a)** $-(3a - 6b + 4)\cdot(5x - 3y + 9) - (8 + 5y - x)\cdot(-5)\cdot(9a + 2b - 10)$ B
b) $(7x + 3y - 6)\cdot(-1)\cdot(-4a + 7b + 5) + 2\cdot(-3a + 8b - 1)\cdot(9x + 2y - 4)$

2.55 Monika hat sich für Hannes ein Zahlenrätsel ausgedacht. Hannes soll sich eine Zahl ausdenken, zu dieser fünf addieren, die Summe vervierfachen und davon wieder acht subtrahieren, das Ganze mal 25 nehmen und zweihundert dazu zählen und zum Schluss alles noch einmal durch hundert dividieren. Hannes sagt Monika das Ergebnis, sie zieht fünf davon ab und kann Hannes ursprüngliche Zahl nennen. ACD
1) Begründe mithilfe von Termen, wie Monika das Ergebnis wissen kann.
2) Arbeitet zu zweit ein eigenes Zahlenrätsel aus und präsentiert es der Klasse.

2.56 Erkläre, warum das Ergebnis von $(x - a)\cdot(x - b)\cdot \ldots \cdot(x - z)$ auch ohne Auszumultiplizieren angeschrieben werden kann. D

Herausheben von Faktoren

Aufgaben 2.57 – 2.58: Setze die fehlenden Terme ein. Führe anschließend die Faktorisierung mit deinem Rechenwerkzeug durch und vergleiche die Ergebnisse. TE

2.57 **a)** $xz + 4z = z\cdot(\ldots)$ **c)** $24xy + 18x = 2x\cdot(\ldots)$ **e)** $16ab - 24ac = -8a\cdot(\ldots)$ BC
b) $7z - 4z = z\cdot(\ldots)$ **d)** $-6x - 100xz = 2x\cdot(\ldots)$ **f)** $-16am + 80an = -8a\cdot(\ldots)$

2.58 **a)** $12ax + ? = 2x\cdot(? + 14)$ **c)** $-2x + ? = 2x\cdot(? + 44yz)$ **e)** $-8a + ? = -8a\cdot(? + 5bc)$ BC
b) $? + 6xy = 2x\cdot(13 + ?)$ **d)** $? - 88ab = -8a\cdot(-5c + ?)$ **f)** $? - \frac{\pi}{2} = -\frac{1}{4}\cdot(-t + ?)$

TE Aufgaben 2.59 – 2.60: Gib jeweils den Term als Produkt an und kontrolliere anschließend mit deinem Rechenwerkzeug.

B **2.59** **a)** $15a - 5$ **b)** $6 + 18b$ **c)** $21m + 28$ **d)** $15 - 30n$ **e)** $14xy - 7z$ **f)** $81y + 72xy$ **g)** $27ab - 18b$ **h)** $25ab + 55a$

B **2.60** **a)** $a \cdot (x + 1) - b \cdot (x + 1)$ **b)** $2a \cdot (3b + 2) - x \cdot (3b + 2)$ **c)** $(2a + b) \cdot x - (2a + b)$ **d)** $y \cdot (a + 7b) + (a + 7b)$

TE Aufgaben 2.61 – 2.65: Gib jeweils den Term als Produkt an. Kontrolliere durch Ausmultiplizieren. Versuche anschließend, die Faktorisierung mit deinem Rechenwerkzeug nachzuvollziehen.

B **2.61** $2r - s - 6rt + 3st$

Lösung:

$2r - s - 6rt + 3st = (2r - s) - 3t \cdot (2r - s) =$
$= (1 - 3t) \cdot (2r - s)$

- Der Faktor $(-3t)$ wird herausgehoben, dadurch ändern sich die Vorzeichen.

Probe: $(1 - 3t) \cdot (2r - s) = 2r - s - 6rt + 3st$

B **2.62** **a)** $ac + ad - bc - bd$ **b)** $ax + 3bx - ay - 3by$ **c)** $ac - 2a - bc + 2b$ **d)** $8a - ma + 8c - mc$

B **2.63** **a)** $6gx - 4gy - 9hx + 6hy$ **b)** $4hx - hy + 8kx - 2ky$ **c)** $10ac - 15ad - 2bc + 3bd$ **d)** $5kx - 3ky + 30mx - 18my$

B **2.64** **a)** $5b - ab - 3a + 15$ **b)** $cd + 6c - 4d - 24$ **c)** $ef - 7e - f + 7$

B **2.65** **a)** $4f + 3gh + fh + 12g$ **b)** $12c - 32cd - 96d + 36$ **c)** $-15m - 12mn + 10k + 8kn$

B **2.66** Setze die folgenden Terme für die Variablen ein und vereinfache den entstehenden Ausdruck: $A = 2x + 3y - z$, $B = x - (2y + z)$, $C = 4x - (y - 3z)$ und $D = 3x + 6y - 5z$
a) $A - (B + C) - D$ **b)** $A + (B - C) - D$ **c)** $(A - B) - (C + D)$ **d)** $(A - B) - (C - D)$

AB **2.67** Schreibe die Rechenanweisung als Term an und vereinfache diese.
a) Vermehre die Summe zweier Zahlen um deren Differenz.
b) Vermindere die Differenz zweier Zahlen um deren Summe.

AB **2.68** Die Summe dreier Zahlen wird um die Differenz aus der ersten und der zweiten Zahl vermindert. Schreibe diese Rechenanweisung als Term an und vereinfache ihn.

AB **2.69** Ein Auto fährt auf einer geraden Straße zuerst $(a + 4b)$ Meter vorwärts, dann $(2b - 3c)$ Meter rückwärts, anschließend $(4a + b)$ Meter vorwärts und schließlich $(b - 2c)$ Meter rückwärts. Wie viel Meter ist das Auto nach der Fahrt vom Ausgangspunkt entfernt? Rechne zuerst allgemein und setze anschließend $a = 60$, $b = 80$ und $c = 30$ ein.

ABD **2.70** Wenn man in einem Produkt zweier ungleicher Zahlen die kleinere Zahl um eins vermindert und die größere um eins vermehrt, so wird das Produkt kleiner. ZB: $5 \cdot 9 > 4 \cdot 10$
Gib weitere Beispiele an. Formuliere die Behauptung mit Termen und beweise sie.

ABD **2.71** Vertauscht man in einer zweiziffrigen Zahl, deren Ziffernsumme neun ist, die Ziffern und addiert die so erhaltene Zahl zur ursprünglichen Zahl, so erhält man immer 99, zum Beispiel $27 + 72 = 99$. Gib weitere Beispiele an und beweise diese Aussage.
Hinweis: Wähle x als Zehnerziffer und $(9 - x)$ als Einerziffer. Die erste Zahl kann unter Berücksichtigung des Stellenwerts somit als $10 \cdot x + (9 - x)$ angeschrieben werden.

2.3 Potenzen

2.3.1 Einführung

Potenzen wie 2^3 und $(-3)^4$ wurden bereits im Abschnitt 1 behandelt.

2.72 Ersetze bei 2^3 die Basis durch a und bei $(-3)^4$ die Basis durch z. Schreibe die Potenzen anschließend als Multiplikation an. B

2.73 Gib dir bekannte Formeln und Sätze aus der Geometrie an, in denen Potenzen der Form a^2 oder a^3 vorkommen. A

2.74 Schreibe die Potenzen 5^{-1}, 10^{-2} und 7^{-3} als Bruch an. B

Potenzen mit positiven ganzzahligen Exponenten

Für Potenzen von Variablen gelten die gleichen Definitionen und Rechenregeln wie für Potenzen von Zahlen (vergleiche dazu Abschnitt 1).

Eine Potenz a^n ist das Produkt von n gleichen Faktoren. Dabei ist n eine natürliche Zahl, zB $a^5 = a \cdot a \cdot a \cdot a \cdot a$. Bei $n = 1$ gilt: $a^1 = a$, wobei der Exponent 1 üblicherweise nicht angeschrieben wird.
Zusätzlich wird für a^0 definiert: $a^0 = 1$ $(a \neq 0)$

Potenzen mit negativen ganzzahligen Exponenten

Die Potenz 10^{-n} entspricht $\frac{1}{10^n}$. Allgemein gilt $a^{-n} = \frac{1}{a^n}$ mit $a \neq 0$, $n \in \mathbb{N}$, zB: $x^{-5} = \frac{1}{x^5}$.
Da die Variable im Nenner des Bruchs steht, nennt man solche Terme Bruchterme.

Dazu zählen jedoch nicht Terme wie zB $\frac{x^3}{2} = \frac{1}{2} \cdot x^3$, da hier keine Variable, sondern lediglich eine Zahl im Nenner steht. Die ausführliche Behandlung der Bruchterme erfolgt in Abschnitt 2.4.

$$a^n = \underbrace{a \cdot a \cdot \ldots \cdot a}_{\text{n Faktoren}}, \quad a^0 = 1, \quad a^{-n} = \frac{1}{a^n} \qquad \text{für alle } a \in \mathbb{R} \setminus \{0\},\ n \in \mathbb{N}$$

Merkhilfe: Verwende von der Potenz a^{-n} das Minus des Exponenten als Bruchstrich: $a^{-n} = \frac{1}{a^n}$

2.75 Schreibe mit positiven Exponenten an. B

a) x^{-3} **b)** xy^{-3} **c)** $x^{-3}y^{-2}$

Lösung:

a) $x^{-3} = \frac{1}{x^3}$ **b)** $xy^{-3} = x \cdot y^{-3} = x \cdot \frac{1}{y^3} = \frac{x}{y^3}$ **c)** $x^{-3}y^{-2} = \frac{1}{x^3} \cdot \frac{1}{y^2} = \frac{1}{x^3 \cdot y^2} = \frac{1}{x^3y^2}$

2.76 Erkläre, was bei der folgenden Umformung falsch gemacht wurde: $2x^{-5} = \frac{1}{2x^5}$ D

Lösung:

$2x^{-5} = 2 \cdot x^{-5} = 2 \cdot \frac{1}{x^5} = \frac{2}{x^5}$ Der negative Exponent gilt nur für x.

2.3.2 Rechnen mit Potenzen

BD **2.77** Fasse die Terme $2^4 \cdot 2^2$ und $\frac{3^5}{3^3}$ jeweils zu einer Potenz zusammen. Wie lauten die beiden Ergebnisse? Erkläre die verwendeten Rechenregeln mit eigenen Worten.

Nur Potenzen mit **gleicher Basis** und **gleichem Exponenten** können **addiert** bzw. **subtrahiert** werden.

ZB: $3a^3 + 4a^3 - 2a^3 = (3 + 4 - 2) \cdot a^3 = 5a^3$

- Die Potenz wird herausgehoben, die Koeffizienten zusammengefasst.

ABER: $3a^2 + 4a$

- Bei verschiedenen Hochzahlen kann trotz gleicher Basis nicht zusammengefasst werden.

Rechenregeln für Potenzen

Multiplikation von Potenzen mit gleicher Basis

$a^n \cdot a^m = a^{n+m}$

Potenzen mit gleicher Basis werden **multipliziert**, indem man die **Exponenten addiert**. Die Basis bleibt dabei unverändert.

ZB: $a^3 \cdot a^5 = a \cdot a \cdot a \cdot a \cdot a \cdot a \cdot a \cdot a = a^{3+5} = a^8$

Division von Potenzen mit gleicher Basis

$\frac{a^n}{a^m} = a^{n-m} \quad (a \neq 0)$

Potenzen mit gleicher Basis werden **dividiert**, indem man die **Exponenten subtrahiert**. Die Basis bleibt dabei unverändert.

ZB: $\frac{b^9}{b^2} = b^9 \cdot \frac{1}{b^2} = b^9 \cdot b^{-2} = b^{9+(-2)} = b^{9-2} = b^7$ oder $a^3 : a^5 = \frac{a \cdot a \cdot a}{a \cdot a \cdot a \cdot a \cdot a} = \frac{1}{a \cdot a} = a^{3-5} = a^{-2}$

Potenz einer Potenz

$(a^n)^m = a^{n \cdot m}$

Potenzen werden **potenziert**, indem man die **Exponenten multipliziert**. Die Basis bleibt dabei unverändert.

ZB: $(a^5)^2 = (a^5) \cdot (a^5) = a^5 \cdot a^5 = a^{5+5} = a^{5 \cdot 2} = a^{10}$

Potenz eines Produkts

$(a \cdot b)^n = a^n \cdot b^n$

Ein **Produkt** wird **potenziert**, indem die einzelnen **Faktoren potenziert** werden.

ZB: $(a \cdot b)^3 = (a \cdot b) \cdot (a \cdot b) \cdot (a \cdot b) = a \cdot b \cdot a \cdot b \cdot a \cdot b = a \cdot a \cdot a \cdot b \cdot b \cdot b = a^3 \cdot b^3$

Potenz eines Quotienten

$\left(\frac{a}{b}\right)^n = \frac{a^n}{b^n} \quad (b \neq 0)$

Ein **Quotient** (Bruch) wird **potenziert**, indem **Zähler und Nenner potenziert** werden.

ZB: $\left(\frac{a}{2}\right)^6 = \frac{a}{2} \cdot \frac{a}{2} \cdot \frac{a}{2} \cdot \frac{a}{2} \cdot \frac{a}{2} \cdot \frac{a}{2} = \frac{a \cdot a \cdot a \cdot a \cdot a \cdot a}{2 \cdot 2 \cdot 2 \cdot 2 \cdot 2 \cdot 2} = \frac{a^6}{2^6}$

Vorzeichen von Potenzen

Die Vorzeichen von Potenzen ergeben sich aus den Vorzeichenregeln für die Multiplikation.
ZB: $(-a)^2 = (-a) \cdot (-a) = a^2$ oder $(-b)^3 = (-b) \cdot (-b) \cdot (-b) = -b^3$

Beachte: Eine negative Hochzahl hat nichts mit dem Vorzeichen einer Potenz zu tun.
ZB: $2^{-1} = \frac{1}{2^1} = 0{,}5$ oder $(-6)^{-3} = \frac{1}{(-6)^3} = \frac{1}{(-6) \cdot (-6) \cdot (-6)} = \frac{1}{-6^3} = -\frac{1}{6^3} = -\frac{1}{216} = -0{,}004\,29...$

2.78 Schreibe ohne Bruch an. **B**

a) $\frac{1}{x^2}$ **b)** $\frac{7}{x^4}$ **c)** $\frac{x^2}{y^6}$ **d)** $\frac{1}{x^{-3} \cdot y^4}$

Lösung:

a) $\frac{1}{x^2} = x^{-2}$

b) $\frac{7}{x^4} = 7 \cdot \frac{1}{x^4} = 7 \cdot x^{-4} = 7x^{-4}$

c) $\frac{x^2}{y^6} = x^2 \cdot \frac{1}{y^6} = x^2 \cdot y^{-6} = x^2y^{-6}$

d) $\frac{1}{x^{-3} \cdot y^4} = \frac{1}{x^{-3}} \cdot \frac{1}{y^4} = \frac{1}{\frac{1}{x^3}} \cdot y^{-4} = x^3y^{-4}$

2.79 Schreibe ohne Bruch an. **B**

a) $\frac{4a^7}{(x+y)^3}$ **b)** $\frac{1}{x^3 + y^3}$

Lösung:

a) $\frac{4a^7}{(x+y)^3} = 4a^7 \cdot \frac{1}{(x+y)^3} = 4a^7 \cdot (x+y)^{-3}$

b) $\frac{1}{x^3 + y^3} = \frac{1}{(x^3 + y^3)^1} = (x^3 + y^3)^{-1}$

- Die Hochzahl 3 bezieht sich auf ein Binom, nämlich auf die Summe von x und y.
- Die Hochzahlen beziehen sich jeweils auf ein Monom und gelten **nicht** für die Summe.

Aufgabe 2.80 – 2.81: Schreibe mit positiven Exponenten an.

2.80 **a)** x^{-3} **b)** x^{-10} **c)** $6x^{-2}$ **d)** $4w^{-5}$ **e)** $7x^{-6}$ **f)** $2x^{-1}$ **B**

2.81 **a)** $4a^{-4}b$ **b)** $-a^4b^{-4}$ **c)** $5ab^{-3}$ **d)** $-2a^4b^{-6}$ **e)** $-3x^{-1}$ **f)** $18x^4y^{-1}$ **B**

2.82 Schreibe die Einheit der Naturkonstanten als Bruch an. **BC**
Versuche herauszufinden, um welche Konstanten es sich dabei handelt.
1) $299\,792\,458 \text{ m} \cdot \text{s}^{-1}$ **2)** $101\,325 \text{ N} \cdot \text{m}^{-2}$ **3)** $6{,}022 \cdot 10^{23} \text{ mol}^{-1}$ **4)** $1\,000 \text{ kg} \cdot \text{m}^{-3}$

2.83 Schreibe den Bruchterm als Produkt mit negativen Exponenten an. **B**

a) $\frac{5}{g^3}$ **b)** $\frac{h^2}{(8-h)^2}$ **c)** $\frac{6h^3}{g^2 + h}$ **d)** $\frac{g^7}{h^3}$ **e)** $\frac{-4g^4}{(g-1)^3}$ **f)** $\frac{2h^3 + 3g}{g^5 - 4h^2}$

2.84 Schreibe als Produkt an. Welches Vorzeichen hat das Ergebnis? Begründe deine Antwort. **BD**

a) **1)** a^4 **2)** $-a^4$ **3)** $(-a^4)$ **4)** $-(-a)^4$

b) **1)** $-c^5$ **2)** $(-c)^5$ **3)** $-(-d^5)$ **4)** $-(-d)^5$

D **2.85** Kreuze an und begründe deine Antwort.

Diesen Term	$a^2 + a^3$	$4a^2 + b^5$	$-b : 7b^4$	$5a^6 \cdot 3a$	$9ab^3 - 4a^3b$	$4a^4b \cdot 2ab^5$
kann man zusammenfassen.						
kann man nicht zusammenfassen.						

Addieren und Subtrahieren von Potenzen

B **2.86** Fasse, wenn möglich, die Terme zusammen.

a) $4a^2 + 6a^3 - 5a^2 - 9a^4 + a^3$ **b)** $4x^2y + 8xy^2 - 6x^2y + 11x^2y - 10xy^2$

Lösung:

a) $4a^2 + 6a^3 - 5a^2 - 9a^4 + a^3 =$
$= 4a^2 - 5a^2 + 6a^3 + a^3 - 9a^4 =$
$= -a^2 + 7a^3 - 9a^4$

b) $4x^2y + 8xy^2 - 6x^2y + 11x^2y - 10xy^2 =$
$= 4x^2y - 6x^2y + 11x^2y + 8xy^2 - 10xy^2 =$
$= 9x^2y - 2xy^2$

- Ordne die Terme nach gleicher Potenz. Addiere bzw. subtrahiere gleiche Potenzen.
- **Ungleiche Potenzen** können **nicht zusammengefasst** werden.

TE Aufgaben 2.87 – 2.89: Fasse die Terme zusammen, bzw. begründe, falls das nicht möglich ist. Kontrolliere deine Ergebnisse anschließend mit deinem Rechenwerkzeug.

BD **2.87** **a)** $3a^2 + 4a^2 - 2a^2 + a^2$ **b)** $7c^4 - 4c^3 - 5c^4 + 3c^3$ **c)** $4b^5 + b^4 - 6b^3 - 2b^2$

BD **2.88** **a)** $5a^3 + 2a^7 - 7a^2 + 3a^5$ **b)** $2a^4 - 6c^4 - 3a^4 + 5c^4$ **c)** $3b^5 + 2d^3 - 9b^3 - 3d^5$

BD **2.89** **a)** $3a^3b^3 + 4a^3b^2 - 2a^3b^3 + a^3b^2 - 2a^2b^3$ **b)** $5xy^2 + x^2y - 2x^2y^2 + x^2y - 2xy^2 + 3x^2y^2$

D **2.90** In einer Hausübung wurde gerechnet: $a^4 + a^4 = a^8$. Erkläre, warum die Aufgabe falsch gelöst wurde. Gib das richtige Ergebnis an.

Multiplikation von Potenzen mit gleicher Basis

TE Aufgaben 2.91 – 2.95: Fasse jeweils das Produkt zu einer Potenz zusammen. Kontrolliere deine Ergebnisse anschließend mit deinem Rechenwerkzeug.

B **2.91** **a)** $a^3 \cdot a^{11}$ **b)** $b^{12} \cdot b^3$ **c)** $c^4 \cdot c^9$ **d)** $d^7 \cdot d^8$

B **2.92** **a)** $e^4 \cdot e^7 \cdot e^6$ **b)** $f^3 \cdot f^9 \cdot f^{11}$ **c)** $g^2 \cdot g \cdot g^0$ **d)** $h^{12} \cdot h \cdot h^8$

B **2.93** **a)** $w^{-4} \cdot w^5$ **b)** $x^{-9} \cdot x^6$ **c)** $y^3 \cdot y^{-5}$ **d)** $z^8 \cdot z^{-2}$

B **2.94** **a)** $(-h)^5 \cdot (-h)^2$ **b)** $(-g)^2 \cdot (-g)^3$ **c)** $(-f)^4 \cdot (-f)^3$ **d)** $(-k) \cdot (-k)^9$

B **2.95** **a)** $(a - b)^3 \cdot (a - b)^8$ **b)** $(2x + 3y)^2 \cdot (2x + 3y)^7$ **c)** $(4a - x)^5 \cdot (4a - x)^5$

TE Aufgaben 2.96 – 2.97: Fasse die Produkte zusammen und stelle die Ergebnisse mit positiven Exponenten dar. Kontrolliere anschließend mit deinem Rechenwerkzeug.

B **2.96** **a)** $a^5 \cdot a^{-7} \cdot a^3 \cdot a^{-2}$ **c)** $b^3 \cdot b^{-4} \cdot b^4 \cdot b^{-1}$
b) $c^{-4} \cdot c^3 \cdot c^{-5} \cdot c$ **d)** $d^{-4} \cdot d^7 \cdot d^{-3} \cdot d$

B **2.97** **a)** $a^{-5} \cdot b^{-1} \cdot c^4 \cdot c^{-2} \cdot a^5 \cdot c^{-1} \cdot b^7 \cdot a^3$ **c)** $c^3 \cdot a^6 \cdot b^0 \cdot b^{-1} \cdot a^{-7} \cdot c^2 \cdot a^3 \cdot b^{-4}$
b) $a^{-8} \cdot b^2 \cdot b^{-5} \cdot a^{-1} \cdot c^4 \cdot a \cdot c^7 \cdot c^{-10}$ **d)** $a^{-1} \cdot b^7 \cdot c^{12} \cdot a^8 \cdot b \cdot a^4 \cdot b^6 \cdot c^{-3}$

Aufgaben 2.98 – 2.101: Multipliziere die Klammern aus und fasse die Terme zusammen. Führe die Probe für a = 2 durch. Verwende dein Rechenwerkzeug zur Unterstützung.

2.98 **a)** $(-5a + 9) \cdot (a^2 + 5a)$ **c)** $(a - 1) \cdot (a^2 - 5a + 9)$ B
b) $(5a^5 - a^3 - 11a) \cdot (6a^2 - 3)$ **d)** $(a^3 + 8a^2 + 4a) \cdot (7 - 12a)$

2.99 **a)** $(4a^2 + a - 2) \cdot (a^3 + 3a - 9)$ **c)** $(a^2 - a + 1) \cdot (-10a^5 + 2a^4 + 5a^3)$ B
b) $(a^5 + 2a^3 - 10a) \cdot (5a^5 - 7a^3 + a)$ **d)** $(11a^4 + a - 8) \cdot (5 + 3a - 2a^2)$

2.100 **a)** $3a \cdot [-2a \cdot (5a^2 - 4) - a \cdot (1 - 3a^3) + 7a^2 \cdot (1 - a)]$ B
b) $-6a \cdot [-a - 3a \cdot (4 + 8a^3) + 9a^2 \cdot (-a + 8a^2)]$

2.101 **a)** $7a^4 \cdot (5a^2 - 7a) - 3a^3 \cdot [8a^4 - 10a \cdot (-5a^3 + 11a)]$ B
b) $-4a^3 - 7a \cdot [a - 4 \cdot (a^2 + 5a) + 3a^2 \cdot (2 - 8a)]$

Aufgaben 2.102 – 2.103: Fasse die Produkte zusammen. Kontrolliere deine Ergebnisse anschließend mit deinem Rechenwerkzeug.

2.102 **a)** $x^{2n} \cdot x^{n+2} \cdot x^{-n+4} \cdot x^n \cdot x^{-1}$ **b)** $x^{m-7} \cdot x^{m+3} \cdot x^{5m-11} \cdot x^{-8} \cdot x$ B

2.103 **a)** $x^{7p} \cdot x^{-3+2p} \cdot y^5 \cdot x^{4p-9} \cdot y^{3p+7} \cdot y$ **b)** $y^{6+q} \cdot x \cdot x^{q-3} \cdot y^{5q+2} \cdot y^{3q+7} \cdot x^{-3q+1}$ B

Aufgaben 2.104 – 2.105: Multipliziere die Klammern aus und fasse die Terme zusammen. Führe die Probe mit beliebigen Zahlen mit deinem Rechenwerkzeug aus.

2.104 **a)** $(x^2 + 2y) \cdot (4x^2 - y) + 6 \cdot (5x^3 - 7y) \cdot (2y + 2x)$ B
b) $9 \cdot (4x^2 + y) \cdot (4x + 7y) - (11x + 3y) \cdot (x^2 + 2y)$
c) $-(y + 5x) \cdot (7x^2 + 8y^2) - 11 \cdot (x^2 + y^2) \cdot (8x - 12y)$

2.105 **a)** $(2x - xy - y^2) \cdot (2x^2y - 6y^2) - (4x^2 - 4x + 1) \cdot (y^3 - 5x^2)$ B
b) $-(a^4 + 4b^3 - b) \cdot (a^2 - 6b^3) + (b^2 + 3) \cdot (9b^2 - b^4 + a^4b)$

Division von Potenzen mit gleicher Basis

Aufgaben 2.106 – 2.113: Fasse die Terme zu einer Potenz zusammen. Kontrolliere deine Ergebnisse anschließend mit deinem Rechenwerkzeug.

2.106 **a)** $\frac{r^4}{r^3}$ **b)** $\frac{s^7}{s^8}$ **c)** $\frac{t^{10}}{t^8}$ **d)** $\frac{u^{10}}{u^{12}}$ B

2.107 **a)** $\frac{a^7}{a^{-2}}$ **b)** $\frac{b^{-3}}{b^9}$ **c)** $\frac{c^{-1}}{c^{-5}}$ **d)** $\frac{d^{-8}}{d}$ B

2.108 **a)** $g^7 : g^4$ **b)** $h^5 : h^2$ **c)** $e^3 : e^2$ **d)** $f^6 : f^9$ B

2.109 **a)** $(-k)^6 : (-k)^3$ **b)** $(-l)^9 : (-l)^{-5}$ **c)** $(-m)^4 : (-m)^{-7}$ **d)** $(-n)^5 : (-n)$ B

2.110 **a)** $(4x - y)^8 : (4x - y)^4$ **b)** $(7y + 9z)^9 : (7y + 9z)^{14}$ **c)** $(8z - 3x)^2 : (8z - 3x)^6$ B

2.111 $y^{n+3} : y^{2n-7}$ B

Lösung:
$y^{n+3} : y^{2n-7} = y^{(n+3)-(2n-7)} = y^{n+3-2n+7} = y^{-n+10}$

2.112 **a)** $x^n : x^{2+4n}$ **b)** $a^{5n} : a^{3n}$ **c)** $b^{5n} : b^{n-2}$ **d)** $y^{-7} : y^{-5n+1}$ B

2.113 **a)** $e^{7+3n} : e^{2n-3}$ **b)** $g^{-4n} : g^{7n+4}$ **c)** $h^{6n-9} : h^{3-5n}$ **d)** $f^{-2n+5} : f^{9n-3}$ B

D **2.114** Erkläre die unterschiedliche Vorgehensweise:

1) $\frac{a^2}{a^{-3}} = a^2 \cdot \frac{1}{a^{-3}} = a^2 \cdot a^3 = a^5$ **2)** $\frac{a^2}{a^{-3}} = \frac{a^2}{\frac{1}{a^3}} = a^2 \cdot a^3 = a^5$ **3)** $\frac{a^2}{a^{-3}} = a^{2-(-3)} = a^5$

B **2.115** Fasse den Term als eine Potenz zusammen. Führe die Probe mit a = 2, n = 3 und x = 4 durch. Verwende dein Rechenwerkzeug zur Unterstützung.

TE

a) $\frac{a^{n+1}}{a}$ **c)** $\frac{a^{n+x}}{a^{n-1}}$ **e)** $\frac{a^{n+1}}{a^{n-1}}$ **g)** $\frac{a^{2x}}{a^{n-x}}$

b) $\frac{a^{n-4}}{a^{n-5}}$ **d)** $\frac{a^{3x}}{a^{2x-n}}$ **f)** $\frac{a^{2n-4}}{a^{-1}}$ **h)** $\frac{a^{n+x}}{a^{2x}}$

Potenz eines Produkts bzw. eines Quotienten

Aufgaben 2.116 – 2.120: Löse die Klammern auf. Gib die Ergebnisse mit positiven Exponenten an.

B **2.116** **a)** $(8w^3)^2$ **c)** $-(3x^2)^5$ **e)** $(-2x^6)^6$ **g)** $-(-4w^9)^3$

b) $(-9z)^2$ **d)** $(-5y^4)^3$ **f)** $-(-3y^3)^4$ **h)** $(-2z^5)^7$

B **2.117** **a)** $(-a^{-2}bc^4)^{11}$ **b)** $(15a^3b^{12}c^{-6})^0$ **c)** $-(3c^{-7}d^{10}e^{-3})^4$ **d)** $(4g^{-7}h^9k^2)^5$

B **2.118** **a)** $(13a^2b^4c^3)^{-2}$ **b)** $(-6d^9e^{-2}f^2)^{-3}$ **c)** $(18e^{-5}f^0g^4)^0$ **d)** $(7g^8h^{-3}k^{-5})^{-4}$

B **2.119** **a)** $\left(\frac{a^2}{3}\right)^4$ **b)** $\left(\frac{7}{a^9}\right)^2$ **c)** $\left(\frac{b^5}{2}\right)^6$ **d)** $\left(\frac{b^7}{9}\right)^3$

B **2.120** **a)** $\left(-\frac{2a^6}{b^3}\right)^{-4}$ **b)** $\left(-\frac{3a^2}{b^6}\right)^{-5}$ **c)** $\left(-\frac{a^5}{8b^3}\right)^{-5}$ **d)** $\left(-\frac{a^4}{5b^5}\right)^{-3}$

CD **2.121** Erkläre, welche Fehler gemacht wurden und korrigiere sie.

a) $\left(\frac{2x}{3y}\right)^3 = \frac{2x^3}{3y^3}$ **b)** $\frac{ab^{\not 8\,4}}{a^3b^{\not 2\,1}} = \frac{b^4}{a^2b}$ **c)** $\left[-\frac{(-3xy^2)^3}{(4z^3)^2}\right]^{-1} = \frac{-16z^5}{27xy^5}$

Vermischte Aufgaben

B **2.122** Vereinfache den Term und schreibe das Ergebnis ohne Bruch an. Kontrolliere deine Ergebnisse anschließend mit deinem Rechenwerkzeug.

TE

a) $\frac{a^3b^4c^2}{a^2b^5c^9}$ **b)** $\frac{b^6c^3}{a^5b^8c^2}$ **c)** $\left(\frac{x^3y^7}{a^2b^5c}\right)^6$ **d)** $\left(\frac{x^4yz^5}{a^5b^0c^3}\right)^{-7}$

B **2.123** Vereinfache den folgenden Bruch so weit wie möglich. Kontrolliere deine Ergebnisse anschließend mit deinem Rechenwerkzeug.

TE

a) $\frac{x^{n+1} \cdot y^{a+2}}{x^n \cdot y^{a-1}}$ **b)** $\frac{x^{2n-1} \cdot y^{3n+2}}{x^{n+1} \cdot y^{2n-3}}$ **c)** $\frac{x^{n-1} \cdot y^{n-2}}{x^{n-3} \cdot y^{n-4}}$ **d)** $\frac{x^{a+n} \cdot y^{3n-a}}{x^{n-a} \cdot y^{2a+n}}$

B **2.124** Schreibe ohne Bruch an.

a) $\frac{3}{a+b}$ **b)** $\frac{5c^2}{a^3-b}$ **c)** $\frac{2ab}{b+c^2}$ **d)** $\frac{4ab^2}{a-c^6}$

B **2.125** Löse die Klammern auf und schreibe den Term ohne negative Exponenten an.

a) $\left(\frac{a^2b^{-3}c^0}{d^{-1}e^4}\right)^2$ **b)** $\left(\frac{x^{-3}y^2z^5}{u^2v^{-4}w}\right)^{-3}$ **c)** $\left(\frac{d^2e^{-2}f^4}{2g^{-3}h^2}\right)^6$ **d)** $\left(\left(\frac{2u^3v^{-1}w^0}{3x^{-2}y^0z^3}\right)^4\right)^{-3}$

D **2.126** Zeige, dass die Aussage wahr ist.

$\frac{1}{a^{n-3}} - \frac{1+a^3}{a^n} = -a^{-n}$

TE

Aufgaben 2.127 – 2.132: Vereinfache die Terme und stelle die Ergebnisse mit positiven Exponenten dar. Versuche dabei deine Technologie bestmöglich einzusetzen und vergleiche die Ergebnisse mit deinen händischen Berechnungen.

2.127 $\left(\frac{15a^2bc}{27b^3c^{-2}}\right)^2 : \frac{45a^{-3}c^2}{81ab^4c^4}$ (B)

Lösung:

$$\left(\frac{15a^2bc}{27b^3c^{-2}}\right)^2 : \frac{45a^{-3}c^2}{81ab^4c^4} = \left(\frac{5a^2c^3}{9b^2}\right)^2 : \frac{5}{9a^4b^4c^2} = \frac{25a^4c^6}{81b^4} \cdot \frac{9a^4b^4c^2}{5} - \frac{5a^8c^8}{9}$$

2.128 **a)** $\frac{a^2b^4}{x^4y^{-1}} : \frac{a^3b}{x^3y^{-2}}$ **b)** $\frac{x^4y^3}{a^3b^0} : \frac{x^{-1}y^2}{a^4b^2}$ **c)** $\frac{a^{-3}b^4}{x^2y^8} : \frac{a^3b^{-5}}{x^5y^6}$ (B)

2.129 **a)** $\frac{a^4b^{-2}c^8}{x^{-2}y^4z^{-1}} : \frac{a^3b^{-5}x^4y^{-5}}{c^{-3}z^{-7}}$ **b)** $\frac{a^{-7}b^4c^2}{x^{-3}y^{-4}z^2} : \frac{b^2c^6z^{-4}}{a^3x^{-8}y^0}$ **c)** $\frac{a^5b^{-3}c^{-1}}{x^4y^9z^{-2}} : \frac{b^{-4}c^6x^{-2}z}{a^{-7}cx^{-8}y^5}$ (B)

2.130 **a)** $\frac{12x^{14}y^{-20}z^{-15}}{21a^{45}b^{-30}c^{-24}} : \frac{18a^{-3}(a^2b^{-2}c)^{-1}x^2y^{-1}}{63b^{-6}(x^3y^2z)^2}$ **b)** $\frac{44(a^{-11}b^{14}c^9)^{-1}}{6^{-2}x^{13}(y^{-4}z^{10})^2} : \frac{48x^{-4}(x^{-4}y^0z^{-3})^{-2}z^3}{33^{-1}a^{-2}(a^{13}b^5c^{-12})^0c^9}$ (B)

2.131 **a)** $\frac{3^3a^{-5}b^0}{2^3c^23^{-3}} : \left(\frac{9^2a^{-2}d^2}{4^2b^4c^3} : \frac{5^2a^3d^{-1}e^2}{6^2b^4c^1}\right)$ **b)** $\frac{3^2a^3b^4c^{-1}}{2^3d^4e^3} : \left(\left(\frac{5^3a^4d^{-3}e^5}{7^3b^5c^4}\right)^0 : \left(\frac{6^2a^3d^{-1}e^2}{4^3b^{-3}c}\right)^{-1}\right)$ (B)

2.132 **a)** $\left(\frac{x^4y^3z^{-9}}{a^5b^{-3}c^2}\right)^3 : \left(\left(\frac{a^{-4}x^2y}{b^{-5}z^3}\right)^2 \cdot \left(\frac{a^3b^2c^{-4}}{x^2y^3z}\right)^4\right)$ **c)** $\left(\left(\frac{x^2y^7z^4}{a^2b^{-5}c^{-3}}\right)^4 : \left(\frac{x^9y^7z^{-1}}{a^3b^2c^{-2}}\right)^3\right) \cdot \left(\frac{a^7b^4c^{-1}}{x^9y^4z^0}\right)^4$ (B)

b) $\left(\frac{x^8y^7}{a^3b^{-2}}\right)^{-2} : \left(\frac{(a^{-5}x^7y)^4}{b^{-10}} : \frac{a^9h^{-2}}{(x^4y^3)^{-3}}\right)$ **d)** $\left(\left(\frac{x^{-2}y}{a^{-3}b^6}\right)^{-5} : \frac{(x^3y^4)^6}{(a^9b^8)^{-1}}\right) : \left(\frac{a^7b^4}{x^3y^{-7}}\right)^{-3}$

2.133 Zerlege die Summe $a^{3n-1} + a^{n-1}$ in ein Produkt. (B)

Lösung:

$a^{3n-1} + a^{n-1} = a^{2n+n-1} + a^{n-1} = a^{2n} \cdot a^{n-1} + a^{n-1} = a^{n-1} \cdot (a^{2n} + 1)$

2.134 Zerlege die Summe bzw. die Differenz in ein Produkt. (B)

a) $x^3 + x^7$ **c)** $8x^9 - 4x^2$ **e)** $12x + 3x^5$ **g)** $5x^8 - 10x^4$

b) $4x^5 - x^2$ **d)** $14x^3 - 7x^{11}$ **f)** $25x^7 - 10x^2$ **h)** $24x^7 + 18x^6$

2.135 Zerlege die Summe bzw. die Differenz in ein Produkt. (B)

a) $a^{3n} + a^n$ **c)** $b^{x+2} - 3b^x$ **e)** $c^{n+3} - c^{n+7}$ **g)** $3d^{2n-1} + 4d^n$

b) $2e^m - 6e^{2m-1}$ **d)** $40f^{m-1} - 8f^{m+1}$ **f)** $45g^m + 27g^{2m}$ **h)** $12h^{m+1} + 21h^{3m}$

2.136 m ist eine beliebige positive ganze Zahl. Welches Vorzeichen hat der Term? Setze zuerst für m eine Zahl ein, zum Beispiel 1. Begründe deine Entscheidung. (BD)

a) $(-x^{2m})^{2m+1}$ **b)** $(-x^{3m})^{2m}$ **c)** $-(x^{2m})^{2m+1}$ **d)** $-(x^{3m+1})^{2m}$

2.137 Die lange Seite eines Rechtecks ist um 5 cm länger als die Seite eines Quadrats, die kurze Seite um 5 cm kürzer als die Seite dieses Quadrats. Welcher der beiden Flächeninhalte ist größer? Wie groß ist der Unterschied? (ABC)

2.138 $(a^2 + bc) \cdot (bc + d^2) - (ac + cd) \cdot (ab + bd) = (ad - bc) \cdot (ad - bc)$ (BD)

1) Überprüfe die Gültigkeit durch Einsetzen der Werte a = 2, b = 3, c = 4 und d = 5.

2) Beweise diese Behauptung allgemein durch Auflösen der Klammern.

2.3.3 Binomische Formeln

Potenzen von Binomen können mit den binomischen Formeln berechnet werden, wie zum Beispiel $(a + 6)^2$, $(4a - 7b)^4$ oder $(a + b)^{27\,545}$. Um das Ergebnis von $(a + b)^{27\,545}$ anzuschreiben, würde man allerdings ca. 150 A4-Blätter Papier benötigen.

BC **2.139** ***1)*** Schreibe $(a + b)^2$ und $(a - b)^2$ als Produkt an. Multipliziere die Binome und fasse die Terme zusammen.
2) Multipliziere $(5a - 2b) \cdot (5a + 2b)$. Beschreibe, was dir bei diesem Produkt auffällt.

$(a + b)^2$, $(a - b)^2$ und $(a + b) \cdot (a - b)$

$(a + b)^2 = (a + b) \cdot (a + b) =$	$(a - b)^2 = (a - b) \cdot (a - b) =$	$(a + b) \cdot (a - b) =$
$= a^2 + ab + ab + b^2$	$= a^2 - ab - ab + b^2$	$= a^2 + ab - ab - b^2$
$\mathbf{(a + b)^2 = a^2 + 2ab + b^2}$	$\mathbf{(a - b)^2 = a^2 - 2ab + b^2}$	$\mathbf{(a + b) \cdot (a - b) = a^2 - b^2}$

$(a + b)^3$ und $(a - b)^3$

Die Formeln für die dritte Potenz von Binomen können durch Ausmultiplizieren ermittelt werden.

$$\mathbf{(a + b)^3 = a^3 + 3a^2b + 3ab^2 + b^3} \qquad \mathbf{(a - b)^3 = a^3 - 3a^2b + 3ab^2 - b^3}$$

B **2.140** Berechne $(4a + b)^2$ und führe die Probe für $a = 3$ und $b = 2$ durch.

Lösung:
$(4a + b)^2 = (4a)^2 + 2 \cdot 4a \cdot b + b^2 = 16a^2 + 8ab + b^2$
Probe: Angabe: $(4 \cdot 3 + 2)^2 = 14^2 = 196$
Ergebnis: $16 \cdot 3^2 + 8 \cdot 3 \cdot 2 + 2^2 = 16 \cdot 9 + 48 + 4 = 196$

B **2.141** Berechne $\left(\frac{a}{2} - \frac{b}{4}\right)^2$.

Lösung:
$\left(\frac{a}{2} - \frac{b}{4}\right)^2 = \left(\frac{a}{2}\right)^2 - 2 \cdot \frac{a}{2} \cdot \frac{b}{4} + \left(\frac{b}{4}\right)^2 = \frac{a^2}{4} - \frac{ab}{4} + \frac{b^2}{16}$

B **2.142** Berechne $(ab + 5b^2) \cdot (ab - 5b^2)$.

Lösung:
$(ab + 5b^2) \cdot (ab - 5b^2) = (ab)^2 - (5b^2)^2 = a^2b^2 - 25b^4$

B **2.143** Berechne $(4a - 3b)^3$.

Lösung:
$(4a - 3b)^3 = (4a)^3 - 3 \cdot (4a)^2 \cdot 3b + 3 \cdot 4a \cdot (3b)^2 - (3b)^3 = 64a^3 - 144a^2b + 108ab^2 - 27b^3$

B **2.144** Schreibe den Term $4a^2 + 12ab + 9b^2$ als Produkt an.

Lösung:
$4a^2 + 12ab + 9b^2 = (2a)^2 + 2 \cdot 2a \cdot 3b + (3b)^2 = (2a + 3b)^2$

Das Pascal'sche Dreieck

Zur Erinnerung: $(a + b)^2 = a^2 + 2ab + b^2$
$(a + b)^3 = a^3 + 3a^2b + 3ab^2 + b^3$

Weiters gilt: $(a + b)^4 = a^4 + 4a^3b + 6a^2b^2 + 4ab^3 + b^4$
$(a + b)^5 = a^5 + 5a^4b + 10a^3b^2 + 10a^2b^3 + 5ab^4 + b^5$

Vergleicht man diese Formeln miteinander, so sieht man, dass die Formel für $(a + b)^n$ mit a^n beginnt und mit b^n endet. Dazwischen nimmt der Exponent von a ab, während gleichzeitig der Exponent von b zunimmt. Die Koeffizienten der einzelnen Monome erhält man durch das nach Blaise Pascal (französischer Mathematiker, 1623 – 1662) benannte **Pascal'sche Dreieck**. Dieses Dreieck ist wie eine „Ziegelmauer" aufgebaut.

$(a+b)^0 = 1$

$(a+b)^1 = 1a + 1b$

$(a+b)^2 = 1a^2 + 2ab + 1b^2$

$(a+b)^3 = 1a^3 + 3a^2b + 3ab^2 + 1b^3$

$(a+b)^4 = 1a^4 + 4a^3b + 6a^2b^2 + 4ab^3 + 1b^4$

$(a+b)^5 = 1a^5 + 5a^4b + 10a^3b^2 + 10a^2b^3 + 5ab^4 + 1b^5$

Am Rand steht immer **1**. Alle anderen rot geschriebenen Zahlen ergeben sich jeweils als Summe der beiden links und rechts darüberstehenden Zahlen.

Nur die rot gedruckten Zahlen bilden das Pascal'sche Dreieck. Die Variablen müssen beim Auswerten von binomischen Formeln ergänzt werden.

Die Spitze mit **1** bezeichnet man als „0. Zeile". In der 2. Zeile stehen nun die Koeffizienten von $(a + b)^2$, in der 3. Zeile die von $(a + b)^3$ usw. Diese Koeffizienten gelten auch für die Formeln für $(a - b)^n = (a + (-b))^n$. Da die ungeraden Potenzen von b negativ sind, wechseln sich die Vorzeichen ab.
ZB: $(a - b)^3 = 1a^3 - 3a^2b + 3ab^2 - 1b^3$

2.145 Erkläre mit eigenen Worten die grafische Veranschaulichung der binomischen Formel. **CD**
a) $(a + b)^2$ ***b)*** $(a - b)^2$ ***c)*** $(a + b) \cdot (a - b)$

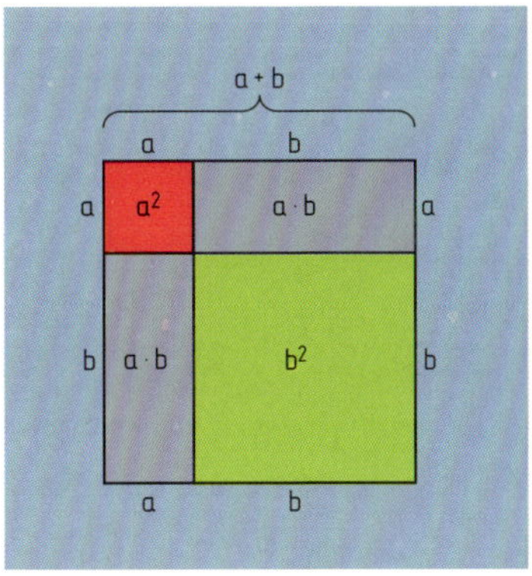

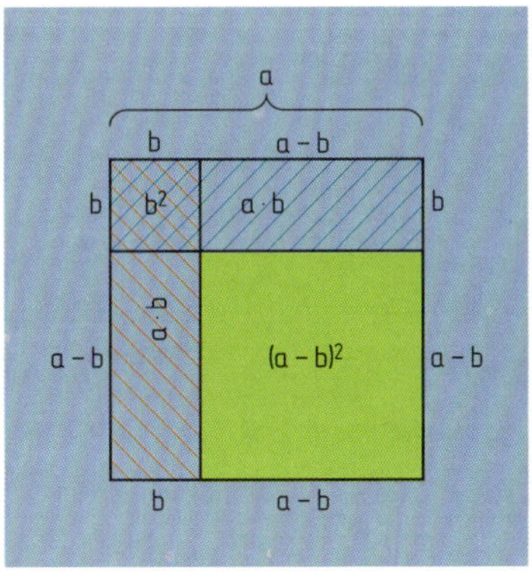

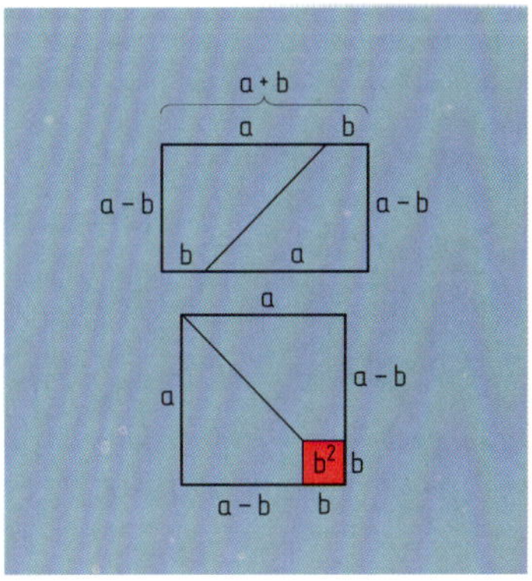

2.146 Argumentiere, warum die Behauptungen richtig sind. **D**
1) $(-a - b)^2 = (a + b)^2$ ***2)*** $(a - b)^2 = (b - a)^2$

TE Aufgaben 2.147 – 2.152: Wende jeweils die passende binomische Formel an. Kontrolliere anschließend mit deinem Rechenwerkzeug und vergleiche. Bei unterschiedlichen Ergebnissen erkläre, ob beide Resultate gleichwertig sind.

B **2.147** **a)** $(a + 5)^2$ **b)** $(6 + b)^2$ **c)** $(4a + 5b)^2$ **d)** $(7a + 9b)^2$

B **2.148** **a)** $(7 - c)^2$ **b)** $(d - 1)^2$ **c)** $(7c - 3d)^2$ **d)** $(11c - 2d)^2$

B **2.149** **a)** $\left(\frac{a}{9} + 2b\right)^2$ **b)** $\left(\frac{1}{4} - 4b\right)^2$ **c)** $\left(\frac{ab}{5} + 5a\right)^2$ **d)** $\left(4b - \frac{ab}{10}\right)^2$

B **2.150** **a)** $(10 - e) \cdot (10 + e)$ **b)** $(f + 8) \cdot (f - 8)$ **c)** $(9e - 3f) \cdot (9e + 3f)$

B **2.151** **a)** $\left(\frac{ab}{4} + b\right) \cdot \left(\frac{ab}{4} - b\right)$ **b)** $\left(\frac{a}{6} + 9b\right) \cdot \left(\frac{a}{6} - 9b\right)$ **c)** $\left(12a - \frac{ab}{7}\right) \cdot \left(12a + \frac{ab}{7}\right)$

B **2.152** **a)** $(-5e^2f - f^3) \cdot (-5e^2f + f^3)$ **b)** $(-2f^3 - 9e^5f^3)^2$ **c)** $(-8ef^4 + 4f^2)^2$

D **2.153** Erkläre, warum beide Lösungswege richtig sind.

$(-2a^3 + 3b)^2 = (-2a^3)^2 + 2 \cdot (-2a^3) \cdot 3b + (3b)^2 = 4a^6 - 12a^3b + 9b^2$

$(-2a^3 + 3b)^2 = (3b - 2a^3)^2 = (3b)^2 + 2 \cdot 3b \cdot 2a^3 + (2a^3)^2 = 9b^2 - 12a^3b + 4a^6$

TE Aufgaben 2.154 – 2.157: Vereinfache jeweils so weit wie möglich. Kontrolliere deine Ergebnisse anschließend mit deinem Rechenwerkzeug.

B **2.154** **a)** $(a + 7)^2 + (a + 4)^2$ **b)** $(c - 7)^2 - (c - 3)^2$ **c)** $(e - 3)^2 + (e + 2)^2$

B **2.155** **a)** $(5w^2 - 3x)^2 + (x + 2w^2)^2$ **b)** $(11x^2 + 9y)^2 + (4y - 12x^2)^2$

B **2.156** **a)** $\left(\frac{4e}{3} - \frac{9f}{8}\right)^2 + \left(\frac{f}{4} + \frac{2e}{3}\right)^2$ **b)** $\left(\frac{3f}{8} - \frac{4e}{9}\right)^2 + \left(\frac{3f}{2} + \frac{7e}{6}\right)^2$

B **2.157** **a)** $3 \cdot (7y - x)^2 - 10 \cdot (4x + 7y)^2 + (6y - 8x)^2$ **c)** $-(5y - 12x)^2 + (8x + 7y)^2 - (15x + 2y)^2$
b) $-(3x - 4y^3)^2 + 5 \cdot (9x + 11y^3)^2 - (6x + y^3)^2$ **d)** $-6 \cdot (x^3 - 11y)^2 - 3 \cdot (3y + 8x^3)^2 + (10y - 7x^3)^2$

B **2.158** Ergänze die fehlenden Terme richtig.
a) $(2x + ...)^2 = ... + 12xy + ...$ **b)** $(... - 4a)^2 = ... - \frac{2a}{b} + ...$

TE Aufgaben 2.159 – 2.161: Schreibe jeweils als Produkt an. Kontrolliere anschließend mit deinem Rechenwerkzeug und vergleiche. Bei unterschiedlichen Ergebnissen erkläre, ob beide Resultate gleichwertig sind.

B **2.159** **a)** $25a^2 + 20ab + 4b^2$ **b)** $49x^2 - 42xy + 9y^2$ **c)** $81v^2 + 18v + 1$

B **2.160** **a)** $16e^2 - 24ef + 9f^2$ **b)** $\frac{1}{4}c^2 + c + 1$ **c)** $\frac{1}{36}v^2 - \frac{v}{5} + \frac{9}{25}$

B **2.161** **a)** $64a^2 - 1$ **b)** $x^2 - y^4$ **c)** $x^6 - 121y^8$

TE Aufgaben 2.162 – 2.164: Berechne die Potenzen. Kontrolliere deine Ergebnisse anschließend mit deinem Rechenwerkzeug.

B **2.162** **a)** $(a + 5)^3$ **c)** $(4b + c^2)^3$ **e)** $(6ef + 2f)^3$ **g)** $(4km^2 + 3k)^3$
b) $(3b - 7a^2)^3$ **d)** $(3c^5 - cd)^3$ **f)** $(2a^3 - 9b)^3$ **h)** $(8k^4 - 4k^2m)^3$

B **2.163** **a)** $\left(\frac{1}{2} + s\right)^3$ **b)** $\left(t - \frac{1}{4}\right)^3$ **c)** $\left(\frac{u}{3} + \frac{5v}{2}\right)^3$ **d)** $\left(\frac{3h}{4} - \frac{k}{6}\right)^3$

B **2.164** **a)** $(-2a^3b + 3b^2)^3$ **b)** $(-5p^5 - 7np)^3$ **c)** $(-pq - 4q^4)^3$ **d)** $(-r^3s^2 + 8r^4s)^3$

BC **2.165** Beweise die allgemeine Gültigkeit der Behauptung durch Termumformung und dokumentiere deine Rechenschritte.

a) $\left(\frac{a^2 + 1}{2}\right)^2 = \left(\frac{a^2 - 1}{2}\right)^2 + a^2$ **b)** $\left(\frac{a^2}{4} + 1\right)^2 = \left(\frac{a^2}{4} - 1\right)^2 + a^2$

Aufgaben 2.166 – 2.167: Berechne die Potenzen und fasse die Ergebnisse zusammen. Kontrolliere deine Ergebnisse anschließend mit deinem Rechenwerkzeug.

2.166 **a)** $(4v + 2u)^3 - (2v - 4u)^3$ **c)** $(v + 2u)^3 - (3v - 4u)^3$ B
b) $-(5v + 3u)^3 + (6v - u)^3$ **d)** $-(v + 5u)^3 + (6v - 3u)^3$

2.167 **a)** $(4x - 6y)^3 - (3x + 8y)^2 + (7y - 2x)^3$ **c)** $-(x - 5y)^3 + (3y + x)^3 - (6y - 9x)^2$ B
b) $(10x + 7y)^2 - (2y + 3x)^3 - (x - 4y)^3$ **d)** $-(8y + 11x)^2 + (4x - 5y)^2 - (2x - y)^3$

2.168 Die Formeln $(a + b)^2$ und $(a - b)^2$ wurden vor der Entwicklung des Taschenrechners (um 1970) oft auch zur Berechnung von Quadratzahlen benutzt, zB $21^2 = (20 + 1)^2$. Berechne ohne Taschenrechner 21^2, 32^2, 43^2, 99^2 und 198^2 und erkläre den Rechenweg. BD

2.169 Zahlen mit der Endziffer 5 kann man auf folgende Art im Kopf quadrieren: BD

ZB: $25^2 = 625$ ($2 \cdot 3$ = 6; $5 \cdot 5$ = 25) oder $65^2 = 4225$ ($6 \cdot 7$ = 42; $5 \cdot 5$ = 25)

1) Rechne die angegebenen Beispiele nach.
2) Berechne ohne Taschenrechner 75^2, 85^2 und 95^2.
3) Erkläre diesen „Trick" mithilfe der passenden binomischen Formel.
Hinweis: ZB $25^2 = (2 \cdot 10 + 5)^2$, achte auf die Stellenwerte.

2.170 Berechne mithilfe der Aufgaben 2.168 und 2.169 ohne Taschenrechner 26^2, 64^2 und 104^2. BD

2.171 Dezimalzahlen, die auf ...,5 enden, können schnell quadriert werden, zB $47{,}5^2 = 47 \cdot 48 + 0{,}25 = 2\,256{,}25$. Begründe mithilfe der binomischen Formeln. D

Das Pascal'sche Dreieck

Aufgaben 2.172 – 2.176: Verwende ein Pascal'sches Dreieck mit mindestens 15 Zeilen.

2.172 Schreibe mithilfe des Pascal'schen Dreiecks eine Formel für die angegebene Potenz an. B
a) $(a + b)^6$ **b)** $(c - d)^8$ **c)** $(w + v)^{11}$ **d)** $(x - y)^{15}$

2.173 Ermittle mithilfe des Pascal'schen Dreiecks. B
a) $(2a + 3b)^5$ **b)** $(4a - b)^7$ **c)** $(a + 2b)^7$ **d)** $(a - 5b)^6$

2.174 In welcher Zeile des Pascal'schen Dreiecks findet sich der Term mit a^5b^6? C

2.175 Addiere zeilenweise die Zahlen in den ersten sechs Zeilen des Pascal'schen Dreiecks und vergleiche die Summen. Was fällt dir dabei auf? BC

2.176 Subtrahiere von der 1. Zahl in einer Zeile des Pascal'schen Dreiecks die 2. Zahl, addiere dann die 3. Zahl, subtrahiere die 4. Zahl usw. Was fällt dir dabei auf? BC

2.177 Male in einem Pascal'schen Dreieck mit 15 Zeilen BC
a) die geraden Zahlen **b)** die Vielfachen von drei **c)** die Vielfachen von fünf
an. Welche geometrischen Figuren kannst du erkennen?
Bemerkung: Die entstandenen Figuren sind nach Wacław Sierpiński (polnischer Mathematiker, 1882 – 1969) benannt.

2.4 Bruchterme

2.4.1 Einführung

Einen Term, der mindestens eine Variable im Nenner enthält, nennt man **Bruchterm**.

Zum Beispiel sind $\frac{7}{a}$, $\frac{6x}{y^5}$ und $\frac{5x^3 + y^2}{4x^2 - 9y}$ Bruchterme.

$\frac{1}{4}$, $\frac{x}{3}$, $\frac{a + b^2}{5}$ sind keine Bruchterme, da der Nenner keine Variable enthält.

BD **2.178** Setze im Bruchterm $\frac{x^2 + 6}{1 - x}$ für die Variable x die Zahlen −2, −1, 0, 1 und 2 ein und berechne den jeweiligen Wert des Terms. Für welche Zahl ist das nicht möglich und warum?

Da die Division durch null kein sinnvolles Ergebnis liefert, muss sichergestellt werden, dass der Nenner eines Bruchterms nicht den Wert null annimmt.

Beim Rechnen mit Termen wird oft vorausgesetzt, dass alle notwendigen Bedingungen erfüllt sind.

B **2.179** Welchen Wert darf x im gegebenen Term nicht annehmen? ***a)*** $\frac{6x}{x - 5}$ ***b)*** $\frac{4x + 7y}{2x + 9}$

Lösung:

a) $x - 5 = 0 \quad | + 5$

$x = 5$

x darf den Wert 5 nicht annehmen, man schreibt $x \neq 5$.

b) $2x + 9 = 0 \quad | -9$

$2x = -9 \quad | : 2$

$x = -4{,}5$

x darf den Wert −4,5 nicht annehmen. $\Rightarrow \; x \neq -4{,}5$

- Wir ermitteln zuerst, für welchen Wert von x der Nenner gleich null ist und schließen diesen Wert dann aus.

B **2.180** Welche Bedingung müssen x und y im Term $\frac{x + 6y}{4x - 3y}$ erfüllen?

Lösung:

$4x - 3y = 0 \quad | + 3y$

$4x = 3y \quad | : 4$

$x = 0{,}75y$

x darf nicht gleich 0,75y sein. $\Rightarrow \; x \neq 0{,}75y$

- Wir ermitteln zuerst, für welchen Zusammenhang von x und y der Nenner den Wert null annimmt und schließen diesen Wert daher aus.

BC **2.181** Berechne den Wert des Bruchterms $\frac{2}{5x} - \frac{4x - 1}{5x - 15}$ für x = −1, 0, 1, 2, 3 mit Hilfe eines CAS und interpretiere das Ergebnis.

Lösung:

$\frac{2}{5\cdot x} - \frac{4\cdot x - 1}{5\cdot x - 15} \mid x = -1$	$\frac{-13}{20}$
$\frac{2}{5\cdot x} - \frac{4\cdot x - 1}{5\cdot x - 15} \mid x = 0$	undef
$\frac{2}{5\cdot x} - \frac{4\cdot x - 1}{5\cdot x - 15} \mid x = 1$	$\frac{7}{10}$
$\frac{2}{5\cdot x} - \frac{4\cdot x - 1}{5\cdot x - 15} \mid x = 2$	$\frac{8}{5}$
$\frac{2}{5\cdot x} - \frac{4\cdot x - 1}{5\cdot x - 15} \mid x = 3$	undef

Der Nenner des Terms wird für x = 0 und x = 3 null, weshalb diese Zahlen nicht eingesetzt werden dürfen. Hier ist der Term undefiniert, wie man in der Lösung des CAS deutlich erkennen kann.

2.182 Welche der Werte dürfen die Variablen nicht anne… Rechenwerkzeug.

a) $\frac{6}{w - 12}$ **c)** $\frac{4y - 1}{3y}$ **e)** $\frac{x + 2…}{x + 3…}$

b) $\frac{7 + 2w}{3w + 18}$ **d)** $\frac{x + 14}{10x - 7}$ **f)** $\frac{15y …}{-20 + …}$

2.183 Gib zu jedem Term aus der ersten Zeile den äquival… Ergänze jeweils den fehlenden Term.

A) $\frac{3 + x}{x}$ **B)** $\frac{x}{x + 3}$ **C)** $3 + \frac{x}{3}$ **D)** $\frac{x + 3}{3}$ …

1) (x + 3)/3 **2)** 3 + x/3 **3)** 3/x + x **4)** (3 + …

2.184 Gib in ein CAS folgende Terme ein und erkläre das E…

1) (2x – 3)/4 – x **2)** 2x – 3/4 – x **3)** 2x – …

2.4.2 Kürzen von Bruchtermen

2.185 Kürze die folgenden Brüche bzw. Bruchterme: $\frac{4}{8}$, $\frac{4a}{12a^2}$, $\frac{4 \cdot (a + b)}{2ab}$, $\frac{2 \cdot (a + b)}{3 \cdot (a + b)}$ **B**

Für das Kürzen von Bruchtermen gelten – sinngemäß – die gleichen Regeln wie für das Kürzen von Brüchen.

> Ein Bruchterm wird **gekürzt**, indem man **Zähler** und **Nenner** durch den gleichen, von null verschiedenen Term **dividiert**.

2.186 Kürze den Bruchterm soweit wie möglich. Beschreibe deine Vorgehensweise. **BC**

a) $\frac{4a + 8b}{12}$ **b)** $\frac{e - 3f}{3f - e}$ **c)** $\frac{3r^2 + 9r}{2rs + 6s}$ **d)** $\frac{8x^2 - 2y^2}{4x^2 - 4xy + y^2}$

Lösung:

a) $\frac{4a + 8b}{12} = \frac{\overset{1}{\cancel{4}}(a + 2b)}{\underset{3}{\cancel{12}}} = \frac{a + 2b}{3}$

Im Zähler wird 4 herausgehoben und anschließend durch 4 gekürzt.

b) $\frac{e - 3f}{3f - e} = \frac{e - 3f}{-e + 3f} = \frac{\cancel{e - 3f}}{(-1) \cdot \cancel{(e - 3f)}} = \frac{1}{-1} = -1$

Im Nenner wird (–1) herausgehoben und durch (e – 3f) gekürzt.

c) $\frac{3r^2 + 9r}{2rs + 6s} = \frac{3r \cdot \cancel{(r + 3)}}{2s \cdot \cancel{(r + 3)}} = \frac{3r}{2s}$

Im Zähler wird 3r und im Nenner 2s herausgehoben, damit durch (r + 3) gekürzt werden kann.

d) $\frac{8x^2 - 2y^2}{4x^2 - 4xy + y^2} = \frac{2 \cdot (4x^2 - y^2)}{(2x - y)^2} = \frac{2 \cdot (2x + y)\cancel{(2x - y)}}{(2x - y)^{\cancel{2}}} = \frac{2 \cdot (2x + y)}{2x - y}$

Zuerst im Zähler 2 herausheben, dann die binomischen Formeln anwenden und den Term (2x – y) kürzen.

Beachte: $\frac{4a + 7b}{a}$ bedeutet, dass die Summe 4a + 7b durch a dividiert wird. Der Bruchstrich ersetzt in diesem Fall die Klammern, die beim Anschreiben als Division wieder gesetzt werden müssen, also (4a + 7b) : a. Man darf also NICHT 4a durch a kürzen, da auch 7b durch a dividiert werden muss.

Arbeitet man zum Beispiel mit Excel, so müssen Klammern gesetzt werden: `=(4*a+7*b)/a`

TE

BCD **2.187** Berechne den Wert des Bruchterms $\left(\frac{x-y}{2}\right)^2 + xy$ für verschiedene x und y Werte im Intervall [−5,5]. Beim Einsetzen welcher Zahlen wird die Lösung negativ, gleich 0 oder positiv? Überlege und erkläre. Überprüfe durch Einsetzen in einer Excel-Tabelle.

Lösung:

x	y	((x-y)/2)^2+x*y
4	5	**20,25**
3	2	**6,25**
2	1	**2,25**
1	0	**0,25**
0	0	**0**
-1	-1	**1**
-1	1	**0**
-2	2	**0**
-2	-2	**4**

=((A2-B2)/2)^2+A2*B2

Was kann man nun beim Einsetzen verschiedener Zahlen beobachten? Beim Betrachten der Lösungen wirst du wahrscheinlich schon vermuten, dass der Term nie kleiner null wird. Durch Umformungen gelingt dir vielleicht auch schon der Beweis.

$$\left(\frac{x-y}{2}\right)^2 + xy = \frac{x^2 - 2xy + y^2}{4} + \frac{4xy}{4} = \frac{x^2 + 2xy + y^2}{4} = \left(\frac{x+y}{2}\right)^2$$

Jetzt erkennst du, dass der Ausdruck das Quadrat eines Terms ist, also nie negativ werden kann. Weiters ist leicht ersichtlich, dass der Term dann gleich 0 wird, falls x = −y ist.

C **2.188** Welcher Fehler ist bei der Probe nach dem Vereinfachen des Terms $\frac{a^2 - a \cdot b}{a}$ zu (a − b) in der Eingabe aufgetreten?

Folgende Werte und Namen wurden zugeordnet:

a =	7	b =	5

Anfangsterm:	=a^2-a*b/a	44
Endterm:	=a-b	2

Lösung:
Die Klammern im Zähler wurden nicht gesetzt. Richtige Eingabe:

Anfangsterm:	=(a^2-a*b)/a	2

Aufgaben 2.189 – 2.190: Kürze die Terme soweit wie möglich und kontrolliere das Ergebnis mit deinem Rechenwerkzeug.

B **2.189** **a)** $\frac{15a - 21}{25a^2 - 35a}$ **b)** $\frac{88ab + 55b}{40a + 25}$ **c)** $\frac{12c^4 + 8c^2}{21c^5 + 14c^3}$ **d)** $\frac{18d^2 - 27cd}{8cd - 12c^2}$

B **2.190** **a)** $\frac{cd^3 + c^3d - 2c^2d^2}{3c^4d}$ **b)** $\frac{2e^3f + e^2f^2 - 5e^2f^3}{e^3f}$ **c)** $\frac{64r^2 - 49s^2}{64r^2 - 112rs + 49s^2}$ **d)** $\frac{36p^2 + 60pq + 25q^2}{25q^2 - 36p^2}$

2.4.3 Multiplikation und Division von Bruchtermen

2.191 Der Bruch $\frac{3}{5}$ soll ***1)*** mit $\frac{4}{7}$ multipliziert ***2)*** durch $\frac{4}{7}$ dividiert werden. Beschreibe den Rechenvorgang mit eigenen Worten. **BC**

Für die Multiplikation bzw. Division gelten die gleichen Regeln wie für das Rechnen mit Brüchen.

Bruchterme werden **multipliziert**, indem man sowohl die Zähler als auch die Nenner miteinander multipliziert:

$$\frac{a}{b}\cdot\frac{c}{d}=\frac{a\cdot c}{b\cdot d}$$

Durch einen Bruchterm wird **dividiert**, indem mit seinem Kehrwert multipliziert wird:

$$\frac{a}{b}:\frac{c}{d}=\frac{a}{b}\cdot\frac{d}{c}=\frac{a\cdot d}{b\cdot c}$$

2.192 Multipliziere: $\frac{-12a^2}{a+2b}\cdot\frac{a^2-4b^2}{8a^3}$, kontrolliere anschließend mit einem Computeralgebrasystem. **B** **TE**

Lösung:
Es gilt: $a \neq -2b$ und $a \neq 0$

$$\frac{(-12)\cdot a^2}{a+2b}\cdot\frac{a^2-4b^2}{8a^3}=\frac{(-12)\cdot a^2\cdot(a^2-4b^2)}{(a+2b)\cdot 8a^3}=$$

$$=\frac{\overset{(-3)}{\cancel{(-12)}}\cdot \cancel{a^2}\cdot\cancel{(a+2b)}\cdot(a-2b)}{\cancel{(a+2b)}\cdot\underset{2}{\cancel{8}}\cancel{a^3}}=$$

$$=\frac{(-3)\cdot(a-2b)}{2a}=\frac{-3a+6b}{2a}$$

- Beachte, dass beim Anschreiben mit einem gemeinsamen Bruchstrich oft zusätzliche Klammern nötig sind.
- Kürze vor dem Ausmultiplizieren so weit wie möglich.

Ein Computeralgebrasystem vereinfacht Bruchterme automatisch so weit wie möglich. Die Lösung dieser Aufgabe sieht am TI-Nspire folgendermaßen aus:

$$\frac{-12\cdot a^2}{a+2\cdot b}\cdot\frac{a^2-4\cdot b^2}{8\cdot a^3} \qquad \frac{-3\cdot(a-2\cdot b)}{2\cdot a}$$

2.193 Dividiere: $\frac{5x^2y-25xy}{12y^2}:\frac{4x^5-20x^4}{24y^4}$ **B**

Lösung:
Es gilt: $x \neq 0, x \neq 5, y \neq 0$

$$\frac{5x^2y-25xy}{12y^2}:\frac{4x^5-20x^4}{24y^4}=\frac{5x^2y-25xy}{12y^2}\cdot\frac{24y^4}{4x^5-20x^4}=$$

$$=\frac{5\cancel{x}y\cdot\cancel{(x-5)}\cdot\overset{6}{\cancel{24}}y^{\cancel{4}\,2}}{{}_2\cancel{12}\cancel{y^2}\cdot\cancel{4}\cdot x^{\cancel{4}\,3}\cdot\cancel{(x-5)}}=\frac{5y^3}{2x^3}$$

- Multipliziere mit dem Kehrwert.
- Kürze so früh wie möglich.
- Zerlege in Faktoren.
- Kürze so weit wie möglich.

B **2.194** Dividiere: $\frac{4a^2 + 5ab}{3} : (16a^3 + 40a^2b + 25ab^2)$

Lösung:

$\frac{4a^2 + 5ab}{3} : \frac{16a^3 + 40a^2b + 25ab^2}{1} =$

$= \frac{4a^2 + 5ab}{3} \cdot \frac{1}{16a^3 + 40a^2b + 25ab^2} =$

$= \frac{a \cdot (4a + 5b)}{3} \cdot \frac{1}{a \cdot (16a^2 + 40ab + 25b^2)} =$

$= \frac{\not{a}(4a + 5b)}{3 \cdot \not{a}(16a^2 + 40ab + 25b^2)} =$

$= \frac{{}^1\not{(4a + 5b)}}{3 \cdot (4a + 5b)^{\not{2}}} = \frac{1}{3 \cdot (4a + 5b)}$

- Schreibe den Nenner 1 an.
- Bilde den Kehrwert des Bruchterms, durch den dividiert wird.
- Zerlege die Terme durch Herausheben und mithilfe der binomischen Formeln in Faktoren.
- Kürze so weit wie möglich.

B **2.195** Führe die gegebene Rechnung mit dem Term durch.

$\frac{3a^2}{7b}$ **1)** $\cdot 3a$ **2)** $\cdot 7a$ **3)** $\cdot 3b$ **4)** $: 3a$ **5)** $: 7a$ **6)** $: 7b$

TE Aufgaben 2.196 – 2.197: Vereinfache die Terme. Kontrolliere anschließend mit deinem Rechenwerkzeug.

B **2.196** **a)** $\frac{15c^2d}{2ab^3} \cdot \frac{10a^2b^2}{18cd^2}$ **b)** $\frac{12k^2m}{5np} : \frac{18k^2}{15n^2}$ **c)** $\frac{-14e}{18cb^4} \cdot \frac{12b^2c^2}{21ed^2}$ **d)** $\frac{-36r^3s^2}{5tu^3} : \frac{-60r^2s^3}{25t^4u^5}$

B **2.197** **a)** $\frac{15a^6b + 45a^5b^2}{24a^4 - 12a^3} : \frac{5a^2b^3}{8a - 4}$ **b)** $\frac{3h^2 + 4hk}{(-4)\,h^2k + 3h^3} : \frac{3hk^4 + 4k^5}{(-4)\,k^4 + 3hk^3}$ **c)** $\frac{4y^3z + 3y^4}{18yz - 36z^3} : \frac{3y^3 + 4y^2z}{3yz^4 - 6z^6}$

TE Aufgaben 2.198 – 2.201: Vereinfache die Terme und gib jeweils an, welche binomischen Formeln du verwenden musst. Kontrolliere anschließend mit deinem Rechenwerkzeug.

BC **2.198** **a)** $\frac{9a^2 - 4}{3ay^2 + 2y^2} : \frac{3a - 2}{5y^4}$ **c)** $\frac{32a^2 - 16a^3}{8a^2} : \frac{6 + 5ay}{25a^2y^2 - 36}$

b) $\frac{8y - 4z}{30y^2z^4} : \frac{4y^2 - z^2}{21y^3z^4 + 42y^4z^3}$ **d)** $\frac{y^2z^2 + 3yz}{4z^2 - 1} : \frac{3 + yz}{4z + 2}$

BC **2.199** **a)** $\frac{16e^2 + 8ef + f^2}{16e^2 - f^2} \cdot \frac{(4e - f)^5}{2f^2 + 16ef + 32e^2}$ **c)** $\frac{g^3 - 3g^2f + 3gf^2 - f^3}{14g - 14f} \cdot \frac{21g - 21f}{g^2 - f^2}$

b) $\frac{32a^2 + 16a^3}{12 + 10ay} : \frac{8a^3 + 16a^2}{25a^2y^2 - 36}$ **d)** $\frac{8y^2z - 18z^3}{5y^2z} : \frac{4y - 6z}{15y^2z + 10y^3}$

BC **2.200** **a)** $\frac{14x^2 - 7x}{5x^3 + 10x^2} : \frac{18x - 9}{12x + 24} \cdot \frac{45x}{84}$ **c)** $\frac{9x^2 - 49}{x^2 - 49} : \frac{6x - 14}{3x + 21} \cdot \frac{x^2 - 14x + 49}{12x^2 + 28x}$

b) $\frac{15y^3 - 3y^2}{45y + 9} \cdot \frac{75y^2 + 30y + 3}{50y^5 - 20y^4 + 2y^3} : \frac{25y^2 - 1}{25y^4 - 5y^3}$ **d)** $\frac{28y^3 - 12y^4}{98y^4 - 18y^6} \cdot \frac{36y^5 + 84y^4}{180y^6 - 420y^5} : \frac{2}{5y^2}$

BC **2.201** **a)** $\frac{16x^2 + 24xy + 9y^2}{9x^2 - 16y^2} : \frac{8x + 6y}{9x^2 - 24xy + 16y^2} \cdot \frac{15x + 20y}{(16x + 12y) \cdot (30x - 40y)}$

b) $\frac{50a^2 - 40ab + 8b^2}{75a^2 - 12b^2} \cdot \frac{25a^2 + 20ab + 4b^2}{40ac + 40ad + 16bc + 16bd} : \frac{c^3 - 3c^2d + 3cd^2 - d^3}{12c^2 - 12d^2}$

ABC **2.202** Jeder aus der Klasse soll eine Aufgabe zur Termvereinfachung erfinden, bei dem nach Anwendung mindestens einer binomischen Formel gekürzt werden kann. Tauscht die Aufgaben untereinander und vereinfacht diese.

2.4.4 Addition und Subtraktion von gleichnamigen Bruchtermen

Bruchterme mit **gleichem Nenner** (gleichnamige Bruchterme) werden addiert bzw. subtrahiert, indem man die **Zähler addiert bzw. subtrahiert**. Der Nenner bleibt dabei unverändert.

$\frac{a}{b} + \frac{c}{b} = \frac{a+c}{b}$ bzw. $\frac{a}{b} - \frac{c}{b} = \frac{a-c}{b}$

2.203 Berechne: $\frac{5a-8b}{x} - \frac{14a-2b}{x}$ B

Lösung:
Es gilt: $x \neq 0$.

$\frac{5a-8b}{x} - \frac{14a-2b}{x} = \frac{5a-8b-(14a-2b)}{x} =$

$= \frac{5a-8b-14a+2b}{x} = \frac{-9a-6b}{x}$

- Schreibt man mit gemeinsamen Bruchstrich, müssen Klammern gesetzt werden.

Aufgaben 2.204 – 2.206: Berechne die Summen bzw. die Differenzen und vereinfache wenn möglich.

2.204 **a)** $\frac{5a+7b}{ab} + \frac{9a-7b}{ab}$ **b)** $\frac{6e+8f-14}{3e+7f} + \frac{25-9f+13e}{3e+7f}$ **c)** $\frac{3g-15k+7}{5k-2} + \frac{18g-12k}{5k-2}$ B

2.205 **a)** $\frac{8n-11}{2n-1} - \frac{4n-9}{2n-1}$ **b)** $\frac{12p+45}{p+11} - \frac{22p-17}{p+11}$ **c)** $\frac{13q-14}{3q-8} - \frac{4q+10}{3q-8}$ B

2.206 **a)** $\frac{6u+7ux-2x}{2u+x^2} - \frac{9u-4x}{2u+x^2} + \frac{7u-7ux}{2u+x^2}$ **b)** $-\frac{3v-8vx+4x}{v^3-4x} + \frac{2v+8vx}{v^3-4x} - \frac{14vx-5x}{v^3-4x}$ B

2.4.5 Addition und Subtraktion von ungleichnamigen Bruchtermen

Bruchterme mit verschiedenen Nennern (ungleichnamige Bruchterme) müssen vor dem Addieren bzw. Subtrahieren durch geeignetes Erweitern gleichnamig gemacht werden. Beim Erweitern eines Bruchterms werden Zähler und Nenner mit dem gleichen, von null verschiedenen Term multipliziert. Der Wert des Bruchterms ändert sich dadurch nicht.

Erweitern eines Bruchterms

2.207 Erweitere den Bruchterm $\frac{4x+y}{x^2}$ mit $x - y$. B

Lösung:

$\frac{4x+y}{x^2} = \frac{4x+y}{x^2} \cdot \frac{x-y}{x-y} = \frac{(4x+y)\cdot(x-y)}{x^2\cdot(x-y)} = \frac{4x^2-3xy-y^2}{x^2\cdot(x-y)}$

- Vergiss nicht, Klammern zu setzen.

Der Nenner wird im Allgemeinen nicht ausmultipliziert. Dadurch kann später leichter gekürzt werden.

B **2.208** Erweitere den Bruchterm auf den angegebenen Nenner.

a) $\frac{3}{5x} = \frac{?}{10x + 10x^2}$ ***b)*** $\frac{x+1}{x-3} = \frac{?}{2x^2 - 18}$

Lösung:

a) ursprünglicher Nenner: $5x = 5 \cdot x$
angegebener Nenner:
$10x + 10x^2 =$
$= 10x \cdot (1 + x) = 5 \cdot x \cdot \mathbf{2} \cdot \mathbf{(1 + x)}$

$\frac{3}{5x} = \frac{3 \cdot 2 \cdot (1+x)}{5x \cdot 2 \cdot (1+x)} =$

$= \frac{6 \cdot (1+x)}{10x \cdot (1+x)} = \frac{6 + 6x}{10x + 10x^2}$

- Zerlege sowohl den ursprünglichen als auch den angegeben Nenner so weit wie möglich in Faktoren.
- Der ursprüngliche Nenner muss mit $2 \cdot (1 + x)$ multipliziert werden, um den angegebenen Nenner zu erhalten.
- Erweitere dann Zähler und Nenner mit diesen Faktoren.

b) ursprünglicher Nenner: $x - 3$
angegebener Nenner:
$2x^2 - 18 = 2 \cdot (x^2 - 9) =$
$= \mathbf{2} \cdot \mathbf{(x + 3)} \cdot (x - 3)$

$\frac{x+1}{x-3} = \frac{(x+1) \cdot 2 \cdot (x+3)}{(x-3) \cdot 2 \cdot (x+3)} =$

$= \frac{(x+1) \cdot (2x+6)}{2 \cdot (x^2 - 9)} = \frac{2x^2 + 8x + 6}{2x^2 - 18}$

- Beim Zerlegen in Faktoren hebe zuerst so weit wie möglich heraus.
- Wende die binomischen Formeln an.
- Vergiss nicht, Klammern zu setzen, wenn Summen oder Differenzen multipliziert werden.

Der Hauptnenner von Bruchtermen

Vor der Addition bzw. Subtraktion müssen ungleichnamige Bruchterme auf gleichen Nenner gebracht werden. Der einfachste Term, der ein gemeinsamer Nenner ist, ist das kleinste gemeinsame Vielfache der Einzelnenner und wird **Hauptnenner** (abgekürzt: HN) oder kleinster gemeinsamer Nenner genannt. Der Hauptnenner enthält alle Faktoren der einzelnen Nenner, mehrfach auftretende Faktoren nur einmal mit der jeweils höchsten vorkommenden Potenz. Die Terme, mit denen die Einzelnenner jeweils multipliziert werden müssen, um den Hauptnenner zu erhalten, nennt man **Erweiterungsfaktoren**.

B **2.209** Bestimme den Hauptnenner von $\frac{1}{18x^3y + 9x^4}$ und $\frac{1}{6x^4y + 3x^5}$ und die Erweiterungsfaktoren.

Lösung:
Zur Bestimmung des Hauptnenners ist folgende Tabelle hilfreich.

Nenner	Faktoren	Erweiterungsfaktor
$18x^3y + 9x^4$	$3^2 \cdot x^3 \cdot (2y + x)$	x
$6x^4y + 3x^5$	$3 \cdot x^4 \cdot (2y + x)$	3
$HN = 3^2 \cdot x^4 \cdot (2y + x)$		

- Die einzelnen Nenner werden in Faktoren zerlegt.
- Der Hauptnenner ist das Produkt der Faktoren mit der jeweils höchsten Potenz.
- Die Erweiterungsfaktoren sind jene Terme, die im Hauptnenner „fehlen".

2.210 Bestimme den Hauptnenner und die Erweiterungsfaktoren von $\frac{1}{4x^2 + 4xy + y^2}$, $\frac{1}{4x^2 - y^2}$ und $\frac{1}{8x^2 - 4xy}$. B

Lösung:

Nenner	Faktoren	Erweiterungsfaktoren
$4x^2 + 4xy + y^2$	$(2x + y)^2$	$4x \cdot (2x - y)$
$4x^2 - y^2$	$(2x + y) \cdot (2x - y)$	$4x \cdot (2x + y)$
$8x^2 - 4xy$	$4x \cdot (2x - y)$	$(2x + y)^2$
$HN = 4x \cdot (2x - y) \cdot (2x + y)^2$		

- Das Produkt der Faktoren mit der jeweils höchsten Potenz ist der Hauptnenner.
- $(2x + y)$ ist in $(2x + y)^2$ bereits enthalten und wird nicht mehr aufgeschrieben.

Auch jedes Vielfache des Hauptnenners ist ein gemeinsamer Nenner. Besonders leicht zu ermitteln ist jener gemeinsame Nenner, der aus dem Produkt der einzelnen Nenner besteht. Bei diesem Vorgehen erhält man im Allgemeinem einen umfangreicheren Bruchterm als Ergebnis, der das Weiterrechnen erschwert.

Addition und Subtraktion von Bruchtermen

2.211 Addiere: $\frac{4}{x + y} + \frac{5x - y}{x^2 - y^2}$ B

Lösung:

Nenner	Faktoren	Erweiterungsfaktoren
$x + y$	$x + y$	$(x - y)$
$x^2 - y^2$	$(x + y) \cdot (x - y)$	1
$HN = (x + y) \cdot (x - y)$		

- Zerlege die einzelnen Nenner in Faktoren.
- Bestimme den Hauptnenner als kgV der einzelnen Faktoren.

$$\frac{4}{x + y} + \frac{5x - y}{x^2 - y^2} = \frac{4 \cdot (x - y) + (5x - y) \cdot 1}{(x + y) \cdot (x - y)} =$$
$$= \frac{4x - 4y + 5x - y}{(x + y) \cdot (x - y)} = \frac{9x - 5y}{(x + y) \cdot (x - y)}$$

- Erweitere die Bruchterme mit den passenden Erweiterungsfaktoren.

Erweitern von Bruchtermen

Aufgaben 2.212 – 2.213: Erweitere die Bruchterme mit dem angegebenen Term.

2.212 **a)** $\frac{x + 4}{x}$ mit $x - 3$ **b)** $\frac{5y^2 + 4}{y - 16}$ mit $7y^2 + 6y$ **c)** $\frac{4z^2 + 1}{6z + z^3}$ mit $4z^2 - 1$ B

2.213 **a)** $\frac{x^2 - 4y}{x + 5}$ mit $x + 5$ **b)** $\frac{7y^2 + 4x}{y^4 - 5x^2}$ mit $y^4 + 5x^2$ **c)** $\frac{x^2y - 3y^4}{y^3 - 1}$ mit $y^3 - 1$ B

2.214 Gib an, ob beim Erweitern ein Fehler gemacht wurde. Stelle die Rechnung gegebenenfalls durch Verändern des Zählers richtig. BC

a) $\frac{3x}{5y} = \frac{3x^2 + 6}{5xy + 10y}$ **b)** $\frac{x^2}{4} = \frac{x^3 - 3x^2}{4x - 12}$ **c)** $\frac{2x}{x - 1} = \frac{2x^2 - 2}{x^2 - 1}$ **d)** $\frac{-a}{a - 2} = \frac{-a^2 + 2a}{a^2 - 4a + 4}$

Aufgaben 2.215 – 2.216: Erweitere jeweils auf den angegebenen Nenner.

B **2.215** **a)** $\frac{x-6}{3x} = \frac{?}{3x^4 + 21x^3}$ **b)** $\frac{2+x}{4x^2} = \frac{?}{8x^4 - 12x^3}$ **c)** $\frac{25}{9x} = \frac{?}{18x^5 - 18x^3}$

B **2.216** **a)** $\frac{6+x}{x+2} = \frac{?}{15x^2 - 60}$ **b)** $\frac{4+x}{4-x} = \frac{?}{32x - 2x^3}$ **c)** $\frac{3x-4}{2x+1} = \frac{?}{12x^3 - 3x}$

D **2.217** Die Mathematik-Professorin fragt die Klasse nach dem gemeinsamen Nenner von $\frac{7x}{x^2} + \frac{8x}{15} - \frac{6}{9x}$ und bekommt drei richtige Antworten: 15x, $45x^2$ und $135x^3$. Erkläre, wie die Nenner zustande gekommen sein könnten.

CD TE **2.218** Viele Computeralgebrasysteme haben Funktionen zur Verfügung, die verschiedene Bruchterme auf einen gemeinsamen Nenner bringen können. Der **TI-Nspire** verwendet dazu den Befehl **comDenom()**. Vergleiche die nachstehenden Lösungen des CAS durch Vereinfachen bzw. durch den Befehl **comDenom** und überprüfe, ob es sich um dieselbe Lösung handelt. Erkläre den Unterschied!

Eingabe	Ausgabe
$2\cdot x - \frac{8-3\cdot x^2}{4+x}$	$\frac{40}{x+4} + 5\cdot x - 12$
$\text{comDenom}\left(2\cdot x - \frac{8-3\cdot x^2}{4+x}\right)$	$\frac{5\cdot x^2 + 8\cdot x - 8}{x+4}$

Addition und Subtraktion von Bruchtermen

TE Aufgaben 2.219 – 2.226: Vereinfache die Terme so weit wie möglich. Kontrolliere anschließend mit deinem Rechenwerkzeug.

B **2.219** **a)** $\frac{6d-15}{3d} - \frac{5d^2-13}{18d^4} + \frac{6d-11}{24d^2}$ **b)** $\frac{1-x^2}{9x^2} - \frac{2+x}{18x} - \frac{x-3}{81x^3}$

B **2.220** **a)** $\frac{4\cdot(2+a)}{28a^3} - \frac{a^2+3}{7a^2} - \frac{9\cdot(1-4a)}{8a}$ **b)** $\frac{3k^2+1}{5k^5} + \frac{25-8k}{60k^2} - \frac{5\cdot(2-3k)}{15k}$

B **2.221** **a)** $n - \frac{9-4n^2}{3+n}$ **b)** $\frac{3p-q}{4p+3q} - 2p$ **c)** $r + \frac{12r-7}{4r-5}$

B **2.222** **a)** $3s^2 - \frac{3s^4+15s^2}{s^2+5}$ **b)** $7t^3 - \frac{6t^5-10t^4}{8t^2+11t}$ **c)** $\frac{18u^7+5u^6}{4u-u^2} + u^5$

B **2.223** **a)** $\frac{3xz+1}{5z} - \frac{4-2z}{3x} + 3x$ **b)** $\frac{y-z}{2z} - \frac{32z^2+y}{18y} + 2$ **c)** $\frac{x-2y}{4y} - \frac{y-4x}{6x} - 5$

B **2.224** **a)** $\frac{6r+1}{r-5} - \frac{r-1}{r+5}$ **b)** $\frac{5s^2+7}{s-3} - \frac{2^2-1}{3+s}$ **c)** $\frac{3t^2-4}{t+9} - \frac{4t^2}{t-9}$

B **2.225** **a)** $\frac{3a^2+1}{5a} - \frac{10-2a^2}{10}$ **b)** $\frac{a+4b}{4b+8} - \frac{3a+b}{8b}$ **c)** $\frac{12c^3+5c}{3c} - \frac{15c-8c^3}{2c-5}$

B **2.226** **a)** $\frac{5h-3g}{8g^2+3} + \frac{7g+4h}{11g^2}$ **b)** $\frac{12e+7g}{15e^2} + \frac{3g-2e}{3e^2-9e}$ **c)** $\frac{2hk+5k}{7k^2} - \frac{8hk+11k}{16-3k^2}$

AB **2.227** Stelle einen Term für den Kehrwert des Gesamtwiderstands von drei parallel geschalteten Widerständen auf, wenn der zweite Widerstand doppelt so groß ist wie der erste und der dritte um 10 Ω kleiner ist als der zweite. Vereinfache den Term so weit wie möglich.
Hinweis: $\frac{1}{R_{ges}} = \frac{1}{R_1} + \frac{1}{R_2} + \frac{1}{R_3}$

Aufgaben 2.228 – 2.233: Vereinfache die Terme so weit wie möglich. Kontrolliere anschließend mit deinem Rechenwerkzeug.

TE

2.228 **a)** $\frac{a^2-6a}{9a^2+6a+1}+\frac{8a-5}{3a+1}$ **c)** $\frac{c^2+4}{4c^2+4c+1}+\frac{2+c}{2c+1}$ **e)** $\frac{3e}{7+e}+\frac{12e^2+7e}{49+14e+e^2}$ B

b) $\frac{b+4}{36+12b+b^2}-\frac{3-2b}{6+b}$ **d)** $\frac{3d+1}{5d+1}-\frac{8d^2+1}{25d^2+10d+1}$ **f)** $\frac{8f^2-5}{f^2+10f+25}-\frac{9-f}{f+5}$

2.229 **a)** $\frac{g+5}{g^2-10g+25}+\frac{2}{g-5}$ **c)** $\frac{h-6}{h^2-6h+9}+\frac{2}{h-3}$ **e)** $\frac{5}{e-1}+\frac{e}{e^2-2e+1}$ B

b) $\frac{6+g}{36-12g+g^2}-\frac{2}{6-g}$ **d)** $\frac{k+4}{4-k}-\frac{k^2-4}{16-8k+k^2}$ **f)** $\frac{n^2+4}{n-8}-\frac{n^3-32}{n^2-16n+64}$

2.230 **a)** $\frac{2}{r}+\frac{r+4}{r^2+3r}-\frac{2\cdot(r+5)}{r^2-9}$ **c)** $\frac{1}{r^2-s^2}+\frac{r+2s}{r^2-rs}+\frac{r-s}{r^2}$ **e)** $\frac{t+1}{8t}-\frac{t^2}{12t+12}-\frac{1}{t^2-1}$ B

b) $\frac{u+2}{3u+15}-\frac{u-2}{u^3-25u}+\frac{2}{9u}$ **d)** $\frac{vx}{v^2-x^2}+\frac{v+x}{v-x}-\frac{v-x}{v+x}$ **f)** $\frac{4wx}{w^2-x^2}-\frac{2wx}{w-x}+\frac{x-w}{w+x}$

2.231 **a)** $\frac{5xy}{x^2+2xy+y^2}-\frac{xy}{4x^2+4xy}+\frac{y^2}{16x^2}$ **c)** $\frac{5x-y}{12x+3y}+\frac{4xy}{16x^2+8xy+y^2}-\frac{y^2+x}{9xy}$ B

b) $\frac{k}{4k^2-8km}+\frac{6}{k^2m-4km^2+4m^3}-\frac{5+k}{10k^2m}$ **d)** $\frac{p-9q}{p^3-4p^2q}-\frac{8}{2p^2-16pq+32q^2}+\frac{5q+2p}{8pq}$

2.232 **a)** $\frac{m^2}{4m^2+8m+4}-\frac{m}{8m+8}-\frac{4}{12m^2-12}+\frac{m}{m^2-2m+1}$ B

b) $\frac{1}{n^2-10n+25}+\frac{n^2}{5n^2-125}-\frac{-5}{15n-75}-\frac{n}{n^2+10n+25}$

2.233 **a)** $\frac{1}{p^4-1}+\frac{1}{p^2-2p+1}-\frac{1}{p^2+2p+1}+\frac{1}{p^2+1}$ B

b) $\frac{1}{25-q^2}-\frac{1}{25-10q+q^2}+\frac{1}{25+10q+q^2}-\frac{1}{625-q^4}$

c) $\frac{r}{9r^2-81}+\frac{1}{6r^2-36r+54}-\frac{r}{(3r+9)^3}-\frac{1}{9r^2+54r+81}$

Aufgaben 2.234 – 2.235: Zeige, dass die Aussagen stimmen, und beschreibe, wie du möglichst geschickt vorgehst.

2.234 $\frac{2}{1-9x^2}-\frac{1}{2\cdot(1+3x)}-\frac{1}{2\cdot(1-3x)}=\frac{1}{(1+3x)\cdot(1-3x)}$ BC

2.235 $\frac{1}{3}\cdot\left(\frac{x_1+x_2}{2}+\frac{x_3+x_4}{2}+\frac{x_5+x_6}{2}\right)=\frac{1}{2}\cdot\left(\frac{x_1+x_2+x_3}{3}+\frac{x_4+x_5+x_6}{3}\right)$ BC

Vermischte Aufgaben

Aufgaben 2.236 – 2.239: Vereinfache und kürze so weit wie möglich. Kontrolliere anschließend mit deinem Rechenwerkzeug.

TE

2.236 **a)** $\frac{3a-4}{a}\cdot\frac{2a}{7}-\frac{6}{7}$ **b)** $\frac{b^2}{4}:\frac{b^3}{12}+\frac{b}{10}\cdot\frac{b^2}{3}$ **c)** $\left(\frac{c}{7}+\frac{4}{c}\right):\frac{5}{14c}-\frac{4c^2+27}{10}$ B

2.237 **a)** $(2m+3m^2n)\cdot\frac{1}{m}-2$ **b)** $\left(\frac{1}{2d}+\frac{3}{4d}+\frac{5}{6d}\right):d^3-d^2$ **c)** $\left(\frac{3-e}{e^2}-\frac{3}{e}+\frac{3}{4}\right)\cdot e^3+4e^2$ B

2.238 **a)** $\left(\frac{g}{g-h}-\frac{g^2}{g^2-h^2}\right)\cdot\frac{3g}{4h+4g}$ **b)** $\left(\frac{y}{x-y}+1\right)\cdot\left(\frac{y}{x+y}-1\right):\left(2y-\frac{x^2+y^2}{y}\right)$ B

2.239 **a)** $\left(\frac{x-3}{4}+\frac{2}{x+3}\right)\cdot\left(\frac{2x^2}{3x-3}-\frac{2x}{3}\right)$ **b)** $\left(\frac{u^2}{u^2-4}-\frac{u-3}{2+u}\right):\left(\frac{3-u}{2-u}-\frac{u^2-6}{(u-2)^2}\right)$ B

2.4.6 Doppelbruchterme

Bruchterme, deren Zähler bzw. Nenner (mindestens) einen Bruchterm enthalten, werden Doppelbruchterme genannt.

Vereinfachen eines Doppelbruchterms: $\dfrac{\frac{a}{b}}{\frac{c}{d}} = \frac{a}{b} : \frac{c}{d} = \frac{a}{b} \cdot \frac{d}{c}$ mit $b \neq 0, c \neq 0, d \neq 0$

Aufgaben 2.240 – 2.244: Forme die Doppelbruchterme in Bruchterme um und vereinfache so weit wie möglich.

B **2.240** **a)** $\dfrac{a^2 - 1}{\frac{a+1}{a}}$ **b)** $\dfrac{\frac{x}{a} + y}{x - y}$

Lösung:

a) $\dfrac{a^2 - 1}{\frac{a+1}{a}} = \dfrac{\frac{a^2-1}{1}}{\frac{a+1}{a}} = \dfrac{a^2-1}{1} : \dfrac{a+1}{a} = \dfrac{a^2-1}{1} \cdot \dfrac{a}{a+1} = \dfrac{(a^2-1) \cdot a}{a+1} = \dfrac{\cancel{(a+1)} \cdot (a-1) \cdot a}{\cancel{a+1}} = a \cdot (a-1) = a^2 - a$

b) $\dfrac{\frac{x}{a} + y}{x - y} = \dfrac{\left(\frac{x}{a} + y\right)}{(x-y)} \cdot \dfrac{a}{a} = \dfrac{\left(\frac{x}{a} + y\right) \cdot a}{(x-y) \cdot a} = \dfrac{x + ay}{ax - ay}$

- Oft lassen sich Doppelbruchterme durch Erweitern vereinfachen. Hier wird der gegebene Bruchterm mit a erweitert.

B **2.241** **a)** $\dfrac{\frac{a^2}{b}}{\frac{a^6}{b^5}}$ **b)** $\dfrac{\frac{a^4}{b^5}}{\frac{a^2}{b^3}}$ **c)** $\dfrac{\frac{c^5}{d^2}}{\frac{c^3}{d^4}}$ **d)** $\dfrac{\frac{c^2}{d}}{\frac{c^3}{d^2}}$ **e)** $\dfrac{\frac{2a^2b}{7c}}{\frac{5a^6b^2}{14c}}$ **f)** $\dfrac{\frac{8ab^2}{3c^4}}{\frac{2a^3b^2}{9c^2}}$

B **2.242** **a)** $\dfrac{a}{\frac{a^2}{b}}$ **b)** $\dfrac{b^2}{\frac{a^3}{a}}$ **c)** $\dfrac{\frac{c^3}{d}}{2c}$ **d)** $\dfrac{1}{\frac{c}{d}}$ **e)** $\dfrac{c}{\frac{1}{d}}$ **f)** $\dfrac{\frac{1}{d}}{c}$

B **2.243** **a)** $\dfrac{\frac{5a^2b^4c}{7xyz}}{\frac{25a^3b^2c^4}{14x^2y^7c^9}}$ **b)** $\dfrac{\frac{8x^5y^3z^5}{9a^2b^7c^5}}{\frac{27x^{10}b^4c^7}{16a^2bc}}$ **c)** $\dfrac{\frac{17d^4e^2f^3}{21x^{-7}y^9z^2}}{\frac{34d^8e^5f^9}{35x^{15}y^3z^{12}}}$ **d)** $\dfrac{\frac{12x^3y^7z^4}{13d^3e^4f^3}}{\frac{24x^2y^6z^3}{23d^4e^5f^4}}$

B **2.244** **a)** $\dfrac{\frac{1+a}{4a}}{\frac{a-1}{a^4}}$ **b)** $\dfrac{\frac{2}{3b}}{\frac{14+7b}{27b^2}}$ **c)** $\dfrac{\frac{2}{9c-18}}{\frac{2c+4}{c-2}}$ **d)** $\dfrac{\frac{4+2d}{d^5}}{\frac{2+d}{d^7}}$

B **2.245** Vereinfache durch geeignetes Erweitern.

a) $\dfrac{e - 1}{e - \frac{1}{e}}$ **b)** $\dfrac{f - 1}{\frac{e}{f} - 1}$ **c)** $\dfrac{\frac{2}{g} + 4f}{g - 2f}$ **d)** $\dfrac{gh - \frac{g}{h}}{6gh - g^4}$

AB **2.246** Der Gesamtwiderstand einer Parallelschaltung ist der Kehrwert der Summe der Kehrwerte der Teilwiderstände. Gib einen Term für den Gesamtwiderstand an, wenn der zweite Widerstand um 50 Ω größer ist als der erste.

2.247 Vereinfache den Doppelbruch mithilfe von Technologieeinsatz: $\dfrac{4d - \frac{1}{d}}{\frac{1}{d} + 2d}$ B TE

Lösung:

TI-Nspire:

Eingabe als Division:

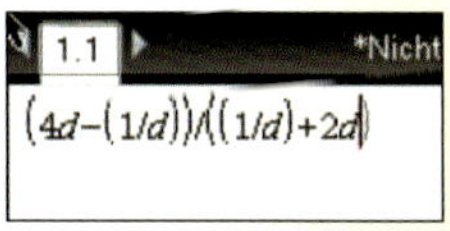

Eingabe über die **mathematischen Vorlagen:**

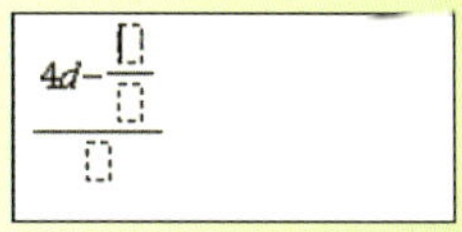

- Der TI-Nspire übernimmt die Eingabe als Doppelbruch und gibt den vereinfachten Doppelbruch aus.

Aufgaben 2.248 – 2.249: Vereinfache die Doppelbrüche so weit wie möglich und kontrolliere das Ergebnis mit Technologieeinsatz. TE

2.248 a) $\dfrac{1 + \frac{1}{a}}{1 - \frac{1}{a}}$ **b)** $\dfrac{4d - \frac{1}{d}}{\frac{1}{d} + 2d}$ **c)** $\dfrac{3 - \frac{1}{g^2}}{\frac{1}{g^2} + 18}$ **d)** $\dfrac{x - \frac{1}{fx}}{\frac{4}{f} + x^2}$ B

2.249 a) $\dfrac{4p - q}{4p - \frac{4p^2 - q^2}{p - q}}$ **b)** $\dfrac{\frac{w^2}{2} + \frac{2w^2 - 2v^2}{5}}{v - \frac{66v^2 - 81w^2}{30v}}$ **c)** $\dfrac{\frac{u - 2t}{-4t}}{u - \frac{t^2u^2 - 4t^4}{4t^3}}$ **d)** $\dfrac{rs - \frac{r^2 + r^3s}{r^2 - 1}}{(s + r) \cdot (1 - r)}$ B

2.250 Zeige, dass die Aussage stimmt und beschreibe deine Vorgehensweise: $\dfrac{\frac{x+1}{x-1} - \frac{x-1}{x+1}}{\frac{1}{x-1} + \frac{1}{x+1}} = 2$ BCD

2.5 Polynomdivision

Die Division durch ein Polynom wird Polynomdivision genannt. Sie wird im Prinzip wie die Division zweier Zahlen ausgeführt. Dabei muss der Grad des Dividenden größer oder gleich dem Grad des Divisors sein. Die Polynomdivision wird mit dem im folgenden Beispiel beschriebenen Rechenverfahren durchgeführt.

2.251 Berechne $(x^3 - 6x^2 + 16x - 16) : (x - 2)$. B

Lösung:

$$
\begin{array}{l}
(x^3 - 6x^2 + 16x - 16) : (x - 2) = x^2 - 4x + 8 \\
\underline{-x^3 + 2x^2} \\
\quad 0 - 4x^2 + 16x \\
\quad\quad \underline{+4x^2 - 8x} \\
\quad\quad\quad 0 + 8x - 16 \\
\quad\quad\quad\quad \underline{-8x + 16} \\
\quad\quad\quad\quad 0 + 0 \text{ Rest}
\end{array}
$$

Ergebnis: $x^2 - 4x + 8$

1) $x^3 : x = x^2$
2) $(x - 2) \cdot x^2 = x^3 - 2x^2$; so anschreiben, dass gleiche Potenzen untereinander stehen.
3) **Vorzeichenwechsel** und Addition
4) nächster Summand herab
5) $(-4x^2) : x = -4x$; Wiederholung 3) bis 4)
6) $8x : x = 8$; Wiederholung 3) bis 4)
7) Es bleibt 0 Rest.

Dividend und Divisor werden nach fallenden Potenzen geordnet. Für nicht vorkommende Potenzen wird Platz frei gelassen oder 0 als Platzhalter eingesetzt, damit das Untereinanderschreiben gleicher Potenzen möglich ist.

B **2.252** Berechne $(-7 - 5x^2 + 2x^3) : (-3 + x)$.

Lösung:

$$
\begin{array}{l}
(2x^3 - 5x^2 + 0x - 7) : (x - 3) = 2x^2 + x + 3 \\
\underline{-2x^3 + 6x^2} \\
\quad 0 + x^2 + 0x \\
\quad \underline{-x^2 + 3x} \\
\qquad 0 + 3x - 7 \\
\qquad \underline{-3x + 9} \\
\qquad\quad 0 + 2 \text{ Rest}
\end{array}
$$

Ergebnis: $2x^2 + x + 3 + \frac{2}{x-3}$

1) Ordnen nach fallenden Potenzen
2) $2x^3 : x = 2x^2 \Rightarrow (x-3) \cdot 2x^2 = 2x^3 - 6x^2$
3) **Vorzeichenwechsel** und Addition
4) nächste Stelle herab
5) $x^2 : x = x \Rightarrow (x-3) \cdot x = x^2 - 3x$
6) Wiederholung von 3) bis 4)
7) $3x : x = 3 \Rightarrow (x-3) \cdot 3 = 3x - 9$
8) Wiederholung von 3)
9) Es bleibt 2 Rest.

TE Natürlich bieten auch Computeralgebrasysteme Hilfe bei Polynomdivisionen. So kann man beispielsweise mit dem **TI-Nspire** durch die Befehle **polyQuotient()** und **polyRemainder()** sowohl den Quotient als auch den Rest der Polynomdivision explizit ausdrücken.

$\text{polyQuotient}(-7-5\cdot x^2+2\cdot x^3,-3+x)$	$2\cdot x^2+x+3$
$\text{polyRemainder}(-7-5\cdot x^2+2\cdot x^3,-3+x)$	2

TE Aufgaben 2.253 – 2.258 Führe die Polynomdivisionen aus. Kontrolliere anschließend mit deinem Rechenwerkzeug.

B **2.253** **a)** $(2z^3 + z^2 - 13z + 6) : (z - 2)$ **b)** $(2y^3 - 3y^2 - 12y + 20) : (y - 2)$

B **2.254** **a)** $(2w^3 - 5w^2 - 4w + 3) : (2w - 1)$ **b)** $(2v^3 - 9v^2 + 3v + 20) : (2v + 1)$

B **2.255** **a)** $(2t^4 - 9t^3 + 5t^2 - 3t - 6) : (t - 4)$ **b)** $(2s^4 + 16s^3 + 48s^2 + 64s + 32) : (s + 2)$

B **2.256** **a)** $(2p^4 + 5p^3 + 9p^2 + 8p + 6) : (p^2 + 2p + 2)$ **b)** $(6n^4 - 19n^3 + 3n - 4) : (3n^2 - 2n + 1)$

B **2.257** **a)** $(h^2 - 4h^3 - 1 + h) : (2h - 1)$ **b)** $(c^2 - 2c^4 + 2c^5 + 3 - 3c^3) : (2c^2 - 3)$

B **2.258** **a)** $(9 - k^4 - 6k + 2k^3) : (k^2 - 3)$ **b)** $(4q^2 - q^5 + 2q - 12 + 3q^3) : (4 - q^3)$

Aufgaben 2.259 – 2.260: Führe die Polynomdivisionen aus. Schreibe dann als Lösung den Dividend als Produkt von Divisor und Quotient an. Was fällt dir auf?

BD **2.259** ***1)*** $(a^5 - b^5) : (a - b)$ ***2)*** $(a^5 + b^5) : (a + b)$

BD **2.260** ***1)*** $(a^4 - b^4) : (a + b)$ ***2)*** $(a^4 - b^4) : (a - b)$

B **2.261** Kürze mithilfe der Polynomdivision.

a) $\frac{4x^2 + 28x + 48}{5x + 15} = \frac{?}{5}$ **b)** $\frac{21 - 7z}{3z^2 - 15z + 18} = \frac{7}{?}$

D **2.262** Begründe, ohne die Division auszuführen, welche Lösungen nicht stimmen können.
$(2m^3 + 2m^2 - 2m + 6) : (2m + 3)$

A) $m^2 - 2m - 2$ ***B)*** $2m^2 - 2m + 2$ ***C)*** $m^2 - 2m + 2$

Zusammenfassung

Variablen sind Buchstaben, die für unbekannte Zahlen bzw. Größen stehen. Ein **Term** ist ein sinnvoller mathematischer Ausdruck, der aus Variablen, Zahlen und Rechenzeichen besteht.

Ein **Minuszeichen vor einem Klammernterm ändert** beim Auflösen der Klammern die **Vor- und Rechenzeichen** innerhalb der Klammern.

Eine Potenz a^n ist für alle $a \in \mathbb{R} \setminus \{0\}$, $n \in \mathbb{N}$ bestimmt. Weiters gilt: $a^{-n} = \frac{1}{a^n}$ und $a^0 = 1$

Multiplikation von Potenzen mit gleicher Basis

$a^n \cdot a^m = a^{n+m}$

Division von Potenzen mit gleicher Basis

$\frac{a^n}{a^m} = a^n : a^m = a^{n-m} \quad (a \neq 0)$

Potenz eines Produkts

$(a \cdot b)^n = a^n \cdot b^n$

Potenz eines Bruchs

$\left(\frac{a}{b}\right)^n = \frac{a^n}{b^n} \quad (b \neq 0)$

Potenz einer Potenz

$(a^n)^m = a^{n \cdot m}$

Polynome (mehrgliedrige Terme) werden **multipliziert**, indem **jeder eingliedrige Term des einen Polynoms mit jedem eingliedrigen Term des anderen Polynoms** multipliziert wird.

Binomische Formeln

$(a + b)^2 = a^2 + 2ab + b^2$ $\quad (a - b)^2 = a^2 - 2ab + b^2$ $\quad (a + b) \cdot (a - b) = a^2 - b^2$

$(a + b)^3 = a^3 + 3a^2b + 3ab^2 + b^3$ $\quad (a - b)^3 = a^3 - 3a^2b + 3ab^2 - b^3$

Gleichnamige Bruchterme werden **addiert** bzw. **subtrahiert**, indem die **Summe** bzw. die **Differenz der Zähler** gebildet wird. Der Nenner bleibt dabei unverändert. **Ungleichnamige Bruchterme** müssen zuerst auf **gemeinsamen Nenner** gebracht werden.

Bruchterme werden **multipliziert**, indem sowohl die **Zähler** als auch die **Nenner** miteinander **multipliziert** werden. Durch einen **Bruchterm** wird **dividiert**, indem mit seinem **Kehrwert multipliziert** wird.

Auflösen eines Doppelbruchterms: $\frac{\frac{a}{b}}{\frac{c}{d}} = \frac{a}{b} : \frac{c}{d} = \frac{a}{b} \cdot \frac{d}{c}$, $b \neq 0$, $c \neq 0$ und $d \neq 0$.

Weitere Aufgaben

Rechnen mit Termen und Potenzen

2.263 Vereinfache den Term. **B**

a) $5a - 7a^2 + 10a - 15a^3 + 21a^3 - 25a$ **b)** $4b^2 - 6b + 9b^3 - 12b + 15b^3 - 18b^2$

2.264 Hebe heraus. **B**

a) $x^5y^6z^2 + xy^4z^2 - x^3y^8z^5$ **b)** $x^2y^7z^3 - x^{11}yz^2 + x^8y^4z^6 + x^7y^3z^2$ **c)** $x^{11}y^4z^9 - x^{10}z^7 + x^8y^3z^{11}$

TE Aufgaben 2.265 – 2.269: Vereinfache die Terme soweit wie möglich. Kontrolliere anschließend mit deinem Rechenwerkzeug.

B **2.265** **a)** $a^{-4} \cdot b^{-3} \cdot a^5 \cdot b^{-5} \cdot a^7$ **b)** $b^{12} \cdot a^{-1} \cdot c^7 \cdot a^{-2} \cdot b^3 \cdot c^{-7} \cdot a^5$ **c)** $c^2 \cdot b^{-3} \cdot a^{-1} \cdot b^0 \cdot c^{-2} \cdot a^5$

B **2.266** **a)** $\left(1 + \frac{5}{2} \cdot \frac{b}{2a}\right) : \frac{b}{8a}$ **b)** $\left(y - \frac{3}{7y} \cdot \frac{5}{6y}\right) : \frac{1}{7y^3}$ **c)** $\left(-\frac{z}{4} \cdot \frac{1}{10} + z^{-1}\right) : 18z$

B **2.267** **a)** $(4x^2y^5z^3 + 7x^5y^6z) \cdot \frac{1}{x^2y^{-1}z^3}$ **c)** $(12xy^8z^2 - 9x^2y^3z^5) \cdot \frac{1}{x^3y^6z^2}$

b) $(24y^4z^5 + 32x^3y^{-8}z^2) \cdot \frac{1}{8x^4y^2z^4}$ **d)** $(36x^{-1}y^3z^7 - 24x^4y^{-9}z^4) \cdot \frac{1}{6x^{-4}y^5z^6}$

B **2.268** $(-7e + 8f)^2 - 9 \cdot (6e - 3f)^2 - (8e + 2f)^2 - (-4e - f)^2$

B **2.269** $(f - 12e)^2 + (-4f - 7e)^2 + (3f + 5e)^2 - 4 \cdot (-8e + 2f)^2$

AD **2.270** Hannes hat sich für Monika ein Zahlenrätsel ausgedacht. Monika soll sich eine Zahl ausdenken und zu dieser eins addieren, die Summe quadrieren und davon zuerst das Quadrat der gedachten Zahl abziehen und zuletzt noch eins subtrahieren. Monika sagt Hannes das Ergebnis, er dividiert es noch durch zwei und nennt ihre gedachte Zahl.
1) Begründe, warum Hannes nur durch zwei dividieren muss, um Monikas Zahl zu kennen.
2) Erfindet zu zweit ein ähnliches Rätsel unter Verwendung einer binomischen Formel.

TE Aufgaben 2.271 – 2.272: Vereinfache die Terme so weit wie möglich. Kontrolliere anschließend mit deinem Rechenwerkzeug.

B **2.271** **a)** $\left(\frac{3a^2x}{4} - \frac{2y}{3}\right)^2 + \left(\frac{3a^2x}{5} + \frac{10y}{12}\right)^2$ **b)** $\left(\frac{3xy}{4} + \frac{8b^4y^2}{6}\right)^2 - \left(\frac{5xy}{2} - \frac{14b^4y^2}{3}\right)^2$

B **2.272** **a)** $(-3a + 2b)^4 + (5a - b)^4$ **b)** $(2c^2 - 5d^2)^3 - (c^2 - 8d^2)^3$

B **2.273** **a)** $\left(\frac{x}{4} + \frac{2y}{5}\right)^3 + \left(\frac{x}{2} - \frac{y}{3}\right)^3$ **b)** $\left(\frac{2a}{3} - \frac{4b}{5}\right)^3 - \left(\frac{5a}{6} + \frac{6b}{10}\right)^3$

D **2.274** Begründe, warum man den Term $\left(\frac{3c}{4} + \frac{d}{3}\right)^3 + \left(\frac{c}{2} - \frac{2d}{3}\right)^3$ nicht wie folgt anschreiben darf:
$\left(\frac{3c}{4} + \frac{d}{3} + \frac{c}{2} - \frac{2d}{3}\right)^3$

Rechnen mit Bruchtermen

TE Aufgaben 2.275 – 2.278: Vereinfache die Terme so weit wie möglich. Kontrolliere anschließend mit deinem Rechenwerkzeug.

B **2.275** **a)** $\frac{4}{ab} - \frac{5}{bc} + \frac{6}{ac}$ **b)** $\frac{a}{16bc} + \frac{b}{4ac} - \frac{c}{40ab}$ **c)** $\frac{ab}{75c} - \frac{ac}{15b} + \frac{bc}{25a}$

B **2.276** **a)** $\frac{5d}{2ab^3} + \frac{11d^2}{18ab^2}$ **b)** $\frac{5e}{18cb^4} - \frac{12d}{21cb^2}$ **c)** $\frac{9d}{14ef^2} + \frac{7d}{18fe^2}$

B **2.277** **a)** $\frac{5}{4x + 20} - \frac{7}{8x} + 3$ **b)** $\frac{4y}{7y + 28} + y - \frac{9}{42y^2}$ **c)** $18 - \frac{5z}{25z + 40} + \frac{7}{20z}$

B **2.278** **a)** $\frac{xy}{ab} - \frac{(a - x) \cdot (y - a)}{a \cdot (a - b)} + \frac{(x - b) \cdot (y - b)}{b \cdot (b - a)}$ **b)** $\frac{a + b}{(b - c) \cdot (c - a)} + \frac{b + c}{(c - a) \cdot (a - b)} - \frac{c + a}{(a - b) \cdot (b - c)}$

B **2.279** Kürze den Bruchterm. **a)** $\frac{11y^2 - 99}{11xy^2 - 66xy + 99x}$ **b)** $\frac{160z - 80z^2 + 10z^3}{5z^5 - 80z^3}$

Aufgaben 2.280 – 2.290: Vereinfache die Terme, dokumentiere die Bestimmung des gemeinsamen Nenners und kontrolliere das Ergebnis mit deinem Rechenwerkzeug.

2.280 **a)** $\frac{7y-3}{4x^2+20xy+25y^2}-\frac{6xy}{10x^2+25xy}$ **c)** $\frac{6x-5z}{28x+8z}-\frac{z^2+8z^2}{49x^2+28xz+4z^2}$ BC

b) $\frac{c\cdot(b+2)}{9b^2-6bc+c^2}-\frac{bc}{15b^2-5bc}$ **d)** $\frac{8c}{6c^2-24bc+24b^2}-\frac{7+c^3}{4c^3-8bc^2}$

2.281 **a)** $\frac{2}{e+f}-\frac{3f}{f^2-e^2}-\frac{1}{e-f}+\frac{ef}{e^3+f^3}$ **b)** $\frac{g^2+gh}{hg^2-h^3}+\frac{2h}{h^2-g^2}-\frac{g^2-h^2}{hg^2+2h^2g+h^3}-\frac{3}{h+g}$ BC

Hinweis: $e^3+f^3=(e+f)\cdot(e^2-ef+f^2)$

2.282 **a)** $\frac{4q-8p}{9p^2-12pq+4q^2}-\frac{15q^2}{3p+2q}+\frac{5(p+3q)}{9p^2-4q^2}$ **b)** $\frac{3r+5}{16r^2-36s^2}-\frac{7s-2}{16r^2+48rs+36s^2}-\frac{s+5r}{4r-6s}$ BC

2.283 **a)** $\frac{3m\cdot(m+4)}{m^2+2m+1}+\frac{5m^2-3m}{m+1}-\frac{7-8m+9m^2}{m^2-1}$ **b)** $\frac{n^2\cdot(n+1)}{n^2-2n+1}+\frac{-n+2n^2}{n^2-1}-\frac{8n-5}{n-1}$ BC

2.284 **a)** $\frac{2x+6y}{5y}\cdot\left(\frac{10x}{4x+12y}-\frac{3x-9y}{4y}\right)$ **b)** $\frac{2x-2y}{5y}\cdot\left(\frac{x-y}{3x}-\frac{x-2y}{4x-4y}\right)$ BC

2.285 **a)** $\left(10p-\frac{10p^2+q^2}{p+q}\right):\frac{4p^2-4q^2}{p}\cdot\frac{8p+8q}{32q^2}$ **b)** $\left(\frac{1+t^2}{1-t}+t\right):\frac{1}{1-t}\cdot\frac{1-t+t^2}{t}$ BC

2.286 **a)** $\left(\frac{5}{7}+\frac{m}{n}\right)\cdot\left(\frac{5}{m}+\frac{7}{n}\right)-\left(\frac{7}{m}+\frac{1}{n}\right)\cdot\left(5+\frac{7m}{n}\right)$ **b)** $\left(\frac{m}{4}+\frac{3}{n}\right)\cdot\left(\frac{3}{m}-\frac{4}{n}\right)+\left(\frac{m}{4}-\frac{3}{n}\right)\cdot\left(4+\frac{3n}{m}\right)$ BC

2.287 $\left(\frac{4q}{5p}+\frac{3p}{5q}\right)\cdot\left(\frac{3q}{4p}-\frac{4p}{5q}\right)-\left(\frac{q}{10p}-\frac{p}{2q}\right)\cdot\left(\frac{q}{5p}-\frac{p}{4q}\right)$ BC

2.288 $\frac{-2u^2}{180u^2-320}-\frac{2u-5}{10u^3}-\frac{2}{36u^2+96u^3+64u^4}$ BC

2.289 $\frac{v}{27v^3+27v^2+9v+1}+\frac{2v^2}{9v^2-6v+1}-\frac{3v^3}{9v^2-1}$ BC

2.290 $\frac{1+2w}{4w^2-16w+16}+\frac{3w+4}{16w^2-64}-\frac{5+6w}{8w^3-48w^2+96w-64}$ BC

Vermischte Aufgaben

Aufgaben 2.291 – 2.293: Vereinfache jeweils so weit wie möglich. Kontrolliere anschließend mit deinem Rechenwerkzeug.

2.291 **a)** $\left(\frac{48a^3}{k+1}+\frac{60a}{k-1}\right):\frac{3a^2}{k-1}$ **b)** $\left(\frac{75b^4}{2k+4}+\frac{100b^0}{4k-8}\right):\frac{20b^3}{6k-12}$ **c)** $\left(\frac{2b}{a^4-1}-\frac{3b^2}{a^2+1}\right):\frac{5b^2}{a^4-1}$ B

2.292 **a)** $\left(\frac{2a^4}{b^3}+\frac{8a}{b}-\frac{4a^2}{b^7}\right):\frac{2a^4}{b^2}$ **c)** $\left(\frac{4d^2}{5c^5}-\frac{20d^6}{25c^2}+\frac{6d^4}{40c^9}\right):\frac{24d^3}{15c^3}$ B

b) $\left(\frac{8a^3}{21b^5}-\frac{24a^5}{27b^3}+\frac{64a^4}{33b^8}\right):\frac{16a^2}{9b^4}$ **d)** $\left(\frac{21c^2}{32d^4}-\frac{7c^9}{16d^6}-\frac{91c^7}{48d^{10}}\right):\frac{56c^5}{20d^8}$

2.293 **a)** $3+\frac{4x+1}{4+\frac{5x-3}{2}}$ **b)** $12y-\frac{16+4y}{7-\frac{3y-4}{5y}}$ **c)** $7x+\frac{12-3x}{8+\frac{4x-18}{5}}$ **d)** $5-\frac{8y+40}{9-\frac{4y+16}{4y}}$ B

TE Aufgaben 2.294 – 2.295: Forme die Doppelbruchterme in Bruchterme um und vereinfache so weit wie möglich. Kontrolliere anschließend mit deinem Rechenwerkzeug.

B **2.294** **a)** $\dfrac{\dfrac{75a^{-3}b^2}{48c^9d^{11}}}{\dfrac{25a^{-4}b^5}{64c^4d^3}}$ **b)** $\dfrac{\dfrac{120e^3f^{-1}g^6h}{136k^9}}{\dfrac{24e^{-7}g^3}{85f^2h^{-2}k^6}}$ **c)** $\dfrac{\dfrac{88g^0h^3k^9}{50m^{-4}n^{-7}}}{\dfrac{55g^{-5}hk^7}{16m^8n^{-12}}}$ **d)** $\dfrac{\dfrac{63u^8}{72v^4w^4x^7y^{-2}}}{\dfrac{21v^{-2}u^2}{36w^{-8}x^3y^{-7}}}$

B **2.295** **a)** $\dfrac{\dfrac{15a^2}{15a^4+9a^3}}{\dfrac{25a-15}{2a}}$ **b)** $\dfrac{\dfrac{12mn^4-12n^3p}{9mn+9p}}{\dfrac{6mn^3-6n^2p}{4n^3p+4n^4m}}$ **c)** $\dfrac{\dfrac{14r^3+28r^2s}{r^2s^2+9s^2}}{\dfrac{14s+7r}{9s^2-3rs^2}}$ **d)** $\dfrac{\dfrac{u+v}{18w^4}}{\dfrac{4v^2-4u^2}{9uw-9vw}}$

TE Aufgaben 2.296 – 2.297: Führe die Polynomdivisionen durch. Kontrolliere anschließend mit deinem Rechenwerkzeug.

B **2.296** **a)** $(2t^4 - 9t^3 + 5t^2 - 3t - 6) : (t - 4)$ **b)** $(s^4 + 3s^3 - 7s^2 - 9s - 12) : (s + 4)$

B **2.297** **a)** $(2 + 4h + h^3) : (h - 2)$ **b)** $(v^2 - 3v^3 + 2v^5 + 3) : (2v^2 - 3)$

Aufgaben 2.298 – 2.299: Zerlege die Terme durch die Division in Faktoren.

B **2.298** **a)** $(-y^2 + 4y^6 + 6y - 12y^3) : (-2 + 4y^2)$ **b)** $(z^2 + 2z^5 + 6z + 2) : (-2z + z^2 + 2)$

B **2.299** $(6c^4 - 20c^3 + 60c^2 + 200c - 576) : (2c^2 - 8c + 36)$

ABCD **2.300** Gegeben ist der Term $(2x + 3y + 4z)^2$

1) Warum kannst du die binomischen Formeln hier ohne zusätzliche Klammern nicht anwenden?

2) Wie sind die Klammern zu setzen?

3) Gib eine Formel für $(a + b + c)^2$ an und berechne den Term.

B **2.301** In früheren Zeiten rechnete man oft mit Stammbrüchen (Zähler 1). Um Zerlegungen wie zum Beispiel $\frac{2}{5} = \frac{1}{3} + \frac{1}{15}$ zu erleichtern, wurden verschiedene Formeln entwickelt. So findet man bei Leonardo von Pisa, genannt Fibonacci (ca. 1180 – ca. 1241), in seinem „Liber Abbaci" (lat. „Buch des Rechnens") aus dem Jahre 1202 Zerlegungen, welche auf den unten angegebenen Formeln beruhen.

1) Prüfe die Formel für a = 9 und n = 2 nach.

2) Zeige die Richtigkeit der Formel durch Zusammenfassen der Terme auf der rechten Seite der Formel.

a) $\frac{a}{na-1} = \frac{1}{n} + \frac{1}{n \cdot (na-1)}$

b) $\frac{2a+3}{(2n+1)\cdot(2a+1)-1} = \frac{1}{2n+1} + \frac{1}{(2n+1)\cdot a + n} + \frac{1}{(2n+1)\cdot[(2n+1)\cdot(2a+1)-1]}$

c) $\frac{a+1}{na-1} = \frac{1}{na-1} + \frac{1}{n} + \frac{1}{n\cdot(na-1)}$

BD **2.302** Es gilt: $\left(a + \frac{1}{b}\right)\cdot\left(b - \frac{1}{a}\right) = \frac{a^2b^2-1}{ab}$

1) Prüfe diese Aussage für a = 4 und b = 5 nach.

2) Beweise diese Aussage durch Termumformung.

B **2.303** Beweise die Richtigkeit der folgenden Aussage durch Einsetzen und Vereinfachen der linken Seite: Wenn $x = \frac{a\cdot(1+t^2)}{1-t^2}$ und $y = \frac{2bt}{1-t^2}$ ist, dann gilt $\frac{x^2}{a^2} - \frac{y^2}{b^2} = 1$.

2.304 Denk dir eine beliebige Zahl (kann auch eine negative Zahl sein). Verdreifache deine Zahl, subtrahiere 4 und verdopple das Ergebnis. Subtrahiere anschließend das Zweifache der gedachten Zahl. Berechne davon ein Viertel und addiere 2. Welche Zahl erhältst du als Ergebnis? **ABD**
Wiederhole mit verschiedenen Zahlen dieses Rätsel und versuche anschließend einen allgemein gültigen Term dafür aufzustellen, indem du eine Variable anstelle der Zahl einsetzt. Was fällt dir auf?

2.305 Das menschliche Herz schlägt bei ruhigen Beschäftigungen 70-mal pro Minute, bei großer Anstrengung 200-mal pro Minute. Man spricht jeweils von einem Ruhe- bzw. Belastungspuls. Das entsprechende Schlagvolumen beträgt im Allgemeinen 70 cm^3. Erläutere den folgenden Term, welcher die in einer Stunde gepumpte Blutmenge darstellt, und vereinfache so weit wie möglich. **BCD**

$70 \cdot 70 \cdot x + 200 \cdot (60 - x) \cdot 70$

2.306 Fortsetzung von Aufgabe **2.305**: **AB**

a) Beschreibe die Anzahl der Herzschläge pro Stunde nach den Angaben aus Aufgabe **2.305** mittels eines allgemein gültigen Terms.

b) Wie viel Liter Blut hat dein Herz in einer Stunde gepumpt, wenn du dich 35 min ausgeruht und danach 25 min intensiv Sport getrieben hast? Stelle die Rechnung mit Hilfe eines Terms dar.

c) Wie viel Liter Blut befördert ein normales Herz in 75 Jahren. Gehe dabei von durchschnittlich 80 Schlägen pro Minute aus.

2.307 Welche der angeführten Texte passen zu folgendem Term, wo gibt es ungenaue oder fehlerhafte Formulierungen? $5{,}5a + 1$ **CD**

a) Der Eintritt für ein Konzert kostet € 5,50. Für das Abgeben eines Kleidungsstücks bei der Garderobe zahlt man € 1,00.

b) Beim Einkauf im Supermarkt bezahlst du € 1,00 Einsatz für den Einkaufswagen und dann pro gewähltem Produkt € 5,50.

c) Eine All-you-can-eat-Pizzeria verlangt pro Person € 5,50 fürs Essen, das Gedeck kostet € 1,00 extra.

d) Für einen Dauerparkplatz bezahlt man € 1,00 für die E-Card und € 5,50 Gebühr pro Tag.

2.308 In einem Fotofachgeschäft findest du folgenden Aushang: **ABD**

Preisliste für Entwicklung eines Bildes in Posterformat:

Unser Angebot: erstes Bild	€ 0,90
jede weitere Vervielfältigung	€ 0,70

a) Stelle mit deiner Technologie einen allgemeinen Term für den Preis von n Bildern auf und überprüfe deine Lösung durch Einsetzen verschiedener Werte. Versuche aus dem Term herauszulesen, wie viele Poster man entwickeln lassen kann, wenn man nicht mehr als € 15,00 ausgeben will? Überprüfe dein Ergebnis durch Einsetzen verschiedener Zahlen.

b) Zum Nachdenken: Du möchtest für deine Familie 14 Poster mit deinem Portrait entwickeln lassen. Also fragst du den Bearbeiter, ob er zwei deiner Fotos auf einem Poster abbilden könnte. Kannst du somit auch 50 % der Kosten sparen? Begründe.

Terme und Variablen

BCD **2.309** Rund um eine Spielfläche für Kinder mit der Länge l und der Breite b soll ein Weg angelegt werden. Dafür ist eine Breite von d Metern vorgesehen.

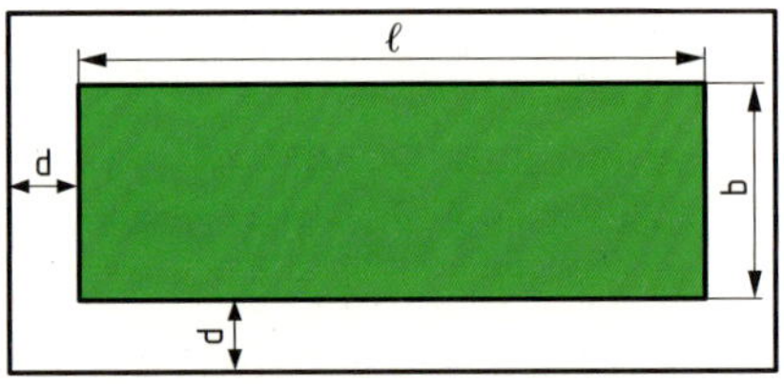

Man benötigt den Flächeninhalt des Wegs, um die Menge des nötigen Belags zu bestellen. Für den Flächeninhalt des Wegs wurden zwei Formeln ermittelt:

Formel 1: $\frac{2}{d} + 2bd + 4d^2$

Formel 2: $(l + 2d) \cdot (b + 2d) - lb$

a) Erläutere für beide Formeln, was sie bedeuten und ob sie richtig sind.

b) Berechne den Flächeninhalt des Wegs für l = 6 m, b = 4 m und d = 0,5 m.

c) Mit welcher der beiden Formeln kann man den Flächeninhalt einfacher berechnen?

d) Wie kann man begründen, dass beide Terme gleich sind?

AB **2.310** Stelle durch unterschiedliche Terme den Flächeninhalt des Grundstücks dar, indem du auf möglichst verschiedene Arten dieses Grundstück unterteilst, und beweise die Gleichheit der Terme.
Hinweis: Unterteile zuerst in verschiedene Rechtecke, dann auch zB in zwei Trapeze oder in zwei Rechtecke und ein Quadrat.

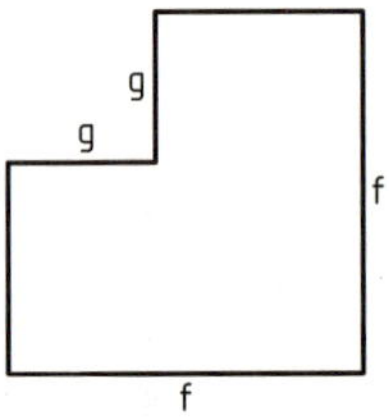

ABCD **2.311** Stelle einen Term für die Berechnung des Flächeninhalts dar und vereinfache so weit wie möglich. Wie ändert sich die Rechteckform, wenn der Wert von a größer oder kleiner wird? Gibt es Werte für a, wo der Term nicht mehr als Rechteck interpretiert werden kann?

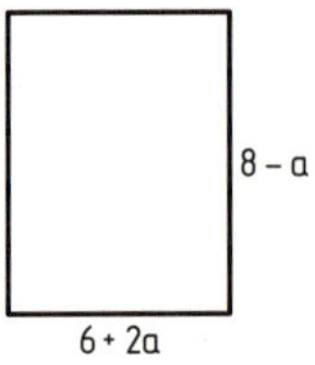

AB **2.312** Berechne durch Termdarstellung den Flächeninhalt der nebenstehenden Figur.

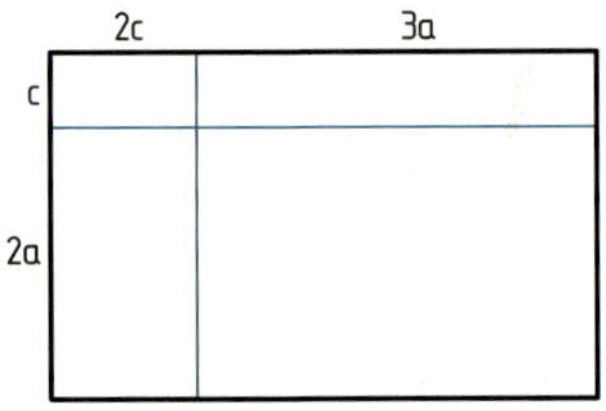

AB **2.313** In den USA werden Temperaturen sehr oft noch in Fahrenheit (°F) angegeben. Möchte man eine Temperaturangabe von °C (Celsius) in °F umrechnen, so muss man die Temperatur in °C mit 9 multiplizieren und dann das Ergebnis durch 5 teilen. Zum Schluss wird 32 addiert.

a) Stelle einen Term für die Umrechnung von °C in °F auf.

b) Berechne mit deinem Term den Gefrierpunkt des Wassers (0 °C), die Köpertemperatur (36 °C) und den Siedepunkt des Wassers (100 °C) in Fahrenheit.

A **2.314** Gib einen Term für die Berechnung des Umfangs an.

a)

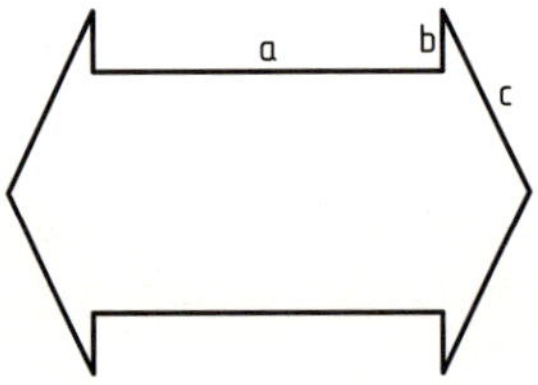

b)

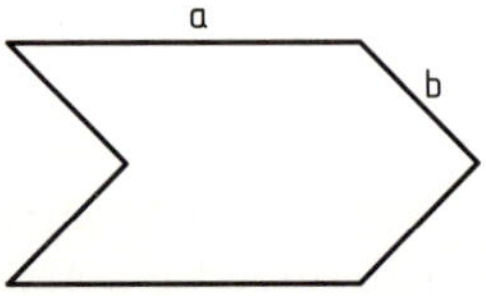

Wissens-Check

		gelöst
1	Für welchen Wert von z kann der Term $\frac{3x - y}{2z - 1}$ nicht berechnet werden?	
2	Ordne die Terme den Bezeichnungen Monom, Binom, Polynom, Bruchterm zu: A) $\frac{3}{x}$, B) xy, C) $2x - 3y$, D) $\frac{3a}{4}$, E) $x^2 + 3y - a$, F) $a - b$, G) $x^3 - x^2 + 1$, H) $\frac{a}{b - c}$	
3	Ich weiß, unter welchen Bedingungen Terme mit Potenzen addiert bzw. subtrahiert werden dürfen.	
4	Auf einer Wiese stehen 24 Bäume. Es sind doppelt so viele Laubbäume L wie Nadelbäume N. Welcher Term beschreibt die Anzahl der Bäume? A) $2L + N$, B) $L + N$, C) $L + 2N$	
5	Setze die richtigen Rechenzeichen ein: $a \cdot (b - c) = a \dots b \dots a \dots c$, $(a \dots b) \cdot c = a \dots c - b \dots c$	
6	Erkläre, welche Fehler beim Herausheben gemacht wurden. $24x^2y - 36xy^3 = -12x^2y\,(-2 - 3y^2)$	
7	Erkläre den Unterschied zwischen $(-3)^2$ und -3^2 und berechne die Ergebnisse.	
8	Berechne die Ergebnisse: A) $a^{3x-1} \cdot a^{4x+2}$ B) $b^{2x-4} : b^{-x-1}$ C) $(c^{5x-2})^{-3x}$	
9	Vereinfache den Term und stelle das Ergebnis mit positiven Exponenten dar. $\left(\frac{a^3b^{-2}x}{x^{-1}a^2b}\right)^{-3}$	
10	Welche der nachfolgenden Terme sind kein Ergebnis einer binomischen Formel? A) $x^2 + y^2$ B) $9z^2 + 12zy + 4y^2$ C) $25a^2 - 50ab + 4b^2$	
11	Ich kenne die Rechenregeln für Bruchterme und kann sie anwenden. Zum Beispiel Addieren und Subtrahieren ist nur möglich, wenn … .	
12	Welche Werte darf x im Bruchterm $\frac{3x + 2}{x - 2} + \frac{5x + 3}{x + 2} - \frac{6}{x^2 - 4}$ nicht annehmen?	
13	Vereinfache den Doppelbruch: $\frac{x + \frac{1}{x}}{1 - \frac{2}{x}}$	
14	Ich kann mit meiner Technologie Terme vereinfachen und kenne die Bedeutung der dazu notwendigen Funktionen wie zB **factor**, **expand**, **With-Operator**, **comDenom()** usw.	

Lösung:
1) für $z = \frac{1}{2}$ 2) Monom: B, D; Binom: C, F; Polynom: E, G; Bruchterm: A, H 3) siehe Seite 72 4) B
5) $a \cdot (b - c) = a \cdot b - a \cdot c$, $(a - b) \cdot c = a \cdot c - b \cdot c$ 6) Vorzeichenregeln, x^2 kann nicht herausgehoben werden
7) bei der ersten Rechnung bezieht sich die Potenz auf alles, bei der 2. Rechnung nur auf 3; +9, −9
8) A) a^{7x+1}, B) b^{3x-3}, C) c^{-15x^2+6x} 9) $\frac{b^9}{a^3x^6}$ 10) A, C 11) siehe Seite 87 12) 2, −2 13) $\frac{x^2+1}{x-2}$
14) siehe Seiten 67, 82, 83, 84, 85, 90, 93 und 94

3 Gleichungen und Ungleichungen

Das Lösen von Gleichungen ist ein sehr alter Teilbereich der Mathematik. Nachweislich wurden bereits im 2. Jahrtausend v. Chr. von den Babyloniern Gleichungen verwendet. In der klassischen griechischen Mathematik wurden Gleichungen oft durch geometrische Überlegungen gelöst. Der arabische Mathematiker Al-Chwarizmi (ca. 780 – 850) verfasste in Bagdad das erste zusammenfassende Werk über das Lösen von Gleichungen. Durch dieses Werk kamen die so genannten arabischen Ziffern nach Europa und es diente jahrhundertelang als Grundlage der Gleichungslehre.

Muhammed Al-Chwarizmi

3.1 Gleichungen

3.1.1 Grundbegriffe

Mathematiker verwenden Gleichungen, um die Gleichheit von „Dingen" zum Ausdruck zu bringen. „Dinge" können dabei Dinge im materiellen Sinn sein, es kann sich aber auch um Begriffe, Vorgänge oder Terme handeln. Bis zum Mittelalter wurden Gleichungen in Form eines Texts angeschrieben. Erst in der Neuzeit wurde es in der Mathematik selbstverständlich, Gleichungen durch Terme und Gleichheitszeichen anzugeben. Das Gleichheitszeichen wird erst seit dem 16. Jahrhundert in der heute üblichen Art verwendet.

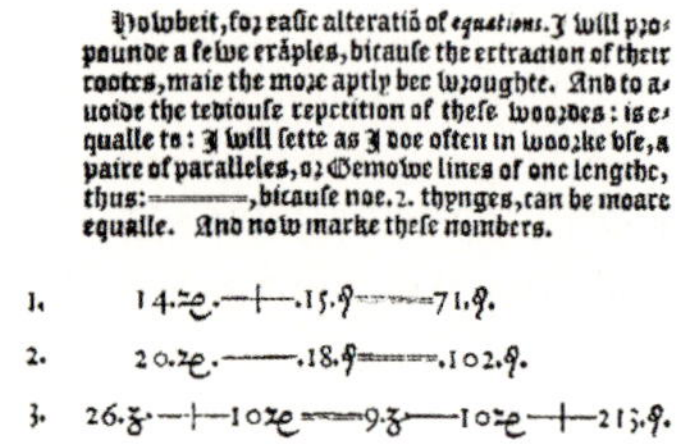
Howbeit, for easie alteratiō of *equations*. I will propounde a fewe exāples, bicause the extraction of their rootes, maie the more aptly bee wroughte. And to avoide the tediouse repetition of these woordes: is equalle to: I will sette as I doe often in woorke use, a paire of paralleles, or Gemowe lines of one lengthe, thus: ═══, bicause noe. 2. thynges, can be moare equalle. And now marke these nombers.

1. 14.ꝛe.—+—.15.ꝗ═══71.ꝗ.
2. 20.ꝛe.———.18.ꝗ═══.102.ꝗ.
3. 26.ʒ.—+—10ꝛe═══9.ʒ——10ꝛe—+—213.ꝗ.

ABD **3.1** Christoph kauft zwei verschieden teure DVDs und bezahlt 29,70 €.

1) Wie kann dieser Satz in die Sprache der Mathematik übersetzt werden?

2) Kann der Preis jeder DVD berechnet werden? Begründe deine Antwort.

3) Christoph weiß, dass eine DVD doppelt so teuer ist wie die andere. Berechne die Preise der DVDs.

Eine **Gleichung** entsteht, wenn man zwei Terme durch ein Gleichheitszeichen verbindet.

Die beiden Terme werden mit **Linksterm** (T_L) und **Rechtsterm** (T_R) oder einfach mit „linke Seite" (LS) und „rechte Seite" (RS) der Gleichung bezeichnet. Im Folgenden werden Gleichungen behandelt, bei denen **eine** Variable die **Gleichungsvariable** (Unbekannte) ist.

Die **Grundmenge** G einer Gleichung bilden jene Zahlen, die für die Gleichungsvariable vorgesehen sind.

Bezieht sich eine Gleichung nicht auf eine Anwendung, können wir als Grundmenge die Menge der reellen Zahlen verwenden und schreiben $G = \mathbb{R}$. Steht die Gleichungsvariable zum Beispiel für eine Wegstrecke, für die Kantenlänge eines Körpers oder, wie in Aufgabe 3.1, für einen Preis, so ist es sinnvoll, als Grundmenge nur die positiven reellen Zahlen und Null zu wählen, da die angegebenen Größen keine negativen Werte annehmen können. Wird mit einer Gleichung die Anzahl von Gegenständen oder Personen beschrieben, können wir $G = \mathbb{N}$ setzen.

Wir verwenden im Folgenden für Gleichungen, die nicht anwendungsbezogen sind, wenn nicht anders angegeben, $G = \mathbb{R}$. Bei anwendungsbezogenen Aufgaben ist die Grundmenge geeignet zu wählen.

Nicht immer dürfen für die Gleichungsvariable alle Werte der Grundmenge eingesetzt werden.

3.2 Überlege, bei welcher der angegebenen Gleichungen es Zahlen aus der Grundmenge $G = \mathbb{R}$ gibt, die nicht eingesetzt werden dürfen. Begründe deine Antwort. D

1) $\frac{1}{x} = 2$ ***2)*** $2x + 1 = 9$ ***3)*** $\frac{5x - 3}{x - 1} = 2$ ***4)*** $5x = 0$ ***5)*** $\frac{x}{4x - 1} = 3$ ***6)*** $\frac{x + 1}{2 \cdot (x + 2)} = 1$

Die **Definitionsmenge** einer Gleichung erhält man, wenn man aus ihrer Grundmenge jene Zahlen ausschließt, die in die Gleichung nicht eingesetzt werden dürfen, da sonst zumindest ein Term der Gleichung nicht definiert wäre. Das sind zum Beispiel Zahlen, die auf eine Division durch null führen würden.

Eine Zahl aus der Definitionsmenge ist dann **Lösung** der Gleichung, wenn sie die Gleichung erfüllt, wenn also Linksterm und Rechtsterm durch Einsetzen dieser Zahl den gleichen Wert annehmen.

Die Lösungen einer Gleichung können ermittelt werden, indem man die Gleichung auf eine andere, einfachere Gleichung umformt, die die gleichen Lösungen wie die ursprüngliche Gleichung hat. Solche Umformungen, die die Lösungsmenge einer Gleichung nicht verändern, heißen **Äquivalenzumformungen**. Der Vorgang wird so lange fortgesetzt, bis die Gleichung so vereinfacht ist, dass die Lösungen abgelesen werden können. Zum Beispiel wird die Gleichung $x + 2 = 5$ auf die Form $x = 3$ umgeformt.

Durch Einsetzen einer Lösung in die Gleichung erhält man eine wahre Aussage.

ZB: $3x + 8 = 5x$

$x = 4$ ist eine Lösung, da: $T_L = 3 \cdot 4 + 8 = 20$, $T_R = 5 \cdot 4 = 20$, $T_L = T_R$ ist eine wahre Aussage.
$x = 7$ ist keine Lösung, da: $T_L = 3 \cdot 7 + 8 = 29$, $T_R = 5 \cdot 7 = 35$, $T_L = T_R$ ist eine falsche Aussage.

Alle Lösungen einer Gleichung bilden die **Lösungsmenge** L der Gleichung. Bei Textgleichungen wird anstelle der Angabe der Lösungsmenge eine **Antwort** formuliert.

Nicht jede Gleichung hat genau eine Lösung.

ZB: $4x - 12 = 4x + 1$ Diese Gleichung hat keine Lösung, da jede für x eingesetzte Zahl auf eine falsche Aussage führt.

ZB: $4x - 7 = 4x - 7$ Diese Gleichung hat unendlich viele Lösungen, da jede für x eingesetzte Zahl auf eine wahre Aussage führt.

Bei den in diesem Band behandelten Gleichungen (lineare Gleichungen) können im Allgemeinen drei Fälle auftreten:

1. Wenn es **genau eine Zahl** der Definitionsmenge gibt, die die Gleichung erfüllt, so hat die Gleichung **genau eine Lösung**.
2. Wenn es **keine Zahl** der Definitionsmenge gibt, die die Gleichung erfüllt, so ist die **Lösungsmenge die leere Menge**, es gilt dann L = { }.
3. Wenn **jede Zahl** der Definitionsmenge die Gleichung erfüllt, so ist die **Definitionsmenge gleichzeitig die Lösungsmenge**, es gilt dann L = D.

Gleichungen und Ungleichungen

Äquivalenzumformungen

Um die erlaubten Umformungen zu veranschaulichen, kann die Gleichung mit einer Waage mit zwei Waagschalen verglichen werden. Überlege, welche Veränderungen an den Gewichten in den beiden Waagschalen durchgeführt werden können, ohne dass die Waage aus dem Gleichgewicht gerät:

- Auf beiden Seiten kann das gleiche Gewicht dazugegeben oder weggenommen werden.
- Auf beiden Seiten können die Gewichte mit dem gleichen von null verschiedenen Wert vervielfacht oder durch diesen geteilt werden.

B 3.3 Ermittle die Lösungsmenge der Gleichung.

a) $x - 7 = 15$ ***b)*** $2x = 12$

Lösung:

a) $x - 7 = 15 \quad | +7$

$x - 7 + 7 = 15 + 7$

$x = 22 \quad L = \{22\}$

- Wir addieren auf beiden Seiten die Zahl 7.
- Als Lösung erhalten wir die Zahl 22 und schreiben die Lösungsmenge an.

b) $2x = 12 \quad | :2$

$\frac{2x}{2} = \frac{12}{2}$

$x = 6 \quad L = \{6\}$

- Wir dividieren beide Seiten durch 2.

Es gibt auch Umformungen, die die Lösungsmenge einer Gleichung verändern, zum Beispiel wenn man beide Seiten einer Gleichung quadriert:

Die Gleichung $x = -2$ hat die Lösungsmenge $L = \{-2\}$. Quadriert man beide Seiten, so erhält man die Gleichung $x^2 = 4$ mit der Lösungsmenge $L = \{-2; 2\}$.

Da solche Umformungen die Lösungsmenge verändern können, sind sie **keine** Äquivalenzumformungen.

Folgende Umformungen sind **Äquivalenzumformungen**, das heißt, sie verändern die Lösungsmenge einer Gleichung nicht:

1) Auf beiden Seiten der Gleichung den gleichen Term addieren bzw. subtrahieren

2) Beide Seiten der Gleichung mit dem gleichen von null verschiedenen Term multiplizieren bzw. durch diesen dividieren

Beim Umformen von Gleichungen wird meist zuerst die Strichrechnung durchgeführt, dann die Punktrechnung.

B 3.4 Ermittle die Lösungsmenge der Gleichung $6x - 5 = 7$.

Lösung:

$6x - 5 = 7 \quad | +5$

$6x = 12 \quad | :6$

$x = 2 \quad L = \{2\}$

- Wir **addieren zuerst** auf beiden Seiten 5.
- Wir **dividieren anschließend** beide Seiten durch 6.

3.5 Die Gleichung 4x + 12 = 18 ist ***a)*** am **TI-Nspire** ***b)*** mit einem **grafikfähigen Taschenrechner (GTR)** zu lösen.

B

Lösung:

a) Löst man Gleichungen schrittweise mithilfe eines **Computeralgebrasystems (CAS)**, wird die Gleichung zuvor in runde Klammern gesetzt. Dadurch wird deutlich gemacht, dass der gewünschte Umformungsschritt auf die gesamte Gleichung angewendet wird.

$(4\cdot x+12=18)-12$	$4\cdot x=6$
$(4\cdot x=6)/4$	

$\frac{4\cdot x=6}{4}$	$x=\frac{3}{2}$

- Wird die Gleichung auf beiden Seiten durch eine Zahl ungleich null dividiert, so wird nach der Eingabe der Division nach dem Bestätigen durch die Entertaste die Gleichung etwas ungewohnt durch einen Bruchstrich dargestellt.

$\text{solve}(4\cdot x+12=18,x)$	$x=\frac{3}{2}$

- Um Gleichungen direkt zu lösen, steht in CAS auch der Befehl **solve** zur Verfügung. Wir wollen ihn vorerst jedoch ausschließlich zur Überprüfung der Lösung einsetzen: Dazu muss man nach dem Eingeben der Gleichung mit einem Beistrich getrennt noch die Gleichungsvariable x angeben.

b)

```
MATH NUM CPX PRB
6↑fMin(
7:fMax(
8:nDeriv(
9:fnInt(
0:summation Σ(
A:logBASE(
B:Solver...
```

- Auch mit grafischen Taschenrechnern (GTR) hast du die Möglichkeit, Gleichungen (numerisch, näherungsweise) zu lösen. Der **EQUATION SOLVER** wird über das **MATH-Menü** aufgerufen.

```
EQUATION SOLVER
eqn:0=4X+12-18
```

- Beim Eingeben der Gleichung musst du diese jedoch soweit umgeformt haben, dass auf der linken Seiten null steht.

```
4X+12-18=0
 X=0
 bound={0,20}
```

- Nach dem Bestätigen der Gleichung mit **ENTER** muss schließlich noch ein geeigneter Startwert für die Näherungslösung eingegeben werden sowie ein geeignetes Lösungsintervall.

```
4X+12-18=0
 X=
 bound={0,20}
```

- Nachdem du den Cursor zur Variablen X gesetzt hast und die Tasten **ALPHA** und **SOLVE** gedrückt hast, erhältst du die Lösung sowie eine Information über die Differenz der beiden Gleichungsseiten nach dem Einsetzen.

```
4X+12-18=0
▪X=1.5
 bound={0,20}
▪left-rt=0
```

B **3.6** Die Gleichung 6x – 2 = 10 ist durch Äquivalenzumformungen zu vereinfachen und x zu berechnen.

TE

Lösung:

$(6\cdot x-2=10)+2$	$6\cdot x=12$
$\frac{6\cdot x-2=10}{6}$	$\frac{3\cdot x-1}{3}=\frac{5}{3}$

Ganz schnell deutlich werden die Umformungsergebnisse beim Lösen der Gleichungen mit CAS:
Man kann sofort erkennen, ob der gewählte Umformungsschritt zu einer echten Vereinfachung führt oder nicht.

$(6\cdot x-2=10)+2$	$6\cdot x=12$
$\frac{6\cdot x=12}{6}$	$x=2$

- Durch geschickte Wahl der Reihenfolge von Äquivalenzumformungen kommt man schnell zur Lösung x = 2.
- Die Lösungsmenge lautet: L = {2}

BD **3.7** Die Gleichung 2x + 1 = 9 soll auf zwei Arten gelöst werden. Dabei ist jeweils die erste Äquivalenzumformung angegeben. Führe die Umformung durch und löse anschließend die Gleichung. Welcher der beiden Lösungswege ist deiner Meinung nach einfacher und warum?

1) 2x + 1 = 9 | – 1 ***2)*** 2x + 1 = 9 | : 2

Die Richtigkeit des Ergebnisses wird mithilfe der **Probe** überprüft. Die Lösung wird in die linke Seite der Angabe (LS) eingesetzt und der Term so weit wie möglich vereinfacht. Anschließend wird in die rechte Seite der Angabe (RS) eingesetzt und vereinfacht. Die beiden Ergebnisse müssen übereinstimmen. Gibt es mehrere Lösungen, so muss der Vorgang für jede Lösung bzw. stichprobenartig durchgeführt werden.

BC **3.8** Ermittle die Lösungsmenge der Gleichung 1,6x + 0,7 = –4x – 2,1 für
1) G = ℝ, ***2)*** G = ℕ und überprüfe das Ergebnis mithilfe der Probe.

Lösung:

1,6x + 0,7 = –4x – 2,1 | + 4x
5,6x + 0,7 = –2,1 | – 0,7
5,6x = –2,8 | : 5,6
x = –0,5

- Forme so um, dass die Variable nur mehr auf einer Seite der Gleichung vorkommt.

1) Probe:
LS: 1,6 · (–0,5) + 0,7 = –0,8 + 0,7 = –0,1
RS: –4 · (–0,5) – 2,1 = 2 – 2,1 = –0,1
LS = RS ⇒ L = {–0,5}
2) L = { }

- Da die linke und die rechte Seite gleich sind, ist –0,5 Lösung der Gleichung für G = ℝ; –0,5 ist aber keine natürliche Zahl.

3.9 Ermittle mithilfe eines ***a)* Computeralgebrasystems (CAS)** ***b)* grafikfähigen Taschenrechners (GTR)** die Lösung der Gleichung $3{,}8 - \frac{4x}{5} = 2x + 7{,}2$ für ***1)*** $G = \mathbb{R}$, ***2)*** $G = \mathbb{N}$ und führe die Probe durch. **B**

a)

$\left(3.8-\frac{4\cdot x}{5}=2\cdot x+7.2\right)\cdot 5$	$-4\cdot(x-4.75)=10\cdot(x+3.6)$
expand$(-4\cdot(x-4.75)=10\cdot(x+3.6))$	$19.-4\cdot x=10\cdot x+36.$
$(19.-4\cdot x=10\cdot x+36)-10\cdot x$	$19.-14\cdot x=36$
$(19.-14\cdot x=36)-19$	$-14\cdot x=17$
$\frac{-14\cdot x=17}{-14}$	$x=\frac{-17}{14}$
$3.8-\frac{4\cdot x}{5}=2\cdot x+7.2 \mid x=\frac{-17}{14}$	true

Beim Lösen solcher Gleichungen werden mit dem Befehl **expand** (im Menüpunkt **Algebra** auf Deutsch mit **entwickle** bezeichnet) die Klammerausdrücke des Terms ausmultipliziert.

Für die Lösung gilt: ***1)*** $L = \left\{-\frac{17}{14}\right\}$ ***2)*** $L = \{\,\}$

Die Probe kann dann folgendermaßen durchgeführt werden:
Mithilfe der „vertikalen Linie" (WITH-Operator „|") wird für die Variable x der berechnete Wert eingesetzt. Dadurch erhält man eine wahre Aussage, die mit **true** bestätigt wird.

b)

```
3.8-4*X/5-2*X…=0
▪X=-1.214285714…
 bound={-1E99,1…
▪left-rt=0
```

Beim Lösen mit einem GTR wird durch die Anzeige der Differenz zwischen linkem und rechtem Term automatisch die Probe durchgeführt.
Die numerisch berechnete Lösung wird für die Variable x eingesetzt und die Differenz zu null wird angegeben.

3.10 Gib jeweils die Lösungsmenge der Gleichung für die gegebenen Grundmengen an. **BC**
1) $G = \mathbb{N}$ ***2)*** $G = \mathbb{Z}$ ***3)*** $G = \mathbb{Q}$ ***4)*** $G = \mathbb{R}$
a) $2x = 3$ ***b)*** $x + 7 = 5$ ***c)*** $3x + 2 = 8$

3.11 Gegeben ist die Gleichung $2x + 4 = 4x - 7$. **BCD**
1) Welche Grundmenge muss man wählen, damit die Gleichung eine bzw. keine Lösung hat?
2) Ändere die Koeffizienten oder Zahlen der Gleichung so ab, dass sie keine Lösung bzw. unendlich viele Lösungen hat, wenn $G = \mathbb{R}$ ist. Begründe deine Wahl.

3.12 Begründe, warum die Multiplikation mit Null keine Äquivalenzumformung ist. **D**

3.13 In einer bekannten Denksportaufgabe wird der „Beweis" geführt, dass 2 = 1 ist. Dieser „Beweis" ist nebenstehend vorgerechnet. Wo ist der Fehler in der Argumentation? **D**

$$2 - 2 = 1 - 1$$
$$2 \cdot (1 - 1) = 1 \cdot (1 - 1)$$
$$2 = 1$$

3.14 Ermittle die Lösungsmenge und führe die Probe durch. Überprüfe jeweils mit deinem Rechenwerkzeug sowohl durch schrittweises Lösen als auch mit dem Befehl **solve**. Gib acht, die jeweils richtige Gleichungsvariable dabei anzugeben. **B**

a) $x - 2 = 3$ ***e)*** $a + 5 = 17$ ***i)*** $-x - 4 = 7$
b) $0{,}5x = 2$ ***f)*** $-3s = 0{,}6$ ***j)*** $3x = -4$
c) $\frac{x}{2} = 5$ ***g)*** $\frac{3b}{4} = 6$ ***k)*** $\frac{2x - 3}{3} = 5$
d) $4 \cdot (x - 1) = 5x + 2$ ***h)*** $5 \cdot (x - 2) = 5x - 10$ ***l)*** $4x + 8 = 2 \cdot (2x + 1)$

3.1.2 Lineare Gleichungen

Bei der rechnerischen Behandlung von Gleichungen wird meist nach deren Form unterschieden.

BD **3.15** Forme die gegebenen Gleichungen so um, dass rechts vom Gleichheitszeichen nur die Zahl null steht. Beschreibe die Bauart der entstehenden Gleichung.

1) $2x - 3 = 0{,}4$ **2)** $16y - 5 = -10y$ **3)** $3r - 2 = r + 5$ **4)** $-2x + 0{,}9 = 4x - 0{,}9$

Hat eine Gleichung die Form $a \cdot x + b = 0$ ($a, b \in \mathbb{R}$), so heißt sie **lineare Gleichung.**
Dabei ist x die Gleichungsvariable, a und b sind Konstanten.
Ist $a \neq 0$, dann hat die Gleichung immer die Lösung $x = -\frac{b}{a}$, wenn $D = \mathbb{R}$ ist.

Der Fall $a = 0$ wird meist gesondert behandelt, da hier die Variable x nicht vorkommt.
Bei $0 \cdot x + b = 0$ werden zwei Möglichkeiten unterschieden:
$b = 0$: Man erhält die wahre Aussage $0 = 0$, somit ist $L = D$.
$b \neq 0$: Man erhält die falsche Aussage $b = 0$, somit ist $L = \{\,\}$.

Nicht jede lineare Gleichung kann sofort als solche erkannt werden. Häufig ist es notwendig, eine gegebene Gleichung zunächst umzuformen und zu vereinfachen. Erst dann kann über die Art der Gleichung eine Aussage gemacht werden.

BCD **3.16** Führt die gegebene Gleichung auf eine lineare Gleichung? Begründe deine Entscheidung. Ermittle – wenn möglich – die Lösung.

1) $x \cdot (x + 3) - 2 = x + 4$ **2)** $7 \cdot (x - 1) - 2 \cdot (x - 3) = 2x$ **3)** $2x^2 + 4 = 2x \cdot (x - 3)$

Lösung:

1)
$$x \cdot (x + 3) - 2 = x + 4$$
$$x^2 + 3x - 2 = x + 4$$
$$x^2 + 2x - 6 = 0$$

Begründung: Die Gleichung kann nicht auf die Form $ax + b = 0$ gebracht werden, sie ist daher keine lineare Gleichung.

2)
$$7 \cdot (x - 1) - 2 \cdot (x - 3) = 2x$$
$$7x - 7 - 2x + 6 = 2x$$
$$3x - 1 = 0$$
$$x = \frac{1}{3}$$

Nach Vereinfachen des Links- und des Rechtsterms entsteht eine Gleichung der Form $ax + b = 0$ und somit ist die gegebene Gleichung eine lineare Gleichung.

3)
$$2x^2 + 4 = 2x \cdot (x - 2)$$
$$2x^2 + 4 = 2x^2 - 4x$$
$$4x + 4 = 0$$
$$x = -1$$

Da der quadratische Term auf beiden Seiten vorkommt, fällt er durch Subtraktion weg. Die Gleichung führt auf eine lineare Gleichung.

BCD **3.17** Führt die gegebene Gleichung auf eine lineare Gleichung? Begründe deine Entscheidung.

1) $5a + a^2 = 3$ **3)** $3 \cdot (y + 3) + y \cdot (y - 2) = 4y^2 - 2$
2) $3 \cdot (x + 1) - 2x = 1$ **4)** $(x + 2)^2 = x^2 - 5x + 7$

TE Aufgaben 3.18 – 3.24: Löse die Gleichungen für $G = \mathbb{R}$ und führe die Probe durch. Überprüfe mit deinem Rechenwerkzeug sowohl schrittweise als auch mit dem Befehl **solve**. Vergiss nicht, die jeweilige Gleichungsvariable anzugeben.

B **3.18** **a)** $2x + 1 = 5$ **b)** $-3v + 1 = -2$ **c)** $0{,}4t - 0{,}4 = 0$ **d)** $1{,}2 - 0{,}8s = 0{,}4$

B **3.19** **a)** $4x - 2 = 3x$ **b)** $14s - 15 = -11s$ **c)** $2b - 1 = 2b + 2$ **d)** $-3r + 0{,}5 = 2r - 0{,}5$

B **3.20** **a)** $5x - (2x + 2) = 3$ **b)** $4b - (5b - 6) = 7$ **c)** $5 - (2r - 6) = 6r - 5$

3.21 **a)** $\frac{x}{4} = 3$ **b)** $\frac{2a}{3} = 5$ **c)** $\frac{3b}{2} = \frac{2}{7}$ **d)** $\frac{4s}{5} = \frac{3}{4}$ B

3.22 **a)** $8v - (v - 1) = 5v - (2v - 3)$ **b)** $7s - (2s + 3) = 3s - (5s - 4)$ B

3.23 **a)** $3t - [t - (2 - t)] = 4$ **b)** $5b - [(4b + 1) - 2] = 2$ **c)** $9s - [-2s - (3s - 6)] + 2 = -4$ B

3.24 **a)** $2 \cdot (x + 3) = 3x + 4$ **b)** $5 \cdot (x + 4) - 3 = 2x + 5$ **c)** $5x + 2 = 5 \cdot (x + 3) - 13$ B

3.25 Eine Gleichung wurde auf zwei verschiedene Wege gelöst. Gib die jeweiligen Äquivalenzumformungen an. Beschreibe, worauf beim Lösen jeweils geachtet werden muss. CD

Weg 1: $\frac{2x}{5} - 1 = 4$
$\frac{2x}{5} = 5$
$2x = 25$
$x = 12{,}5$

Weg 2: $\frac{2x}{5} - 1 = 4$
$2x - 5 = 20$
$2x = 25$
$x = 12{,}5$

3.26 Arbeite mit deiner Sitznachbarin oder deinem Sitznachbarn. Die Gleichung soll auf zwei verschiedene Arten gelöst werden. Besprecht, wer welchen Weg wählt. Schreibt die jeweiligen Äquivalenzumformungen auf und vergleicht eure Lösungen. ABC

a) $2 \cdot (x - 1) = 5$ **b)** $5 \cdot (2b + 4) = 8$ **c)** $\frac{r}{2} + 3 = 5$ **d)** $\frac{3x}{7} - 4 = \frac{1}{2}$

3.27 Tim hat bei der Hausübung die Gleichungen wie folgt gelöst. Korrigiere seine Fehler. Hätte es einen einfacheren Rechenweg gegeben? Wenn ja, gib diesen an. BCD

1) $4x - 3 = 8 \quad | :4$
$x - 3 = 2 \quad | +3$
$x = 5$

2) $\frac{x}{5} + 2 = 1 \quad | \cdot 5$
$x + 2 = 5 \quad | -2$
$x = 3$

3) $\frac{x}{2} + \frac{1}{3} = 4 \quad | \cdot 6$
$3x + 2 = 4 \quad | -2$
$3x = 2 \quad | :3$
$x = \frac{2}{3}$

Aufgaben 3.28 – 3.35: Löse die Gleichungen für $G = \mathbb{R}$ und überprüfe mit deinem Rechenwerkzeug

TE

3.28 **a)** $6c - ((6 - 8c) - (12c - 8)) = 2c - (5 - 4c)$ B
b) $2b - ((2b + 2) + 3b) = b - (3b + 6) - (2b - 10)$

3.29 **a)** $4x - [10x + 5 - (5x - 12)] = 3x - 4 - (2x + 6) - \{4x - 3 + [6x + 5 - (3x + 5)]\}$ B
b) $6x - [7x + 3 - (6x + 1)] - 4 = -x + 3 - \{6x + 7 - [3x - (3x + 4) + 1 - (5x + 3)]\}$

3.30 **a)** $7 \cdot (4x - 2) = 5 \cdot (2x + 1)$ **b)** $3 \cdot (4s - 5) - 6s = 6 \cdot (2s - 2) + 4s$ B

3.31 **a)** $7 \cdot (8a + 1) - 3 \cdot (2a + 3) = 5 \cdot (a + 1) + 3 \cdot (2a + 2)$ B
b) $12 \cdot (4x - 7) - 11 \cdot (3x + 5) = 9 \cdot (5x - 6) - 10 \cdot (x + 4)$

3.32 **a)** $(x + 1) \cdot (x - 2) = (x + 3) \cdot (x - 1)$ **b)** $(2c + 2) \cdot (2c - 5) = (c + 1) \cdot (4c - 3)$ B

3.33 **a)** $(2x + 4) \cdot (x + 2) = (3x + 2) \cdot (2x - 3) - (2x - 4) \cdot (2x - 2)$ B
b) $(2b - 4) \cdot (2b + 3) + (2b + 6) \cdot (b - 5) = (3b + 3) \cdot (2b + 6)$

3.34 **a)** $(x + 1)^2 - (x - 1)^2 = 2$ **b)** $(2a + 1)^2 - (a + 3)^2 = 3a^2$ **c)** $(3y + 3)^2 = 5y^2 + (2y - 3)^2$ B

3.35 **a)** $3 \cdot (2x - 1)^2 - 4 \cdot (x + 2)^2 = 8 \cdot (x + 1)^2 - 5 \cdot (4x - 3)$ B
b) $2 \cdot (5x + 1) \cdot (2x - 2) - 3 \cdot (2x - 1)^2 = (4x - 1)^2 - 2 \cdot (2x - 2)^2$

3.36 Dein Mathematiklehrer hat bei der Angabe der Gleichung einen Fehler gemacht, dadurch ist die Gleichung für dich noch nicht lösbar. Welche(n) Koeffizienten müsste er wie ändern, damit eine lineare Gleichung entsteht? Löse die Gleichung anschließend. BC

a) $(4x + 1)^2 = 3x \cdot (4x + 5) + 13$ **b)** $(2x + 3) \cdot (x - 1) = 4x^2 - (x + 2)^2$

TE Aufgaben 3.37 – 3.43: Löse die Gleichungen für G = ℝ händisch beziehungsweise durch schrittweises Lösen mit deinem Rechenwerkzeug und überprüfe die Lösung mit dem Befehl **solve**. Führe anschließend die Probe durch.

B 3.37 $\frac{a+1}{4} = \frac{2a}{3} - 1$

Lösung:

$$\frac{a+1}{4} = \frac{2a}{3} - 1 \quad |\cdot 12$$
$$3 \cdot (a+1) = 4 \cdot 2a - 12$$
$$3a + 3 = 8a - 12 \quad |-3a+12$$
$$5a = 15 \quad |:5$$
$$a = 3$$

- Erweitern auf den Hauptnenner 12 ergibt: $\frac{3\cdot(a+1)}{12} = \frac{4\cdot 2a}{12} - \frac{12}{12}$
- Beim Multiplizieren mit dem Hauptnenner müssen die Zähler jeweils mit dem richtigen Faktor erweitert werden.

Das Beispiel kann mit CAS wie folgt gelöst werden:

$\left(\frac{a+1}{4}=\frac{2\cdot a}{3}-1\right)\cdot \text{lcm}(4,3)$	$3\cdot(a+1)=4\cdot(2\cdot a-3)$
$\text{expand}(3\cdot(a+1)=4\cdot(2\cdot a-3))$	$3\cdot a+3=8\cdot a-12$
$(3\cdot a+3=8\cdot a-12)-8\cdot a-3$	$-5\cdot a=-15$
$\frac{-5\cdot a=-15}{-5}$	$a=3$
$\frac{-5\cdot a=-15}{-5}$	$a=3$
$\text{solve}\left(\frac{a+1}{4}=\frac{2\cdot a}{3}-1,a\right)$	$a=3$

- Vorerst kann der Hauptnenner durch das kgv (**lcm**) berechnet werden. Anschließend wird die Gleichung mit diesem multipliziert.
- Danach werden schrittweise die weiteren Äquivalenzumformungen durchgeführt.
- Die Überprüfung erfolgt mit dem Befehl **solve**.
- Die Probe führt zu einer wahren Aussage, die durch **true** bestätigt wird.

B 3.38 **a)** $\frac{4z}{5} + 3 = \frac{2z}{3}$ **b)** $\frac{x}{3} + \frac{x}{6} - \frac{x}{2} = 3$ **c)** $\frac{5y}{2} + 3 = \frac{3y}{5} - 1$ **d)** $\frac{b}{18} + \frac{4b}{9} - \frac{b}{3} = 4$

B 3.39 **a)** $\frac{x+2}{3} = \frac{x-5}{4}$ **b)** $\frac{4y-1}{5} = \frac{3y+2}{3}$ **c)** $\frac{z-3}{5} + 2 = \frac{z+2}{3} - 1$ **d)** $\frac{2t-1}{4} + 1 = \frac{3t-3}{2} - t$

B 3.40 **a)** $\frac{s+2}{3} + \frac{s+5}{2} - \frac{s-3}{4} = 1$ **b)** $\frac{2b+1}{2} + \frac{3b-4}{5} - \frac{b+6}{6} = 3$ **c)** $\frac{3x-2}{7} - \frac{5x+2}{3} - \frac{2x-6}{14} = 5$

B 3.41 **a)** $\frac{x-1}{5} + \frac{x+2}{3} = \frac{x-2}{2} - \frac{x+4}{10}$ **b)** $\frac{z-2}{4} - \frac{4z+1}{2} = \frac{3z+4}{6} - \frac{2z-3}{3}$ **c)** $\frac{4r+10}{8} + \frac{3r-8}{6} = \frac{2r+3}{10} - \frac{8r-13}{12}$

B 3.42 **a)** $\frac{3c-8}{5} - \left(\frac{2c-6}{8} - \frac{c}{6}\right) = \frac{3c+4}{15} + \frac{c-3}{4}$ **b)** $\frac{2b+3}{12} - \left(\frac{2b-9}{21} - \frac{b+6}{4}\right) = \frac{b+4}{7} - \frac{2b-3}{14}$

B 3.43 **a)** $\frac{3x}{5} - \left(\frac{2x-1}{6} + \frac{2x-3}{4}\right) = \frac{x-2}{4} - \left(\frac{2x-3}{2} + \frac{4x+1}{3}\right)$ **b)** $\frac{3s-1}{7} + \frac{s-7}{15} = \frac{2s+1}{7} - \left(\frac{s+3}{5} - \frac{s-2}{3} - \frac{2s+2}{9}\right)$

B 3.44 **TE** Löse die Gleichung mit einem CAS Schritt für Schritt und führe die Probe durch.

a) $2a + 3 = 3a + 7$ **b)** $\frac{x}{9} + 2 = \frac{2}{5}$ **c)** $\frac{s+1}{9} = \frac{2s-1}{5} - 2$

BD 3.45 **TE** Carina verwendete bei der Hausübung ein Computeralgebrasystem. Dieses gab für die Multiplikation mit 6 nebenstehendes Ergebnis aus. Daraufhin wurde Carina von ihrer Lehrerin aufgefordert, dieses Ergebnis zu erklären. Kannst du Carina helfen?

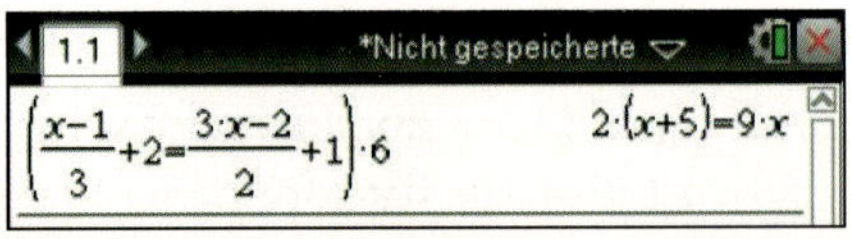

3.1.3 Textgleichungen

Viele als Text formulierte Probleme lassen sich mathematisch durch eine Gleichung beschreiben. Dabei wird für eine unbekannte Größe eine Variable gewählt. Gibt es weitere Unbekannte, werden diese ebenfalls mithilfe der gewählten Variablen ausgedrückt.

Grund- und Definitionsmenge ergeben sich bei Textgleichungen aus dem Zusammenhang. Überlege aber immer, ob die ermittelte Lösung der Gleichung auch eine sinnvolle Lösung des Problems darstellt. Die Probe muss immer anhand des Angabetexts gemacht werden. Das Ergebnis wird im Allgemeinen in Form einer Antwort und nicht als Lösungsmenge angegeben.

3.46 Übersetze den gegebenen Text in eine Gleichung. A

a) Die doppelte Geschwindigkeit beträgt 5 $\frac{m}{s}$.
b) Ein Rohr und ein doppelt so langes Rohr sind zusammen 6 m lang.
c) Multipliziert man ein Drittel einer Zahl mit einem Viertel der Zahl, so erhält man 12.
d) Wird die Höhe des Hügels um ein Zehntel vermindert, so ergeben sich 220 m.
e) Verlängert man eine Strecke um das Dreifache, so erhält man 40 km.

3.47 Ordne dem gegebenen Text eine passende Gleichung zu. Auch Mehrfachnennungen sind möglich. Gib an, welche der Größen der Gleichungsvariablen x entspricht. A

1) In einer Klasse mit 24 Schülerinnen und Schülern ist die Anzahl der Schüler dreimal so groß wie die Anzahl der Schülerinnen.
2) Verdoppelt man die Masse von Zement, so erhält man um 10 kg mehr als das 1,5-Fache der ursprünglichen Masse.
3) Für eine kleine und zwei große Pizzas werden 24,00 € bezahlt. Die große Pizza kostet 1,5-mal so viel wie die kleine.
4) Verdoppelt man eine Zahl und addiert das 1,5-Fache der ursprünglichen Zahl, so erhält man 10.

A) $24 - x = 3x$	***C)*** $2x = 1{,}5x + 10$	***E)*** $x + 3x = 24$
B) $2x + 1{,}5x = 10$	***D)*** $2x = 10 - 1{,}5x$	***F)*** $x + 1{,}5x = 24$

3.48 „Verlängert man die Seitenlängen eines Quadrats um 2 cm, so erhält man ein um 24 cm^2 größeres Quadrat. Gib die Seitenlänge des ursprünglichen Quadrats an." ACD
Ein Schüler stellt zum gegebenen Text folgende Gleichung auf: $(a + 2)^2 + 24 = a^2$
Welchen Fehler hat er gemacht? Stelle die Gleichung richtig.

3.49 „Ein 3 m langes Seil soll so in zwei Teile geteilt werden, dass der zweite Teil um 80 cm kürzer ist als der erste. Wie lang ist der erste Teil?" Mona erhält für den ersten Teil als Lösung 70 cm, Andreas erhält 320 cm. Warum können beide Lösungen nicht stimmen? AD

3.50 „Das Doppelte einer Zahl vermindert um 3 ergibt 5." AC
Diese Formulierung kann auf zwei Arten interpretiert werden. Formuliere den Text für beide Möglichkeiten so, dass die Angabe eindeutig wird.

3.51 Gegeben ist die Gleichung $(x + 30) + \frac{x}{3} + x = 100$. ABC

1) Schreibe einen passenden Text, wobei x das Taschengeld pro Monat ist.
2) Löse die Gleichung.
3) Erkläre, wie sich die Summe ändert, wenn das Taschengeld x um 10,00 € erhöht wird.

Gleichungen und Ungleichungen

Aufgaben mit Zahlen

Aufgaben 3.52 – 3.57: Berechne jeweils die gesuchte Zahl.

AB **3.52** Addiert man zum Fünffachen einer Zahl 7, so erhält man 42.

AB **3.53** Das Produkt einer Zahl und der um drei vergrößerten Zahl ist die Summe aus dem Quadrat der Zahl und zwölf.

AB **3.54** Welche Zahl bleibt gleich, wenn man sie mit zwei Fünftel multipliziert und neun addiert?

AB **3.55** Subtrahiert man von einer Zahl zehn und multipliziert anschließend die Differenz mit drei, so erhält man die Hälfte der Zahl.

AB **3.56** Addiert man zum Vierfachen einer Zahl 13 und dividiert die Summe durch sieben, so erhält man das 1,5-fache der Zahl.

AB **3.57** Dividiert man das Dreifache einer Zahl durch fünf, so ist das Ergebnis um vier kleiner als die Zahl selbst.

Aufgaben aus Wirtschaft und Technik

ABC **3.58** Ein Bäckerlehrling soll an drei Heurigenbetriebe insgesamt 200 Stück Korngebäck ausliefern. Er hat sich nur gemerkt, dass der zweite Betrieb um 25 Stück mehr als der erste bekommt, der dritte Betrieb hat 45 Stück mehr als der zweite Heurige bestellt.
a) Berechne die an die drei Heurigenbetriebe gelieferten Stückzahlen.
b) Wie lautet die Lösung, wenn die Gesamtanzahl des Korngebäcks nur 80 Stück beträgt?
Dokumentiere deine Überlegungen und Rechenschritte und gib die Definitionsmenge an.

Lösung:
a) Anzahl für den 1. Betrieb: x
Anzahl für den 2. Betrieb: $x + 25$
Anzahl für den 3. Betrieb: $(x + 25) + 45 = x + 70$
Definitionsmenge: $x \geqslant 0$ Stück — Die Anzahl ist eine nicht negative Größe.
$x + (x + 25) + (x + 70) = 200$ — Die Gesamtanzahl beträgt 200 Stück.

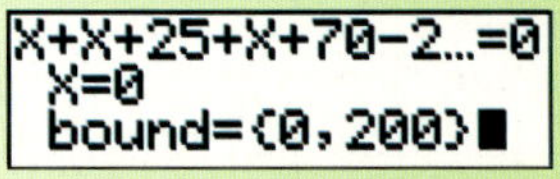

Als sinnvoller Startwert wird hier 0 eingegeben, die Grenzen des Lösungsintervalls sind 0 und 200.
Anzahl für den 1. Betrieb: 35
Anzahl für den 2. Betrieb: $35 + 25 = 60$
Anzahl für den 3. Betrieb: $60 + 45 = 105$
Probe: Summe: $35 + 60 + 105 = 200$
An den 1. Betrieb werden 35 Stück, an den 2. Betrieb 60 Stück und an den 3. Betrieb 105 Stück geliefert.

b) Beträgt die Gesamtanzahl nur 80 Stück, so erhält man die Gleichung:

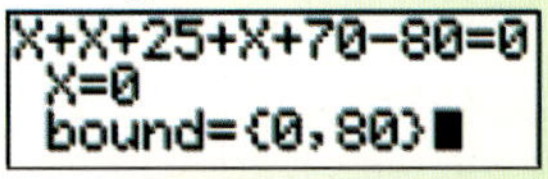

Die algebraische Lösung ($x = -5$) liegt nicht in der Definitionsmenge, sie ist nicht sinnvoll. **Die Aufgabe hat in diesem Fall keine Lösung.**

3.59 Ein Stahlrohr soll so in drei Teile geteilt werden, dass der zweite Teil um 72 cm kürzer ist als die Hälfte des ersten Teils. Der dritte Teil soll um 60 cm länger sein als der erste und der zweite zusammen. Ebenso soll der dritte Teil um 70 cm länger sein als der erste Teil. ABC

1) Berechne die Längen der einzelnen Teile.

2) Gib eine Mindestlänge für den ersten Teil an.

3) Wie lautet die Lösung, wenn der dritte Teil 40 cm länger ist als der erste Teil?

3.60 Drei Kräfte wirken in dieselbe Richtung. Die erste Kraft ist doppelt so groß wie die zweite und die dritte beträgt 70 % der ersten Kraft. Die resultierende Kraft beträgt 3,52 kN. Berechne die einzelnen Kräfte. AB

3.61 Der Gewinn einer Gesellschaft beträgt 560 000,00 € und soll auf die drei Gesellschafter so aufgeteilt werden, dass der zweite $\frac{4}{5}$ des Gewinnanteils des ersten und der dritte $\frac{2}{3}$ des Gewinnanteils des zweiten Gesellschafters erhält. ABCD

1) Zwei Sitznachbarn haben unterschiedliche Ansätze für die Gleichung aufgeschrieben:

A) $x + \frac{4}{5}x + \frac{8}{15}x = 560\,000{,}00$ € **B)** $\frac{5}{4}x + x + \frac{2}{3}x = 560\,000{,}00$ €

Erkläre, wie die beiden Ansätze zustande kommen, und berechne die einzelnen Anteile.

2) Der Gewinn verdoppelt sich im nächsten Jahr. Verdoppeln sich auch die Gewinnanteile der Gesellschafter? Formuliere deine Überlegungen.

3.62 Ein Industriebetrieb kauft von einer Zulieferfirma drei verschiedene elektronische Bauteile und bezahlt 11 594,00 €. Berechne die Kosten für die einzelnen Bauteile, wenn die Kosten für Bauteil B 87 % der Kosten von Bauteil A und die Kosten von Bauteil C 24 % der Kosten von Bauteil A und Bauteil B zusammen betragen. AB

3.63 Die 822 500,00 € Baukosten einer Produktionshalle werden unter den vier Betreibern folgendermaßen aufgeteilt: Der zweite bezahlt um 350 000,00 € mehr als der erste, der dritte die Hälfte des Anteils des zweiten und der vierte $\frac{1}{3}$ des Anteils des ersten Betreibers. ABCD

1) Welcher Betreiber bezahlt am meisten? Begründe zuerst und rechne dann nach.

2) Aufgrund unerwarteter Umstande erhöhen sich die Baukosten um 10 %. Ist es gerecht, wenn die Aufteilung wieder wie angegeben erfolgt?

3.64 In zwei Rohstoffsilos befinden sich insgesamt 5,7 t eines Rohstoffs. Wenn aus dem ersten Silo $\frac{1}{3}$ des Inhalts und aus dem zweiten Silo $\frac{2}{5}$ entnommen werden, befindet sich in beiden Silos die gleiche Menge. Berechne die ursprünglich in den Silos enthaltenen Mengen. AB

3.65 Phillip möchte sich ein gebrauchtes Kleinmotorrad kaufen, das um 20 % billiger als der Neupreis angeboten wird. Für sein altes Moped würde er 15 % des Neupreises des Kleinmotorrads erhalten. Er könnte das Kleinmotorrad dann um 975,00 € Aufzahlung kaufen. Phillip hat nur 800,00 € gespart. Wie viel müsste er für sein altes Moped bekommen, damit er sich das Kleinmotorrad kaufen kann? Beschreibe deine Überlegungen. ABC

3.66 Ein 40 cm breiter Weg soll mit Steinplatten gepflastert werden. Zur Auswahl stehen Steinplatten mit einer Größe von 40 cm x 40 cm und von 40 cm x 15 cm. Verlegt man die größeren Platten, so würde man um 25 Platten weniger benötigen als beim Verlegen der kleinen Platten. Bei beiden Typen entsteht kein Verschnitt und sie werden ohne Fuge verlegt. Die großen Steinplatten kosten 20,50 € pro Stück und die kleinen 7,60 €. ABD

1) Für welche Plattengröße sollte man sich entscheiden? Vergleiche die Gesamtpreise und überlege, welche Vor- und Nachteile größere oder kleinere Platten haben.

2) Wie lang ist der Weg?

Bewegungsaufgaben

AB TE **3.67** Eine Schülerin fährt um 7:00 Uhr von zuhause mit ihrem Moped in die Schule. Nach einer Viertelstunde findet ihr Vater jenes Buch, das sie an diesem Tag bei ihrem Referat vorstellen und eine Leseprobe daraus lesen möchte. Er fährt ihr mit dem PKW nach, um ihr das Buch zu bringen. Die mittlere Geschwindigkeit des Mopeds beträgt 30 $\frac{km}{h}$, die des PKWs 60 $\frac{km}{h}$. Kann der Vater die Tochter erreichen, bevor sie bei der 15 km entfernt liegenden Schule ankommt? Löse mithilfe eines Computeralgebrasystems.

Lösung:

Skizze:

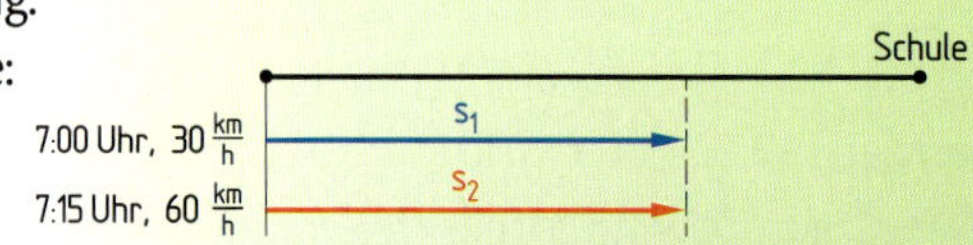

	Geschwindigkeit in $\frac{km}{h}$	Zeit in h	Weg in km
Tochter	30	t	30 · t
Vater	60	t – 0,25	60 · (t – 0,25)

- Wir verwenden den Zusammenhang $s = v \cdot t$.

$s_1 = s_2$

solve(30·t=60·(t−0.25),t)	t=0.5
s=30·0.5	s=15.
s=60·(0.5−0.25)	s=15.

- Beim Überholvorgang müssen die beiden Wegstrecken gleich sein.
- t ... Zeit in Stunden
- s_1 ... Weg der Tochter in km
- s_2 ... Weg des Vaters in km

t ... 0,5 Stunden

$s_1 = 30 \cdot 0{,}5$ $\qquad s_1 = 15$ km

$s_2 = 60 \cdot (0{,}5 - 0{,}25) = 15$ $\qquad s_2 = 15$ km

$s_1 = s_2$

Der Vater erreicht die Tochter genau vor der Schule.

Probe:

- Wir berechnen die zurückgelegten Wege, diese müssen gleich sein.

ABC TE **3.68** Boris und Alexander wohnen 210 km voneinander entfernt. Für ein Treffen beschließen sie, um 18:00 Uhr aufzubrechen und einander entgegenzufahren. Boris erreicht eine mittlere Geschwindigkeit von 80 $\frac{km}{h}$, Alexander von 60 $\frac{km}{h}$.

1) Wie weit von Boris entfernt treffen die beiden einander?

2) Für ein weiteres Treffen wählen sie denselben Ort. Diesmal kann auch Alexander mit einer mittleren Geschwindigkeit von 80 $\frac{km}{h}$ fahren. Wie lang muss er auf Boris warten?

3) Überlege allgemein, was die Veränderung der Geschwindigkeit von Alexander für die Wartezeit von Boris bewirkt. Setze dazu mit deinem Rechenwerkzeug unterschiedliche Geschwindigkeiten ein und beobachte die Auswirkungen auf die Wartezeit. Gib anschließend eine allgemeine Formel für die Wartezeit an.

AB **3.69** Jemand fährt 1,5 Stunden lang mit einer konstanten Geschwindigkeit und kann so eine bestimmte Strecke zurücklegen. Wird die Geschwindigkeit um 20 % reduziert, so ist die in derselben Zeit gefahrene Strecke um 15 km kürzer. Ursprüngliche Geschwindigkeit?

ABCD **3.70** Für die Fahrt von Wien nach Linz benötigt eine Autofahrerin zwei Stunden. Bei der Rückfahrt kann sie die mittlere Geschwindigkeit um 10 $\frac{km}{h}$ erhöhen und benötigt zwölf Minuten weniger Fahrzeit.

1) Berechne die mittleren Geschwindigkeiten bei der Hin- und Rückfahrt. Sind diese Geschwindigkeiten realistisch?

2) Stimmt die Aussage: „Wenn die mittlere Geschwindigkeit um 20 $\frac{km}{h}$ erhöht wird, dann ist die Fahrzeit um 24 Minuten kürzer."? Begründe deine Antwort.

Leistungsaufgaben

3.71 Das Wasserbecken eines Industriebetriebs hat zwei Zuflüsse und einen Abfluss. Das Befüllen des Beckens dauert durch den ersten Zufluss Z_1 allein 2 Stunden und durch den zweiten Zufluss Z_2 allein 6 Stunden, wenn kein Wasser abfließt. Das Entleeren des vollen Beckens dauert 9 Stunden, wenn kein Wasser zufließt. Wie lang dauert das Füllen des leeren Beckens mit beiden Zuflüssen, wenn gleichzeitig ständig Wasser abfließt?

AB

Lösung:

	$\frac{\text{Volumen}}{\text{h}}$	Volumen insgesamt
Z_1	$\frac{V}{2}$	$\frac{V}{2} \cdot t$
Z_2	$\frac{V}{6}$	$\frac{V}{6} \cdot t$
Abfluss	$\frac{V}{9}$	$\frac{V}{9} \cdot t$

- Das Befüllen dauert durch den ersten Zufluss 2 h, also beträgt das Zuflussvolumen pro Stunde $\frac{V}{2}$. Die gesuchte Befülldauer ist t, also beträgt das Zuflussvolumen durch den ersten Zufluss insgesamt $\frac{V}{2} \cdot t$.

$\frac{v}{2} \cdot t + \frac{v}{6} \cdot t - \frac{v}{9} \cdot t = v$	$\frac{5 \cdot t \cdot v}{9} = v$
$\frac{\frac{5 \cdot t \cdot v}{9} = v}{v}$	$\frac{5 \cdot t}{9} = 1$
$\left(\frac{5 \cdot t}{9} = 1\right) \cdot 9$	$5 \cdot t = 9$
$\frac{5 \cdot t = 9}{5}$	$t = \frac{9}{5}$

Das Füllen des Beckens dauert 1 Stunde und 48 Minuten.

- Das Gesamtvolumen ist das zufließende Volumen vermindert um das abfließende Volumen. Da wir durch V dividieren ($V \neq 0$), ist die Angabe vom Volumen unabhängig.
- Mithilfe des CAS kann man die Gleichung lösen und erhält eine Befülldauer von $t = 1{,}8$ Stunden.
- Für die Probe kann in die Gleichung der berechnete Wert eingesetzt werden und dies führt zu einer wahren Aussage.

Probe:

$\frac{v}{2} \cdot t + \frac{v}{6} \cdot t - \frac{v}{9} \cdot t = v \mid t = 1.8$	true

Z_1: $\frac{V}{2} \cdot 1{,}8 = 0{,}9 \cdot V$ Z_2: $\frac{V}{d} \cdot 1{,}8 = 0{,}3 \cdot V$

Abfluss: $\frac{V}{9} \cdot 1{,}8 = 0{,}2 \cdot V$

$0{,}9 \cdot V + 0{,}3 \cdot V - 0{,}2 \cdot V = 1 \cdot V$

- Nun können auch die einzelnen Volumsanteile berechnet werden und zur Kontrolle in die Gleichung eingesetzt werden.

3.72 Um den zunehmenden Druckaufträgen in einem Büro gerecht zu werden, ist zusätzlich zu dem vorhandenen Drucker ein modernes zweites Gerät angeschafft worden. Das ursprüngliche Gerät schafft in 16 Minuten den Ausdruck des gewünschten Schriftwerks von 180 Seiten, der neue Drucker druckt die gleiche Anzahl in einem Viertel der Zeit. Um zeitgerecht auszudrucken will man beide Geräte parallel nutzen.

ABC

a) Berechne, nach wie vielen Minuten der Druckauftrag im besten Fall abgeschlossen ist und wie die Seiten auf die Drucker aufgeteilt werden müssen.

b) Berechne mithilfe deines Rechenwerkzeugs allgemein für eine Anzahl von k Kopien. Was fällt dir auf?

3.73 Bei starkem Regen wird das Wasser zum Beispiel aus Kanälen in Hochwasserauffangbecken gesammelt. Ein solches Becken füllt sich bei Starkregen in 4 Stunden, wenn in dieser Zeit kein Wasser abfließt. Das Entleeren dauert 11 Stunden, wenn kein Wasser zufließt. An einem Tag regnet es sieben Stunden lang stark. Kann das anfangs leere Becken das Wasser auffangen, wenn gleichzeitig ständig Wasser abfließt?

ABC

ABD **3.74** Zum Aufschütten eines Damms werden drei verschieden große LKW eingesetzt. Wird nur der erste LKW eingesetzt, dauert das Aufschütten 23 Tage. Der zweite LKW benötigt allein 40 Tage, der dritte 27 Tage.

1) Wie lang dauert das Aufschütten, wenn alle drei LKW gleichzeitig eingesetzt werden?

2) Überlege, ob der Einsatz der drei LKW auch kostengünstiger ist als der Einsatz des ersten LKWs allein. Welche Faktoren könnten dabei von Bedeutung sein?

AB **3.75** Eine Betonmischanlage produziert in 12 Stunden 540 m^3 Beton. Eine zweite benötigt 20 Stunden und eine dritte 60 Stunden für die gleiche Menge. Wie lang müssen die drei Anlagen gemeinsam in Betrieb sein, um 540 m^3 Beton herzustellen?

ABD **3.76** Nach einem Hochwasser müssen aus dem Keller eines Einfamilienhauses 85 m^3 Wasser abgepumpt werden. Um 7:00 Uhr wird zunächst eine Pumpe mit einer Pumpleistung von 80 $\frac{\ell}{\text{min}}$ eingesetzt. Nach zweieinhalb Stunden kann zusätzlich eine Pumpe mit einer Leistung von 60 $\frac{\ell}{\text{min}}$ eingesetzt werden.

1) Kann das Wasser bis 18:00 Uhr aus dem Keller abgepumpt werden? Begründe.

2) Wie lang hätte es gedauert, wenn nur die erste Pumpe eingesetzt worden wäre?

AB TE **3.77** Drei Pumpen einer Kläranlage sollen 210 m^3 Klärschlamm abpumpen. Die erste Pumpe fördert 110 $\frac{\ell}{\text{min}}$. Die zweite Pumpe fördert 160 $\frac{\ell}{\text{min}}$ und wird 2 Stunden später als die erste in Betrieb genommen. Die dritte Pumpe fördert 210 $\frac{\ell}{\text{min}}$ und wird 6 Stunden später als die erste in Betrieb genommen.

a) Wie lang dauert das Abpumpen insgesamt?

b) Berechne mithilfe deines Rechenwerkzeugs allgemein für eine Menge von k m^3 Klärschlamm und interpretiere dein Ergebnis.

Mischungsaufgaben

AB TE **3.78** Für eine Silvesterfeier sollen die Mitarbeiter/innen eines Hotels eine Feuerzangenbowle vorbereiten. Laut Rezeptanleitung werden dafür 0,75 Liter eines 54 %-igen Rums benötigt. In der Hotelküche stehen nur 80 %-iger und 37,5 %-iger Rum zur Verfügung. Wie viel von jeder Sorte muss man mischen, um 0,75 Liter eines 54 %-igen Rums zu erhalten?

Lösung:
Die Prozentangaben beschreiben hier, wie viel Prozent des Gesamtvolumens Alkohol ist, das bedeutet, dass in einem Liter 37,5 %-iger Rum genau 0,375 Liter Alkohol enthalten sind.

Sorte	Volumen in Liter	Alkoholgehalt	Alkoholgehalt in Liter
Sorte 1	m_1	37,5 %	$0{,}375 \cdot m_1$
Sorte 2	$0{,}75 - m_1$	80 %	$0{,}8 \cdot (0{,}75 - m_1)$
Sorte 3	0,75	54 %	$0{,}54 \cdot 0{,}75$

- Die Summe der Alkoholanteile der zur Herstellung verwendeten Rumsorten muss den gewünschten Alkoholanteil der Bowle ergeben.

$0.375\cdot m1+0.8\cdot(0.75-m1)=0.54\cdot 0.75$	$0.6-0.425\cdot m1=0.405$
$(0.6-0.425\cdot m1=0.405)-0.6$	$-0.425\cdot m1=-0.195$
$\frac{-0.425\cdot m1=-0.195}{-0.425}$	$m1=0.458824$
$m2=0.75-0.458824$	$m2=0.291176$

$0.54\cdot 0.75$	0.405
$0.375\cdot 0.458824+0.8\cdot 0.291176$	0.405

- Wir erhalten daher die nebenstehende Gleichung und berechnen die Menge m_1.
- Berechnen der Menge m_2
- Überprüfen der Summe

Man muss ca. 0,46 Liter der 37,5 %-igen Rumsorte mit ca. 0,29 Liter des 80 %-igen Rums vermischen, um die gewünschten 0,75 Liter eines 54 %-igen Rums zu erhalten.

3.79 Sind folgende Aussagen richtig oder falsch? Begründe deine Antwort. D
1) Mischt man die gleichen Mengen 50 %iger Salzlösung und 40 %iger Salzlösung, so erhält man eine 90 %ige Salzlösung.
2) Werden 10 Liter einer 10 %igen Zuckerlösung mit 10 Liter Wasser gemischt, so erhält man eine 5 %ige Zuckerlösung.
3) Beim Mischen einer 20 %igen Salzlösung mit einer 40 %igen Salzlösung liegt der Salzgehalt der Mischung unter 20 %.
4) 5 kg Bronze enthalten 1 kg Zinn. Diese wird mit 7 kg Bronze mit einem Zinnanteil von 2 kg gemischt. Die Mischung enthält nun 3 kg Zinn.

3.80 250 kg einer Legierung mit 60 % Kupfer und 40 % Zinn sollen durch Zusatz von reinem Kupfer zu Bronze CuSn12 (88 % Kupfer, 12 % Zinn) verarbeitet werden. Welche Menge an Kupfer muss zugefügt werden? Welche Menge CuSn12 erhält man nach der Verarbeitung? AB

3.81 Messing ist eine Kupfer-Zink-Legierung. Aus 420 kg einer Messingsorte mit 50 % Zinkanteil sollen durch Beifügen einer anderen Messingsorte 960 kg Messing mit 60 % Zinkanteil hergestellt werden. Berechne den Zinkanteil des beizufügenden Messings. AB

3.82 Wie hoch ist der Kohlenstoffgehalt der Mischung, die durch Einschmelzen von 32 t Gusseisen und 18 t Stahl entsteht, wenn dieses Gusseisen einen Kohlenstoffgehalt von 3,2 % und dieser Stahl einen Kohlenstoffgehalt von 0,5 % hat? AB

3.83 Wie viel Kilogramm einer 30 %igen Salzlösung und wie viel Kilogramm einer 15 %igen Salzlösung müssen gemischt werden, um 14 kg einer 21 %igen Salzlösung zu erhalten? AB

3.84 Für einen Versuch soll aus 300 mℓ einer 35 %igen Kochsalzlösung eine Kochsalzlösung mit dem Salzgehalt des Toten Meers hergestellt werden. Wie viel Milliliter Wasser sind dafür notwendig? Recherchiere dazu die Salzkonzentration des Toten Meers. ABC

3.85 Wie viel Gramm Wasser müssen verdampft werden, um aus 200 g einer 40 %igen Schwefelsäure 98 %ige Schwefelsäure zu erhalten? AB

3.86 Zur Herstellung von 360 kg Messing mit 65 % Zinkanteil sollen 90 kg Messing mit 50 % Zinkanteil verarbeitet werden. Berechne, wie viel Messing mit 80 % Zinkanteil und wie viel Messing mit 30 % Zinkanteil zusätzlich benötigt werden. AB

3.1.4 Bruchgleichungen

AD **3.87** Das Fünffache einer Zahl gebrochen durch die um 2 vermehrte Zahl ergibt 3. Wie kann die Aufgabe als Gleichung aufgeschrieben werden? Worauf muss beim Lösen geachtet werden?

Eine Gleichung, bei der die Variable mindestens einmal im Nenner vorkommt, heißt **Bruchgleichung**.

Wie bei den Bruchtermen darf kein Nenner eines Terms der Bruchgleichung null werden. Wir erhalten daher die Definitionsmenge einer Bruchgleichung, indem wir aus der Grundmenge genau jene Werte ausschließen, für die einer der Nenner den Wert null annimmt.

ZB: $\frac{5x-3}{2x-1} + \frac{3}{4} = \frac{2}{x}$

Hier dürfen die Nenner der Terme $\frac{5x-3}{2x-1}$ und $\frac{2}{x}$ nicht null werden. Wir ermitteln, für welche Werte von x dieser Fall eintritt:

Nenner 1: $2x - 1 = 0 \Rightarrow x = \frac{1}{2}$; Nenner 2: $x = 0$

Diese Werte sind aus der Grundmenge auszuschließen. Wir schreiben:

$D = G \setminus \left\{0; \frac{1}{2}\right\}$ oder $x \neq 0$ und $x \neq \frac{1}{2}$

Um die Lösungsmenge einer Bruchgleichung zu ermitteln, gehen wir folgendermaßen vor:

- Definitionsmenge ermitteln
- Einzelne Bruchterme, wenn möglich, durch Herausheben und Kürzen vereinfachen
- Linksterm und Rechtsterm der Gleichung auf den gleichen Hauptnenner bringen; der Hauptnenner ist das kleinste gemeinsame Vielfache aller Nenner der Gleichung.
- Multiplizieren der Gleichung mit dem Hauptnenner
- Lösen der Gleichung durch Anwenden von Äquivalenzumformungen

B **3.88** Ermittle die Lösungsmenge der Gleichung $\frac{3}{x} + 6 = \frac{3}{4}$ für $G = \mathbb{R}$.

Lösung:

$D = \mathbb{R} \setminus \{0\}$
- x darf nicht null sein.

$HN = kgV(x, 4) = 4 \cdot x$
- Der Hauptnenner (HN) ist das kleinste gemeinsame Vielfache aller Nenner der Gleichung.

$\frac{3 \cdot 4 + 6 \cdot 4 \cdot x}{4 \cdot x} = \frac{3 \cdot x}{4 \cdot x} \quad | \cdot 4 \cdot x$
- Die einzelnen Terme werden erweitert.
- Die Gleichung wird mit dem Hauptnenner multipliziert.

$3 \cdot 4 + 6 \cdot 4 \cdot x = 3 \cdot x$

$12 + 24x = 3x \quad | -3x - 12$

$21x = -12 \quad | :21$

$x = -\frac{12}{21}$

$x = -\frac{4}{7}$

- Die beiden obigen Schritte können auch zu einem zusammengefasst werden. Dabei werden die Zähler mit dem jeweiligen Erweiterungsfaktor multipliziert, der Nenner fällt dann sofort weg.

$L = \left\{-\frac{4}{7}\right\}$
- $\left(-\frac{4}{7}\right)$ ist in der Definitionsmenge enthalten und daher Lösung.

B

TE

3.89 Ermittle die Definitions- und die Lösungsmenge der Gleichung $\frac{x+4}{x^2-4x} + \frac{6x}{3x-12} = \frac{2x-1}{x}$ für $G = \mathbb{R}$.

Lösung:

Nenner	Faktoren	Erweiterungsfaktoren
$x^2 - 4x$	$x \cdot (x-4)$	**3**
$3x - 12$	$3 \cdot (x-4)$	**x**
x	x	$\mathbf{3 \cdot (x-4)}$
$HN = 3 \cdot x \cdot (x-4)$		

- Alle Nenner der Bruchgleichung werden so weit wie möglich in Faktoren zerlegt.
- Da der Hauptnenner alle in den Nennern vorkommenden Faktoren enthält, kann aus diesem die Definitionsmenge der Bruchgleichung ermittelt werden.

$x = 0;\ x - 4 = 0 \Rightarrow x = 4$

$\Rightarrow D = \mathbb{R} \setminus \{0; 4\}$

$$\frac{(x+4) \cdot 3}{HN} + \frac{6x \cdot x}{HN} = \frac{(2x-1) \cdot 3 \cdot (x-4)}{HN} \quad | \cdot HN$$

- Erweitern und Multiplizieren mit dem Hauptnenner

$$(x+4) \cdot 3 + 6x \cdot x = (2x-1) \cdot 3 \cdot (x-4)$$
$$3x + 12 + 6x^2 = 6x^2 - 27x + 12 \quad | -6x^2$$
$$3x + 12 = -27x + 12 \quad | +27x - 12$$
$$30x = 0$$
$$x = 0$$

$0 \notin D \Rightarrow L = \{\}$

- 0 ist nicht in der Definitionsmenge enthalten und daher keine Lösung.

So löst ein Computeralgebrasystem diese Gleichung:

$\text{factor}(x^2-4 \cdot x)$	$x \cdot (x-4)$
$\text{factor}(3 \cdot x-12)$	$3 \cdot (x-4)$

- Das Finden des gemeinsamen Nenners wird durch den Befehl **factor** erleichtert, da hier die einzelnen Nenner faktorisiert dargestellt werden können.

$\left(\frac{x+4}{x^2-4 \cdot x}+\frac{6 \cdot x}{3 \cdot x-12}=\frac{2 \cdot x-1}{x}\right) \cdot 3 \cdot x \cdot (x-4)$	$3 \cdot (2 \cdot x^2+x+4)=3 \cdot (x-4) \cdot (2 \cdot x-1)$
$\text{expand}(3 \cdot (2 \cdot x^2+x+4)=3 \cdot (x-4) \cdot (2 \cdot x-1))$	$6 \cdot x^2+3 \cdot x+12=6 \cdot x^2-27 \cdot x+12$

- Ein schrittweises Lösen ist durch Äquivalenzumformungen möglich.

$(6 \cdot x^2+3 \cdot x+12=6 \cdot x^2-27 \cdot x+12)-6 \cdot x^2+27 \cdot x-1$	$30 \cdot x=0$
$\frac{30 \cdot x=0}{30}$	$x=0$

$\text{solve}\left(\frac{x+4}{x^2-4 \cdot x}+\frac{6 \cdot x}{3 \cdot x-12}=\frac{2 \cdot x-1}{x},x\right)$	false

- Beim Verwenden des Befehls **solve** erkennt man durch die Anzeige **false** sofort, dass die Lösung die leere Menge ist.

Bemerkungen:

- Beachte, dass das Multiplizieren der Gleichung mit dem Hauptnenner nur dann eine Äquivalenzumformung ist, wenn dieser ungleich null ist.
- Bei Bruchgleichungen mit Doppelbrüchen wird nach der Ermittlung der Definitionsmenge so umgeformt, dass eine Bruchgleichung mit einfachen Brüchen entsteht.

Gleichungen und Ungleichungen

B **3.90** Bestimme die Definitionsmenge der gegebenen Gleichung.

a) $\frac{3}{x} = 7$ ***b)*** $\frac{5}{x-1} = 2$ ***c)*** $\frac{x-6}{2x-2} = 3$ ***c)*** $\frac{4x-2}{2x+1} = \frac{2x}{x-1}$ ***d)*** $\frac{6x-1}{3x+0{,}3} = \frac{8x-1}{4x-0{,}4}$

A **3.91** Gib drei Bruchgleichungen an, die die gegebene Definitionsmenge haben.

a) $D = \mathbb{R} \setminus \{0; 2\}$ ***b)*** $D = \mathbb{R} \setminus \{-1; 3\}$ ***c)*** $D = \mathbb{R} \setminus \left\{-\frac{2}{3}; 0; \frac{1}{2}\right\}$ ***d)*** $D = \mathbb{R} \setminus \{-0{,}3; 5\}$

D **3.92** Erkläre, wie die beiden unterschiedlichen Lösungswege der Gleichung $\frac{1}{x} = \frac{x+1}{x^2-1}$ zu beurteilen sind.

$$\frac{1}{x} = \frac{x+1}{x^2-1}$$
$$x^2 - 1 = x^2 + x$$
$$x = -1 \qquad L = \{-1\}$$

$$\frac{1}{x} = \frac{\cancel{x+1}^{\,1}}{\cancel{(x+1)}(x-1)}$$
$$x - 1 = x$$
$$-1 = 0 \qquad L = \{\,\}$$

TE Aufgaben 3.93 – 3.96: Gib jeweils die Definitionsmenge an und löse die Gleichungen für $G = \mathbb{R}$. Berechne mit deinem Rechenwerkzeug vorerst schrittweise und überprüfe anschließend mit dem Befehl **solve**.

B **3.93** ***a)*** $\frac{3}{x} = 1$ ***b)*** $\frac{7}{x} = 9$ ***c)*** $\frac{3}{5x} = 4$ ***d)*** $\frac{5}{6b} = 10$

B **3.94** ***a)*** $\frac{3}{2x-3} = 4$ ***b)*** $\frac{2}{3b+5} = 7$ ***c)*** $\frac{3}{2b+3} = \frac{3}{7}$ ***d)*** $\frac{4}{3y-5} = \frac{2}{5}$

B **3.95** ***a)*** $\frac{1}{x-1} = \frac{1}{x}$ ***b)*** $\frac{3}{2r-2} = \frac{4}{5r}$ ***c)*** $\frac{1}{3a-2} = \frac{2}{2a-3}$ ***d)*** $\frac{9}{6x-3} = \frac{7}{2x+3}$

B **3.96** ***a)*** $\frac{t+1}{t-1} = \frac{2t}{2t+1}$ ***b)*** $\frac{x-1}{x+1} = \frac{3x}{3x+3}$ ***c)*** $\frac{4r+6}{r-4} - \frac{8r+10}{2r+5} = 0$ ***d)*** $\frac{4c+2}{2c-3} - \frac{6c+1}{3c-6} = 0$

BCD **3.97** Beim Lösen der Gleichung $\frac{4}{x} - \frac{3}{x^2+x} = \frac{5}{x+1}$ schlagen Daniela und Stefan zwei unterschiedliche Lösungswege ein.
Daniela bestimmt den Hauptnenner und erhält: $4 \cdot (x+1) - 3 = 5x$
Stefan rechnet mit dem Produkt aller Nenner: $4 \cdot (x^2 + x) \cdot (x+1) - 3x \cdot (x+1) = 5x \cdot (x^2 + x)$

1) Erkläre, welche Vor- bzw. Nachteile sich dadurch ergeben.

2) Zeige durch Nachrechnen, dass Daniela die Lösung $x = 1$ erhält und Stefan die Gleichung $x^3 - x = 0$, die er noch nicht lösen kann.

3) Überprüfe durch Einsetzen, dass die Gleichung $x^3 - x = 0$ die Lösungen $x_1 = -1$, $x_2 = 0$ und $x_3 = 1$ hat. Kann Stefan nun trotzdem die einzige richtige Lösung der ursprünglichen Gleichung angeben? Begründe deine Antwort.

BC **3.98** **TE** Das CAS gibt beim Berechnen der beiden unterschiedlichen Bruchgleichungen folgende Lösungen an:

$\text{solve}\left(\frac{4}{x-4} + \frac{10}{x+4} = \frac{14 \cdot x - 24}{x^2 - 16}, x\right)$	true
$\text{solve}\left(\frac{4}{x-4} + \frac{10}{x+4} = \frac{14 \cdot x + 24}{x^2 - 16}, x\right)$	false

Rechne händisch nach und interpretiere die Lösungen des CAS.

Aufgaben 3.99 – 3.104: Gib die Definitionsmenge an und löse die Gleichungen für $G = \mathbb{R}$. Überprüfe mit deinem Rechenwerkzeug.

TE

3.99 **a)** $-\frac{3x+5}{x+1} = \frac{6}{9x+9} - \frac{5}{3x+3}$ **b)** $\frac{4x-3}{8x-6} + \frac{4x-6}{16x-12} = \frac{x-1}{4x-3}$ **c)** $\frac{3t-1}{t-2} - \frac{1-2t}{2t-4} = \frac{6t+6}{3t-6}$ B

3.100 **a)** $\frac{2}{x^2-2x} - \frac{1}{x} = \frac{1}{x-2}$ **b)** $\frac{5}{a} + \frac{1}{a+5} = \frac{1}{a^2+5a}$ **c)** $\frac{5}{r} - \frac{1}{r+3} = \frac{4}{r^2+3r} + \frac{2}{r}$ B

3.101 **a)** $\frac{3}{x-2} - \frac{5}{2x+4} = \frac{13}{3x+6} - \frac{4}{x+2}$ **b)** $\frac{3}{3a-3} - \frac{5}{a} = \frac{1}{5a-5} - \frac{2}{a^2-a}$ **c)** $\frac{2x}{3+x} - \frac{8x}{12+4x} = \frac{1}{2x} - \frac{4}{6x+2x^2}$ B

3.102 **a)** $\frac{4}{b-3} - \frac{1}{b+3} = \frac{3}{b^2-9}$ **b)** $\frac{2}{r-4} = \frac{4}{r+4} - \frac{3r}{r^2-16}$ **c)** $\frac{2}{a-1} + \frac{3}{a+1} = \frac{7a}{a^2-1} - \frac{2}{a}$ B

3.103 **a)** $\frac{5}{t^2+6t+9} - \frac{2}{t^2-9} = \frac{3}{t^2+3t}$ **b)** $\frac{x}{2x^2-16x+32} = \frac{1}{2x-8} + \frac{3}{x^2-4x}$ **c)** $\frac{a^2-4}{4a^2+12a+9} - \frac{a}{4a+6} = \frac{1}{2a+3}$ B

3.104 **a)** $\frac{-10}{x^3-10x^2+25x} + \frac{1}{x^2} = \frac{2}{x^2+5x} - \frac{1}{x^2-25}$ **b)** $\frac{-2}{2x^2-8} + \frac{1}{x} = \frac{1}{(x-2)^2} + \frac{1}{x+2}$ B

3.105 Was ist falsch? $\frac{1}{2-x} - \frac{6}{x+2} = \frac{1}{x-2} \Rightarrow \frac{1}{\cancel{x-2}} - \frac{6}{x+2} = \frac{1}{\cancel{x-2}} \Rightarrow -\frac{6}{x+2} = 0 \Rightarrow 6 = 0, L = \{\ \}$ D

Aufgaben 3.106 – 3.109: Gib die Definitionsmenge an und löse die Gleichungen für $G = \mathbb{R}$. Überprüfe mit deinem Rechenwerkzeug.

TE

3.106 **a)** $\frac{r+2}{r-2} + \frac{4r}{2r-4} = -\frac{r-3}{6-3r}$ **b)** $\frac{k-4}{2-k} - \frac{3}{k-2} = \frac{3k+2}{8-4k} + \frac{k}{6-3k}$ **c)** $\frac{4-5c}{c+1} = \frac{3+4c}{1-c} - \frac{c^2+8c+17}{c^2-1}$ B

3.107 **a)** $\frac{\frac{x}{4} - \frac{x}{3}}{2} = \frac{1}{8}$ **b)** $\frac{2}{\frac{a}{5} - 3} = 5$ **c)** $\frac{\frac{s}{4} - 1}{\frac{s}{5} + 2} = 1$ **d)** $\frac{b+1}{\frac{3b}{2} - \frac{b}{6}} = 3$ B

3.108 **a)** $\frac{\frac{k-1}{2}}{\frac{k+1}{3}} = 2$ **b)** $\frac{\frac{y+2}{5}}{\frac{y-3}{4}} = \frac{4}{3}$ **c)** $\frac{\frac{5a-2}{6}}{\frac{4a+5}{5}} = \frac{5}{3}$ **d)** $\frac{\frac{3x-15}{2}}{\frac{15x+10}{10}} = \frac{21}{4}$ B

3.109 **a)** $\frac{1 - \frac{x+1}{x-1}}{1 - \frac{x-1}{x+1}} = 2$ **b)** $\frac{\frac{z+1}{z-1} - \frac{z-1}{z+1}}{1 - \frac{z-1}{z+1}} = 3$ **c)** $\frac{\frac{x+3}{x-3} - \frac{x-3}{x+3}}{\frac{3-x}{3+x} - \frac{3+x}{3-x}} = -1$ **d)** $\frac{\frac{2}{t-2}}{\frac{t-2}{t+2} - \frac{t+2}{t-2}} = 1$ B

3.110 Wird die Summe aus drei und einer Zahl durch das Vierfache der Zahl dividiert, so erhält man die Zahl gebrochen durch die Differenz aus dem 4-fachen der Zahl und 6. Wie lautet die Zahl? AB

3.111 Zwei Arbeiter benötigen für eine Arbeit gemeinsam 20 Tage. Wie viele Tage benötigt der zweite Arbeiter allein, wenn der erste Arbeiter allein 30 Tage arbeiten müsste? AB

3.112 Bei der Parallelschaltung von zwei Widerständen R_1 und R_2 ist R_2 um 10 Ω kleiner als R_1. Der Gesamtwiderstand R_{ges} ist ein Drittel von R_1. Berechne R_1, R_2 und R_{ges}.
Hinweis: $\frac{1}{R_{ges}} = \frac{1}{R_1} + \frac{1}{R_2}$ AB

3.1.5 Gleichungen mit Formvariablen

ABCD **3.113** Das Produkt zweier Zahlen ist acht. Ein Faktor kann die Werte 5, 3, 1 oder 0 annehmen. Schreibe als Gleichung an und berechne jeweils den zweiten Faktor. Ist dies für alle Werte möglich? Wie kann der Faktor berechnet werden, ohne jedes Mal die Gleichung zu lösen?

Eine Gleichung kann mehrere Variablen enthalten. Soll die Gleichung nach einer der Variablen gelöst werden, muss diese Gleichungsvariable angegeben sein. Alle anderen Variablen heißen dann **Formvariablen** und werden beim Lösen wie Zahlen behandelt.

> Eine Gleichung, die neben der Gleichungsvariablen weitere Variablen enthält, heißt **Gleichung mit Formvariablen**.

Bei der Division durch einen Term, der Formvariablen enthält, ist zu beachten, dass die Division nicht zulässig ist, wenn der Term den Wert null annimmt. Dieser Fall ist getrennt zu behandeln.

B **3.114** Bestimme die Lösungsmenge der Gleichung $a \cdot (x + 1) = 3 \cdot (b - x) + a$ für x, $G = \mathbb{R}$.

Lösung:

$a \cdot (x + 1) = 3 \cdot (b - x) + a$

$ax + a = 3b - 3x + a$

$ax + 3x = 3b$

$(a + 3) \cdot x = 3b$

Fall 1: $a + 3 \neq 0 \Rightarrow x = \frac{3b}{a+3} \quad L = \left\{\frac{3b}{a+3}\right\}$

Fall 2: $a + 3 = 0 \Rightarrow 0 \cdot x = 3b$

1) Für $b = 0 \Rightarrow 0 \cdot x = 0 \Rightarrow L = \mathbb{R}$

2) Für $b \neq 0 \Rightarrow 0 \cdot x = 3b \Rightarrow L = \{\,\}$

- x ist die Gleichungsvariable, a und b sind die Formvariablen. Sie werden beim Lösen wie Zahlen behandelt.
- Wegen der Division durch (a + 3) muss der Fall a + 3 = 0 gesondert behandelt werden.

Je nachdem, welche Werte a und b annehmen, erhalten wir eine der drei ermittelten Lösungsmengen.

solve(a·(x+1)=3·(b−x)+a,x)	$x=\frac{3\cdot b}{a+3}$

- Beim Lösen solcher Aufgaben mit CAS ist es wichtig, sich die Fallunterscheidungen gut zu überlegen, da diese Überlegungen dein Rechenwerkzeug nicht übernehmen kann. Es wird nur der allgemeine Lösungsterm angegeben, ohne dass auf die unterschiedlichen Fälle eingegangen wird.

solve(a·(x+1)=3·(b−x)+a,a)	$a=\frac{-3\cdot(x-b)}{x}$
solve(a·(x+1)=3·(b−x)+a,b)	$b=\frac{(a+3)\cdot x}{3}$

- Wird die Gleichung mit dem Befehl **solve** gelöst, so ist es wichtig, die richtige Variable anzugeben, nach welcher die Gleichung gelöst werden soll. Das fälschliche Angeben einer der Formvariablen als Lösungsvariable verändert die Aufgabenstellung und somit auch die Lösung, wie du im nebenstehenden Term erkennen kannst.

3.115 Ein Vater möchte das Taschengeld unter seinen drei Töchtern so verteilen, dass die zweitälteste Tochter um den Betrag a mehr bekommt als die jüngste und die älteste das Doppelte der zweitältesten. Insgesamt stellt er 100,00 € zu Verfügung. **ABD**

a) Gib das jeweilige Taschengeld an, wenn a = 20,00 €; 30,00 €; 40,00 € ist.

b) Erkläre, welche der Werte für a möglich sind.

3.116 Bei einem angemeldeten Handy können die monatlichen Kosten K mit der Gleichung $K = a + b \cdot x$ berechnet werden, wobei a die Grundgebühr, b der Minutentarif und x die Gesprächsdauer ist. **BC**

Magdalena kann zwischen zwei Handy-Tarifen wählen: a = 8,80 € und b = 4 Cent pro Minute oder a = 10,00 € und b = 3,5 Cent pro Minute. Beide Anbieter gewähren gleichermaßen das Zusatzangebot von 1 000 Freiminuten, 1 000 Gratis-SMS und unbegrenztem Datenvolumen. Für welchen Tarif sollte sich Magdalena entscheiden, wenn sie im Monat genau 20,00 € zur Verfügung hat? Bestimme x zuerst allgemein.

Aufgaben 3.117 – 3.122: Löse die Gleichungen nach x für $G = \mathbb{R}$. Führe eine Fallunterscheidung durch, wenn es erforderlich ist. Überprüfe mit deinem Rechenwerkzeug. **TE**

3.117 ***a)*** $x - a = b$ ***b)*** $x + 5a = 2b$ ***c)*** $3a - 2x = 8a + 5x$ **B**

3.118 ***a)*** $5 \cdot (2x + 2a) - 3a = x + 3a$ ***b)*** $4 \cdot (x - a) = 2 \cdot (x + b) + 2a$ **B**

3.119 ***a)*** $a - b \cdot (b + x) = 1$ ***b)*** $a \cdot (x + b) = x + 3b$ **B**

3.120 ***a)*** $a \cdot (b - 2x) = 2b \cdot (a + x) + 3ax$ ***b)*** $2ax + a \cdot (a + 3x) = a^2 \cdot (a + x)$ **B**

3.121 ***a)*** $(x + b) \cdot (x - a) = (x + 3b)^2$ ***b)*** $(b - 3x)^2 = 9 \cdot (a + x^2) + 4ax$ **B**

3.122 ***a)*** $\frac{2ax}{b} = 3$ ***b)*** $\frac{bx}{3a} = a$ ***c)*** $\frac{x}{2a} = \frac{bx}{3}$ ***d)*** $\frac{abx}{5} = \frac{2bx}{3}$ **B**

3.2 Umformen von Formeln

In vielen wissenschaftlichen Bereichen wird der Zusammenhang zwischen mehreren Größen üblicherweise in Form einer Gleichung angegeben. Solche Gleichungen heißen Formeln.

Im Mathematikunterricht der Unterstufe hast du bereits viele Formeln kennen gelernt, die Zusammenhänge zwischen geometrischen Größen angeben, im Physikunterricht Formeln für den Zusammenhang physikalischer Größen.

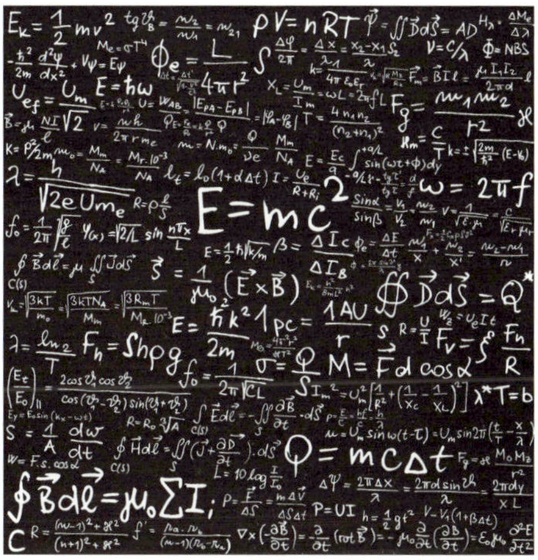

BD **3.123** Ein Trapez mit 5 cm Höhe hat einen Flächeninhalt von 47,5 cm^2. Setze für die Länge der Seite c der Reihe nach 6 cm, 7 cm und 9 cm in die Flächeninhaltsformel $A = \frac{(a + c) \cdot h}{2}$ ein und berechne die Länge der Seite a. Überlege, wie du die drei Werte schneller hättest berechnen können.

Sollen mehrere Berechnungen durchgeführt werden, ist es sinnvoller, eine Formel zuerst umzuformen und erst dann alle Werte einzusetzen.

Formeln sind Gleichungen mit Formvariablen. Die Variablen stehen oft für naturwissenschaftliche, wirtschaftliche, technische oder sonstige Größen.
Eine **Formel umformen** heißt, die Gleichung nach einer der enthaltenen Variablen zu lösen.

BCD **3.124** Die Volumenformel für einen Drehkegel lautet $V = \frac{1}{3} \cdot r^2 \cdot \pi \cdot h$.

1) Skizziere einen Drehkegel und kennzeichne die in der Formel vorkommenden Größen.
2) Mit welcher anderen Volumenformel hängt diese Formel zusammen?
3) Wie ändert sich das Volumen, wenn h bzw. wenn r verdoppelt wird?
4) Forme die Formel so um, dass r berechnet werden kann. Begründe, ob Fallunterscheidungen notwendig sind.

Lösung:

1) r ... Radius des Basiskreises, h ... Höhe

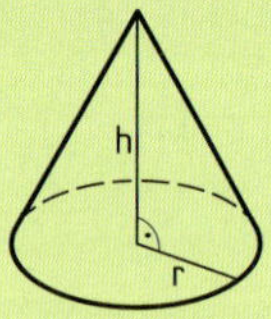

2) Das Volumen ist ein Drittel des Volumens des Drehzylinders mit Radius r und Höhe h.

3) h verdoppelt: $V_{neu} = \frac{1}{3} \cdot r^2 \cdot \pi \cdot 2 \cdot h = 2 \cdot \frac{1}{3} \cdot r^2 \cdot \pi \cdot h = 2 \cdot V \Rightarrow$ V verdoppelt

r verdoppelt: $V_{neu} = \frac{1}{3} \cdot (2 \cdot r)^2 \cdot \pi \cdot h = 4 \cdot \frac{1}{3} \cdot r^2 \cdot \pi \cdot h = 4 \cdot V \Rightarrow$ V vervierfacht

4)

$$V = \frac{r^2 \cdot \pi \cdot h}{3} \quad | \cdot 3$$
$$3 \cdot V = r^2 \cdot \pi \cdot h \quad | : (\pi \cdot h)$$
$$\frac{3 \cdot V}{\pi \cdot h} = r^2$$
$$r = \sqrt{\frac{3 \cdot V}{\pi \cdot h}}$$

Da alle vorkommenden Größen größer als null sein müssen, kann die Division ohne Fallunterscheidung erfolgen. Auch das Wurzelziehen ist möglich.

Es gelten dieselben Regeln wie für das Lösen von Gleichungen, wobei die Angabe von Grund-, Definitions- und Lösungsmenge meist nicht notwendig ist. Auch eine Fallunterscheidung kann in der Regel entfallen.

Das nächste Beispiel zeigt eine mögliche Vorgangsweise für das Umformen von Formeln. Diese Schritte können bei jeder Formel in der angegebenen Reihenfolge angewendet werden. Es sind aber natürlich nicht bei jeder Formel alle Schritte erforderlich und häufig gibt es auch (mehrere) andere kürzere bzw. elegantere Lösungsmöglichkeiten.

3.125 Forme die Formel für das Verhältnis elektrischer Spannungen $\frac{U_1}{U_2} = R_1 \cdot \left(\frac{1}{R_a} - \frac{1}{R_2}\right)$ so um, dass der Ohm'sche Widerstand R_a berechnet werden kann. B

Lösung:

$$\frac{U_1}{U_2} = R_1 \cdot \left(\frac{1}{R_a} - \frac{1}{R_2}\right)$$

$$\frac{U_1}{U_2} = \frac{R_1}{R_a} - \frac{R_1}{R_2}$$
- Klammern auflösen

$$\frac{U_1}{U_2} = \frac{R_1 \cdot R_2 - R_1 \cdot R_a}{R_a \cdot R_2} \quad | \cdot R_a \cdot R_2 \cdot U_2$$
- Bruchfrei machen

$$U_1 \cdot R_a \cdot R_2 = (R_1 \cdot R_2 - R_1 \cdot R_a) \cdot U_2$$
- Klammern auflösen

$$U_1 \cdot R_a \cdot R_2 = R_1 \cdot R_2 \cdot U_2 - R_1 \cdot R_a \cdot U_2 \quad | + R_1 \cdot R_a \cdot U_2$$
- Terme mit der gesuchten Variablen auf eine Seite, alle anderen Terme auf die andere Seite bringen

$$U_1 \cdot R_a \cdot R_2 + R_1 \cdot R_a \cdot U_2 = R_1 \cdot R_2 \cdot U_2$$
- Gesuchte Variable herausheben

$$R_a \cdot (U_1 \cdot R_2 + R_1 \cdot U_2) = R_1 \cdot R_2 \cdot U_2 \quad | : (U_1 \cdot R_2 + R_1 \cdot U_2)$$

$$R_a = \frac{R_1 \cdot R_2 \cdot U_2}{U_1 \cdot R_2 + R_1 \cdot U_2}$$
- Durch den in den Klammern verbleibenden Term dividieren

$$\text{solve}\left(\frac{u\_1}{u\_2} = r\_1 \cdot \left(\frac{1}{r\_a} - \frac{1}{r\_2}\right), r\_a\right)$$
$$r\_a = \frac{r\_1 \cdot r\_2 \cdot u\_2}{r\_1 \cdot u\_2 + r\_2 \cdot u\_1}$$

- Wie gewohnt lassen sich selbstverständlich auch Formeln leicht mit CAS umformen. Eine Möglichkeit, die verschiedenen Indizes von Variablen einzugeben ist wie hier gezeigt zB r_a. Beim Lösen muss dann die Größe, die durch die anderen Variablen ausgedrückt werden soll, im Befehl **solve** als Lösungsvariable eingegeben werden.

3.126 Die Formel aus Aufgabe 3.125 lässt sich auch auf andere Arten umformen. Die ersten Schritte einer Umformung sind jeweils vorgegeben. Stelle die Umformung fertig und überlege dir eine weitere Möglichkeit. Dokumentiere deine Rechenschritte. Überprüfe die Umformungsmöglichkeiten auch mit deinem Rechenwerkzeug. BC TE

1) $\frac{U_1}{U_2} = R_1 \cdot \left(\frac{1}{R_a} - \frac{1}{R_2}\right) \quad | : R_1$

2) $\frac{U_1}{U_2} = R_1 \cdot \left(\frac{1}{R_a} - \frac{1}{R_2}\right)$

$\frac{U_1}{U_2} = \frac{R_1}{R_a} - \frac{R_1}{R_2} \quad | + \frac{R_1}{R_2}$

3.127 Der Druck p ist das Verhältnis der Kraft F zur Fläche A. ABD

1) Schreibe eine Formel für den Druck p an.

2) Wie ändert sich der Druck, wenn die Kraft bzw. wenn die Fläche verdoppelt wird?

3) Forme die Formel nach der Fläche A um.

Gleichungen und Ungleichungen

BD **3.128** Das Ohm'sche Gesetz lautet: $U = R \cdot I$

1) Welche Bedeutung haben die vorkommenden Größen?

2) Wie muss man R ändern, wenn I verdreifacht wird und U konstant bleiben soll?

3) Forme nach R um.

BC **3.129** Gegeben ist die Formel $u = 2a + c$.

1) Der Umfang welchen Dreiecks wird durch die Formel beschrieben?

2) Forme die Formel nach der Seitenlänge a um.

BD **3.130** Ein Schüler führt folgende Formelumformung durch: $\frac{1}{R} = \frac{1}{R_1} + \frac{1}{R_2}$ | Kehrwert

$R = R_1 + R_2$

Erkläre anhand eines einfachen Zahlenbeispiels, warum dies nicht stimmen kann und zeige auch allgemein mithilfe deines Rechenwerkzeugs.

BCD **3.131** Armin erhält durch Umformen der Formel
$V = \frac{\gamma \cdot r^3 \cdot \pi}{12} \cdot (3 \cdot h - 2 \cdot r)$ für h: $h = \frac{4 \cdot V}{\gamma \cdot r^3 \cdot \pi} + \frac{2 \cdot r}{3}$

1) Welche Rechenschritte hat er ausgeführt?

2) Als Kontrolle benutzt er ein CAS. Erkläre, ob die Ergebnisse gleich sind.

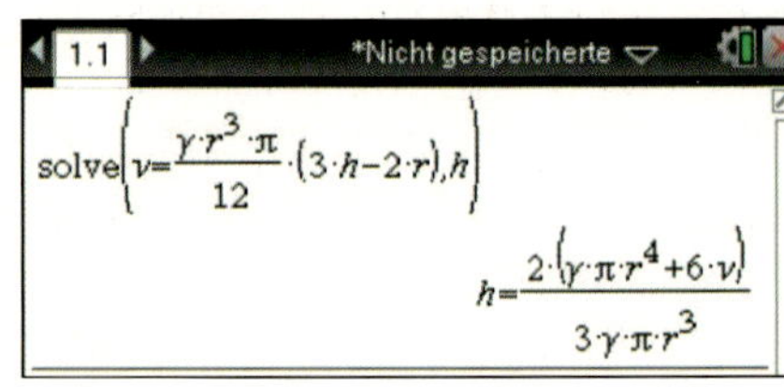

BCD **3.132** Die Volumenformel für eine quadratische Pyramide lautet $V = \frac{1}{3} \cdot a^2 \cdot h$.

1) Skizziere eine Pyramide und kennzeichne die in der Formel vorkommenden Größen.

2) Wie ändert sich das Volumen, wenn a verdoppelt bzw. wenn h halbiert wird?

3) Forme die Formel so um, dass a berechnet werden kann. Begründe, ob Fallunterscheidungen notwendig sind.

Aufgaben 3.133 – 3.137: Die folgenden Formeln sind dir aus der Unterstufe bekannt. Benenne die vorkommenden Größen und forme anschließend auf die gesuchte Größe um.

BC	**3.133**	$A = a \cdot b$	Flächeninhalt des Rechtecks	$b = ?$
BC	**3.134**	$u = 2 \cdot r \cdot \pi$	Umfang des Kreises	$r = ?$
BC	**3.135**	$A = \frac{e \cdot f}{2}$	Flächeninhalt des Deltoids	$e = ?$
BC	**3.136**	$b = \frac{r \cdot \pi \cdot \alpha}{180°}$	Länge des Kreisbogens	$\alpha = ?$
BC	**3.137**	$Z = K \cdot p \cdot \frac{t}{360\,d}$	Zinsen für die Zeit t in Tagen	$p = ?$

Aufgaben 3.138 – 3.142: Forme die Formeln auf die gesuchte Größe um. Verwende zur Kontrolle dein Rechenwerkzeug.

B	**3.138**	$u = 2 \cdot (a + b)$	Länge der Seite $a = ?$	Umfang des Rechtecks
B	**3.139**	$s = \frac{a + b + c}{2}$	Länge der Seite $b = ?$	Halber Umfang des Dreiecks
B	**3.140**	$V = r^2 \cdot \pi \cdot h$	Radius der Grundfläche $r = ?$	Volumen des Kreiszylinders
B	**3.141**	$A = \frac{a^2}{4} \cdot \sqrt{3}$	Länge der Seite $a = ?$	Flächeninhalt des gleichseitigen Dreiecks
B	**3.142**	$\rho = \frac{2 \cdot A}{a + b + c}$	Länge der Seite $c = ?$	Inkreisradius des Dreiecks

3.143 Vor allem in den USA werden Grad Fahrenheit (°F) als Einheit für die Temperatur verwendet. Die Umrechnung einer Temperatur φ in °F auf die Temperatur ϑ in °C erfolgt nach folgender Formel: $\frac{\vartheta}{°C} = \frac{5}{9} \cdot \left(\frac{\varphi}{°F} - 32\right)$ **BD**

1) Erkläre, ob bei gleicher Temperatur der Zahlenwert in °C oder in °F höher ist.
2) Würdest du in 100 °F heißem Wasser baden wollen? Begründe deine Antwort.
3) Gib eine Formel für die Umrechnung einer Temperatur von °C in °F an.

Formeln aus dem naturwissenschaftlichen Bereich

3.144 Das Boyle-Mariott'sche Gesetz lautet $p_1 \cdot V_1 = p_2 \cdot V_2$. Recherchiere, wo dieses Gesetz Anwendung findet. Drücke die Gleichung in eigenen Worten aus und forme nach V_2 um. **BCD**

Aufgaben 3.145 – 3.159: Forme die Formeln nach der gesuchten Größe um. Verwende zur Kontrolle dein Rechenwerkzeug.

3.145 $p \cdot V = n \cdot R \cdot T$ Absolute Temperatur T = ? Gleichung des idealen Gases **B**

3.146 $F = G \cdot \frac{m_1 \cdot m_2}{r^2}$ Masse m_2 = ? Anziehungskraft zweier Massen **B**

3.147 $v = v_0 + a \cdot t$ Beschleunigung a = ? Geschwindigkeit bei gleichmäßig beschleunigter Bewegung **B**

3.148 $\eta = \frac{P_E - P_V}{P_E}$ Verlustleistung P_V = ? Wirkungsgrad **B**

3.149 $E_{kin} = \frac{m \cdot v^2}{2}$ Geschwindigkeit v = ? Kinetische Energie **B**

3.150 $s = v_0 \cdot t + \frac{a}{2} \cdot t^2$ Beschleunigung a = ? Weg bei gleichmäßig beschleunigter Bewegung **B**

3.151 $h = v_0 \cdot t - \frac{g}{2} \cdot t^2$ Anfangsgeschwindigkeit v_0 = ? Steighöhe bei senkrechtem Wurf **B**

3.152 $\frac{4r^3\pi}{3} \cdot (\rho - \rho') \cdot g = 6\pi\eta rv$ Dichte ρ = ? Bewegung einer Kugel in einer viskosen Flüssigkeit **B**

3.153 $Q = m \cdot c \cdot (T_2 - T_1)$ Absolute Temperatur T_1 = ? Wärmeenergie beim Erwärmen **B**

3.154 $s = \frac{v_a + v_e}{2} \cdot t$ Endgeschwindigkeit v_e = ? Beschleunigungsweg **B**

3.155 $p = p_0 + \frac{p_0}{273{,}15\,K} \cdot \vartheta$ Druck p_0 = ? Gay-Lussac-Gesetz **B**

3.156 $c = p + \frac{1}{2} \cdot \rho \cdot v^2 + \rho \cdot g \cdot h$ Dichte ρ = ? Bernoulli'sche Strömungsgleichung **B**

3.157 $\frac{1}{f} = \frac{1}{g} + \frac{1}{b}$ Gegenstandsweite g = ? Abbildgleichung für Linsen **B**

3.158 $f = \frac{1}{2 \cdot \pi} \cdot \sqrt{\frac{k}{m}}$ Masse m = ? Eigenfrequenz des Federpendels **B**

3.159 $E = \frac{m_1 \cdot m_2}{2 \cdot (m_1 + m_2)} \cdot (v_1 - v_2)^2$ Masse m_2 = ? Energie bewegter Massen bezogen auf den Massenmittelpunkt **B**

Gleichungen und Ungleichungen

Formeln aus der Wirtschaft

TE Aufgaben 3.160 – 3.165: Forme die Formeln auf die gesuchte Größe um. Verwende zur Kontrolle dein Rechenwerkzeug.

B **3.160** $p^* = \frac{\alpha + \beta}{a + b}$ Sättigungsmenge $\alpha = ?$ Gleichgewichtspreis p^*

B **3.161** $x_0 = \frac{d}{p - k}$ Preis $p = ?$ Gewinnschwelle (Break Even Point)

B **3.162** $K_t = K_0 \cdot (1 + tr)$ Zinssatz $r = ?$ einfache Verzinsung

B **3.163** $E_t = a \cdot q \cdot \frac{q^r - 1}{q - 1}$ Rate $a = ?$ Endwert einer vorschüssigen Rente

B **3.164** $B_\infty = \frac{a}{1 - d}$ Abzinsungsfaktor $d = ?$ Barwert einer ewigen Rente

B **3.165** $C(x) = \frac{K \cdot \lambda}{x} + c \cdot \lambda + \frac{h}{2} \cdot x$ Lagerkosten $h = ?$ Gesamtkosten bei Bestellmenge x

Vermischte Aufgaben und weitere Formeln

ABC **3.166** Eine Regel beim Berechnen der Stufenhöhe und -breite einer Treppe lautet: Die doppelte Stufenhöhe und die Stufenbreite sollen zusammen 63 cm ergeben.
1) Drücke diesen Zusammenhang als Formel aus.
2) Recherchiere die Bedeutung des Werts 63 cm.
3) In einem Haus mit 3,06 m Geschoßhöhe soll eine Treppe mit 17 Stufen errichtet werden. Welche Breite ergibt sich für die Stufen?

AB **3.167** Um die Zugspannung σ in einem runden Stab mit Radius r zu berechnen, wird die Zugkraft F durch den Flächeninhalt dividiert.
1) Gib die Formel für die Zugspannung an.
2) Forme auf den Radius um.

ABC **3.168** Zwei gleich große Mengen mit a % bzw. b % eines bestimmten Stoffs werden gemischt. Gib eine Formel an, mit deren Hilfe der Prozentgehalt der Mischung berechnet werden kann. Welcher Prozentgehalt ergibt sich für a = b?

TE Aufgaben 3.169 – 3.173: Forme die Formeln auf die gesuchte Größe um. Verwende zur Kontrolle dein Rechenwerkzeug.

B **3.169** $I_1 = \frac{U + I_0 \cdot R_2'}{R_1 + R_1' + R_2'}$ Ohm'scher Widerstand $R_1 = ?$ Stromstärke in einer Schaltung

B **3.170** $R = R_1 + \frac{R_2 \cdot R_3}{R_2 + R_3}$ Ohm'scher Widerstand $R_2 = ?$ Gesamtwiderstand einer Schaltung

B **3.171** $GU = 6{,}2\ \text{kJ} \cdot t \cdot m_k$ Körpermasse in kg $m_k = ?$ Grundumsatz in kJ bei Jugendlichen

B **3.172** $BMI = \frac{\text{Köpermasse in kg}}{(\text{Körpergröße in m})^2}$ Körpergröße in m = ? Body-Mass-Index

B **3.173** $PI = \frac{N \cdot 12 \cdot 100}{N_{Anwender} \cdot t}$ Anzahl der Schwangerschaften N = ? Pearl-Index

3.3 Ungleichungen

3.3.1 Ungleichungen ohne Fallunterscheidung

In der Praxis gibt es häufig Aussagen wie: „Karin ist größer als Peter", „Du darfst nicht mehr als 5 mℓ von dieser Substanz verwenden", „Der Sendemast muss höher als 32 m sein", „Der LKW darf höchstens 4,10 m hoch sein." Um diese Aussagen in der Sprache der Mathematik zu formulieren, werden die Symbole $>$ (größer), $<$ (kleiner), $\geqslant$ (größer oder gleich) und $\leqslant$ (kleiner oder gleich) verwendet, zum Beispiel Größe von Karin $>$ Größe von Peter.

3.174 Schreibe die folgenden Aussagen mit den Symbolen $>, <, \geqslant, \leqslant$ an. **A**

1) Der Abstand der Erde zum Mond ist kleiner als der Abstand der Erde zur Sonne.
2) Die Höhe des Millenium Towers ist größer als die Höhe des Stephansdoms.
3) Der Reifendruck darf höchstens 3 bar betragen.
4) Die Wassertiefe beträgt maximal 1,45 m.
5) Die maximale Speicherkapazität eines Wechseldatenträgers beträgt 8 GB.

3.175 Auf die Ungleichung „$3 < 6$" werden acht verschiedene Umformungen angewendet. Ordne den angegebenen Umformungen die entstehenden Ungleichungen zu. Welche Rechenregeln für das Dividieren und Multiplizieren kannst du erkennen? **BCD**

1) $\cdot 2$ *2)* $\cdot (-1)$ *3)* -2 *4)* $:3$ *5)* $\cdot (-0{,}1)$ *6)* $+4$ *7)* -8 *8)* $:(-3)$

A) $-0{,}3 > -0{,}6$ *C)* $1 < 4$ *E)* $-5 < -2$ *G)* $6 < 12$
B) $-1 > -2$ *D)* $7 < 10$ *F)* $-3 > -6$ *H)* $1 < 2$

Anstelle der Zahlen könnten in den Aussagen von Aufgabe 3.200 auch Variablen verwendet werden. Zum Beispiel kann mit x für den Abstand der Erde zum Mond und y für den Abstand der Erde zur Sonne die Ungleichung $x < y$ gebildet werden. Wir werden uns im Folgenden auf Ungleichungen mit einer Variablen beschränken.

Die Symbole $>, <, \geqslant, \leqslant$ heißen **Ungleichheitszeichen**.
Eine Aussage heißt **Ungleichung**, wenn zwei Terme durch ein Ungleichheitszeichen miteinander verbunden sind.

Die Bedeutung der Begriffe Grundmenge, Definitionsmenge, Lösung und Lösungsmenge ist dieselbe wie bei Gleichungen. Ist die Grundmenge nicht anders angegeben, so gilt $G = \mathbb{R}$.

Für Ungleichungen gelten analoge Äquivalenzumformungen wie für Gleichungen. Wird eine Ungleichung mit einem negativen Term multipliziert oder durch diesen dividiert, muss aber das Ungleichheitszeichen umgekehrt werden. ZB: $3 < 5 \quad |\cdot(-1)$ ergibt $-3 > -5$

Werden linke und rechte Seite einer Ungleichung vertauscht, muss auch das Ungleichheitszeichen umgekehrt werden. ZB: $8 > 5$ ist gleichbedeutend mit $5 < 8$

Für Ungleichungen sind folgende **Äquivalenzumformungen** zulässig:

1) **Addieren** oder **Subtrahieren** des gleichen Terms auf beiden Seiten der Ungleichung
2) **Multiplizieren** oder **Dividieren** beider Seiten der Ungleichung mit dem bzw. durch den gleichen **positiven** Term
3) **Multiplizieren** oder **Dividieren** beider Seiten der Ungleichung mit dem bzw. durch den gleichen **negativen** Term **und Umkehrung** des Ungleichheitszeichens

BCD TE **3.176** Löse die Ungleichung 3x − 18 ⩾ 7x + 6 und stelle die Lösungsmenge auf der Zahlengeraden dar. Kontrolliere das Ergebnis stichprobenartig anhand von verschiedenen Zahlen. Zeige dabei auch, dass Werte außerhalb der Lösungsmenge die Ungleichung nicht erfüllen.

Lösung:

$3x - 18 \geqslant 7x + 6 \quad | -7x + 18$

$-4x \geqslant 24 \quad | : (-4)$

$x \leqslant -6$

$L = \{x \mid x \leqslant -6\} =]-\infty; -6]$

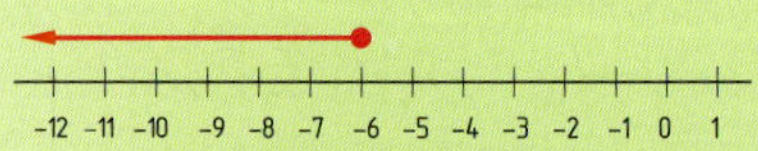

Jede Zahl, die kleiner oder gleich −6 ist, ist Lösung der Ungleichung.

Stichproben:

$x \in L$, zB: $x = -7 \Rightarrow$ LS: −39 und RS: −43, −39 ⩾ −43 ist eine wahre Aussage.

$x \notin L$, zB: $x = -3 \Rightarrow$ LS: −27 und RS: −15, −27 ⩾ −15 ist eine falsche Aussage.

Ungleichungen können bei Computeralgebrasystemen genau wie Gleichungen schrittweise beziehungsweise mithilfe des Befehls **solve** gelöst werden.

$(3 \cdot x - 18 \geq 7 \cdot x + 6) + 18$	$3 \cdot x \geq 7 \cdot x + 24$
$(3 \cdot x \geq 7 \cdot x + 24) - 7 \cdot x$	$-4 \cdot x \geq 24$
$\frac{-4 \cdot x \geq 24}{-4}$	$x \leq -6$
solve$(3 \cdot x - 18 \geq 7 \cdot x + 6, x)$	$x \leq -6$

- Meist schreibt man die Verhältniszeichen hintereinander an. „<=" oder „>=".

Aufgaben 3.177 – 3.178: Schreibe die durch die angegebenen Umformungen entstehenden Ungleichungen an.

B **3.177** Umformungen + 5, − 3, · 3 bzw. : 2.

a) 4 > 1 **b)** 5 < 9 **c)** −2 > −6 **d)** 3 ⩾ 1 **e)** −5 ⩽ −2 **f)** −0,9 ⩾ −5,3

B **3.178** Umformungen · (−1) bzw. : (−3).

a) 6 > 3 **b)** 1 < 9 **c)** −3 < −1 **d)** 8 > 5 **e)** −1,5 ⩽ −0,6 **f)** 4,2 ⩾ 2,4

D **3.179** Welche Ungleichungen sind äquivalent zur gegebenen? Begründe deine Antwort.

a) 2 < 5 **1)** 5 > 2 **2)** −5 > −2 **3)** −5 < −2 **4)** −2 > −5

b) −a ⩽ 7 **1)** a ⩽ −7 **2)** −7 ⩽ a **3)** 7 ⩾ −a **4)** a ⩾ −7

BD **3.180** Ordne der angegebenen Ungleichung die passende Lösungsmenge zu. Begründe deine Wahl. Gib die Lösungsmenge auch in Intervallschreibweise an.

a) x > −5

1) 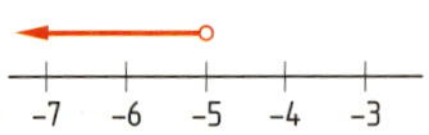

2) 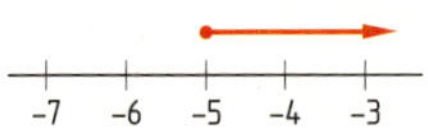

3) 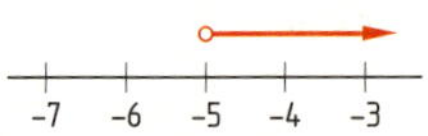

b) 2x ⩽ 4

1) 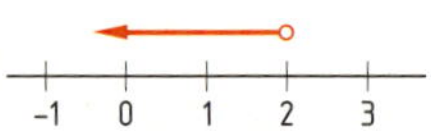

2) 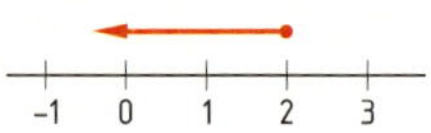

3) 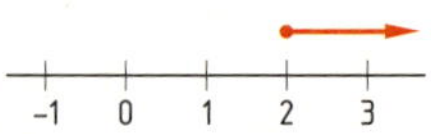

c) x − 2 < −7

1) 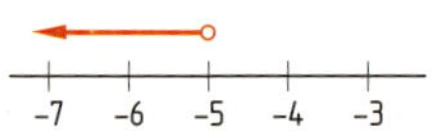

2) 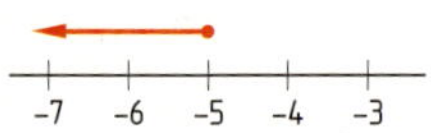

3) 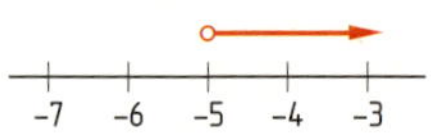

3.181 Claudia benötigt für ein Werkstück vier Schrauben pro Holzplatte. Die Holzplatte kostet 3,00 € und eine Schraube ein Zehntel der Holzplatte. Claudia hat 11,00 € zur Verfügung und führt folgende Rechnung durch: $3x + 0{,}3 \cdot 4x \leqslant 11 \Rightarrow x \leqslant 2{,}619...$ ABCD

1) Welchen Wert hat sie berechnet?

2) Wie viele Holzplatten und Schrauben wird sie nun kaufen?

3) Sie führt zu Überprüfung die Rechnung mit der Anzahl s der Schrauben durch und erhält $s \leqslant 10{,}476$. Erkläre die unterschiedliche Anzahl der Schrauben im Vergleich zu ***2)***.

3.182 Florian möchte ein Gehege für seinen Hasen bauen. Für die Umzäunung kann er maximal 5 m Maschendrahtzaun verwenden. Die Länge des rechteckigen Geheges soll 30 cm länger sein als die Breite. ABC

1) Berechne die maximal möglichen Abmessungen des Geheges.

2) Kann er damit einen Flächeninhalt von 1 m^2 erreichen?

3.183 Die Hälfte einer Zahl ist kleiner als das Doppelte der Zahl vermindert um fünf. ABC
Für welche ***1)*** natürlichen, ***2)*** reellen Zahlen trifft obige Aussage zu?

3.184 Peter leiht sich für eine Bastelei eine Spezialmaschine aus. Dafür wird eine Grundgebühr von 6,00 € verrechnet. Für jede angefangene halbe Stunde muss er 0,22 € bezahlen. Peter hat Kosten in der Höhe von 10,00 € für den Gebrauch der Maschine eingeplant. ABC

a) Wie lange kann Peter die Maschine höchstens verwenden, wenn er mit den 10,00 € auskommen will?

b) Jetzt muss Peter bei der Abrechnung mehr als 10,00 € bezahlen. Wie lange hat er eigentlich mit der Maschine gearbeitet?

3.185 Dagobert ist mit 10 000,00 € an einer Tennishalle beteiligt. Er hat einen Jahresertrag von 12 % garantiert. Nun erhält er zwei weitere Beteiligungsangebote: ABC

a) Er könnte Mitgesellschafter einer Wellness-Anlage werden. Es werden 16 % Ertrag zugesagt. Mit welchem Betrag müsste er sich einkaufen, wenn beide Beteiligungen gemeinsam mindestens 15 % Ertrag abwerfen sollen?

b) Auch ein Errichter einer Golfanlage tritt an Dagobert heran. Mit 25 000,00 € könnte Dagobert Miteigentümer werden. Da hier das Risiko größer scheint, kann ihn nur ein höherer Gewinn zu diesem Geschäft verlocken. Welche Rendite (jährlicher Ertrag in %) müsste ihm versprochen werden, wenn er aus beiden Kapitalanlagen (Tennishalle + Golfanlage) eine Gesamtrendite von zumindest 16 % erzielen will?

3.186 Eine Prüfung besteht aus 4 Teilprüfungen. Um die Prüfung zu bestehen, muss man für alle Prüfungen einen Gesamtdurchschnitt von mindestens 85 % richtig gelöster Aufgaben erreichen. Yvonne hat für ihre ersten drei Prüfungen die Prozentsätze 80 %, 92 % und 82 % erreicht. ABC

a) Welchen Prozentsatz muss Yvonne bei der vierten Prüfung mindestens schaffen, um die Prüfung zu bestehen?

b) Kurz vor der Prüfung erfährt Yvonne, dass sie ihr schlechtestes Teilergebnis streichen kann, wenn sie damit einverstanden ist, dass die letzte Prüfung doppelt gewichtet wird. Welches Ergebnis muss sie unter dieser Voraussetzung mindestens erreichen?

Beantworte beide Fragen unter Verwendung einer entsprechenden Ungleichung.

Gleichungen und Ungleichungen

Lineare Ungleichungen lassen sich mit einem CAS analytisch und grafisch lösen. Mit dem grafikfähigen Taschenrechner und einem Tabellenkalkulationsprogramm gibt es nur die grafische Veranschaulichung und eine numerische Näherungslösung.

B **3.187** Löse die Ungleichung $\frac{x+3}{4} - 2 > \frac{1}{3} - \frac{2x}{5}$ in G = ℝ und stelle diese grafisch dar.

Lösung:

TI-Nspire:

$$\text{solve}\left(\frac{x+3}{4}-2>\frac{1}{3}-\frac{2\cdot x}{5},x\right) \qquad x>\frac{95}{39}$$

- Das **CAS** berechnet die Lösung $L = \left\{\frac{95}{39}\right\}$

GeoGebra:

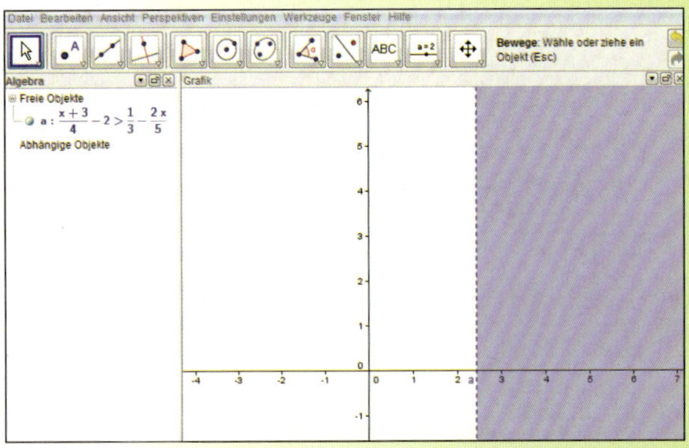

- In **GeoGebra** wird die Ungleichung grafisch dargestellt, indem jener Bereich schattiert wird, in dem die Ungleichung eine wahre Aussage ergibt.

Numerische Lösung auf dem grafischen Taschenrechner:

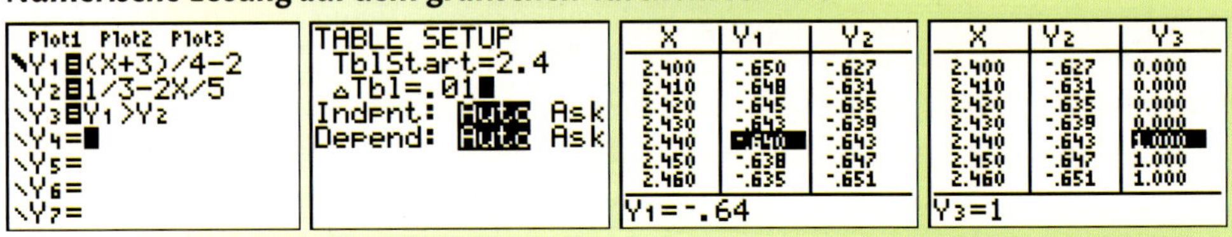

Man erkennt deutlich, dass zwischen 2,43 und 2,44 der Wahrheitswert der Ungleichung y_3 von falsch (=0) auf wahr (=1) springt. Die Lösungsgenauigkeit lässt sich schrittweise verfeinern. Diese Vorgangsweise ist mit dem CAS-Rechner natürlich auch möglich.

Aufgaben 3.188 – 3.194: Berechne die Lösungsmengen der gegebenen Ungleichungen und stelle sie grafisch dar. Überprüfe mit deinem Rechenwerkzeug und stelle auch mit diesem grafisch dar.

B **3.188** **a)** $x - 1 \leq 2$ **b)** $2a + 1 < 5$

B **3.189** **a)** $5 + x \geq 2x + 1$ **b)** $3x + 2 \leq 2 + 5x$

B **3.190** **a)** $2 \cdot (2x - 3) + 5 < 3 \cdot (2x - 3)$ **b)** $6 \cdot (x - 1) + 7 > 3 \cdot (5x + 3) - 8$

B **3.191** **a)** $(x + 2) \cdot (x + 8) < (x - 1) \cdot (x + 16)$ **b)** $(x - 10) \cdot (x - 12) > (x - 8) \cdot (x - 6)$

B **3.192** **a)** $4 \cdot (x - 2)^2 + 4 \leq (2x - 3)^2$ **b)** $(3z + 3)^2 < 8 \cdot (z - 5)^2 + (z + 1)^2$

B **3.193** **a)** $\frac{2x+1}{3} < \frac{x-2}{2}$ **b)** $\frac{5y-6}{3} \geq \frac{4y-3}{4}$ **c)** $\frac{a+1}{6} > \frac{a-1}{5}$ **d)** $\frac{2x-2}{4} \geq \frac{5x-1}{7}$

B **3.194** **a)** $\frac{3b+6}{4} + 2 < \frac{b+1}{5}$ **b)** $4 > \frac{2x+4}{3} - 5$ **c)** $\frac{8a-1}{2} \leq \frac{2a-2}{3} - 3$ **d)** $\frac{z+2}{6} + \frac{z}{3} < \frac{z+1}{3}$

3.3.2 Bruchungleichungen

3.195 Ermittle die Lösungsmenge der Ungleichung $\frac{6}{x} < 2$. Überlege, ob das Ungleichheitszeichen bei der Multiplikation mit der Variablen x gleich bleibt oder umgekehrt werden muss. Setze für x zuerst 12 und dann (–1) ein. **BD**

Ein Term, der Variablen enthält, kann je nach Belegung der Variablen einen positiven oder einen negativen Wert annehmen. Wird eine Ungleichung mit einem solchen Term multipliziert oder durch ihn dividiert, sind daher diese beiden Fälle zu unterscheiden. Sie führen zu Teillösungsmengen, deren Vereinigung die Lösungsmenge ergibt.

Eine Ungleichung, bei der die Variable mindestens einmal im Nenner vorkommt, heißt **Bruchungleichung**. Beim Lösen sind Fallunterscheidungen notwendig. Bei Multiplikation mit oder Division durch einen negativen Term muss das Relationszeichen umgekehrt werden. Die Lösungsmenge ergibt sich als Vereinigungsmenge der Lösungsmengen der einzelnen Fälle.

3.196 Mithilfe des Zahlenstrahls sind zwei Mengen dargestellt. Welche Menge gibt **C**
1) den Durchschnitt bzw. ***2)*** die Vereinigung der dargestellten Mengen an?

a) 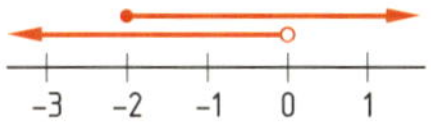
$L_1 = \{x \in \mathbb{R} \mid -2 \leq x < 0\}$ $\quad L_3 = \{x \in \mathbb{R} \mid x < -2 \land x \geq 0\}$
$L_2 = \mathbb{R}$ $\quad L_4 = \{x \in \mathbb{R} \mid x \geq -2 \land x < 0\}$

b) 
$L_1 = \{x \in \mathbb{R} \mid x \leq -1 \lor x > 1\}$ $\quad L_3 = \{\}$
$L_2 = \{x \in \mathbb{R} \mid x \geq -1 \land x < 1\}$ $\quad L_4 = \mathbb{R}$

3.197 Stelle die gegebenen Mengen grafisch dar und gib sie in Intervallschreibweise an. **BC**
a) $x > 2 \land x < 4$ ***b)*** $x < 3 \land x \leq 1$ ***c)*** $x \leq 0 \land x > 2$

3.198 Gib ***1)*** die Durchschnittsmenge und ***2)*** die Vereinigungsmenge der gegebenen Mengen an. **B**
a) $L_1 =]-3; 2]$, $L_2 =]2; 4[$ ***b)*** $L_1 =]-\infty; 1]$, $L_2 =]-2; 3[$ ***c)*** $L_1 = \left[-1; \frac{5}{2}\right[$, $L_2 = [-3; \infty[$

3.199 Löse die Ungleichung $\frac{x}{x-3} < \frac{1}{3}$ mit technologischer Unterstützung in G = ℝ. **B** **TE**

Lösung:

TI-Nspire:

$\text{solve}\left(\frac{x}{x-3} < \frac{1}{3}, x\right) \qquad \frac{-3}{2} < x < 3$

- Die Definitionsmenge ist $D = \mathbb{R}\setminus\{3\}$
- Das **CAS** löst die Gleichung direkt.

Excel:

B1 | =WENN(A1/(A1-3)<1/3;)

	A	B	C	D
1	-2	FALSCH	falsch	
2	-2,5	FALSCH	falsch	
3	-2	FALSCH	falsch	
4	-1,5	FALSCH	falsch	
5	-1	0	wahr	
6	-0,5	0	wahr	

- Mit einer **Tabellenkalkulation** kann folgendermaßen vorgegangen werden: in der einfachsten Form wird für den Bereich, für den die Ungleichung erfüllt ist, der Wert 0 (wahr) ausgegeben, sonst schreibt das System **FALSCH**. Mit der erweiterten Formel sieht die Sache schöner aus: **WENN(A1/(A1-3)<1/3;"wahr";"falsch")**

BC **3.200** Löse die Bruchungleichung $\frac{2x}{2-x} > \frac{2}{3}$. Dokumentiere deinen Lösungsweg auch mit eigenen Worten und stelle die Lösungsmenge grafisch dar.

Lösung:

$2 - x = 0 \Rightarrow x = 2 \Rightarrow D = \mathbb{R} \setminus \{2\}$. Der Nenner darf nicht 0 sein.

Der Nenner $(2 - x)$ kann positive und negative Werte annehmen.

Fallunterscheidung:

Fall 1: Nenner positiv

$2 - x > 0 \Rightarrow 2 > x$ bzw. $x < 2$

$\frac{2x}{2-x} > \frac{2}{3} \quad | \cdot (2-x) \cdot 3$

$2x \cdot 3 > 2 \cdot (2 - x)$

$6x > 4 - 2x \quad | + 2x$

$8x > 4$

$x > \frac{4}{8}$

$x > \frac{1}{2}$

Der Nenner ist genau dann **positiv**, wenn $x < 2$ ist. Beim Multiplizieren mit einem positiven Term wird das Ungleichheitszeichen nicht umgekehrt. Wenn $x < 2$ ist, führt das Lösen der Gleichung auf die weitere Bedingung $x > \frac{1}{2}$. Die erste Teillösung enthält alle Werte, die beide Bedingungen erfüllen.

$L_1 = \left\{x \mid \frac{1}{2} < x < 2\right\}$

Fall 2: Nenner negativ

$2 - x < 0 \Rightarrow 2 < x$ bzw. $x > 2$

$\frac{2x}{2-x} > \frac{2}{3} \quad | \cdot (2-x) \cdot 3$

$2x \cdot 3 < 2 \cdot (2 - x)$

$6x < 4 - 2x \quad | + 2x$

$8x < 4$

$x < \frac{4}{8}$

$x < \frac{1}{2}$

Der Nenner ist genau dann **negativ**, wenn $x > 2$ ist. Beim Multiplizieren mit einem negativen Term muss das Ungleichheitszeichen umgekehrt werden. Wenn $x > 2$ ist, ergibt sich zusätzlich $x < \frac{1}{2}$.

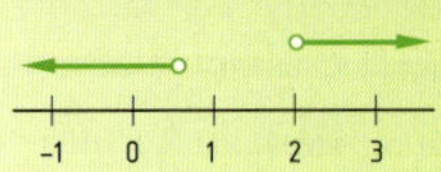

$L_2 = \{\,\}$

Es gibt keine Zahl, die beide Bedingungen erfüllt.

$L = L_1 \cup L_2 = \left\{x \mid \frac{1}{2} < x < 2\right\} \cup \{\,\} = \left\{x \mid \frac{1}{2} < x < 2\right\}$

Die Lösungsmenge ist die Vereinigung der Lösungsmengen für den Fall 1 und den Fall 2.

D **3.201** Begründe, bei welchen der Ungleichungen beim Lösen eine Fallunterscheidung notwendig ist.

1) $2x - 2 > 3$ **2)** $\frac{2}{x} - 2 > 3$ **3)** $\frac{x}{2} - 2 > 3$ **4)** $\frac{x}{-3} < 1$ **5)** $\frac{3}{x} < 1$

TE Aufgaben 3.202 – 3.206: Bestimme die Lösungsmengen der gegebenen Bruchungleichungen mithilfe deines Rechenwerkzeugs und stelle sie grafisch dar.

B **3.202** **a)** $\frac{2}{x+1} < 3$ **b)** $\frac{1}{2a-6} \geqslant 4$ **c)** $\frac{2}{3z-1} > \frac{5}{2}$ **d)** $\frac{7}{3x} \geqslant \frac{4}{5}$

B **3.203** **a)** $\frac{a}{a-5} \geqslant 2$ **b)** $\frac{2x}{6x-3} > 5$ **c)** $\frac{7x}{2x+1} \leqslant \frac{3}{4}$ **d)** $\frac{4z}{5z+3} \geqslant \frac{1}{7}$

B **3.204** **a)** $\frac{4x+1}{3x} > 2$ **b)** $\frac{a-2}{2a-3} \geqslant 6$ **c)** $\frac{3a+3}{a-5} \leqslant -\frac{4}{3}$ **d)** $\frac{x-1}{x+1} < \frac{1}{3}$

B **3.205** **a)** $\frac{x^2}{x-1} > x$ **b)** $\frac{6b^2}{2b-4} < 3b$ **c)** $\frac{10x^2+3}{5x-6} < 2x + 1$ **d)** $\frac{z \cdot (3z+1)}{3z} \leqslant z - 4$

B **3.206** **a)** $\frac{2}{2a+1} < \frac{3}{a-2}$ **b)** $\frac{4}{5a-6} \geqslant \frac{3}{4a-3}$ **c)** $\frac{6}{x+1} > \frac{5}{2x}$ **d)** $\frac{3}{3x-2} \geqslant \frac{4}{5x}$

Zusammenfassung

Eine **Gleichung** entsteht, wenn zwei Terme durch ein Gleichheitszeichen verbunden werden.

Zum Lösen einer Gleichung können folgende **Äquivalenzumformungen** verwendet werden:
1) Auf beiden Seiten der Gleichung den gleichen Term addieren bzw. subtrahieren
2) Beide Seiten der Gleichung mit dem gleichen von null verschiedenen Term multiplizieren bzw. durch diesen dividieren

Eine Gleichung der Form $a \cdot x + b = 0$ ($a, b \in \mathbb{R}$) heißt **lineare Gleichung**, a und b sind Konstanten. Ist $a \neq 0$, so hat die lineare Gleichung eine eindeutige Lösung.

Kommt die Gleichungsvariable mindestens einmal im Nenner vor, so heißt die Gleichung **Bruchgleichung**. Es muss die Definitionsmenge bestimmt werden. Zur Berechnung der Lösungsmenge wird die Gleichung mit dem Hauptnenner multipliziert.

Eine **Gleichung mit Formvariablen** enthält mehrere Variablen. Beim Lösen kann eine Fallunterscheidung notwendig sein.

Formeln sind Gleichungen mit Formvariablen.

Eine Aussage heißt **Ungleichung**, wenn zwei Terme durch ein Ungleichheitszeichen miteinander verbunden sind.

Weitere Aufgaben

3.207 Für den Bau eines Regals können die Seitenteile und die Regalböden einzeln gekauft werden. Schreibe zu folgenden Gleichungen einen Text, wenn s die Anzahl der Seitenteile und b die Anzahl der Regalböden ist. **A**

1) $b = 2s$ ***2)*** $b + s = 10$ ***3)*** $8b + 10s = 52$

3.208 In einem Restaurant stehen Tische und Stühle. Die Anzahl der Stühle ist viermal so groß wie jene der Tische und es gibt um 30 Stühle mehr als Tische. **AC**

1) Für welche Größe steht x in der Gleichung $x - \frac{x}{4} = 30$?

2) Gib eine sinnvolle Grundmenge für die Gleichung an.

3.209 Wende auf die Gleichung $2x - 5 = 7$ die gegebenen Umformungen an. Welche sind Äquivalenzumformungen? Begründe deine Antwort. **BD**

1) $:2$ ***2)*** $\cdot 3$ ***3)*** $\cdot 0$ ***4)*** $:x$ ***5)*** $(\ )^2$

Aufgaben 3.210 – 3.213: Löse die Gleichungen für $G = \mathbb{R}$. Gib jeweils die Definitionsmenge an.

3.210 ***a)*** $3f - [(5f + 2) - 5] = 4$ ***b)*** $2y - 3 - [3y - (4 - 5y)] = 7$ ***c)*** $7r - [-3r - (7r - 4)] + 3 = -r$ **B**

3.211 ***a)*** $\frac{x}{5} = 7$ ***b)*** $\frac{5m}{6} = 3$ ***c)*** $\frac{5a}{3} = -\frac{1}{8}$ **B**

3.212 ***a)*** $\frac{2}{a} = 16$ ***b)*** $\frac{5}{2x} = 6$ ***c)*** $\frac{8}{7b} = \frac{4}{3}$ **B**

3.213 ***a)*** $2 \cdot (3c + 4) - 2 \cdot (5c + 2) = 3 \cdot (2c + 2) + 4 \cdot (4c - 1)$ **B**

b) $4 \cdot (2y - 6) - 9 \cdot (y + 3) = 7 \cdot (3y - 2) - 9 \cdot (y + 3)$

Gleichungen und Ungleichungen

Aufgaben 3.214 – 3.217: Löse die Gleichungen für G = ℝ. Gib jeweils die Definitionsmenge an.

B **3.214** **a)** $(2b-1)^2 + (3b-2)^2 = (4b+1)^2 - (b+2)\cdot(3b-7)$
b) $(4x+3)^2 - (x-3)\cdot(5x+2) = (6x-4)^2 - (5x+1)^2$

B **3.215** **a)** $\frac{a-1}{4} + \frac{a+1}{1} - \frac{a-5}{3} = 1$ **b)** $\frac{3b-1}{3} + \frac{4b-1}{5} - \frac{2b+3}{6} = 1$ **c)** $\frac{x-2}{5} - \frac{2x+1}{15} - \frac{x-4}{10} = \frac{3}{20}$

B **3.216** **a)** $\frac{4x+1}{2x-3} = \frac{8x-1}{4x-5}$ **b)** $\frac{6r+3}{3r-2} = \frac{10r-1}{5r-3}$ **c)** $\frac{5a-3}{2a-4} = \frac{10a+2}{4a-5}$

B **3.217** **a)** $\frac{3x}{x^3-x} = \frac{1+x}{x^3+x^2} + \frac{2}{x^2-x}$ **b)** $\frac{3}{g-2} = \frac{5}{g+2} - \frac{2g}{g^2-4}$ **c)** $-\frac{2x+7}{x+1} = \frac{4x}{3x+3} - \frac{3}{4x+4}$

Aufgaben 3.218 – 3.219: Löse die Gleichungen für G = ℝ nach x. Falls erforderlich, führe eine Fallunterscheidung durch.

B **3.218** **a)** $x + b = a$ **b)** $x + 3b = 7a - b$ **c)** $5a - x = 3x + 5b$ **d)** $6a - 3x = 7b + 5x$

B **3.219** **a)** $(3a-x)\cdot(5b+2x) = 2\cdot(ab-x^2)$ **b)** $(2b-4x)^2 = 8\cdot(a+2x^2) + 4ax$

Textgleichungen

AB **3.220** Ein 2 m langes Rohr soll in drei Stücke zersägt werden. Das erste Stück soll um 30 cm kürzer sein als die Hälfte des zweiten, das dritte Stück soll $\frac{1}{5}$ der Länge des zweiten haben. Wie lang sind die drei Stücke?

AB **3.221** Wie viel Kilogramm Messing mit 30 % Zinkanteil müssen mit 120 kg Messing mit 70 % Zinkanteil verschmolzen werden, um Messing mit 60 % Zinkanteil zu erhalten?

ABC **3.222** Welchen Zinngehalt hat Bronze, die durch Mischen von 60 kg Zinnbronze CuSn8 mit 8 % Zinnanteil und 90 kg Zinnbronze CuSn2 mit 2 % Zinnanteil hergestellt wird?
Erhält man denselben Zinngehalt, wenn man 90 kg CuSn8 und 135 kg CuSn2 mischt? Halte deine Überlegungen schriftlich fest.

ABD **3.223** Die Renovierung eines Bürogebäudes kostet 220 000,00 €. Die Kosten werden auf die drei teilhabenden Firmen wie folgt aufgeteilt: Die zweite Firma bezahlt $\frac{1}{3}$ des Betrags der ersten. Die dritte Firma bezahlt um 40 000,00 € weniger als die zweite und die erste zusammen.

1) Wie viel bezahlt jede einzelne Firma?

2) Ein Geschoß des Bürogebäudes wird um 2 200,00 € pro Monat vermietet. Davon erhält die zweite Firma $\frac{1}{3}$ des Betrags der ersten und die dritte Firma erhält um 400,00 € weniger als die zweite und die erste zusammen. Begründe, ob diese Aufteilung gerecht ist.

AB **3.224** Ein LKW liefert Holzpellets an drei Kunden und hat 9 000 kg geladen. Wie viel Kilogramm bekommt jeder der drei Kunden, wenn der zweite doppelt so viel erhält wie der erste, der dritte $\frac{2}{5}$ weniger als der zweite und wenn am Ende noch 600 kg im LKW sind?

AB **3.225** Für Zweitaktmotoren wird ein Benzin-Öl-Gemisch verwendet. Berechne, wie viel Liter Benzin und wie viel Liter Öl in einem Liter Gemisch enthalten sind, wenn der Preis für Benzin 1,45 € je Liter, für Öl 12,00 € je Liter und für das Gemisch 1,85 € je Liter beträgt. Runde das Ergebnis auf zwei Dezimalstellen.

AB **3.226** Eine Arbeiterin kann den Sanitärbereich eines Neubaus in 8 Tagen verfliesen. Nach zwei Tagen wird ein weiterer Arbeiter eingesetzt und die Arbeit ist in insgesamt 5 Tagen abgeschlossen. Wie lang hätte der zweite Arbeiter gebraucht, wenn er die Arbeit allein ausgeführt hätte?

Wissens-Check

		gelöst
1	Ich kenne verschiedene Äquivalenzumformungen für Gleichungen. Ich kann Beispiele zu Äquivalenzumformungen angeben und solche, die keine sind.	
2	Führt eine Gleichung für jedes beliebige x auf eine wahre Aussage, so ist die Lösungsmenge ... . ZB: $2x + 3 = 2x + ...$	
3	Beschreibe mit eigenen Worten: Grundmenge, Definitionsmenge, Lösungsmenge	
4	Wird eine Ungleichung mit einer negativen Zahl multipliziert, so ... ZB: $-3x < 9 \Rightarrow x \ldots 3$	
5	Bei welchen der folgenden Ungleichungen muss eine Fallunterscheidung getroffen werden? Begründe warum. A) $3x - 2 < 4 - x$ B) $\frac{4}{x-3} > 7$ C) $\frac{3x}{5} - 1 \leq \frac{x}{4}$ D) $\lvert 2x + 5 \rvert > 1$	
6	Welche der folgenden Aussagen sind richtig? A) Eine lineare Gleichung kann keine, eine oder zwei Lösungen haben. B) Bei der Bestimmung der Definitionsmenge werden jene Zahlen ermittelt, für die die Nenner der Bruchterme null werden würden. C) Beim Multiplizieren einer Ungleichung mit einer negativen Zahl kehrt sich das Ungleichheitszeichen um. D) Führt eine Gleichung auf eine falsche Aussage, so gilt: L = D	
7	Welche Äquivalenzumformungen wurden beim Lösen nebenstehender Gleichung durchgeführt? $\frac{x}{3} + 1 = \frac{3x}{4} - 4 \quad \vert$ $4x + 12 = 9x - 48 \quad \vert$ $60 = 5x \quad \vert$ $x = 12$	
8	Gegeben ist die Formel $s = v_0 \cdot t + \frac{a}{2} \cdot t^2$. Gib an, welcher Zusammenhang durch die Formel beschrieben wird. Beschreibe die vorkommenden Größen und forme nach v_0 um.	
9	Gib an, welche Schritte für das Lösen der gegebenen Bruchgleichung notwendig sind: $\frac{7}{2x-4} = \frac{5}{x} - \frac{3}{4}$	
10	Ich kann mithilfe meines Rechenwerkzeugs Gleichungen und Ungleichungen entweder exakt oder numerisch lösen und Lösungen von Ungleichungen auch grafisch darstellen.	

Lösung:
1) siehe Seite 100 2) die Definitionsmenge, L = D, $2x + 3 = 2x + 3$ 3) siehe Seite 98 und 99
4) ... muss das Ungleichheitszeichen umgekehrt werden. $x > -3$ 5) B) da mit dem Nenner multipliziert wird und dieser positive und negative Werte annehmen kann; D) aufgrund der Definition des Betrags
6) B), C) 7) $\cdot 12$, $-4x + 48$, $:5$
8) Weg bei gleichmäßig beschleunigter Bewegung, s ... Weg, v_0 ... Anfangsgeschwindigkeit, a ... Beschleunigung, t ... Zeit, $v_0 = \frac{2s - a \cdot t^2}{2 \cdot t}$
9) siehe Seite 112 10) siehe Seiten 105ff, 110, 112, 114ff, 119, 122, 125, 130, 132f.

4 Funktionen

Das Erfassen von Zusammenhängen zwischen mehreren Größen ist eine wichtige Aufgabe der Mathematik. Das älteste dazu verwendete Darstellungsmittel sind Tabellen. Sie wurden schon 2000 v. Chr. von den Babyloniern verwendet. Für Zusammenhänge, die empirisch, das heißt durch Beobachtung, zustande kommen, ist die grafische Darstellung ein wertvolles Hilfsmittel zur Veranschaulichung und Interpretation. Physikalische und technische Zusammenhänge werden meist als Formel angegeben und sind dadurch für Berechnungen und Auswertungen nützbar.

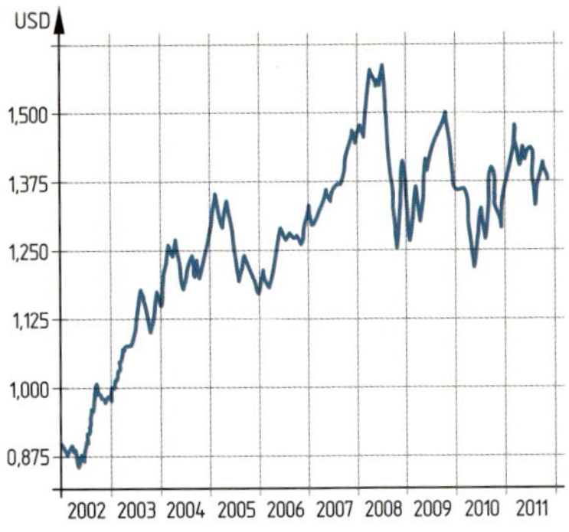

Euro/US Dollar-Kurs

Im 17. Jh. tauchte erstmals das Wort **Funktion** für die Beschreibung des Zusammenhangs zwischen veränderlichen Größen auf. Die heute verwendete Definition entstand aus dem Bestreben der modernen Mathematik, den Begriff Funktion möglichst allgemein, aber trotzdem präzise zu erfassen.

4.1 Grundbegriffe

Unter einer Funktion versteht man eine eindeutige Zuordnung zwischen Elementen zweier Mengen. Zum Beispiel hängt das Kapital, das man auf einem Sparbuch nach einer gewissen Zeit angespart hat, von mehreren Einflussgrößen wie Anfangskapital, Zinssatz und Dauer der Kapitalanlage ab. Möchte man nun den Einfluss des Zinssatzes genauer untersuchen, so hält man alle anderen Einflussgrößen konstant. Das angesparte Kapital hängt dann nur noch vom Zinssatz ab. Man kann dann jedem Wert für den Zinssatz genau einen Wert für das angesparte Kapital zuordnen und erhält Wertepaare (Zinssatz|angespartes Kapital).

ACD **4.1** Um Handy-Kosten besser kontrollieren zu können, wurden die Kosten im Lauf eines Tags aufgezeichnet.

1) Welche Höhe erreichten die Kosten um 11:00 Uhr?
2) Um wie viel Uhr erreichten die Kosten 3,00 €?
3) Was bedeuten die waagrechten Strecken?
4) Warum sind die Steigungen nicht immer gleich?
5) Wann wurde am längsten telefoniert?
6) Wann endete das teuerste Gespräch?
7) Warum gibt es keine senkrechten Strecken? Was würden sie bedeuten?

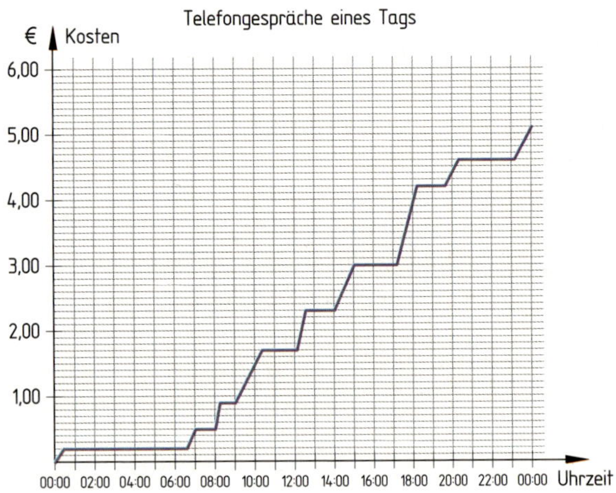

8) Welche Werte sind für die Uhrzeiten bzw. die Kosten sinnvoll?

Bezeichnungen und Darstellungsformen

ZB: Bei der Verbrennung von einem Kilogramm Kerosin entstehen unter anderem 3,15 kg Kohlendioxid. Wir stellen die Abhängigkeit der entstandenen Kohlendioxidmenge M von der verbrauchten Kerosinmenge K dar.

- Darstellung als **Wertetabelle**

Kerosinverbrauch K in kg	Kohlendioxidausstoß M in kg
100	315
200	630
500	1 575
800	2 520
1 000	3 150

Zu jedem in der linken Spalte angegebenen Kerosinverbrauch lässt sich der in der rechten Spalte angegebene Kohlendioxidausstoß eindeutig berechnen. Die entstehenden Wertepaare erfüllen den gegebenen Zusammenhang. Eine solche **eindeutige Zuordnung** nennt man **Funktion**. Die Werte, die dabei für den Kerosinverbrauch sinnvollerweise in Frage kommen, nennt man **Definitionsmenge D_f**, die daraus errechneten Kohlendioxidmengen bilden die **Wertemenge W_f**.

Oft wird auch eine Menge, die die tatsächliche Wertemenge als Teilmenge enthält, als Wertemenge oder Wertebereich bezeichnet.

- **Technologieeinsatz: Darstellung einzelner Wertepaare als Punkte**

Sind einzelne Wertepaare einer Funktion bekannt, so lassen sich diese als Punkte in einem Koordinatensystem einzeichnen.

TI-Nspire:

- Im **Graphs**-Fenster werden zuerst die passenden Einstellungen für den Zeichenbereich vorgenommen (**Menu → 4: Fenster → 1: Fenstereinstellungen**).

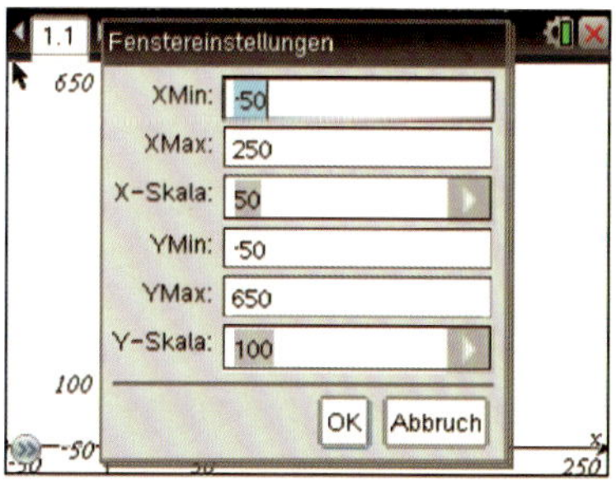

- Die Einstellungen müssen so gewählt werden, dass die zu zeichnenden Punkte dann auch sichtbar sind.
- Selbstverständlich kann man die Fenstereinstellungen auch im Nachhinein anpassen.
- Alternativ kann man die „Endwerte" der Achsen auch direkt anklicken und neue Grenzen eingeben.

- Zum Zeichnen eines Punkts wählt man **Menu → 1: Aktionen → 7: Koordinaten/Gleichungen**).

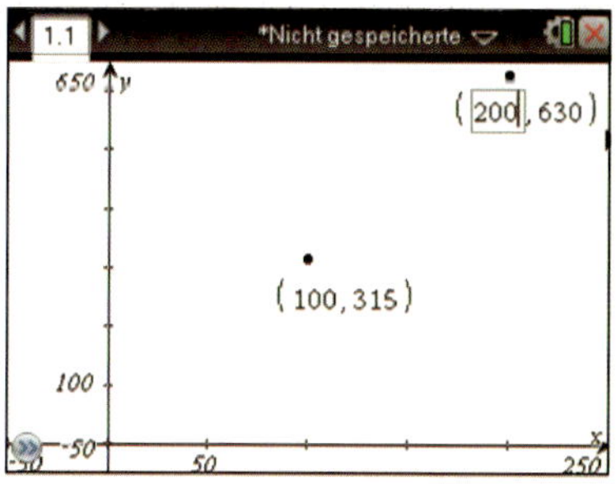

- Im Grafikfenster kann man nun an einer beliebigen Stelle die Koordinaten eines Punkts in der Form (x-Wert,y-Wert) eingeben. Beim Drücken von Enter wird der Punkt an der passenden Stelle positioniert.
- Die Position der Koordinaten kann man anschließend noch verschieben.
- Weitere Punkte lassen sich auf gleiche Weise einzeichnen.

Excel:

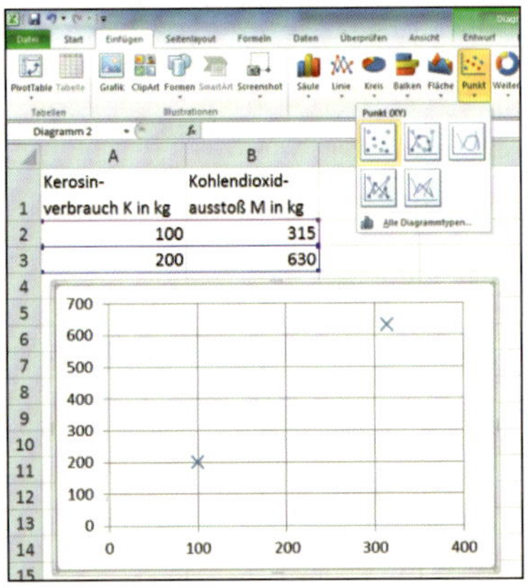

- Nach Eingabe der Koordinaten der Wertetabelle wird diese markiert.
- Über das Menü Einfügen wählt man den Diagrammtyp **Punkt**.
- Dort erhält man über die erste Auswahlmöglichkeit (**Punkt nur mit Datenpunkten**) die gewünschte Darstellung.

GeoGebra:

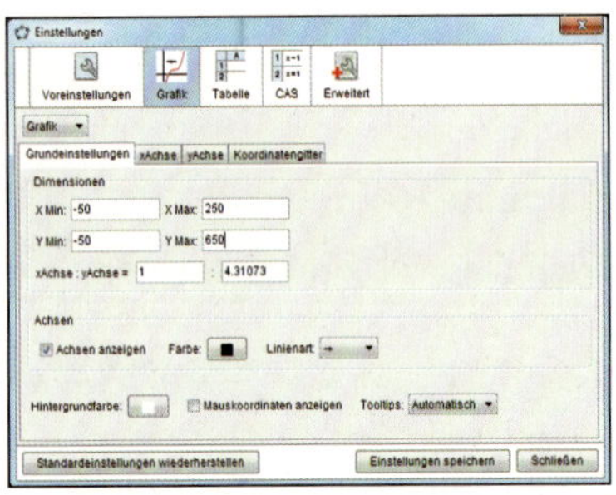

- Über die Grafikeinstellungen (**rechte Maustaste** im Grafikfenster, dann **Grafik**) lassen sich auch hier die Grenzen des sichtbaren Bereichs einstellen.

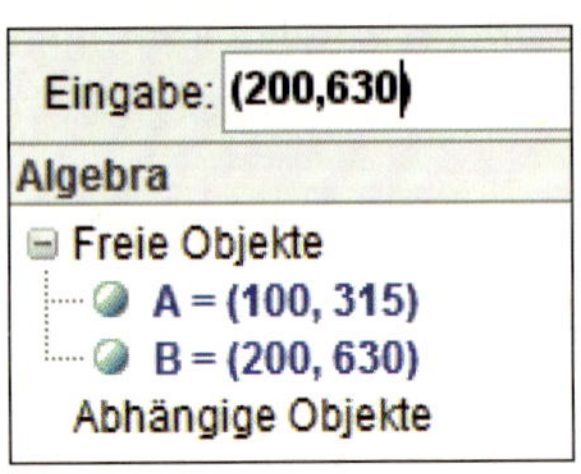

- Gibt man in der Eingabezeile die Koordinaten des Punkts in der Form **(x-Wert,y-Wert)** ein und drückt **Enter**, dann wird der Punkt sofort im Grafikfenster dargestellt und auch automatisch beschriftet.

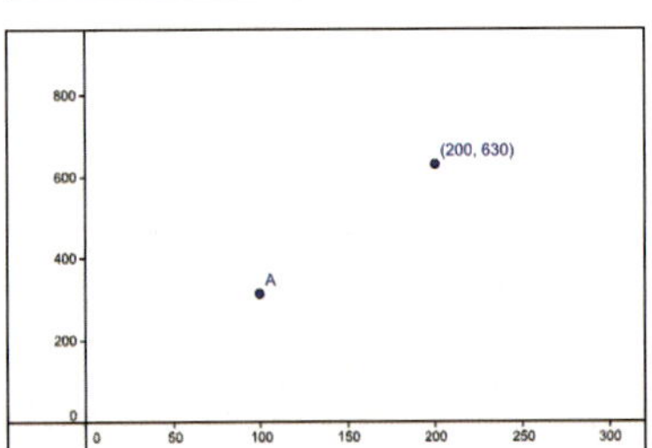

- Weitere Punkte lassen sich auf gleiche Weise eingeben, wobei man bei der Anzeige der Punkte einstellen kann, wie diese angezeigt werden sollen.

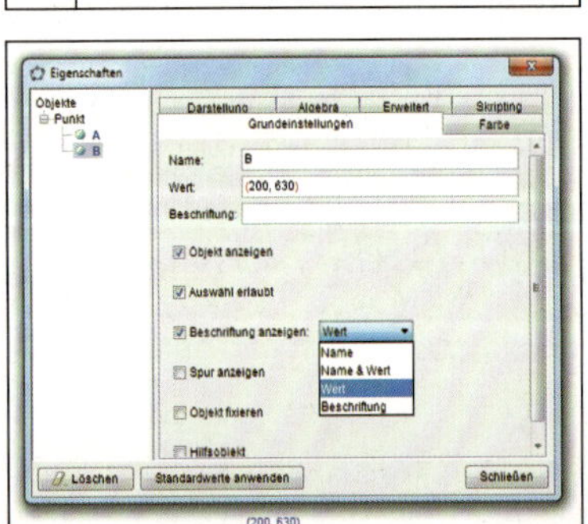

- In den Objekteigenschaften (**rechte Maustaste → Eigenschaften**) kann man einstellen, wie die Beschriftung der Punkte erfolgen soll.

TI-84+:

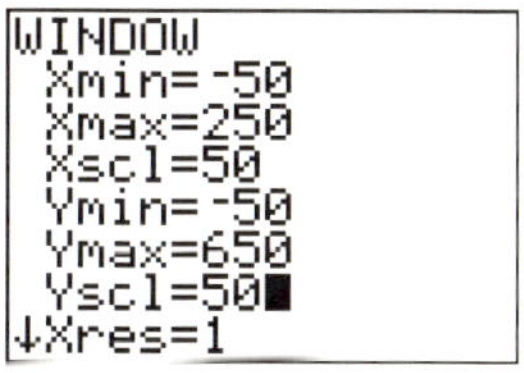

- Über das Menü **WINDOW** werden zuerst die passenden Einstellungen für das Grafikfenster eingegeben.

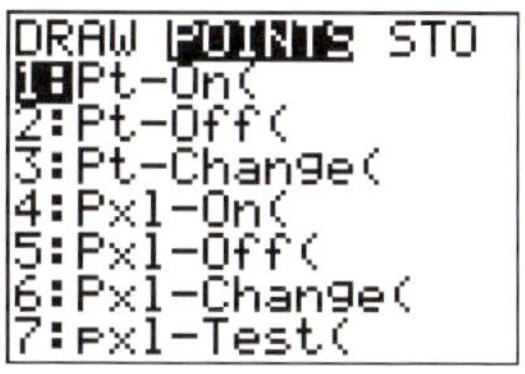

- Im Menü **DRAW** kann man in der Registerkarte **POINTS** den Befehl **1:PT-On** auswählen, mit dem sich Punkte direkt zeichnen lassen.

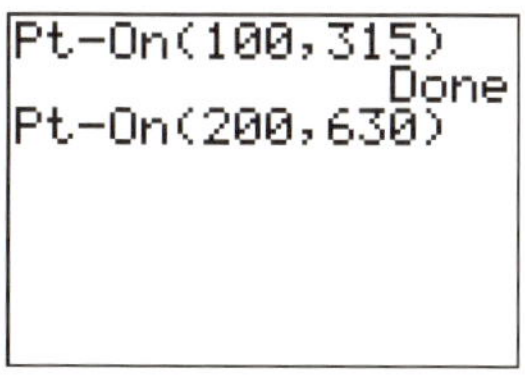

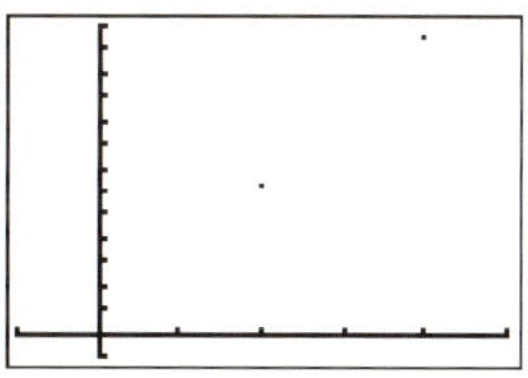

- Nun müssen nur noch die Koordinaten in der Form **(x-Wert,y-Wert)** eingegeben werden. Mit **Enter** wird der Punkt im Grafikfenster eingetragen.
- Weitere Punkte lassen sich auf gleiche Weise einzeichnen.

- Angabe mit einer **Formel** (**Funktionsgleichung**)

Um anzugeben, dass der Kohlendioxidausstoß M vom Kerosinverbrauch K abhängt, schreibt man auch M(K) [sprich: „M von K"].

$M(K) = 3{,}15 \cdot K$ Durch Einsetzen in diese Formel können **Wertepaare** ermittelt werden,
zB: $K = 800$ kg $\Rightarrow$ $M(800\text{ kg}) = 3{,}15 \cdot 800\text{ kg} = 2\,520$ kg

Ein Kerosinverbrauch von 800 kg führt zu einem Kohlendioxidausstoß von 2 520 kg.

Kennt man erst einmal die Funktionsgleichung, so bieten viele Technologien eine angenehme Unterstützung bei der Erstellung von Wertetabellen:

Excel:

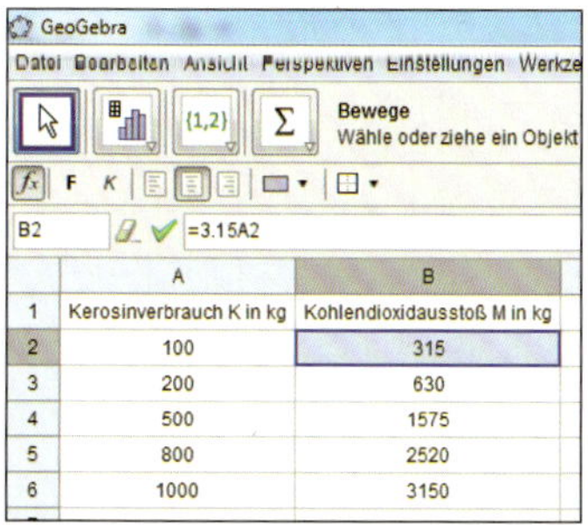

TI-Nspire:

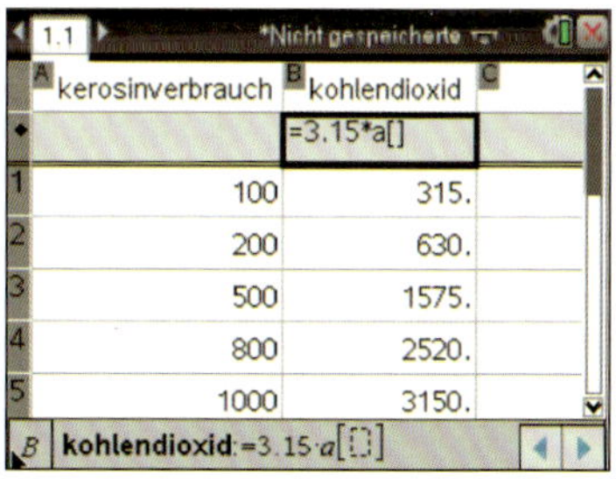

TI-84+:

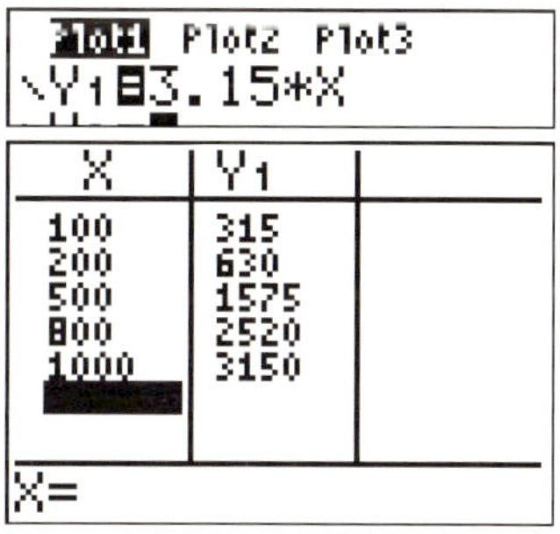

In **Excel** funktioniert die Erstellung der Wertetabelle ähnlich wie in **GeoGebra** und **TI-Nspire**. Die Formel für den Kohlendioxidausstoß kann einfach nach unten kopiert werden.

Auch der **GTR** kann eine Wertetabelle ausgeben, wenn man zuerst im **„Y="-Editor** die Funktionsgleichung eingibt und im **Table-Setup** die Einstellung **„Indpnt: Ask"** trifft.

Das **CAS** kann natürlich ein wenig mehr: Ohne in die Tabellenansicht wechseln zu müssen kann man die Wertetabelle auch direkt im **Calculator-Fenster** anzeigen lassen. Man beachte den „**:**" bei der Eingabe der Funktionsgleichung. Damit wird der Funktion die Bezeichnung m mit der Variablen k zugewiesen!

TI-Nspire:

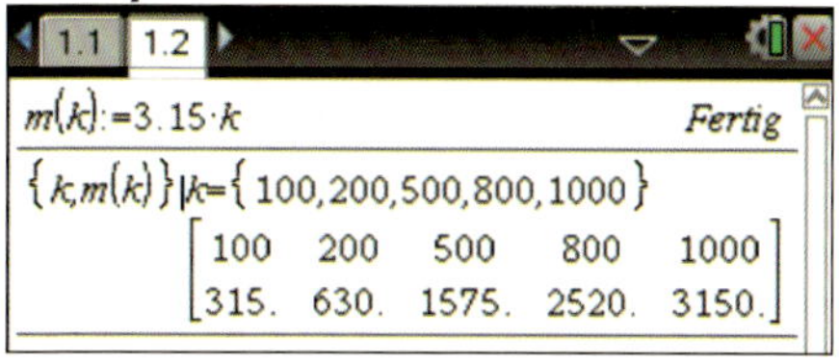

Funktionen

- **Grafische Darstellung** in einem Koordinatensystem

  Werden alle **Wertepaare** als Punkte in ein Koordinatensystem eingetragen, entsteht ein **Funktionsgraph**. Die Werte der **unabhängigen Variablen** (erste Koordinate) werden auf der waagrechten Achse aufgetragen. Die Werte der zugeordneten Größe, der **abhängigen Variablen** (zweite Koordinate), werden auf der senkrechten Achse aufgetragen.

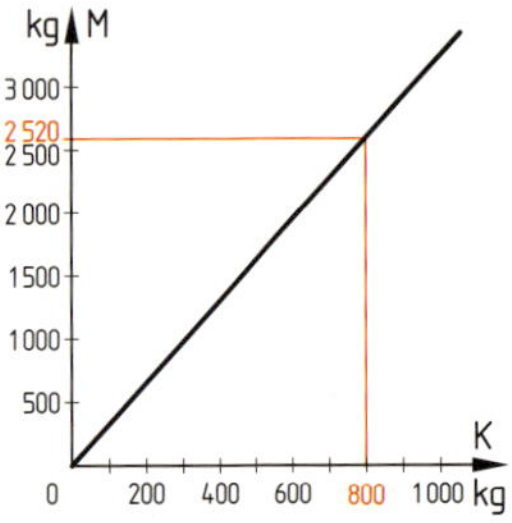

Bei der grafischen Darstellung von Funktionen unterstützt die Technik natürlich ganz massiv. Selbst **Google** kann eine Vielzahl von Funktionen (mit ein paar Einschränkungen) grafisch darstellen, um zumindest einen Eindruck vom Verlauf der Funktion zu geben. **GeoGebra**, **GTR** und **CAS** können entsprechend mehr leisten.

Google:

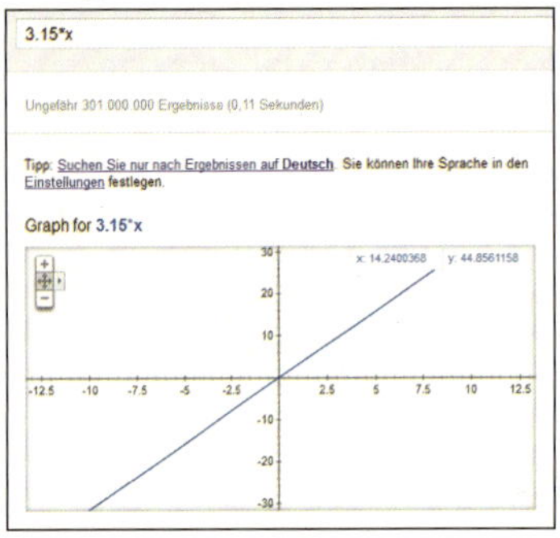

Selbst **Google** hilft bei der Darstellung von Funktionen.

GeoGebra:

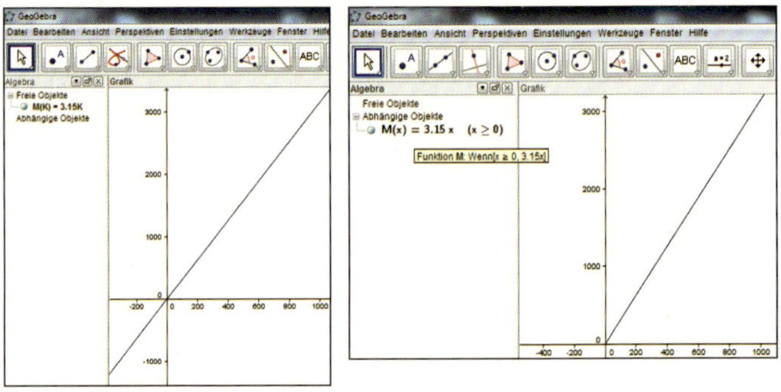

In **GeoGebra** kann man auch den Definitionsbereich festlegen. Allerdings muss die Variable dann x heißen.

TI-84+:

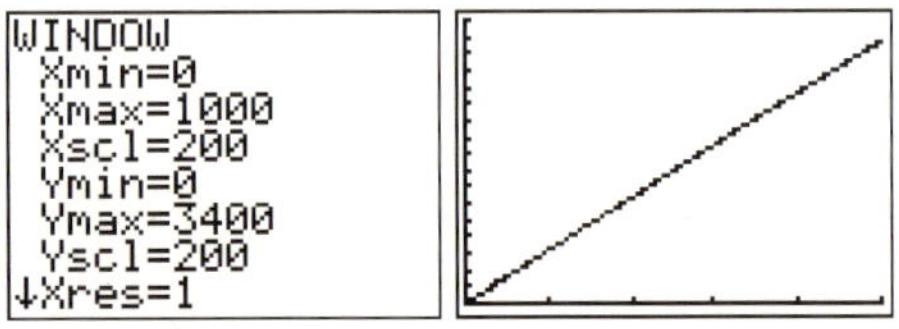

Bei **Handhelds** muss man aufgrund des Displays zumeist einige Abstriche machen.

TI-Nspire:

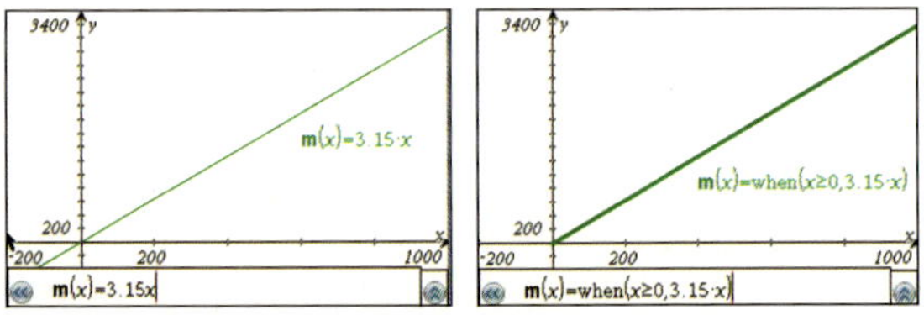

Beim **TI-Nspire** muss die Variable beim Zeichnen immer mit x angegeben werden. Auch hier kann man den Definitionsbereich festlegen.

Eine **Funktion f** ist eine **Zuordnung**, die **jedem** Element **x** der Definitionsmenge D_f **genau ein** Element **y** der Wertemenge W_f zuordnet. Einander zugeordnete Werte bilden Wertepaare; sie können in einer **Wertetabelle** aufgelistet werden. Als Punkte im Koordinatensystem veranschaulicht bilden sie den **Funktionsgraphen**. Wird die Zuordnung durch eine Formel angegeben, spricht man von der **Funktionsgleichung**.

Übliche Bezeichnungen und Schreibweisen:
f ... Funktion
x ... unabhängige Variable, Stelle, Argument
y, y(x), f(x) ... abhängige Variable oder Funktionswert

Angabe einer Funktionsgleichung:
$y = f(x)$ oder $y = y(x)$
Angabe als Zuordnungsvorschrift:
$f\colon D_f \to W_f$
$\quad x \mapsto f(x)$

Diskrete und stetige Definitionsmengen

ZB: Auf einem Bauernmarkt kostet 1 kg Landbrot 3,50 €. Das Brot wird nicht nur in abgepackten 1-kg-Wecken, sondern auch als „Meterbrot“ angeboten, das heißt man kann von einem langen Brot ein beliebig großes Stück abgeschnitten bekommen, das dann abgewogen wird. In beiden Fällen kann der gekauften Menge x eindeutig ein Preis P zugeordnet werden, der nach der Formel $P(x) = 3{,}50\,\frac{€}{kg} \cdot x$ berechnet werden kann.

Beim Kauf von 1-kg-Wecken kann x die Werte 1, 2, 3 ... n kg annehmen. (Denk dir für n eine natürliche Zahl, die eine sinnvolle Obergrenze für die gekaufte Brotmenge angibt.) Eine aus einzelnen Zahlenwerten bestehende Menge nennt man **diskret**.
Der zugehörige Funktionsgraph besteht aus einzelnen Punkten.
Definitionsmenge $D_f = \{1, 2, 3 \ldots n\}$

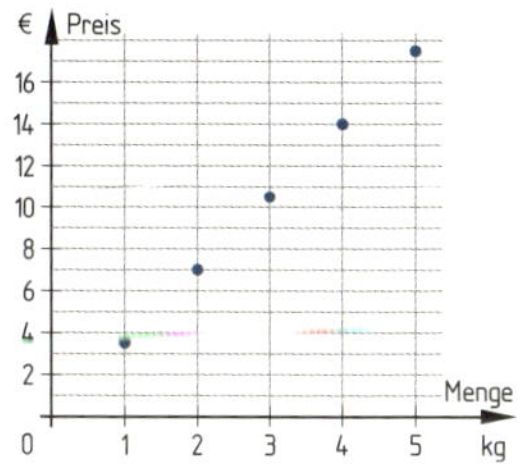

Beim Kauf von Meterbrot muss x keine ganze Zahl sein, sondern kann beliebige positive Werte annehmen (bis zu einer mit n bezeichneten sinnvollen Obergrenze für die Brotmenge). Eine aus einem durchgehenden Bereich auf der Zahlengeraden bestehende Menge nennt man **stetig**.
Der zugehörige Funktionsgraph ist eine Linie.
Definitionsmenge $D_f = \{x \in \mathbb{R} \mid 0 \leq x \leq n\}$

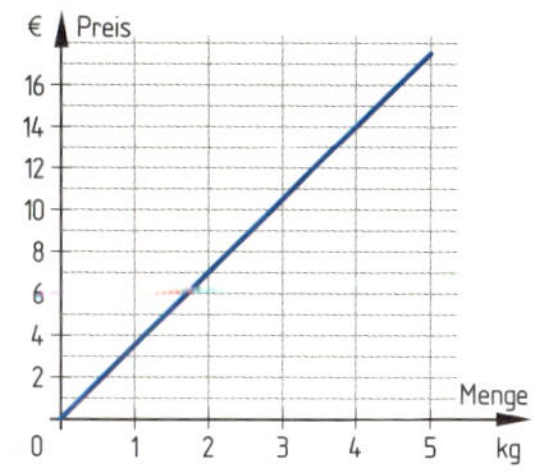

Funktion – Relation

Abb. 4.1 zeigt den Zusammenhang zwischen dem Luftdruck und der Höhe über dem Meeresspiegel (Barometrische Höhenformel). Ist ein bestimmter Luftdruck gegeben, so kann die zugehörige Höhe immer eindeutig ermittelt werden.

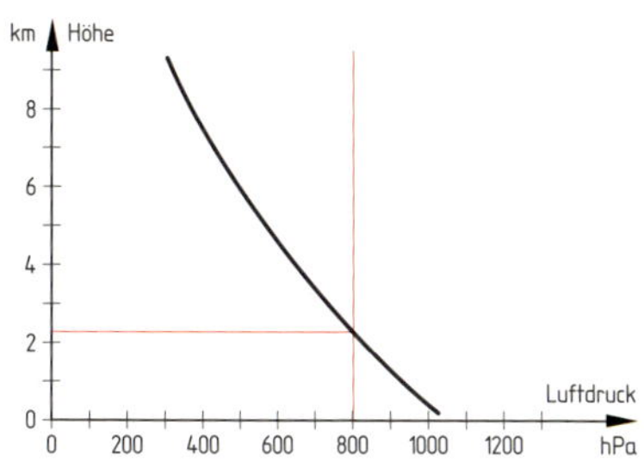

Abb. 4.1

Abb. 4.2 zeigt den Zusammenhang zwischen der Temperatur und der Höhe. Eine Temperatur von −60 °C kann sowohl in einer Höhe von ca. 75 km auftreten als auch in ca. 100 km Höhe. Bei Angabe einer Temperatur kann die zugehörige Höhe nicht eindeutig ermittelt werden, es sind mehrere Antworten richtig. Die rot eingezeichnete Senkrechte bei −60 °C schneidet den Graphen in mehr als einem Punkt. Diese (allgemeinere) Form der Zuordnung nennt man **Relation**.

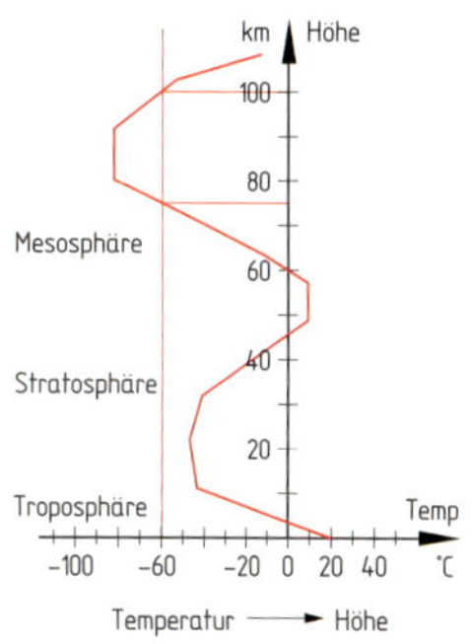

Abb. 4.2

Eine Funktion ist eine spezielle Relation, so wie zum Beispiel ein Quadrat ein spezielles Rechteck ist. Eine Relation ist nur dann eine Funktion, wenn die Zuordnung eindeutig ist.

Können **einem Element** der Definitionsmenge **mehrere Elemente** der Wertemenge **zugeordnet** werden, spricht man von einer **Relation**.

Funktionen

ACD **4.2** Welche Grafik stellt die Geschwindigkeit der Bahn auf dem gekennzeichneten Streckenstück dar?
Begründe deine Antwort. Erkläre, warum die beiden anderen Grafiken nicht in Frage kommen.

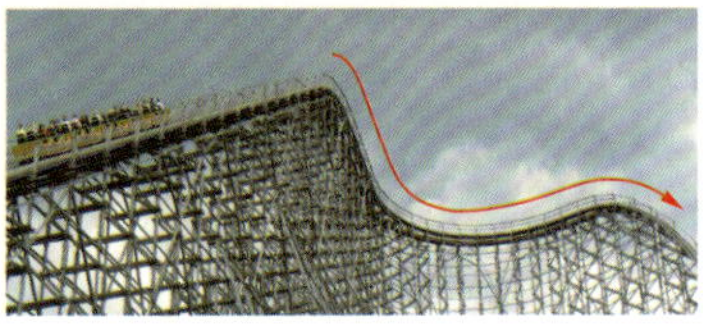

A)
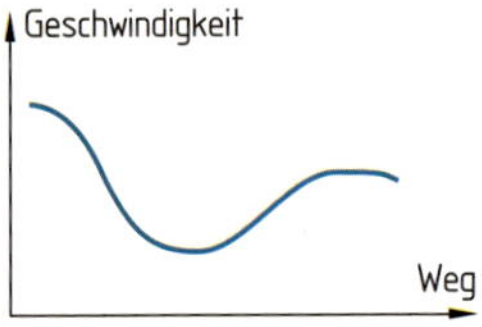

B)
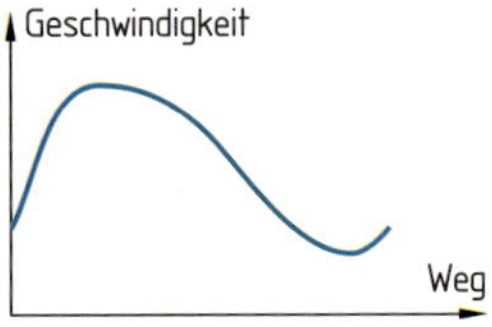

C)
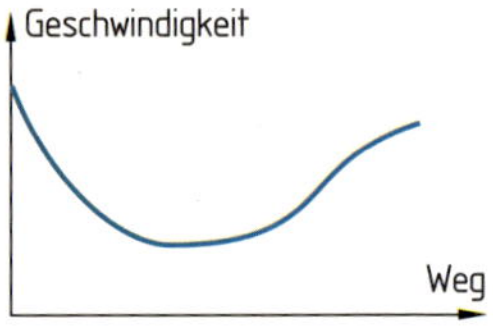

C **4.3** Die unten im Querschnitt dargestellten Gefäße werden gleichmäßig mit Wasser gefüllt. Schreibe zu jeder Grafik, die den Anstieg des Wassers im Gefäß wiedergibt, den Buchstaben des passenden Gefäßes. Zu einem Gefäß gibt es keine passende Grafik, ergänze sie.

ZB:
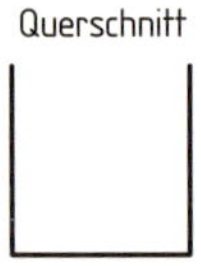

A)

B)

C)
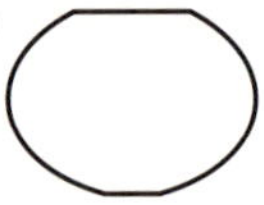
D)

E)
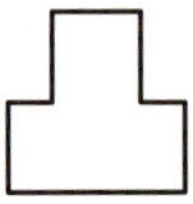
F)

1)
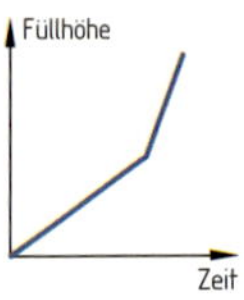

2)
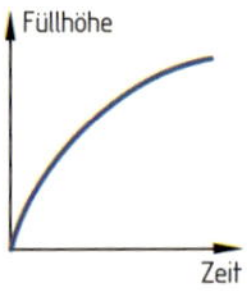

3)
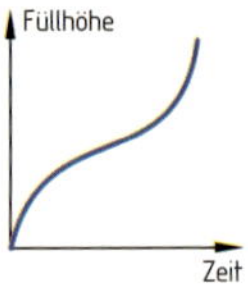

4)
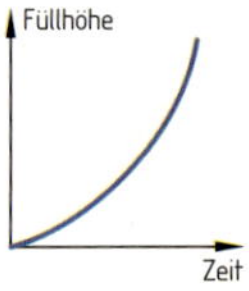

5)
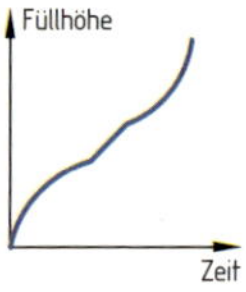

D **4.4** Handelt es sich bei der folgenden Zuordnung um eine Funktion? Begründe deine Antwort.

a) Den Schülerinnen und Schülern einer Klasse werden die Katalognummern zugeordnet.
b) Den Schülern und Schülerinnen einer Klasse werden die jeweils gewählten Freigegenstände zugeordnet.
c) Den natürlichen Zahlen werden ihre Teiler zugeordnet.
d) Der Zeit nach dem Fallenlassen einer Kugel wird die momentane Höhe zugeordnet.
e) Dem Strom wird die Spannung bei konstantem Widerstand R = 10 Ω zugeordnet.
f) Den Sitzplätzen im Theater wird der Preis für die Karte zugeordnet.

BC **4.5** Ergänze die fehlende Menge und gib an, ob die Definitionsmenge diskret oder stetig ist.

	Funktionsgleichung	Definitionsmenge	Wertemenge	diskret	stetig
a)	$y = x^2$	[0; 3]			
b)	$y = x - 3$	{−2, 0, 2, 4, 6}			
c)	$y = \frac{x}{2}$		[0; 10]		
d)	$y = x + 5$		{1, 2, 3, 4, 5, 6, 7}		

4.6 Gib an, ob es sich beim dargestellten Zusammenhang zwischen zwei Größen um eine Funktion handelt. Begründe deine Antwort. **CD**

a)

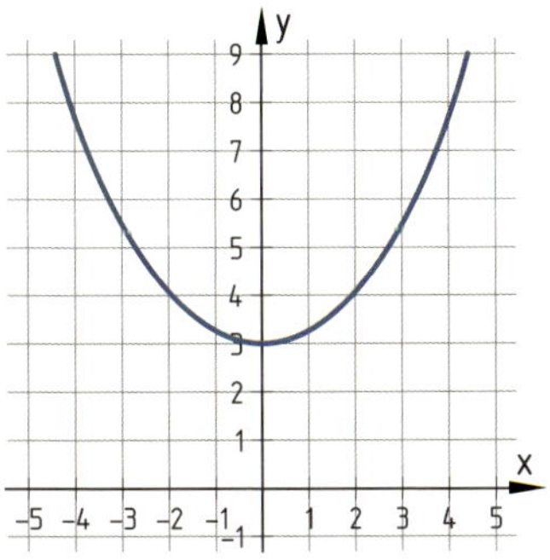

c)

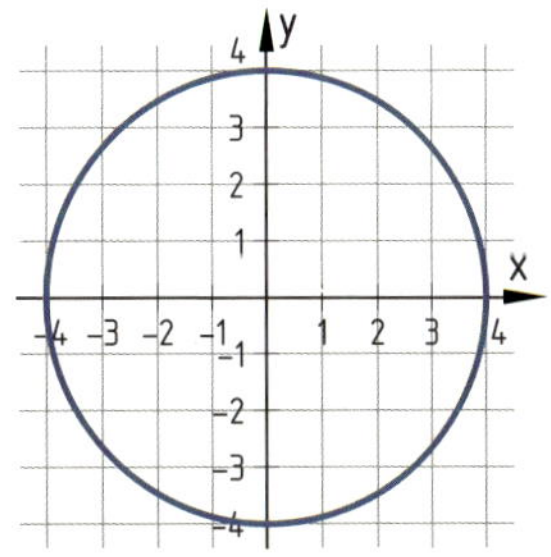

b)

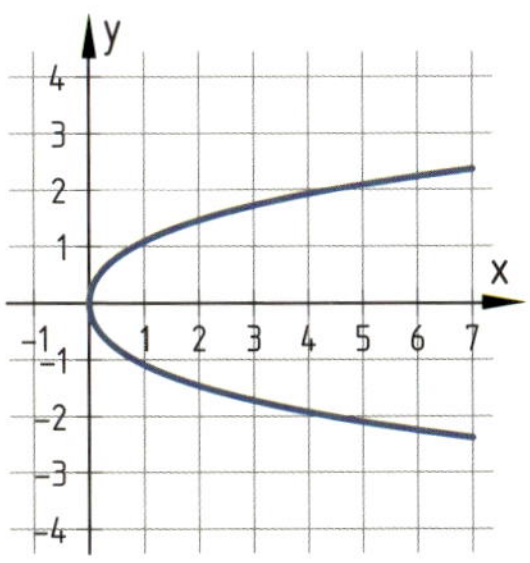

d)

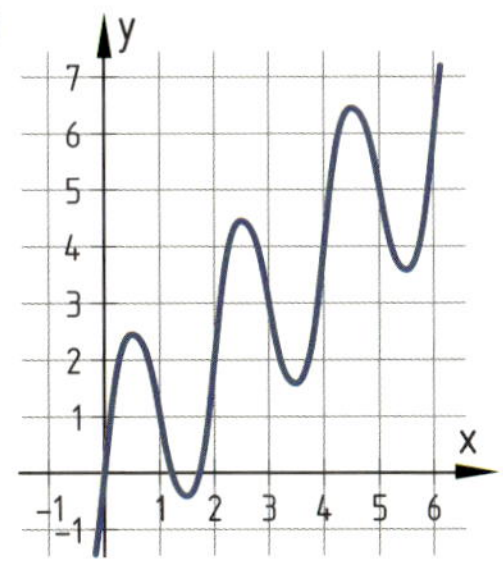

4.7 Welche der angegebenen Relationen sind Funktionen? Begründe deine Antwort. **CD**

1)

x	y
1	2
2	4
3	6
4	8

2)

x	y
1	2
1	4
4	3
4	5

3)

x	y
1	2
2	2
3	2
4	2

4.8 Ein Ball fällt aus einem in 54 m Höhe befindlichen Fenster im 18. Stock eines Hochhauses. Die Höhe des Balls nach der Zeit t (in Sekunden) wird durch die Funktionsgleichung **AB**

$h(t) = 54\text{ m} - \frac{g}{2} \cdot t^2$ (g ... Erdbeschleunigung; $g \approx 10\ \frac{\text{m}}{\text{s}^2}$)

beschrieben. Berechne die Höhe nach 1, 2 und 3 Sekunden. Trage die Werte in eine Tabelle ein.

4.9 Bio-Orangen kosten pro Kilogramm 2,10 €. **ABC**

1) Erstelle eine Wertetabelle für x = 1, 2, 3, 4, 5 kg.
2) Gib eine Funktionsgleichung zur Berechnung des Preises P an.
3) Stelle den Funktionsgraphen für $x \leq 10$ kg dar, wenn die Orangen wie unter ***a)*** bzw. ***b)*** angegeben verkauft werden.
4) Gib an, ob die Definitionsmenge diskret oder stetig ist.

a) in Säckchen zu 2 kg ***b)*** lose (dh. in annähernd beliebiger Menge, nicht abgepackt)

ABC TE

4.10 Während der Sommermonate wurden die Ozonwerte in einer österreichischen Kleinstadt gemessen. Steigen diese über 180 µg Ozon pro m³ Luft, so überschreiten sie die so genannte Informationsschwelle, über 240 $\frac{\mu g}{m^3}$ wird Ozonalarm gegeben.

Uhrzeit	0:00	2:00	4:00	6:00	8:00	10:00	12:00	14:00	16:00	18:00	20:00	22:00	24:00
Ozonwert in $\frac{\mu g}{m^3}$	88	76	71	83	108	156	193	234	251	246	210	150	99

Erstelle mithilfe deines Rechenwerkzeugs eine Wertetabelle mit den angegebenen Wertepaaren und stelle den Verlauf der Ozonwerte grafisch als Streckenzug dar.

Lösung:

TI-84+:

TI-Nspire:

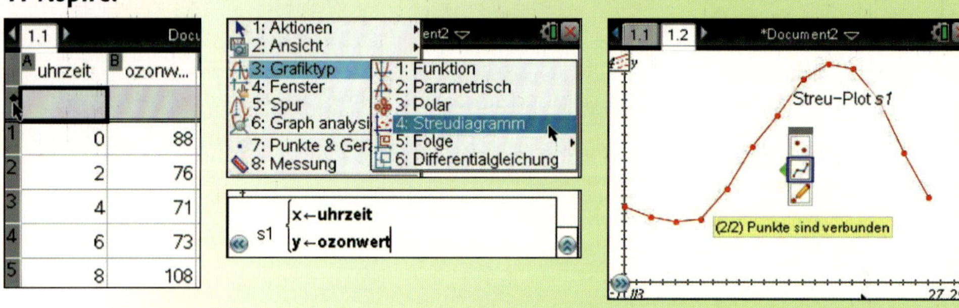

Sowohl **GTR** als auch **CAS** (beide oben), aber auch **GeoGebra** (unten) oder **Excel** (über **Einfügen Diagramm (Punkt (X,Y))** bieten die Möglichkeit, sehr einfach Diagramme zu erstellen. Bei der Achsenbeschriftung und Skalierung sind jedoch je nach Produkt aber teilweise Abstriche zu machen.

GeoGebra:

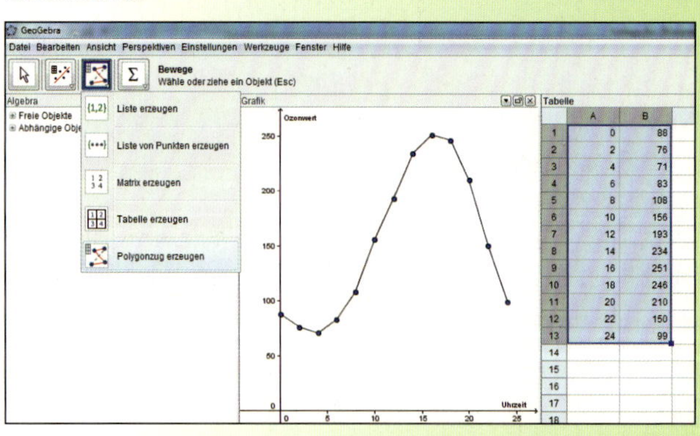

4.11 Der Handytarif Billy15 bietet Gebühren von 0,15 € pro Minute in fremde Netze bei sekundengenauer Abrechnung an.

AB

TE

Gesprächsdauer in Minuten	Gebühren in Euro
1	0,15
5	
	1,5
20	
	7,5

1) Ergänze in der Tabelle die Preise bzw. Zeitangaben.
2) Erstelle eine Formel für den Preis P.
x ... Gesprächsdauer in Minuten.
3) Stelle den Zusammenhang in einem geeigneten Koordinatensystem grafisch dar. Verwende dazu dein Rechenwerkzeug.

4.12 Superbenzin kostet 1,383 € pro Liter. An der Zapfsäule fließen 0,4 Liter pro Sekunde in den Tank.

ABC

1) Gib eine Formel für den Preis an. Erstelle eine Wertetabelle für den Preis von Mengen von 0 bis 45 Liter in 5-Liter-Schritten, trage die Wertepaare in ein Diagramm ein und zeichne den Graphen (5 Liter ≙ 1 cm; 5,00 € ≙ 1 cm).
2) Erstelle eine Formel für die Benzinmenge B (in Litern) im Tank nach einer Tankzeit t (in Sekunden), wenn vor dem Beginn des Tankens noch 7 Liter im Tank waren. Gib eine Wertetabelle an (0 bis 3 Minuten in 20-Sekunden-Schritten).
3) Erstelle eine Formel zur Berechnung der Zeit t, die nötig ist, um eine Benzinmenge N (in Liter) zu tanken. Welche Werte von N kannst du sinnvollerweise einsetzen, wenn das Auto einen 55-Liter-Tank hat und du berücksichtigst, dass bereits 7 Liter im Tank waren? Schreibe die Definitionsmenge an. Welche Werte für die Zeit t sind daher möglich? Gib die Wertemenge an.

4.13 Das neue Aquarium in der Aula einer HTL, das 2 m^2 Grundfläche hat, wird gefüllt. Im Diagramm ist eingezeichnet, wie sich die Höhe des Wasserstands mit der Zeit ändert. Um 11:40 Uhr ist das Aquarium voll.

ABCD

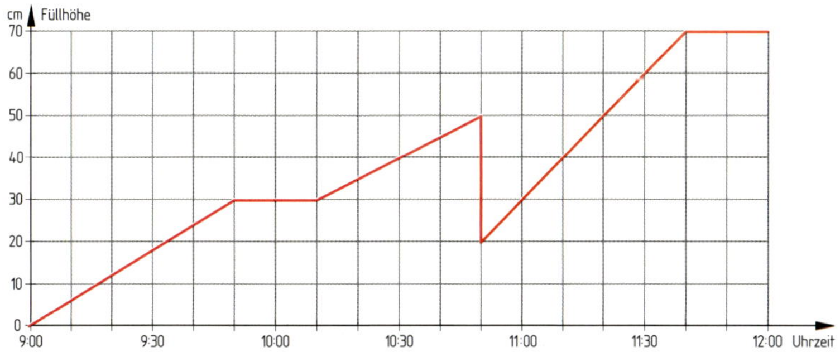

1) Was kannst du über die Höhe des Aquariums aussagen?
2) Was ist zwischen 9:50 Uhr und 10:10 Uhr passiert?
3) Ist immer gleich viel Wasser pro Minute zugeflossen?
4) Wann wäre das Aquarium voll gewesen, wenn der Zufluss um 9:50 Uhr ohne Unterbrechung und mit gleicher Zuflussmenge wie zwischen 9:00 Uhr und 9:50 Uhr fortgesetzt worden wäre?
5) Ist der angegebene Streckenzug realistisch? Begründe deine Antwort.
6) Trage in einem Diagramm die Füllmenge in Litern zu den oben angegebenen Uhrzeiten ein.
7) Wie viel Liter Wasser fasst das Aquarium?
8) Wie viel Liter Wasser sind zwischen 9:00 Uhr und 9:50 Uhr bzw. zwischen 10:50 Uhr und 11:40 Uhr im Schnitt pro Minute zugeflossen?

4.2 Lineare Funktionen

4.2.1 Grundbegriffe

ABC TE

4.14 Stahlseile werden auf großen Holztrommeln geliefert. Eine Rolle mit 100 m Stahlseil wiegt 220 kg. Werden auf die gleiche Holztrommel 200 m Stahlseil aufgewickelt, beträgt die Gesamtmasse 390 kg.

1) Wie viel wiegen 100 m Seil, wie viel wiegt die leere Trommel?

2) Berechne die in der Tabelle fehlenden Werte.

Seillänge	Gesamtmasse
0 m	
50 m	
100 m	220 kg
150 m	
200 m	390 kg
250 m	

3) Zeichne ein Diagramm wie in Abb. 4.3 skizziert. Trage die Werte aus der Tabelle im Diagramm ein und zeichne den Funktionsgraphen. Lies die Masse einer Trommel mit einem 170 m langen Seil ab.

4) Überprüfe durch Technologieeinsatz.

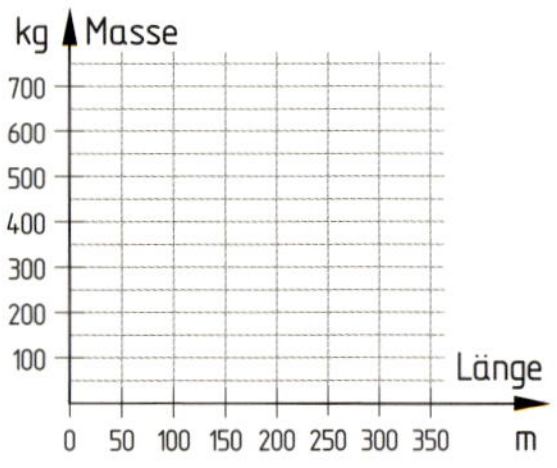

Abb. 4.3

Funktionen, deren Graph eine Gerade ist, werden als **lineare Funktionen** bezeichnet. Anhand des folgenden Beispiels untersuchen wir, welche Art von Zusammenhang auf lineare Funktionen führt.

ZB: Ein Schwimmbecken, das zu Wartungszwecken teilweise entleert wurde, enthält 12 000 ℓ Wasser. Beim Nachfüllen fließen pro Stunde 5 000 ℓ zu, das volle Becken enthält 42 000 ℓ Wasser. Wir betrachten das Wasservolumen (in Litern) im Becken, abhängig von der Füllzeit t (in Stunden). Es kann nach der Formel

$$V(t) = 5\,000\,\frac{\ell}{h} \cdot t + 12\,000\,\ell$$

berechnet werden.

Zeit t in h	Wasservolumen V(t) in ℓ
0	12 000
1	17 000
2	22 000
3	27 000
4	32 000
5	37 000
6	42 000

+ 1 h, + 1 h, + 1 h … + 5 000 ℓ, + 5 000 ℓ, + 5 000 ℓ …

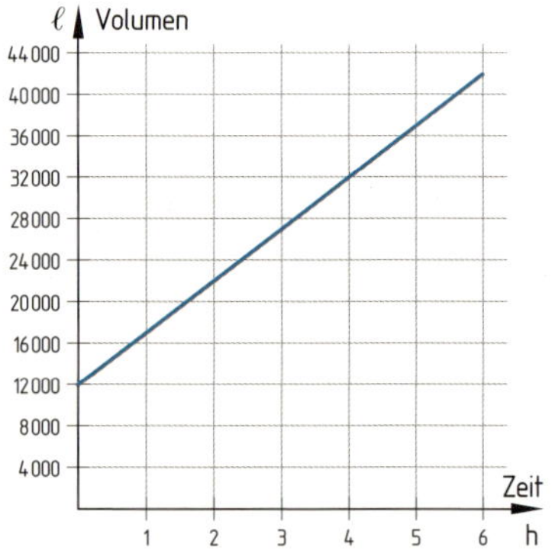

Mithilfe der Wertetabelle erkennt man: Einer Zeitspanne von jeweils einer Stunde entspricht eine gleichmäßige Zunahme des Wasservolumens um jeweils 5 000 Liter. Wegen dieser gleichmäßigen Zunahme des Wasservolumens ist der Funktionsgraph eine Gerade.

Eine Funktion mit einer Funktionsgleichung der Form **y = k · x + d** heißt **lineare Funktion**. Der Funktionsgraph einer linearen Funktion ist eine **Gerade**.

Wir zeigen nun, dass die Funktionsgleichung $y = k \cdot x + d$ eine Gerade darstellt:

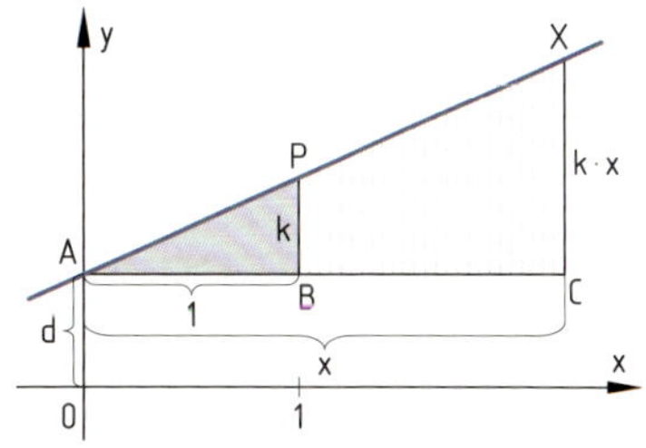

Abb. 4.4

- $x = 0 \Rightarrow y = d$
  Der Funktionsgraph verläuft durch den Punkt $A(0|d)$.
- $x = 1 \Rightarrow y = d + k$
  Der Funktionsgraph verläuft durch den Punkt $P(1|d + k)$.
- Wir verlängern die Strecke AP und wählen einen beliebigen x-Wert. Das Dreieck ACX ist ähnlich zum blauen Dreieck ABP. Es gilt daher $1 : k = x : \overline{CX}$. Die Strecke CX hat demnach die Länge $k \cdot x$. Der auf der Geraden durch A und P liegende Punkt X hat daher die Koordinaten $(x|k \cdot x + d)$. Diese Koordinaten entsprechen einem Wertepaar der Funktion $y = k \cdot x + d$. Alle Punkte der Geraden durch A und P sind daher Wertepaare dieser Funktion.

Da der Graph jeder linearen Funktion eine Gerade ist, bezeichnet man die Funktionsgleichung der linearen Funktion auch als **Geradengleichung**. Man schreibt g: $y = k \cdot x + d$. Zum Zeichnen des Funktionsgraphen benötigt man nur **zwei Punkte**.

Die Schreibweise $\mathbf{y = k \cdot x + d}$ wird als **Normalform** der Geradengleichung bezeichnet. Die ebenfalls übliche Angabe in der Form $\mathbf{a \cdot x + b \cdot y = c}$ wird als **allgemeine Form** bezeichnet.

Eine Geradengleichung kann durch Äquivalenzumformungen von der Normalform auf die allgemeine Form gebracht werden bzw. von der allgemeinen Form auf die Normalform.

ZB: Normalform $y = 2x - 4 \quad \Leftrightarrow \quad 2x - y = 4$ allgemeine Form

Die verschiedenen Technologien sind bei solchen Aufgaben oft sehr hilfreich. Das Erstellen von Diagrammen lässt sich häufig mit (Werte-)Tabellen schnell umsetzen, auch die grafische Darstellung der Funktion wird unterstützt.

GeoGebra:

Mit **GeoGebra** geht es diesmal besonders leicht:

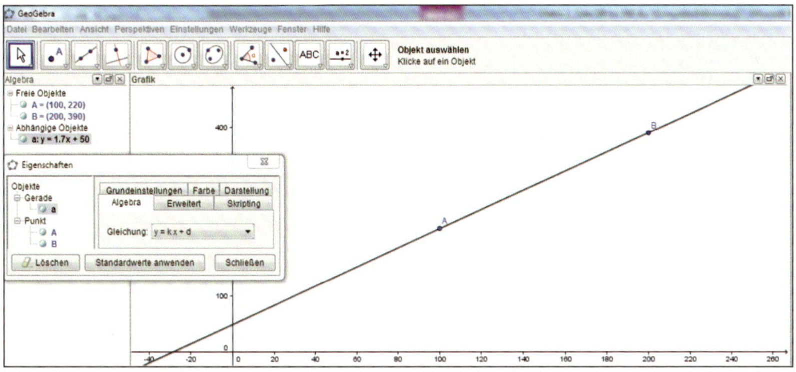

- Einzeichnen der beiden Punkte im Koordinatensystem, anschließend das Tool „**Gerade durch 2 Punkte**" auswählen. Jetzt steht die Funktionsgleichung im Algebrafenster.
- Über das **Eigenschaften-Fenster** kann man die Darstellungsform verändern.
- Um einzelne Funktionswerte ablesen zu können kann man zB einen Punkt auf die Gerade setzen und diesen dann bewegen. Die Koordinaten des Punkts werden im **Algebra-Fenster** angezeigt.
- Beachte, dass der Funktionsgraph jetzt auch in einem Bereich gezeichnet wird, der aufgrund der Aufgabenstellung keinen Sinn ergibt ($x < 0$)!

Funktionen

Bevor auf die Einzelheiten der linearen Funktion eingegangen wird, soll die Funktionsgleichung zuerst einmal zum Experimentieren anregen:

BCD TE

4.15 Stelle mit deinem Rechenwerkzeug verschiedene lineare Funktionen grafisch dar, indem du für k und d verschiedene Werte einsetzt. Beobachte die Veränderungen am Funktionsgraphen und dokumentiere das Verhalten. Versuche Aussagen darüber zu treffen, wie sich die Veränderungen von k und d auf das Aussehen des Graphen auswirken.

Hinweis: **CAS** und **GeoGebra** bieten mit den **„Schiebereglern“** sehr einfache Möglichkeiten zur Variation von k und d.

Lösung:

TI-Nspire:

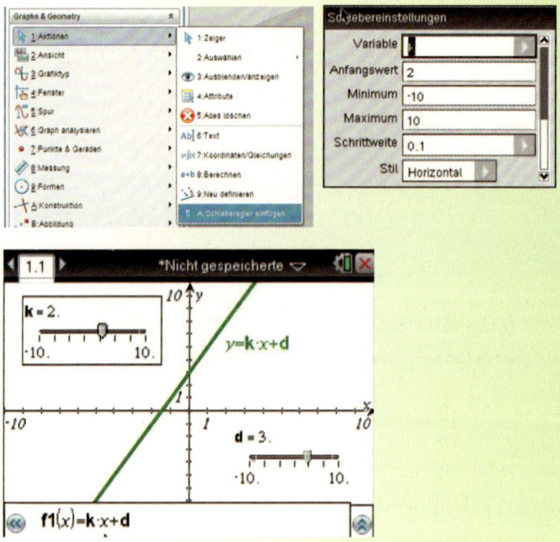

GeoGebra:

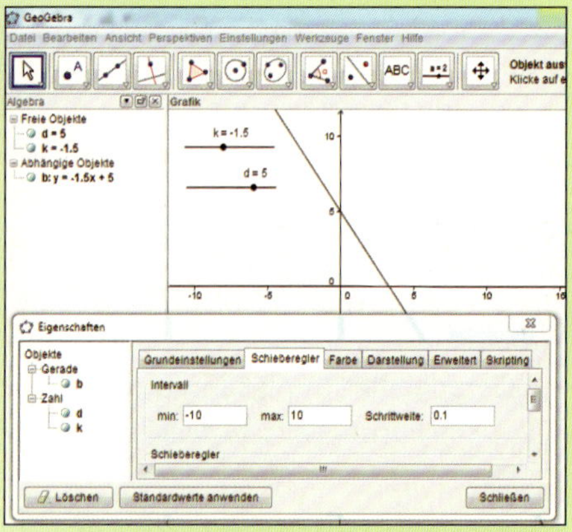

y-Achsenabschnitt

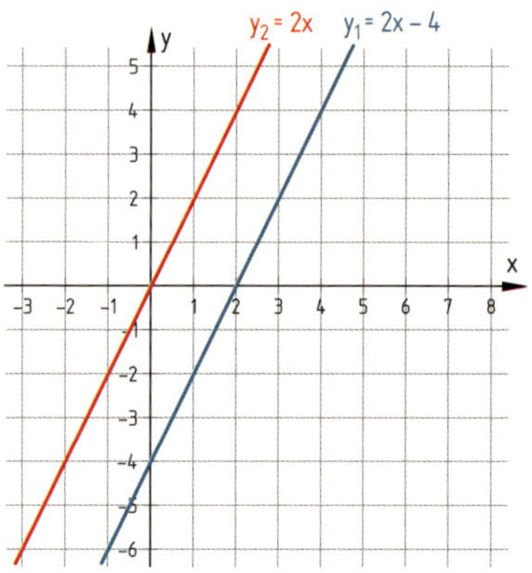

Der Punkt A aus Abb. 5.4 ist der Schnittpunkt der Geraden mit der y-Achse. Seine x-Koordinate ist null und die y-Koordinate hat den Wert d. Der Wert **d** wird daher **y-Achsenabschnitt** oder **Ordinatenabschnitt** genannt.

Falls **d = 0** ist, verläuft die **Gerade durch den Koordinatenursprung**. Man spricht von einer **homogenen Funktion**. Andernfalls nennt man die Funktion **inhomogen**.

Unterscheiden sich zwei lineare Funktionen nur durch den Wert von d, dann sind die Graphen zueinander parallele Geraden, zB: $y_1 = 2x - 4$; $y_2 = 2x$

Für jede lineare Funktion $y = k \cdot x + d$ gilt:

An der Stelle $x = 0$ ist der Funktionswert $y = d$. Der Wert **d** wird **y-Achsenabschnitt** oder **Ordinatenabschnitt** genannt.

Steigung und Steigungsdreieck

Abb. 4.5 zeigt die Funktion
$y = k \cdot x$ für $k = \frac{1}{2}; 1; 2; -0{,}7; -\frac{10}{3}$

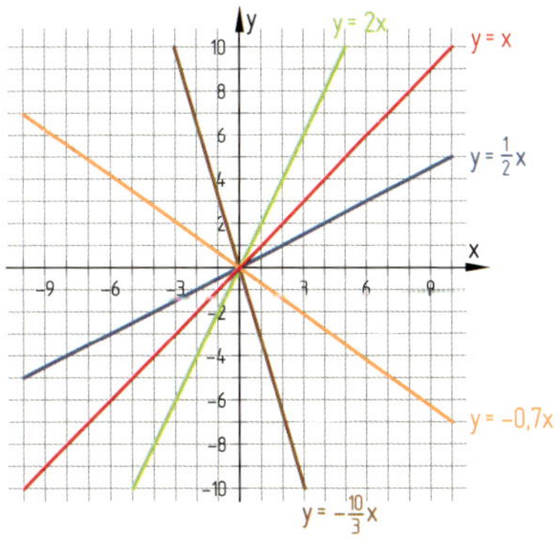

Abb. 4.5

Der Wert des Faktors **k** entscheidet über die **Steigung** einer Geraden.

Ist **k > 0**, dann **steigt** die Gerade, ist **k < 0**, dann **fällt** die Gerade.

Für **k = 0** ist die Gerade **parallel zur x-Achse**.

Je größer |k| ist, desto stärker steigt oder fällt die Gerade.

Wir untersuchen nun genauer, in welchem Ausmaß sich der y-Wert einer Funktion ändert, wenn sich die x-Koordinate ändert. Wir überlegen zuerst anhand von Beispielen:

y = 2 · x

Jede Änderung des **x-Werts** um **1** führt zu einer Änderung des **y-Werts** um **2**.

x	y
0	0
1	2
2	4
3	6
4	8

y = 5 · x

Jede Änderung des **x-Werts** um **1** führt zu einer Änderung des **y-Werts** um **5**.

x	y
0	0
1	5
2	10
3	15

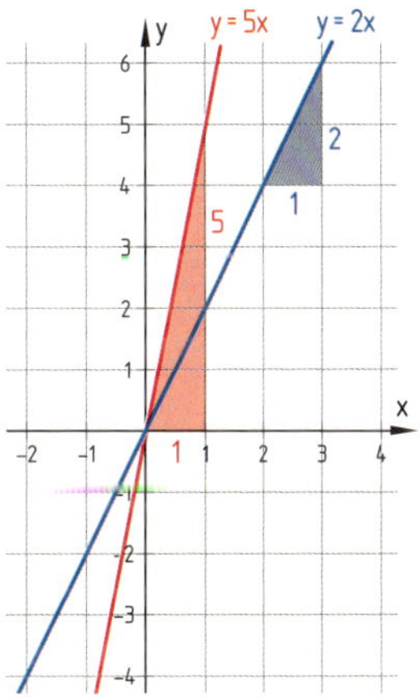

Wir überlegen nun allgemein anhand des Dreiecks ABC mit A(0|d), B(1|d) und C(1|k + d) und des beliebig gewählten Dreiecks PQR, wie die Steigung k bestimmt werden kann.

Ändert man den Wert der unabhängigen Variablen x um 1, dann ändert sich der Funktionswert y um k.
Da die Dreiecke ABC und PQR ähnlich sind, gilt:

$$\frac{y_2 - y_1}{x_2 - x_1} = \frac{k}{1} = k$$

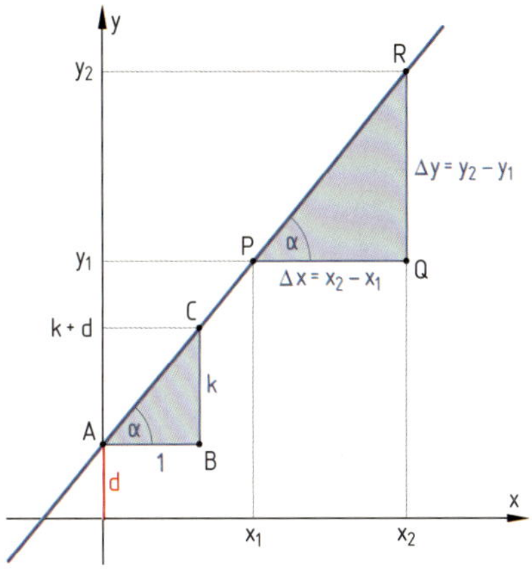

Die Dreiecke ABC und PQR nennt man **Steigungsdreiecke**, den Winkel α **Steigungswinkel**.
Für die Differenz $(y_2 - y_1)$ der y-Koordinaten („senkrechte Differenz") schreibt man kurz Δy, für die Differenz $(x_2 - x_1)$ der x-Werte („waagrechte Differenz") schreibt man Δx.

Δ ... [sprich: „Delta"], griechischer Großbuchstabe, Abkürzung für Differenz

Für die Steigung k schreibt man dann kurz $k = \frac{\Delta y}{\Delta x}$ und nennt $\frac{\Delta y}{\Delta x}$ **Differenzenquotient**.

> Bei einer linearen Funktion $y = k \cdot x + d$ nennt man **k** die **Steigung** der Geraden.
>
> $$k = \frac{y_2 - y_1}{x_2 - x_1} = \frac{\Delta y}{\Delta x}$$
>
> Der Winkel, den die Gerade mit der Waagrechten einschließt, heißt **Steigungswinkel**.

Im Alltag werden Steigungen oft in Prozent angegeben, zB:

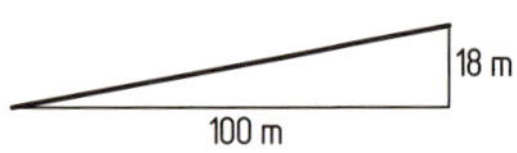

$$k = \frac{\Delta y}{\Delta x} = \frac{18\text{ m}}{100\text{ m}} = 0{,}18 = 18\ \%$$

Negative Steigungen werden im Alltag nicht mit einem negativen Vorzeichen angegeben, sondern als Gefälle bezeichnet.

BC **4.16** Beschreibe anhand geeigneter Zeichnungen, wie mithilfe des y-Achsenabschnitts und des Steigungsdreiecks die gegebene Funktion gezeichnet werden kann.

a) $y = -2x + 3$ ***b)*** $y = \frac{2}{3}x - 1$

Lösung:

a) $d = 3 \Rightarrow$ Die Gerade verläuft durch den Punkt $(0|3)$.

Das Einzeichnen des Steigungsdreiecks ergibt einen weiteren Punkt der Geraden.

$k = -2 = \frac{-2}{1} = \frac{\Delta y}{\Delta x}$

$\Rightarrow \Delta x = 1, \Delta y = -2$

Die Gerade wird durch die beiden Punkte gezeichnet.

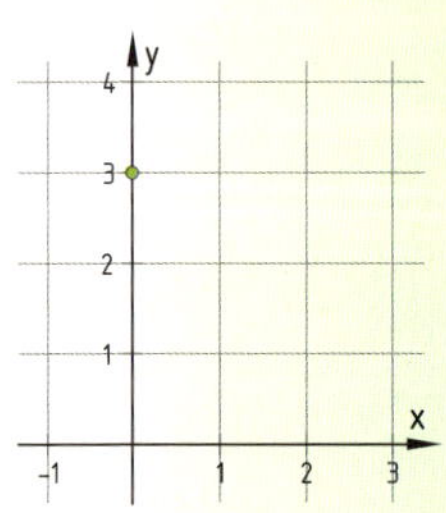

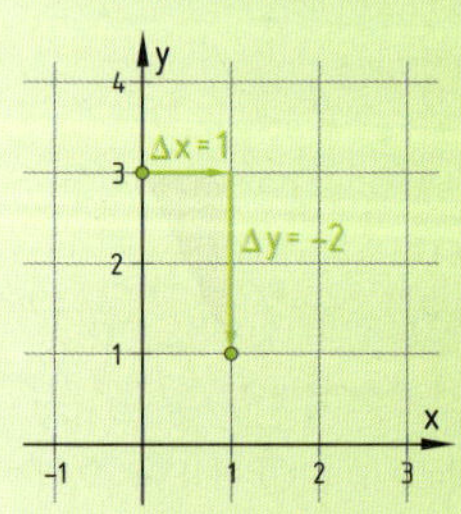

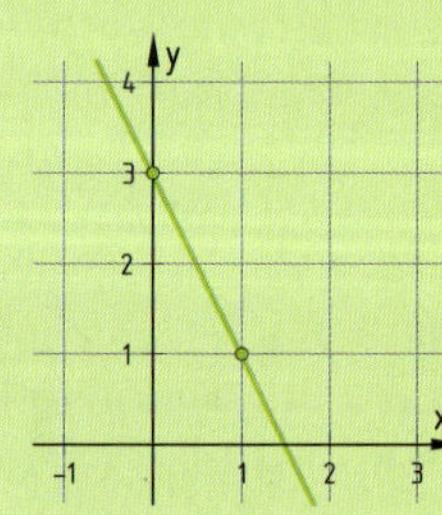

b) $d = -1$

$\Rightarrow$ Punkt $(0|-1)$

$k = \frac{2}{3} = \frac{\Delta y}{\Delta x}$

$\Rightarrow \Delta x = 3, \Delta y = 2$

Die Gerade wird eingezeichnet.

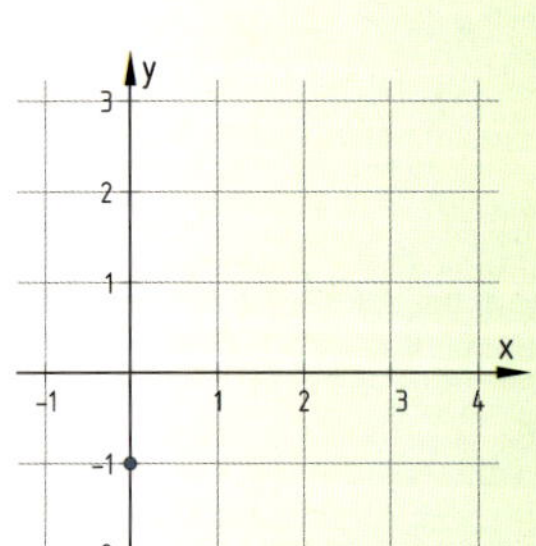

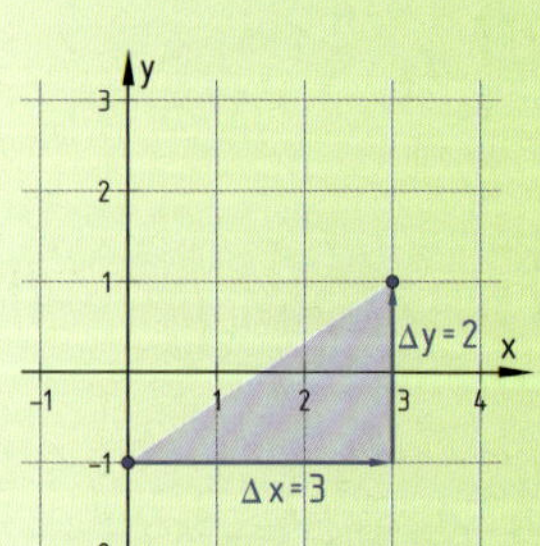

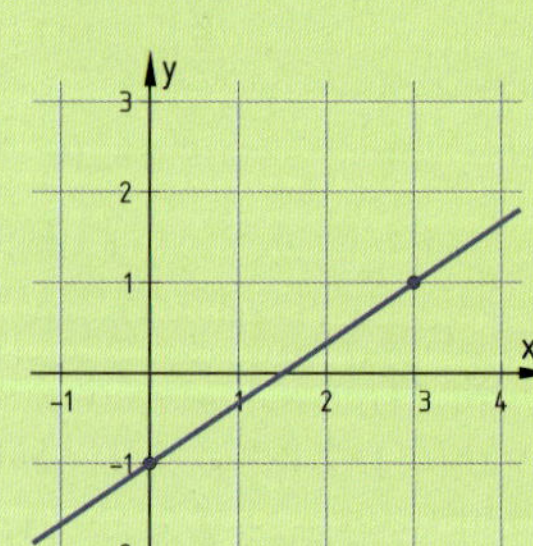

4.17 Ermittle die Gleichung der Geraden g, die durch die Punkte A(−2|−4) und B(8|1) verläuft. B

Lösung:

Ermitteln der Steigung k:

$k = \frac{y_B - y_A}{x_B - x_A} = \frac{1-(-4)}{8-(-2)} = \frac{5}{10} = \frac{1}{2} \Rightarrow$

Gleichung der Geraden: $y = \frac{1}{2} \cdot x + d$

- Man erhält die gleiche Steigung, wenn man $\frac{y_A - y_B}{x_A - x_B}$ berechnet.

Ermitteln von d:

B(8|1) in $y = \frac{1}{2} \cdot x + d$ einsetzen:

$1 = \frac{1}{2} \cdot 8 + d \Rightarrow d = -3$

Gleichung der Geraden durch A und B:

g: $y = \frac{1}{2} \cdot x - 3$

- A und B liegen auf der Geraden. Das Einsetzen der Koordinaten eines Punkts der Geraden in die Geradengleichung muss daher eine richtige Aussage ergeben.

Nimmt man zwei allgemeine Punkte $P(x_1|y_1)$ und $Q(x_2|y_2)$ und rechnet genauso wie zuvor mit den besonderen Punkten, dann erhält man (sofern man sich von einem CAS Unterstützung holt):

$y1=k\cdot x1+d$	$y1=d+k\cdot x1$
$k:=\frac{y2-y1}{x2-x1}$	$\frac{y1-y2}{x1-x2}$
$d:=y1-k\cdot x1$	$y2-\frac{x2\cdot(y1-y2)}{x1-x2}$
$y=k\cdot x+d$	$y=\frac{(y1-y2)\cdot x}{x1-x2}-\frac{x2\cdot(y1-y2)}{x1-x2}+y2$

Diese Gleichung sieht sehr unhandlich aus, lässt sich aber noch etwas verbessern (siehe rechts):

$\left(y=\frac{(y1-y2)\cdot x}{x1-x2}-\frac{x2\cdot(y1-y2)}{x1-x2}+y2\right)-y2$	$y-y2=\frac{(y1-y2)\cdot x}{x1-x2}-\frac{x2\cdot(y1-y2)}{x1-x2}$
$\text{factor}\left(y-y2=\frac{(y1-y2)\cdot x}{x1-x2}-\frac{x2\cdot(y1-y2)}{x1-x2},\frac{y1-y2}{x1-x2}\right)$	$y-y2=\frac{(y1-y2)\cdot(x-x2)}{x1-x2}$

Diese Form der Geradengleichung nennt man **Zweipunktform**.

Meist wird die **Zweipunktform der Geradengleichung** in folgender Form dargestellt:

$y - y_1 = \frac{y_2 - y_1}{x_2 - x_1}(x - x_1)$

4.18 Argumentiere, warum in der Formel im Vergleich zur Berechnung mit dem CAS die Koordinaten x_2 und y_2 durch x_1 und y_1 ersetzt werden dürfen. CD

Ist die Steigung k der Geraden bereits bekannt, so genügt die Punkt-Richtungs-Form der Geradengleichung: $y - y_1 = k \cdot (x - x_1)$

4.19 Zeige, dass die Zweipunktform ohne großem Aufwand in die Punkt-Richtungs-Form übergeführt werden kann. CD

Achsenparallele Geraden

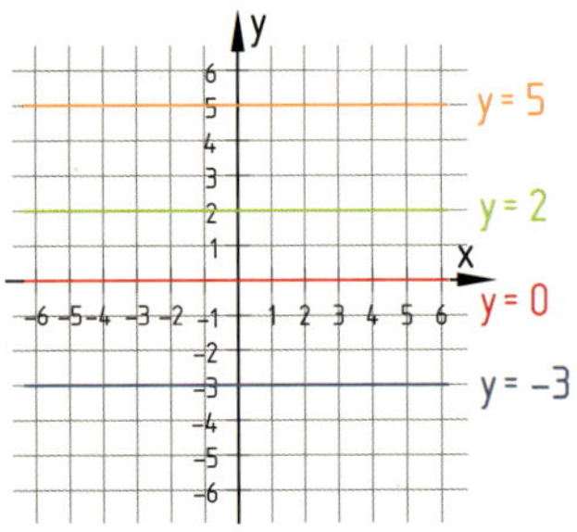

Ist die Steigung einer Geraden $k = 0$, lautet die Funktionsgleichung:

$$\mathbf{y = d}$$

Diese Funktion heißt **konstante Funktion**.

Der Graph verläuft waagrecht, also **parallel zur x-Achse**.
Ist auch $d = 0$, so erhalten wir die Gleichung $\mathbf{y = 0}$, die die **x-Achse** beschreibt.

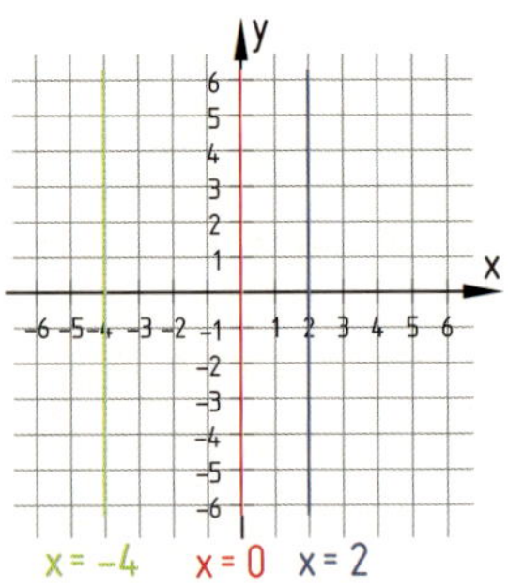

Geraden, die **parallel zur y-Achse** verlaufen, sind **keine Funktionen**. Einem x-Wert werden jeweils unendlich viele y-Werte zugeordnet. Diese Geraden lassen sich aber trotzdem durch eine Gleichung angeben:
ZB liegen auf der blau gezeichneten Geraden alle Punkte, deren x-Wert 2 ist. Die Gleichung $x = 2$ „wählt" also aus allen Punkten der Zeichenebene jene aus, die auf dieser Geraden liegen.
Durch die Gleichung $\mathbf{x = 0}$ wird die **y-Achse** beschrieben.

Nullstelle einer linearen Funktion

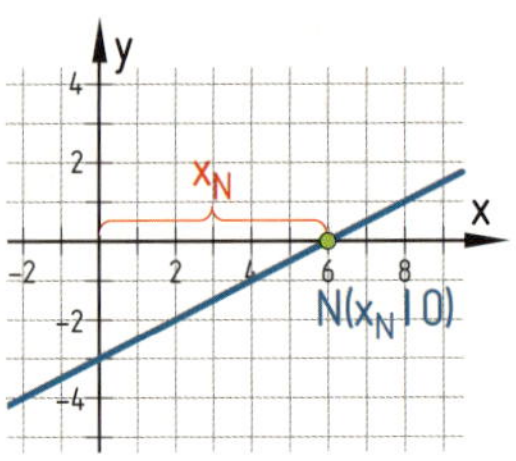

Als **Nullstelle x_N** einer linearen Funktion bezeichnet man den x-Wert des **Schnittpunkts des Funktionsgraphen mit der x-Achse**. Der zugehörige Funktionswert lautet $y = 0$.

$y = k \cdot x + d$ schneidet die x-Achse in N:
$0 = k \cdot x_N + d \;\Rightarrow\; x_N = -\frac{d}{k} \;\Rightarrow\; N\left(-\frac{d}{k}\middle|0\right)$

Mithilfe der Nullstelle x_N lässt sich eine Geradengleichung umformen:
$y = k \cdot x + d \;\Rightarrow\; y = k \cdot \left(x + \frac{d}{k}\right) = k \cdot (x - x_N)$

BD **4.20** Erkläre, wie man diese Form der Geradengleichung auch sehr schnell aus der Punkt-Richtungs-Form herleiten kann.

B **4.21** Berechne die Nullstelle der Funktion $y = \frac{1}{2} \cdot x - 3$, gib den Schnittpunkt N mit der x-Achse und die Funktion in der Form $y = k \cdot (x - x_N)$ an.

Lösung:
$0 = \frac{1}{2} \cdot x - 3 \;\Rightarrow\;$ Nullstelle $x_N = 6$, $N(6|0)$, $y = \frac{1}{2} \cdot (x - 6)$

Die x-Koordinate des **Schnittpunkts** einer linearen Funktion **mit der x-Achse** heißt **Nullstelle x_N** der Funktion. Es gilt $y = 0$.
Die lineare Funktion kann in der Form $\mathbf{y = k \cdot (x - x_N)}$ angegeben werden.
Das Lösen einer linearen Gleichung entspricht dem Ermitteln der Nullstelle der zugehörigen Funktion.

4.22 Welches der Diagramme zeigt eine lineare Funktion, welches nicht? Begründe deine Antwort. CD

1)

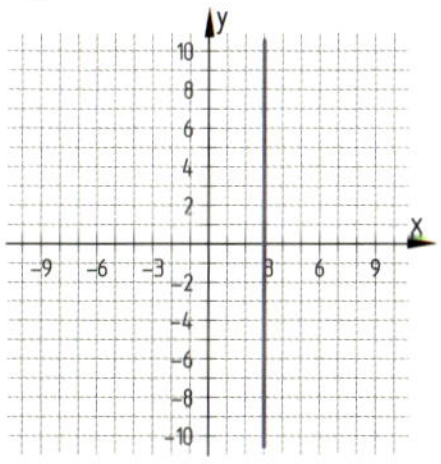

2)

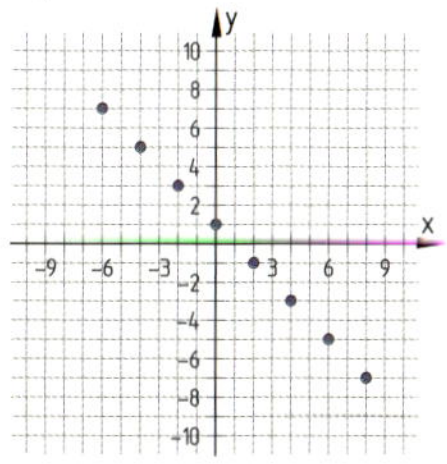

3)

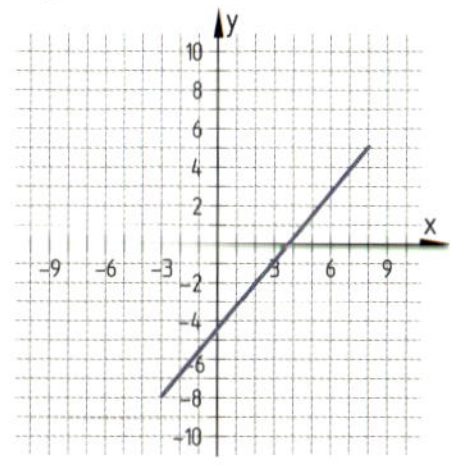

4)

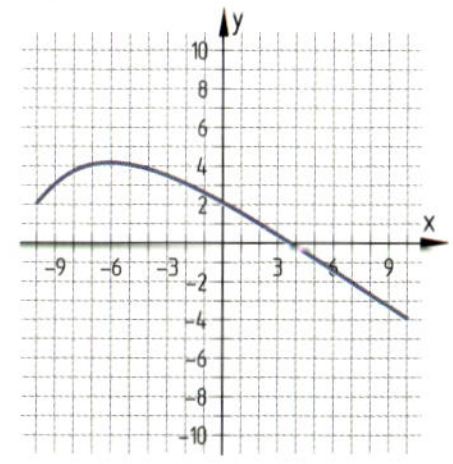

4.23 Welche der Funktionsgleichungen stellen lineare Funktionen dar, welche nicht? Begründe deine Entscheidungen. Stelle die Funktionen mit deinem Rechenwerkzeug grafisch dar. BCD TE

1) $y = \frac{1}{2x} + 3$ **2)** $y = \frac{1}{2} + 3x$ **3)** $2x + 3y = 5$ **4)** $y = 3 \cdot (x + 5)$ **5)** $y = \frac{3}{x + 5}$

4.24 Erstelle eine Wertetabelle mit mindestens 3 Werten aus der angegebenen Definitionsmenge und zeichne die gegebene Funktion. Gib anschließend die Wertemenge der Funktion an. BC

a) $y = 2x - 3$, $D_f = [1; 4]$ **b)** $y = -x + 4$, $D_f = \{-1, 0, 1, 2, 3\}$ **c)** $y = \frac{1}{2}x + 2$, $D_f = \mathbb{R}$

4.25 Zeichne die gegebene lineare Funktion durch Einzeichnen des y-Achsenabschnitts und der Steigung. Gib die einzelnen Arbeitsschritte an. BC

a) $y = \frac{2}{3}x + \frac{5}{2}$ **b)** $y = -x - \frac{7}{10}$ **c)** $y = -1{,}5x$ **d)** $y = \frac{5}{9}x$

4.26 Überprüfe rechnerisch, ob die Punkte P(4|−1), Q(5|2) und R(−1|3) auf, oberhalb oder unterhalb der Geraden g: y = −x + 3 liegen. Kontrolliere durch eine Zeichnung. BC

Lösung:

$y(4) = -4 + 3 = -1 = y_P \Rightarrow$ P liegt auf g

$y(5) = -5 + 3 = -2 < y_Q \Rightarrow$ Q liegt oberhalb von g

$y(-1) = -(-1) + 3 = 4 > y_R \Rightarrow$ R liegt unterhalb von g

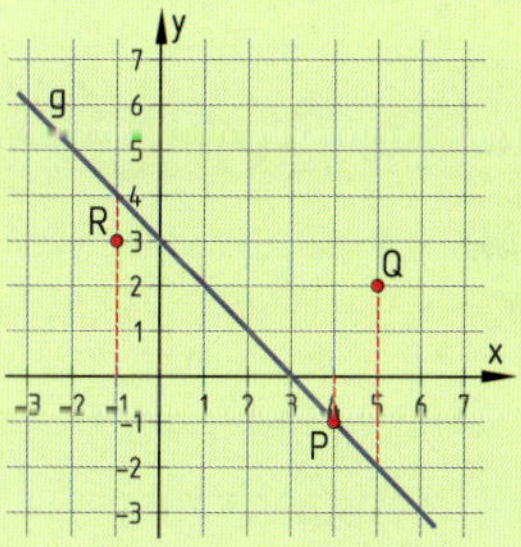

4.27 Ermittle rechnerisch, ob der Punkt P auf, oberhalb oder unterhalb der Geraden liegt. Kontrolliere durch eine Zeichnung. BC

a) $y = 3x + 8$ P(4|14) **b)** $y = -x - 3$ P(4|7) **c)** $y = \frac{1}{3}x + \frac{1}{2}$ P(6|2,5)

4.28 In der Wertetabelle einer linearen Funktion fehlen einige Werte. Erkläre, wie sich die fehlenden Werte ausschließlich über die Steigung bestimmen lassen, und ergänze die Werte. BC

a)

x	1	2	3		5
y	3	5		9	

b)

x	2	4		8	
y	20	19	18		16

4.29 Professor Schneider möchte seiner Klasse zwei Wertetabellen von linearen Funktionen vorgeben. Bei einem der Wertepaare irrt er sich jedoch. Welche der beiden Wertetabellen enthält einen Fehler? Begründe deine Antwort. Korrigiere den Fehler durch Änderung des BD

1) x-Werts **2)** y-Werts

A)

x	2	5	8	9
y	9	15	21	23

B)

x	4	6	7	10	12
y	10	16	19	31	34

B

4.30 Verwende dein Rechenwerkzeug, um die fehlenden Werte in der Wertetabelle einer linearen Funktion zu ergänzen:

x	3	5	8	
y	17		27	33

Lösung:

Wie man mit **GeoGebra** die Geradengleichung erhält, die durch zwei Punkte festgelegt ist, wurde schon zuvor gezeigt.

Auch der **GTR** bietet die Möglichkeit, die Funktionsgleichung einer linearen Funktion, die durch 2 Punkte festgelegt ist, durch einen kleinen Trick auf einfache Weise zu bestimmen. Man bedient sich des Befehls **LinReg(ax+b)** aus dem **STAT-Menü**. Die x- und y-Werte der Punkte gibt man als Listen in geschwungenen Klammern ein und gibt diesen Listen Namen aus dem **Listenmenü** (hier L_1 und L_2). Dem Ergebnis kann man dann sofort einen Funktionsnamen aus dem **VARS-Menü** zuordnen (in dieser Aufgabe Y_1). Die Variablen a und b stehen für Steigung und Achsenabschnitt der linearen Funktion.

TI-84+:

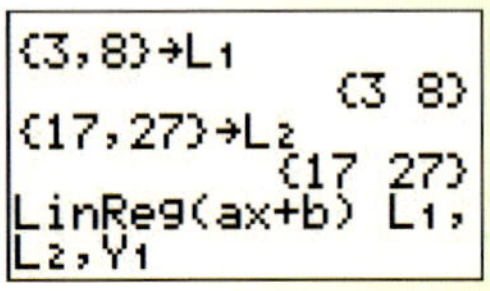

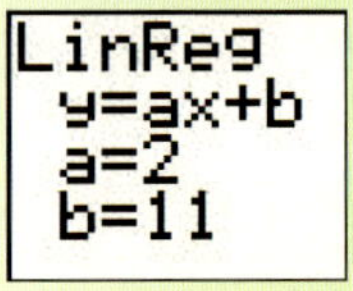

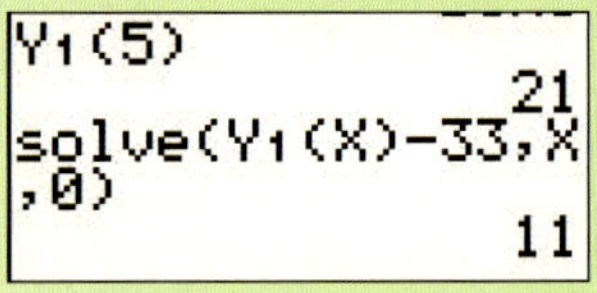

Mit dem Befehl **solve** (über **CATALOG** aufrufen!) löst der **GTR** die Gleichung $Y_1(x) - 33 = 0$

Ein **CAS** bietet etwas komfortablere Möglichkeiten. Hier macht es Sinn, die Zweipunktform als Funktion zu definieren, in die man dann nur noch die Angaben eintragen muss.

TI-Nspire:

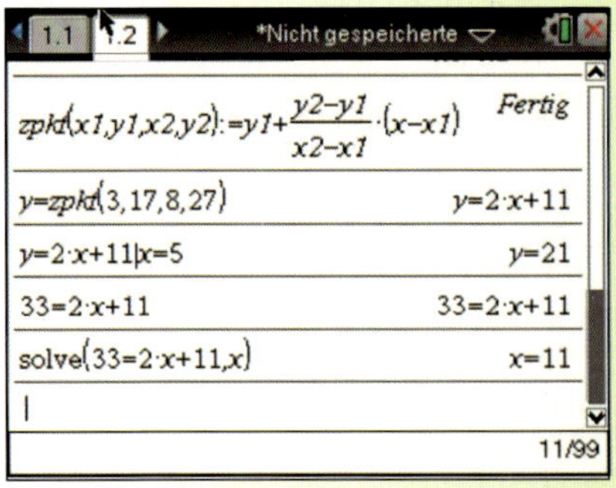

- Die Zweipunktform hat hier den Namen **zpkt**, die notwendigen Eingaben sind x_1, y_1, x_2, y_2
- Die Geradengleichung wird aufgestellt.
- Durch Einsetzen von x = 5 erhält man den zugehörigen y-Wert.
- Durch Einsetzen des y-Werts und Lösen der Gleichung erhält man den gesuchten x-Wert.

Natürlich lässt sich auch in **Excel** eine Tabelle so gestalten, dass bei Eingabe der Koordinaten zweier Punkte die Geradengleichung dargestellt werden kann. Die passenden Befehle dazu lauten „**Steigung**" und „**Achsenabschnitt**".

4.31 Berechne die fehlenden Werte aus der Wertetabelle einer linearen Funktion. Verwende dazu dein Rechenwerkzeug. B TE

a)

x	3	5	8	
y	11		71	83

b)

x	2	5	7	
y	1,5		−6	−9

4.32 Zeichne die dargestellte Funktion und die markierten Punkte ins Heft. Zeichne das Steigungsdreieck, das diese Punkte enthält, und gib die Steigung k mit möglichst einfachen Zahlen an. Kontrolliere anschließend mit deinem Rechenwerkzeug. B TE

a)
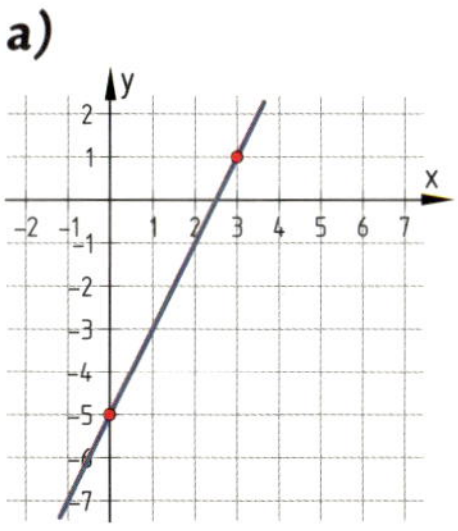

b)
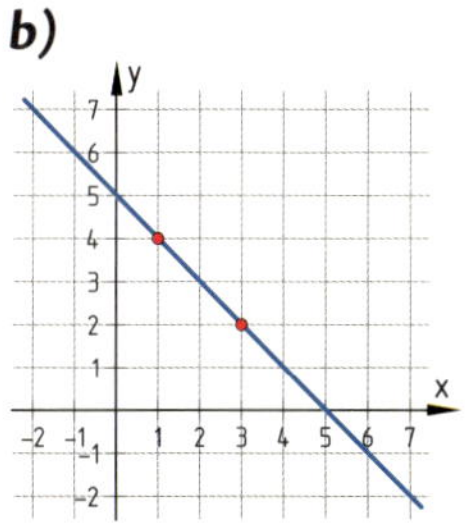

c)
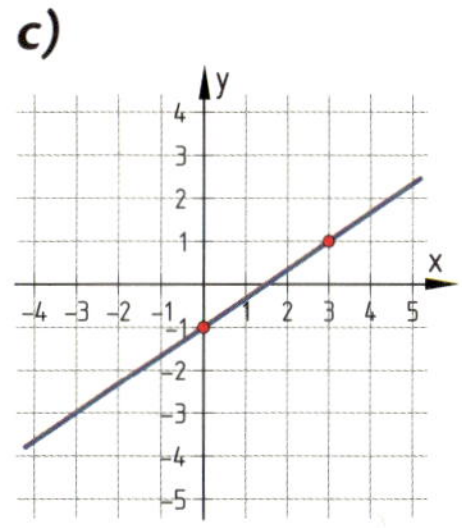

d)
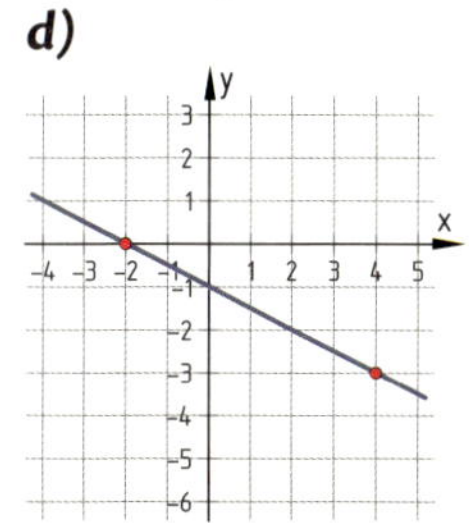

4.33 Gib die Gleichung der dargestellten Geraden an. ABC
Beschreibe deine Vorgehensweise.

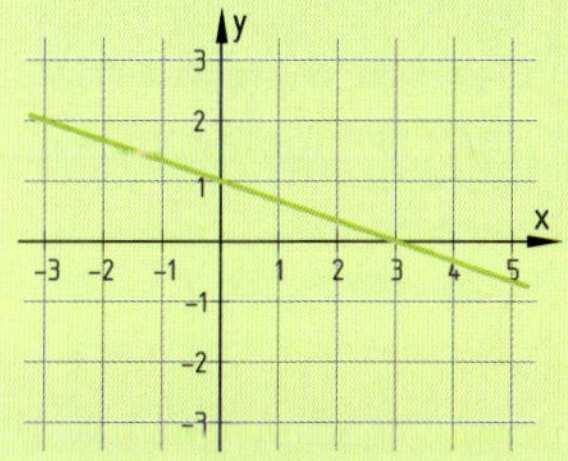

Lösung:

$d = 1$	Schnittpunkt mit der y-Achse bei 1 ergibt d.
$k = \frac{\Delta y}{\Delta x} = \frac{-1}{3} = -\frac{1}{3}$	Steigungsdreieck zB durch (0|1) und (3|0) einzeichnen, Ablesen von Δx und Δy ergibt k.
$y = -\frac{1}{3}x + 1$	Die Gleichung der Geraden angeben.

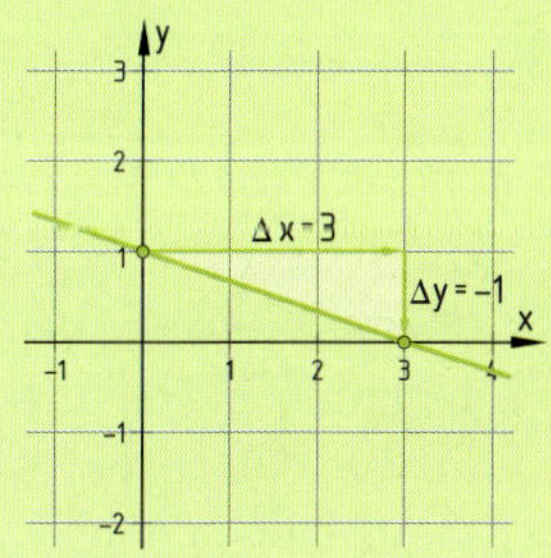

4.34 Lies den y-Achsenabschnitt d aus der Zeichnung ab und ermittle die Steigung k mithilfe eines geeigneten Steigungsdreiecks. Gib die Gleichung der Geraden in Normalform und in allgemeiner Form an. Überprüfe deine Ergebnisse anschließend mit deinem Rechenwerkzeug. AC TE

a)
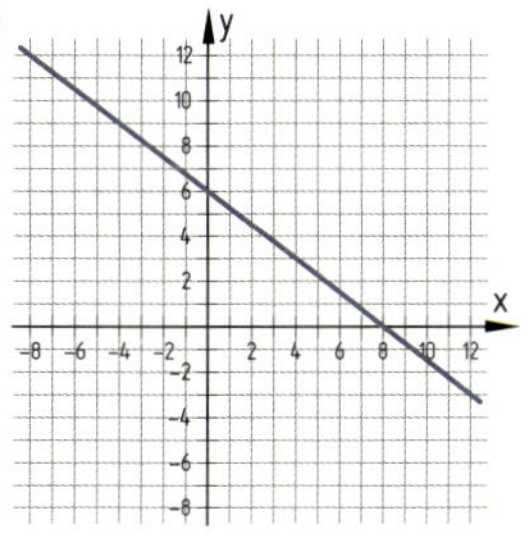

b)
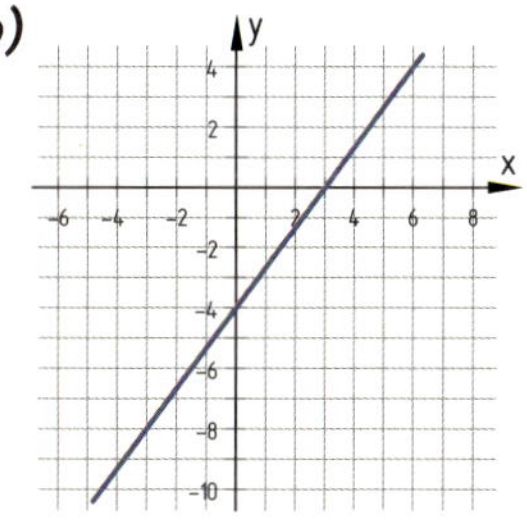

c)
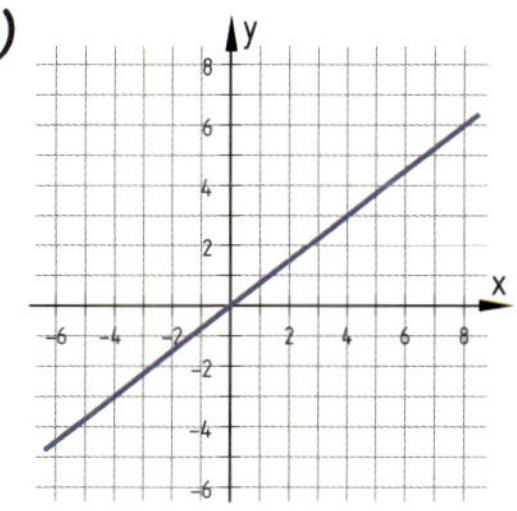

D **4.35** Welche Zeichnungen stellen das Steigungsdreieck zur Steigung $k = -\frac{3}{2}$ korrekt dar? Begründe deine Auswahl.

1)
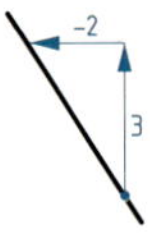

2)
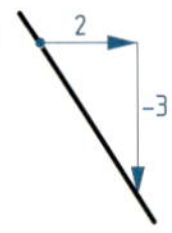

3)
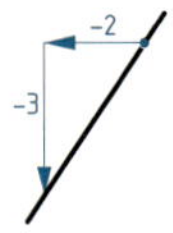

4)
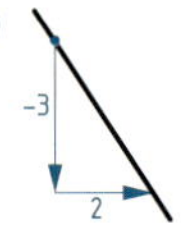

5)
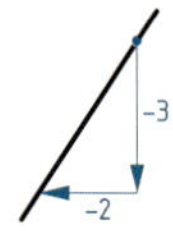

ABC **4.36** Gib die Steigung der dargestellten Funktion als gekürzten Bruch an. Achte dabei auf die unterschiedlichen Skalierungen auf den Achsen.

a)
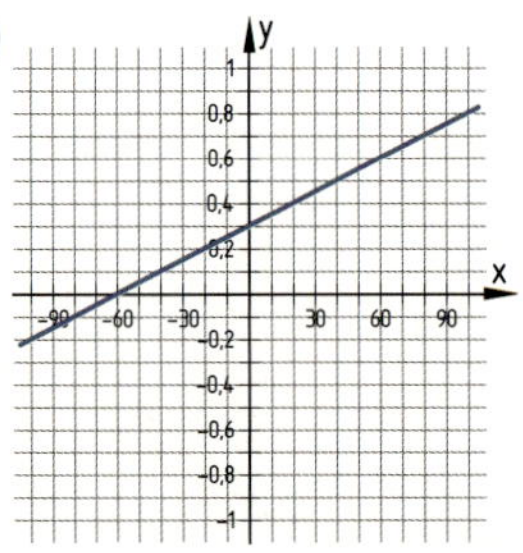

b)
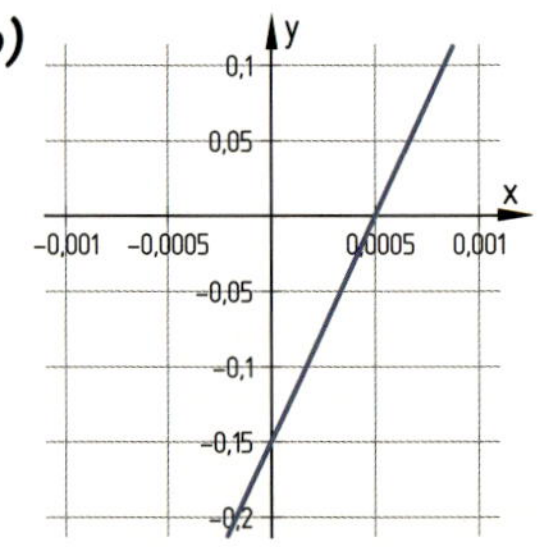

c)
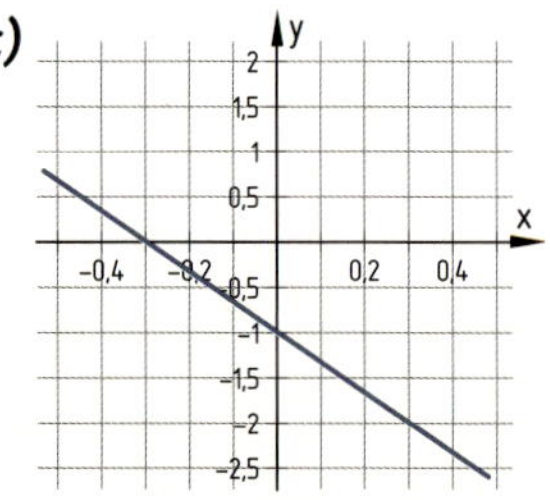

AC **4.37** Gib die Gleichung der dargestellten Funktion an. Verwende dabei die Variablen- und Konstantenbezeichnungen aus der Zeichnung.

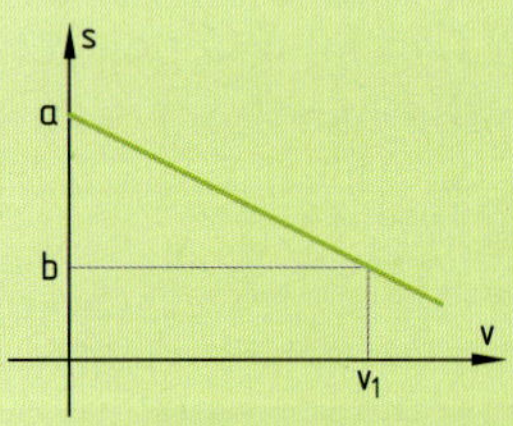

Lösung:

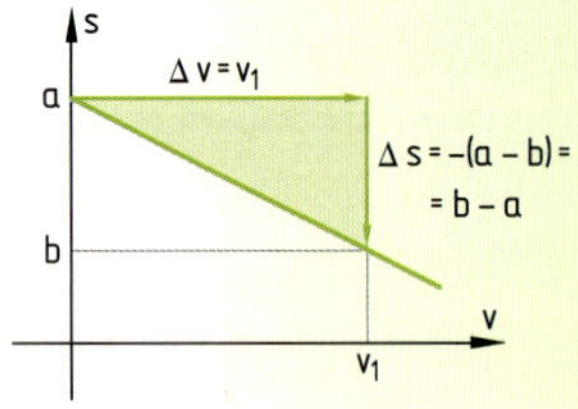

$k = \frac{\Delta s}{\Delta v} = \frac{b - a}{v_1}$, $d = a$

$s = \frac{b - a}{v_1} \cdot v + a$

- Zeichne mithilfe der gegebenen Punkte ein Steigungsdreieck ein und beschrifte es.

AC **4.38** Gib die Gleichung der dargestellten Funktion an, verwende dabei die Variablen- und Konstantenbezeichnungen aus der Grafik.

a)
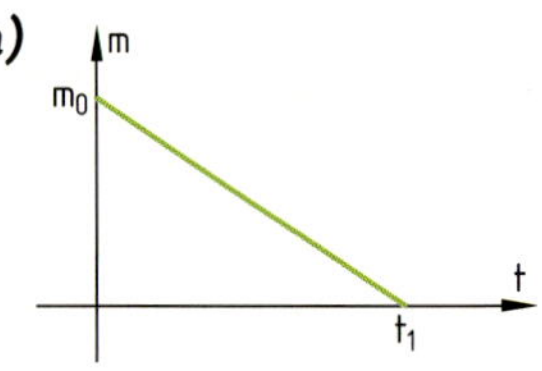

b)
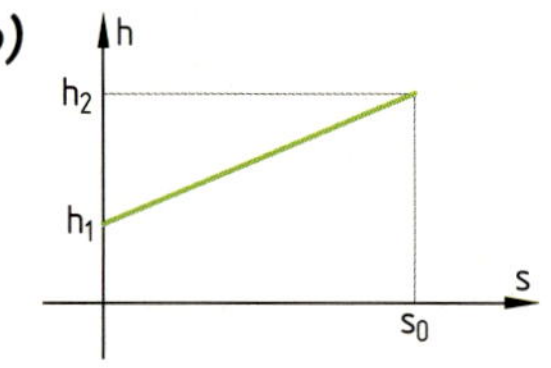

B **4.39** Von einer Geraden sind der Punkt D auf der y-Achse und ein weiterer Punkt gegeben. Ermittle die Geradengleichung zunächst durch Kopfrechnen und kontrolliere deine Ergebnisse anschließend mit deinem Rechenwerkzeug.

TE

a) D(0|4), P(−2|2) **b)** D(0|−1), P(3|−4) **c)** D(0|0,5), P(2,5|−1,5)

BC **4.40** Löse die gegebene Gleichung grafisch. Beschreibe den Lösungsweg mit eigenen Worten.

a) $2x + 5 = 0$ **b)** $3x - 5 = 7$ **c)** $-x + 4 = -1$ **d)** $4x - 2 = -x + 1$

4.41 Gib die Gleichungen aller in Abb. 4.6 dargestellten Geraden an. Kontrolliere deine Ergebnisse anschließend mit deinem Rechenwerkzeug, indem du die zu den ermittelten Funktionsgleichungen gehörenden Graphen zeichnest. **ABC** TE

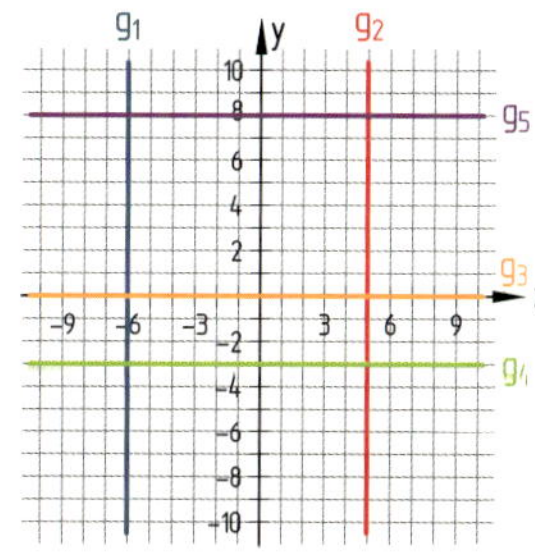

Abb. 4.6

4.42 Berechne die Nullstelle $N(x_N|0)$ der Funktion und gib die Funktionsgleichung in der Form $y = k \cdot (x - x_N)$ an. **B**
a) $y = \frac{1}{3}x + 2$ **b)** $y = -x + 7$ **c)** $y = -0{,}5x + 3$

4.43 **1)** Forme die gegebene Gerade auf Normalform um. **B** TE
2) Stelle die Gerade grafisch dar.
a) $2x + 3y = 9$ **b)** $-3x + 10y = 5$ **c)** $4x - y = -7$
Hinweis: Technologieeinsatz (TE) siehe Seiten 190 und 309

4.44 Prüfe rechnerisch, ob die Punkte auf einer Geraden liegen. **B**
a) $A(1|4)$, $B(4|1)$, $C(6|-1)$ **b)** $A(-4|-2)$, $B(-2|-5)$, $C(3|1)$

4.45 Stelle $y + 2 = 3x$, $y = 3 \cdot (x + 2)$ und $y = 3x$ grafisch dar. Was fällt dir auf? **BCD**

4.46 Was kann man über die Geraden aussagen? **C**
1) g_1: $y = k \cdot (x + 2)$ und g_2: $y = k \cdot (x - 3)$ **2)** g_1: $y = k \cdot (x - 1)$ und g_2: $y = \frac{k}{3} \cdot (x - 1)$

4.47 Begründe, wie sich der Graph von $y = k \cdot x + d$ ändert, wenn **D**
a) das Vorzeichen von k geändert wird? **c)** k null wird? **e)** d null wird?
b) k verdoppelt wird? **d)** d um 2 kleiner wird? **f)** d verdoppelt wird?

4.48 **1)** Stelle die Gleichung der Geraden g auf, die durch die Punkte A und B geht. **AB**
2) Ermittle die Schnittpunkte dieser Geraden mit beiden Koordinatenachsen.
3) Gib die Gleichung jener Geraden an, die zu g parallel ist und durch $P(-2|-2)$ geht.
4) Stelle die beiden Geraden grafisch dar.
a) $A(-4|5)$, $B(4|1)$ **b)** $A(1|7)$, $B(5|2)$ **c)** $A(-3|-2)$, $B(6|1)$

4.49 Zeichne die Gerade $y = \frac{3}{4}x - 2$. Wie muss das Steigungsdreieck bzw. die Steigung einer zweiten Geraden gewählt werden, damit eine Gerade entsteht, die mit der gezeichneten Geraden einen rechten Winkel einschließt? Gib diesen Zusammenhang allgemein für $y = k \cdot x + d$ an. Überprüfe deine Vermutung anschließend mithilfe deines Rechenwerkzeugs an einigen Beispielen. **ABC** TE

4.50 Gib an, wie viel Prozent die Steigung bzw. das Gefälle beträgt. **AB**

a)

b)
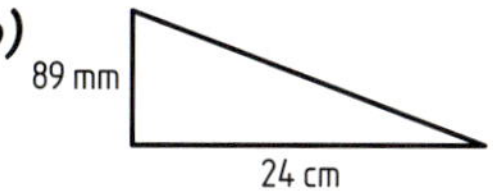

c)
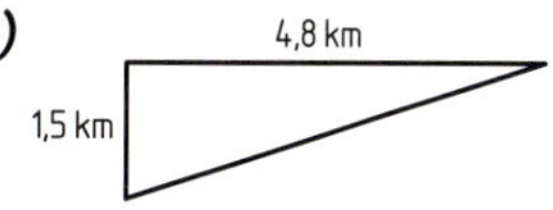

4.51 Auf einer Teststrecke für Autobusse wird mit verschiedenem Gefälle experimentiert. Ermittle jeweils die fehlenden Längen h und s. Vergleiche die Ergebnisse. Was fällt dir auf? **ABC**

1)
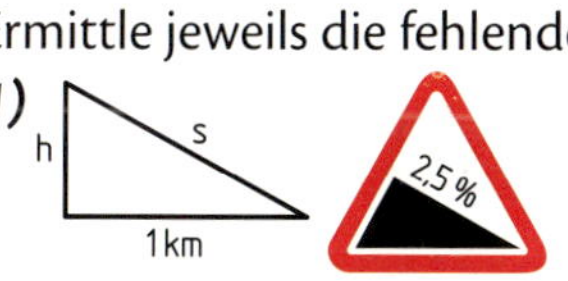

2)
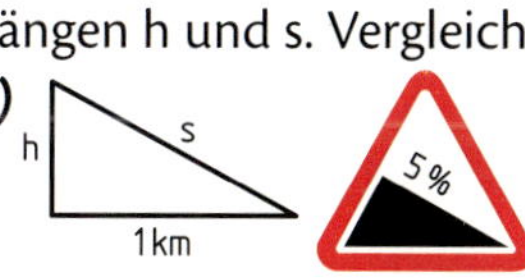

3)
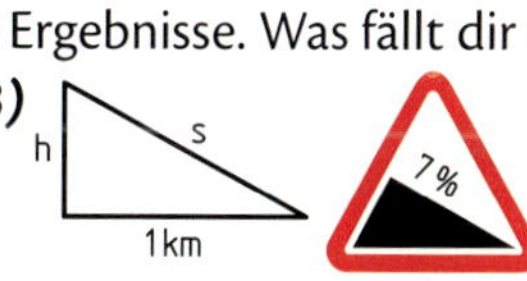

4.52 Welche Steigung entspricht folgendem Steigungswinkel? Verwende besondere Dreiecke. **AB**
a) 45° **b)** 30° **c)** 60°

4.53 Kann man mithilfe eines Steigungsdreiecks einen Steigungswinkel von 90° beschreiben? Begründe deine Antwort. **D**

4.2.2 Anwendungen linearer Funktionen

In Alltag, Wirtschaft und Technik ist es oft wichtig zu wissen, welchen Einfluss die Änderung einer Größe auf eine andere Größe hat. In vielen Fällen kann man diese Abhängigkeit mathematisch durch eine lineare Funktion beschreiben. Mathematische Modelle nehmen jedoch meist Vereinfachungen vor bzw. entsprechen der Realität nur innerhalb gewisser Grenzen.

Lineare Funktionen in Wirtschaft und Alltag

AB **4.54** Max soll eine Maschine mit einem Anschaffungswert von 26 000,00 € und einer Nutzungsdauer von 10 Jahren linear abschreiben und den Buchwert der Maschine nach 2, 5, 7 und 9 Jahren angeben.

ABCD **4.55** Arbeite mit der Angabe aus Aufgabe 4.54.

TE

1) Gib die Funktionsgleichung an, mit der du den Buchwert der Maschine nach x Jahren bestimmen kannst. Erläutere dabei deine Überlegungen.

2) Stelle den Abschreibungsprozess grafisch dar. Verwende dazu dein Rechenwerkzeug.

3) Berechne die gesuchten Buchwerte der Maschine.

Lösung:

Buchwert B(t) in Euro, t ... Alter der Maschine vom Zeitpunkt der Anschaffung weg gerechnet, t in Jahren

1) Durch die Annahme der linearen Abschreibung gehorcht der Buchwert der Maschine der Funktionsgleichung $B(t) = k \cdot t + d$. Die 26 000,00 € sind in 10 Jahren mit gleichbleibenden Beträgen abzuschreiben, also jedes Jahr verringert sich der Buchwert der Maschine $\frac{26\,000{,}00\text{ €}}{10\text{ Jahre}} = 2\,600{,}00\,\frac{\text{€}}{\text{Jahr}}$. Das entspricht dem Anstieg der linearen Funktion. Da der Buchwert der Maschine sinkt, muss die Steigung negativ sein, also: $k = -2\,600{,}00$ €.

Zum Zeitpunkt der Anschaffung ($t = 0$) hat die Maschine natürlich noch ihren vollen Wert, also: $d = 26\,000{,}00$ €

Die Funktionsgleichung zur Berechnung des Buchwerts lautet damit:

$B(t) = -2\,600{,}00 \cdot t + 26\,000{,}00$

2), 3) Mit **Excel** zB lässt sich der Abschreibungsprozess grafisch darstellen. Ganz nebenbei kann man die Buchwerte der Maschine gleich als Wertetabelle darstellen.

B4 =B3-2600

	A	B
1	Jahre seit Anschaffung	Buchwert
2	0	26000
3	1	23400
4	2	20800
5	3	18200
6	4	15600
7	5	13000
8	6	10400
9	7	7800
10	8	5200
11	9	2600
12	10	0
13		
14		
15		

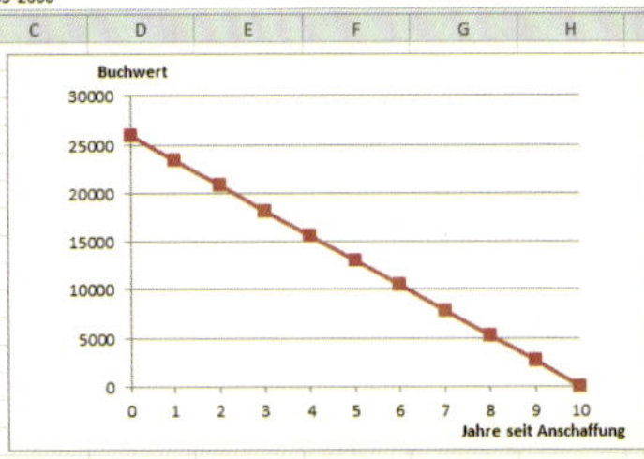

- Beachte, dass genau genommen der Buchwert innerhalb des Jahrs unverändert bleibt, da die Abschreibung nur jährlich erfolgt. Dieser Einschränkung muss man sich bei der Betrachtung der Grafik bewusst sein!
- Genau darstellen lässt sich der Sachverhalt mit Treppenfunktionen (s. Kapitel 4.3.1.)

Die Buchwerte nach 2, 5, 7 und 9 Jahren kann man direkt aus der Tabelle entnehmen.

Die **lineare Abschreibungsfunktion** hat die allgemeine Form $B(t) = -\frac{A}{n} \cdot t + A$, wobei $B(t)$ ... **Buchwert** (Restwert) nach t Jahren, A ... Anschaffungswert in Euro, n ... Nutzungsdauer in Jahren.

Auch andere wirtschaftliche Zusammenhänge führen auf lineare Funktionen, zum Beispiel einfache Zinsen, lineare Tarife und lineare Kostenfunktionen.

Lineare Tarife

Bei linearen Tarifen setzt sich der Rechnungsbetrag aus einem **Grundpreis** und einem **Preis pro Einheit** zusammen.

$P(x) = k \cdot x + G$

P(x) ... Preis (für x Einheiten)
k ... Preis pro Einheit
x ... Anzahl der Einheiten
G ... Grundpreis

4.56 Frau Heinrich fährt Montagmorgen mit dem Taxi zum 7 km entfernten Krankenhaus. Die Fahrt kostet 12,70 €. Am Dienstagmorgen fährt sie mit dem Taxi zum 11 km entfernten Bahnhof und bezahlt 18,70 €. Beide Fahrten wurden nach dem gleichen Tarif abgerechnet. AB

1) Welchen Grundpreis zeigt der Taxameter zu Beginn der Fahrt an und wie hoch ist der Preis pro Kilometer?
2) Wie viel kostet eine Fahrt von 5 km?
3) Wie weit ist jemand gefahren, der 23,20 € bezahlt?

Lösung:

1) $P(x) = k \cdot x + G \qquad x \geqslant 0\text{ km}$

$k = \frac{\Delta P(x)}{\Delta x} = \frac{18{,}70\text{ €} - 12{,}70\text{ €}}{11\text{ km} - 7\text{ km}} = \frac{6{,}00\text{ €}}{4\text{ km}} = 1{,}50\,\frac{\text{€}}{\text{km}}$

$12{,}70\text{ €} = 1{,}50\,\frac{\text{€}}{\text{km}} \cdot 7\text{ km} + G \;\Rightarrow\; G = 2{,}20\text{ €}$

$P(x) = 1{,}50\,\frac{\text{€}}{\text{km}} \cdot x + 2{,}20\text{ €}$

Taxameteranzeige zu Beginn: 2,20 €
Kosten pro Kilometer: 1,50 €

- Ermittle den Preis k pro Einheit mithilfe des Differenzenquotienten.
- Berechne den Grundpreis G durch Einsetzen eines gegebenen Wertepaars.
- Beginn der Fahrt $\Rightarrow$ x = 0 km

2) $P(5\text{ km}) = 1{,}50\,\frac{\text{€}}{\text{km}} \cdot 5\text{ km} + 2{,}20\text{ €} = 9{,}70\text{ €}$

Eine Fahrt von 5 km kostet 9,70 €.

3) $P(x) = 23{,}20\text{ €} \;\Rightarrow\; 23{,}20\text{ €} = 1{,}50\,\frac{\text{€}}{\text{km}} \cdot x + 2{,}20\text{ €} \;\Rightarrow\; x = 14\text{ km}$

Fahrtkosten von 23,20 € entstehen bei einer Fahrt von 14 km.

Lineare Kosten

Bei der Produktion von Waren fallen im Allgemeinen **Fixkosten** an (Gehälter, Miete ...). Die zusätzlich zu den Fixkosten pro produziertem Stück anfallenden Kosten nennt man **proportionale (Stück-)Kosten** oder **variable (Stück-)Kosten**.
Wenn diese **konstant** sind, also nicht von der erzeugten Stückzahl abhängen, ist die Kostenfunktion eine lineare Funktion. Der beim Verkauf erzielte **Erlös** ist ebenfalls durch eine lineare Funktion beschreibbar, falls der **Preis pro Stück fix** ist. Der **Gewinn** errechnet sich aus der Differenz von Erlös und Kosten.

$K(x) = k \cdot x + F$

K(x) ... Kosten (für x Stück)
x ... Anzahl der produzierten Stücke
k ... proportionale (variable) Kosten (pro Stück)
F ... Fixkosten

$E(x) = p \cdot x$

E(x) ... Erlös (für x Stück)
p ... Preis pro Stück

$G(x) = E(x) - K(x)$

4.57 Die Firma City-Plan druckt U-Bahnpläne und hat monatliche Fixkosten von 50 000,00 €. Im Monat können maximal 40 000 U-Bahnpläne erzeugt werden (**Kapazitätsgrenze**). Die proportionalen Kosten betragen, 4,00 € pro Plan und jeder plan wird um 6,00 € verkauft.

1) Gib die Kosten-, Erlös- und Gewinnfunktion an und stelle alle drei Funktionen grafisch dar.

2) Ab welcher Produktionsmenge arbeitet der Betrieb kostendeckend (**Break-Even-Point**, **Gewinnschwelle**)

Lösung:

x ... Anzahl der Pläne in Stück

1) $K(x) = 4{,}00 \cdot x + 50\,000{,}00$ $\quad 0 \leqslant x \leqslant 40\,000$, K(x) in Euro

$E(x) = 6{,}00 \cdot x$ $\quad 0 \leqslant x \leqslant 40\,000$, E(x) in Euro

$G(x) = E(x) - K(x) = 2{,}00 \cdot x - 50\,000{,}00$ $\quad 0 \leqslant x \leqslant 40\,000$, G(x) in Euro

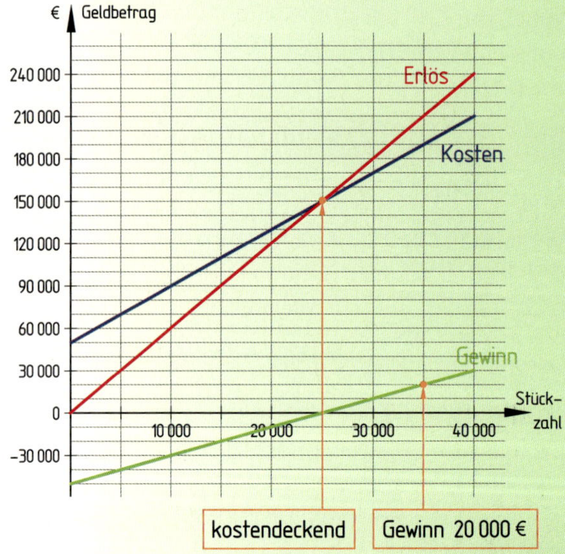

2) $E(x) = K(x)$

- Der Betrieb arbeitet ab jener Menge kostendeckend, ab der die Einnahmen (Erlöse) so hoch sind wie die Kosten.

$G(x) = 0$

- Genauso gut kann man argumentieren, dass der Beetrieb ab jener Menge kostendeckend arbeitet, ab der kein Verlust mehr eintritt.

$2{,}00 \cdot x + 50\,000{,}00 = 0$

$x = 25\,000$ Stück

Der Break-Even-Point (Die Gewinnschelle) liegt bei 25 000 Stück.

Lineare Zusammenhänge in Naturwissenschaften und Technik

In vielen technischen Zusammenhängen spielen gleichmäßige Veränderungen eine wichtige Rolle. Der Zusammenhang zwischen zwei solchen Größen lässt sich dann als lineare Funktion angeben. ZB: Bei konstanter Geschwindigkeit ist der zurückgelegte Weg eine lineare Funktion der Zeit. Aus dem naturwissenschaftlichen Unterricht kennst du schon die Formel zur Beschreibung dieses Zusammenhangs: $s = v \cdot t$

4.58 Ein PKW fährt mit einer mittleren Geschwindigkeit von $v = 110\,\frac{km}{h}$ von Linz in Richtung Eisenstadt. Er startet um 10:20 Uhr. ABC

1) Wie weit von Linz entfernt ist er um 11:35 Uhr?
2) Wann erreicht er das 229 km entfernte Ziel?
3) Stelle die Entfernung des PKWs von Linz in einem Weg-Zeit-Diagramm dar. Wie kann der Rückweg eingetragen werden, wenn der PKW-Fahrer um 13:20 Uhr in Eisenstadt losfährt und die gleiche mittlere Geschwindigkeit erreicht?
4) Gib die Funktionsgleichung für den Rückweg an und interpretiere die auftretenden Größen.

Lösung:

$s(t) = 110\,\frac{km}{h} \cdot t \qquad (t \geqslant 0)$

1) 10:20 Uhr bis 11:35 Uhr $\Rightarrow$ Fahrzeit 1 h 15 min $\Rightarrow$ $t = 1{,}25$ h

$s(1{,}25\text{ h}) = 110\,\frac{km}{h} \cdot 1{,}25\text{ h} = 137{,}5\text{ km}$

Um 11:35 Uhr ist der PKW 137,5 km von Linz entfernt.

2) $s(t) = 229\text{ km} \Rightarrow 110\,\frac{km}{h} \cdot t = 229\text{ km} \qquad |:110\,\frac{km}{h}$

$t = 2{,}0\dot{8}\dot{1}\text{ h} \approx 2\text{ h } 5\text{ min}$

Startzeit 10:20 Uhr, Fahrzeit 2 h 5 min $\Rightarrow$ Ankunft 12:25 Uhr

Der PKW erreicht sein Ziel um 12:25 Uhr.

3)

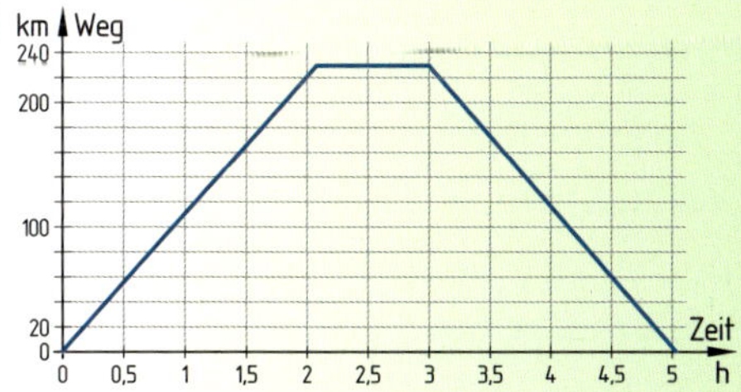

- Waagrechte Achse: Zeit t
  zB: 1 h ≙ 2 cm
- Senkrechte Achse: Weg s
  zB: 20 km ≙ 1 cm

4) 13:20 Uhr – 10:20 Uhr = 3 h

$s(t) = 229\text{ km} - 110\,\frac{km}{h} \cdot (t - 3\text{ h})$

$s(t) = 229\text{ km} - 110\,\frac{km}{h} \cdot t + 330\text{ km}$

$s(t) = 559\text{ km} - 110\,\frac{km}{h} \cdot t \quad (t \geqslant 3\text{ h})$

- Beginn der Rückfahrt 3 Stunden später
- Entfernung am Rückweg: 229 km minus zurückgelegter Weg

559 km ist der y-Achsenabschnitt, $(-110\,\frac{km}{h})$ gibt die Steigung an.

Zusammenhänge aus vielen Gebieten lassen sich durch das Modell der linearen Funktion beschreiben. Modelle beschreiben die Wirklichkeit nur in gewissen Bereichen und oft nur näherungsweise.

C **4.59** Welche linearen Tarife kennst du? Gib mindestens fünf an.

ABC **4.60** Eine 40 cm große Kerze brennt gleichmäßig ab. Nach 10 Stunden ist sie noch 27 cm hoch.
1) Ermittle die Funktion, die die Höhe der Kerze nach der Brenndauer t (in Stunden) angibt.
2) Wie lang brennt die Kerze maximal?
3) Stelle die Funktion in einem geeigneten Maßstab und Bereich dar und kennzeichne die in der Angabe gegebenen Werte.

ABC **4.61** In einer Kuranstalt werden pro Tag 16 Liter Desinfektionslösung verbraucht. Derzeit beträgt der Vorrat 450 Liter, wenn er auf 100 Liter sinkt, wird nachbestellt.
1) Stelle die Funktionsgleichung auf und berechne, wie groß der Vorrat nach 10 Tagen ist. Wie viele Tage haben die Zuständigen noch Zeit für die Nachbestellung?
2) Nach wie vielen Tagen wäre der Vorrat ohne Nachbestellung verbraucht?
3) Zeichne die Funktion und überprüfe so die Ergebnisse deiner Rechnung.

ABD **4.62** In einem neuen Wellnesshotel sind zur Eröffnung 800 Handtücher für den Saunabereich vorhanden. Pro Tag verschwinden im Mittel 4 Handtücher.
1) Gib die Anzahl der Handtücher als Funktion der Zeit t (in Tagen) nach der Eröffnung an. Stelle die Funktion in geeignetem Maßstab und Bereich grafisch dar.
2) Wie viele Handtücher sind 6 Wochen nach der Eröffnung noch vorhanden?
3) Wenn die Anzahl der Handtücher unter 500 sinkt, wird nachbestellt. Wie lang nach der Eröffnung ist damit zu rechnen?
4) Wie viele Handtücher gäbe es ohne Nachbestellung 20 Wochen nach der Eröffnung?
5) Erkläre, warum der Graph eigentlich durch einzelne Punkte dargestellt werden müsste.

ABC **4.63** Eine Stromrechnung setzt sich aus der Grundgebühr und den Kosten pro verbrauchter Einheit zusammen. Die Grundgebühr beträgt 19,20 € pro Jahr, für eine Kilowattstunde muss man 9,65 Cent bezahlen.
1) Gib die Kostenfunktion an, stelle sie für einen Verbrauch von maximal 5 000 kWh grafisch dar.
2) Wie verändert sich der Graph, wenn keine Grundgebühr zu bezahlen ist?
3) Wie verändert sich die Kostenfunktion, wenn der Preis je kWh um 10 % erhöht wird?

ABC TE **4.64** Die fixen Kosten für die Herstellung eines Produkts betragen 348 500,00 € pro Woche, die proportionalen Kosten 117,00 $\frac{€}{\text{Stück}}$. Der Verkaufspreis wird mit 199,90 $\frac{€}{\text{Stück}}$ festgesetzt.
1) Gib die Kostenfunktion, die Erlösfunktion und die Gewinnfunktion an.
2) Ermittle für eine wöchentliche Produktionsmenge von 5 000, 10 000 bzw. 20 000 Stück die Gesamtkosten, den Erlös und den Gewinn.
3) Überprüfe deine Ergebnisse durch eine geeignete grafische Darstellung.

AB TE **4.65** Eine Maschine hat einen Anschaffungswert von 52 000,00 € und eine Nutzungsdauer von 16 Jahren. Berechne, nach wie vielen Jahren der Restwert 39 000,00 € beträgt. Stelle den Sachverhalt mit deiner Technologie auch grafisch dar. Versuche dabei auch Treppenfunktionen zu verwenden.

AB **4.66** Die Firma Saxet stellt Taschenrechner her. Die Fixkosten betragen12 000,00 € pro Monat. Bei einer Produktion von 10 000 Stück pro Monat sind die Gesamtkosten 162 000,00 €.
1) Um wie viel Euro müssen die Geräte verkauft werden, wenn der Gewinn bei einer Produktion von 25 000 Stück 33 000,00 € betragen soll?
2) Wie viel Stück müssen mindestens produziert (und auch verkauft) werden, um bei dem in **1)** errechneten Preis keinen Verlust zu haben?

4.67 Eine Anlage hat nach 9 Jahren einen Restwert von 154 000,00 € und ihr Anschaffungswert betrug 431 200,00 €. Berechne die Nutzungsdauer und stelle den Sachverhalt grafisch dar. AB

4.68 Berechne den Anschaffungswert einer Anlage, wenn eine Nutzungsdauer von 11 Jahren angenommen wird und der Restwert nach 9 Jahren 164 000,00 € beträgt. Löse mit deinem Rechenwerkzeug und vergiss nicht, den Sachverhalt grafisch darzustellen. AB TE

4.69 Auf einer Kartbahn werden 2 Tarife angeboten. ABC TE
Tarif 1: 10 Minuten kosten 11,00 € inklusive Leihgebühr für den Helm und den Anzug.
Tarif 2: 10 Minuten kosten 9,00 €, die Leihgebühr für Helm und Anzug beträgt 14,00 €.

1) Gib die beiden Kostenfunktionen an, erstelle eine Wertetabelle (mindestens 10 Werte pro Funktion) und zeichne die beiden Funktionen in einem geeigneten Maßstab.
2) Ermittle durch Berechnung und durch Ablesen aus der Grafik, für welche Fahrzeit welcher Tarif günstiger ist, wenn man Helm und Anzug benötigt.

4.70 Die Telefongesellschaft TWO bietet zwei verschiedene Tarife an. ABC TE
Tarif 1: Monatliche Grundgebühr 9,00 €, Gesprächsminute 9 Cent
Tarif 2: Monatliche Grundgebühr 15,00 €, Gesprächsminute 5 Cent
1) Gib die beiden Kostenfunktionen für ein Monat an, erstelle eine Wertetabelle und zeichne die beiden Funktionen.
2) Wie viel Euro mehr als notwendig bezahlt Herr Paul, wenn er in einem Monat $5\frac{1}{2}$ Stunden telefoniert und den ungünstigeren Tarif gewählt hat?
3) Beschreibe, wie sich der Graph ändert, wenn bei Tarif 1 zusätzlich 100 Freiminuten enthalten sind?

4.71 Die Bremsen eines PKW werden durch gleichmäßiges Verringern der Geschwindigkeit getestet. Für die Geschwindigkeit v nach einer Bremsdauer t (in Sekunden) gilt: AB
$v(t) = v_0 + a \cdot t$ mit Anfangsgeschwindigkeit v_0 in $\frac{m}{s}$, Bremsverzögerung a in $\frac{m}{s^2}$
Die Bremsung beginnt bei $v_0 = 20\,\frac{m}{s}$, die Bremsverzögerung beträgt $a = -4\,\frac{m}{s^2}$.
1) Wie lang dauert es, bis das Fahrzeug zum Stillstand kommt?
2) Berechne die Geschwindigkeit des Fahrzeugs 2 Sekunden nach Beginn der Bremsung.
3) Stelle die Funktion grafisch dar.

4.72 Ein PKW fährt von Salzburg mit annähernd konstanter Geschwindigkeit von 115 $\frac{km}{h}$ auf der Autobahn Richtung München. Zur gleichen Zeit startet ein LKW von einer 40 km nach Salzburg gelegenen Tankstelle und fährt mit einer mittleren Geschwindigkeit von 85 $\frac{km}{h}$ ebenfalls Richtung München. ABC
1) Gib sowohl für den PKW als auch für den LKW die Funktionsgleichung an, die die Entfernung von Salzburg nach der Fahrzeit t (in Stunden) angibt.
2) Wie viel Stunden nach Fahrtbeginn überholt der PKW den LKW? In welcher Entfernung von Salzburg ist das?
3) Stelle die Funktionen grafisch dar und überprüfe die Ergebnisse deiner Berechnungen.

4.3 Stückweise lineare Funktionen

ABC **4.73** Die Supermarktkette Interkauf wirbt mit Rückvergütungen zu Jahresende. Für Einkäufe bis zu einer Gesamthöhe von 5 000,00 € werden 2 % der Summe in Form einer Gutschrift rückerstattet. Hat jemand im Lauf des Jahrs um mehr als 5 000,00 € eingekauft, so erhält er 3 % der Gesamtsumme gutgeschrieben.

1) Ermittle die fehlenden Werte der Tabelle.

2) Frau Martinu stellt am 31. Dezember fest, dass sie im Lauf des Jahrs um 4 996,00 € eingekauft hat. Lohnt es sich für Frau Martinu, noch etwas um 5,00 € einzukaufen, das sie nicht dringend braucht?

Einkaufs-summe	Höhe der Gutschrift
1 000,00 €	20,00 €
4 000,00 €	
5 000,00 €	
5 500,00 €	
6 000,00 €	

In vielen Sachsituationen setzt sich eine Funktion aus verschiedenen linearen Funktionen zusammen. Solche Funktionen nennt man **stückweise lineare Funktionen**.

ABCD **4.74** Viele moderne Heizungen werden mit Holzpellets befeuert. Ein Händler bietet Pellets zu folgenden Preisen an: 245,10 € pro Tonne bis zu einer Gesamtmenge von 2 Tonnen, 237,50 € pro Tonne ab einer Gesamtmenge von 2 Tonnen bis zu 4 Tonnen und 229,90 € pro Tonne über 4 Tonnen.
Stelle die Preisentwicklung grafisch dar. Ist es möglich, dass für eine größere Menge weniger bezahlt werden muss? Kennzeichne die entsprechenden Bereiche in der Zeichnung.

Lösung:

$K_1(x) = 245{,}10\,\frac{€}{t} \cdot x;\quad 0\,t \leq x \leq 2\,t$

$K_2(x) = 237{,}50\,\frac{€}{t} \cdot x;\quad 2\,t < x \leq 4\,t$

$K_3(x) = 229{,}90\,\frac{€}{t} \cdot x;\quad x > 4\,t$

x ... Menge in Tonnen, K(x) ... Kosten in Euro

- Den drei verschiedenen Preisbereichen des Angebots entsprechen drei verschiedene Kostenfunktionen und ihre Definitionsmenge.

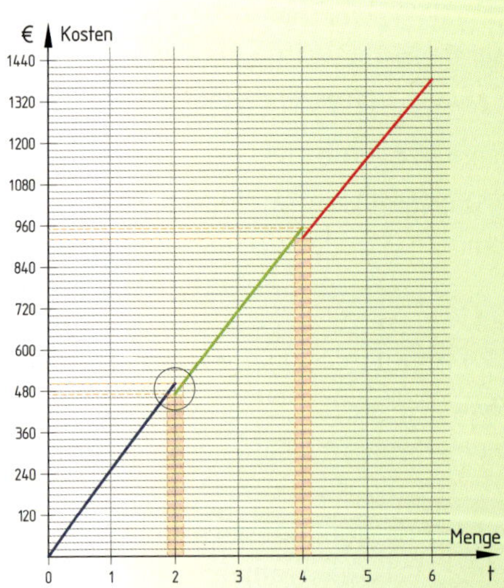

- Die Bereiche, in denen größere Mengen zu kleineren Preisen führen können, sind in der Zeichnung farbig unterlegt.

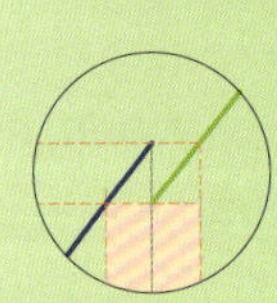

Zum Beispiel ergibt sich für Mengen knapp über 2 Tonnen ein geringerer Gesamtpreis als für 2 Tonnen oder knapp darunter.

Technologieeinsatz: Definition und grafische Darstellung stückweise definierter Funktionen

Die meisten Technologien bieten Möglichkeiten, Funktionen auf bestimmte Intervalle zu beschränken und stückweise zu definieren.

Wir bleiben bei der Angabe von **4.74** und stellen die Funktion nun mithilfe von Technologie dar:

TI-Nspire:

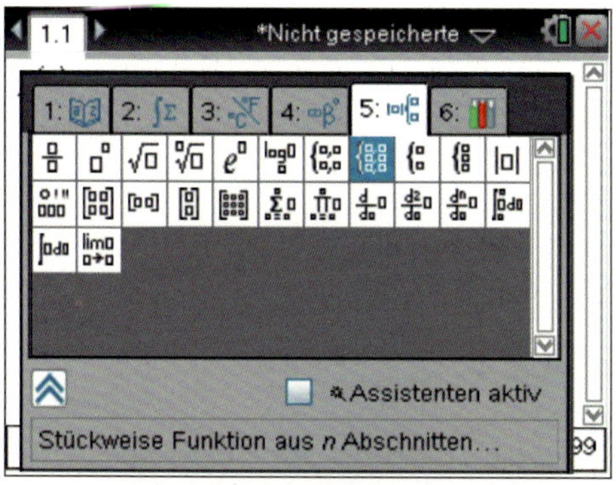

- Aus den mathematischen Vorlagen jene für stückweise Funktionen auswählen.

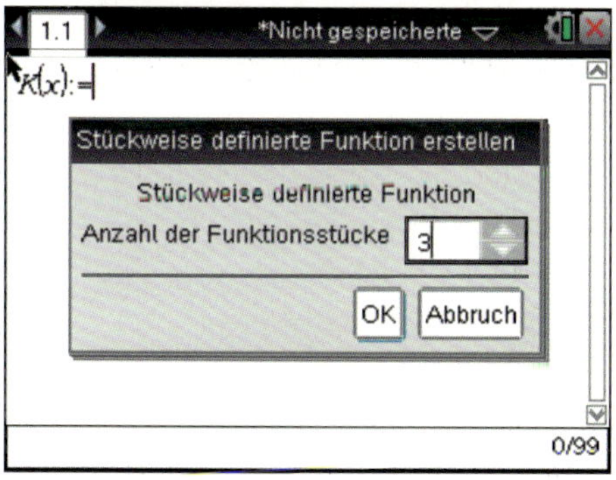

- Anzahl der Teilfunktionen angeben.

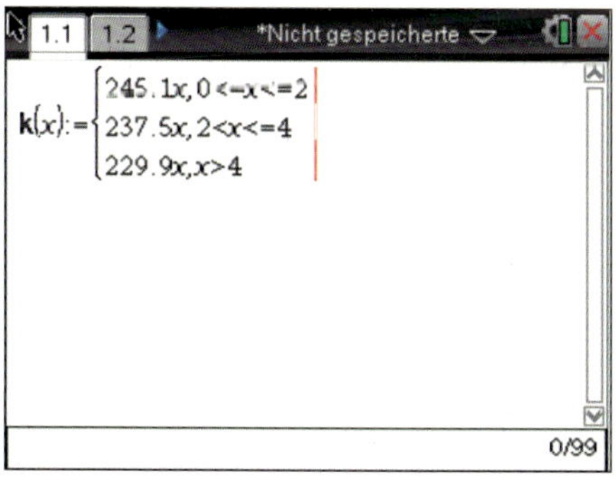

- Teilfunktionen definieren und Gültigkeitsbereiche angeben.

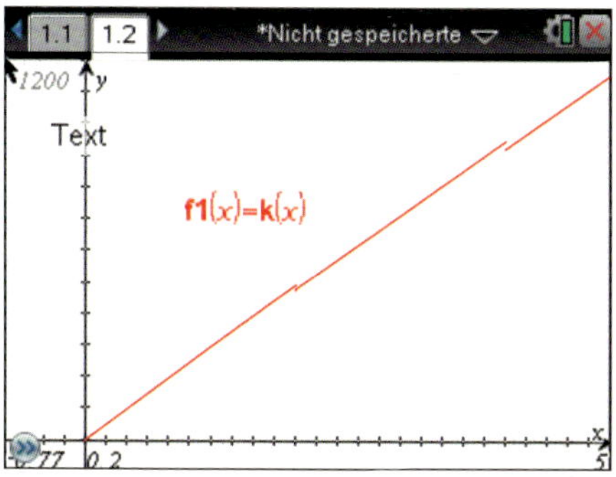

- Funktion im Grafikfenster zeichnen lassen.

TI-84+:

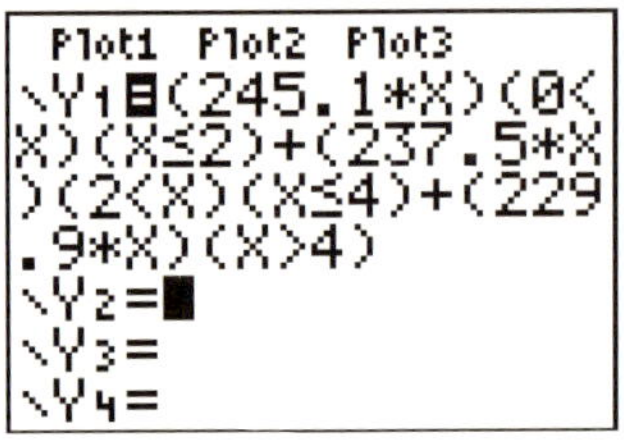

- Im **Y=-Editor** die Funktion eingeben: Teilfunktion1 in Klammer gefolgt von Bedingungen für x in Klammer, anschließend „+“ und Teilfunktion2 mit Bedingung usw.

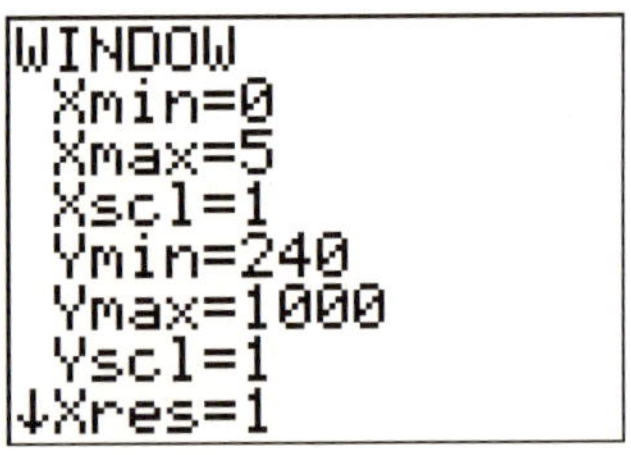

- Fenster anpassen

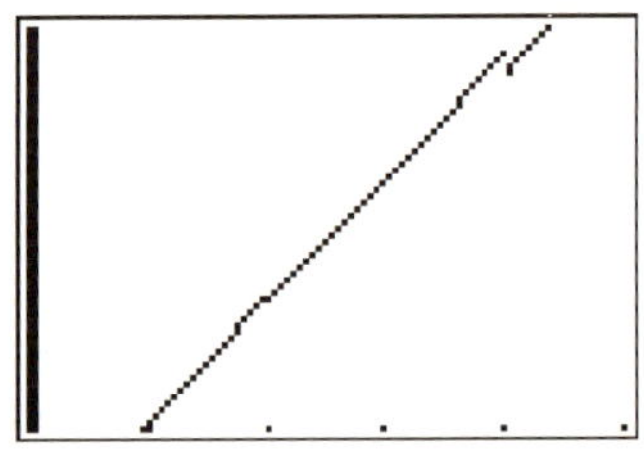

- Funktion zeichnen lassen.

GeoGebra:

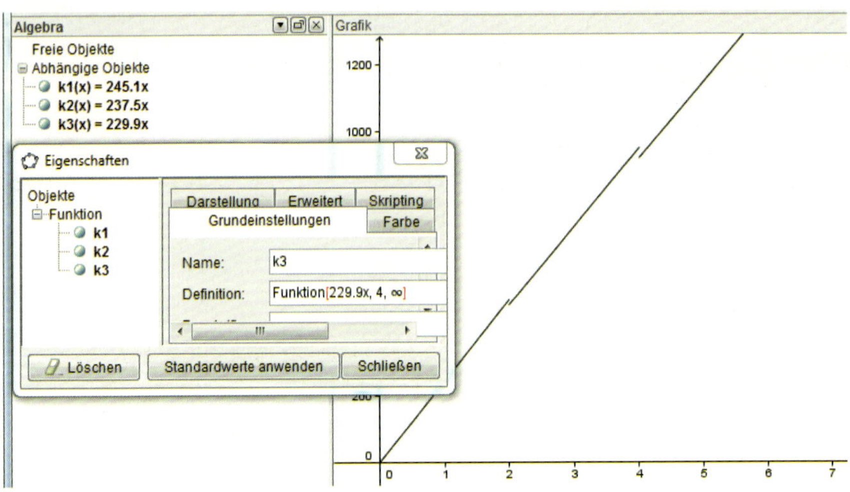

Die Funktionen können einzeln eingegeben werden, die Einschränkungen können mit dem Befehl **Funktion[Funktionsterm, Start, Ende]** erreicht werden.

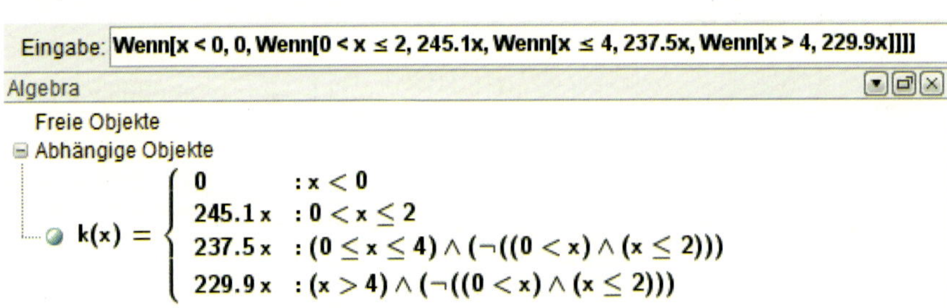

Will man nur eine Funktion k(x) definieren, mit der man später auch weiterrechnen kann, so muss man mit der **Wenn**-Funktion – ähnlich wie in Excel – arbeiten.

4.3.1 Spezielle stückweise lineare Funktionen

Betragsfunktion

$$|x| = \begin{cases} x \text{ für } x \geq 0 \\ -x \text{ für } x < 0 \end{cases}$$

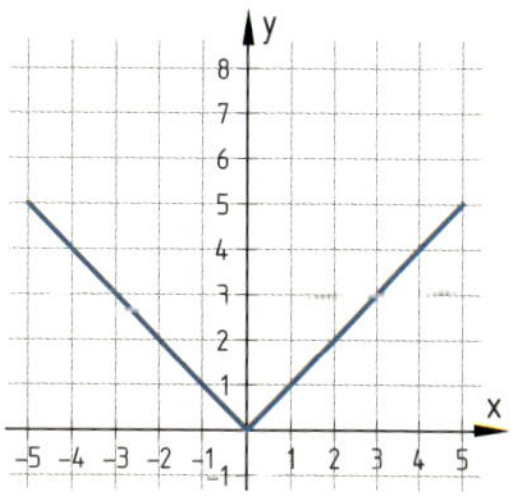

Die Funktion $y(x) = |x|$ nennt man Betragsfunktion.
Sie setzt sich aus zwei linearen Funktionen zusammen.

Treppenfunktionen

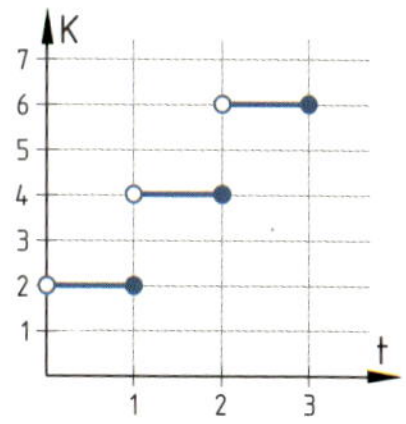

Funktionen, die stückweise konstant sind, nennt man Treppenfunktionen.

ZB: Die Gebühr in einem Parkhaus beträgt 2,00 € für jede begonnene Stunde. Eine Parkdauer bis zu einer Stunde kostet 2,00 €, danach bezahlt man bis zu zwei Stunden Parkdauer 4,00 € usw.

Vor allem in der Informatik werden Treppenfunktionen häufig verwendet.

4.75 Im Printshop werden A4-Farbkopien angeboten. Entnimm die Preise der Tabelle und stelle die Kostenfunktion für Stückzahlen bis zu 110 Stück grafisch dar. **AB**

Menge	Einzelkopie	ab 10 Kopien	ab 25 Kopien	ab 50 Kopien	ab 100 Kopien
Preis pro Farbkopie	0,90 €	0,65 €	0,55 €	0,50 €	0,45 €

4.76 Der Eintritt im neuen Erlebnisbad beträgt für Kinder unter 14 Jahren für die ersten beiden Stunden 3,50 €, jede weitere Stunde kostet 1,50 €. Eine Tageskarte kostet 7,00 €. **ABC**

1) Stelle die Kosten für Badezeiten bis zu 8 Stunden grafisch dar.
2) Ermittle grafisch, ab welcher Badezeit eine Tageskarte rentabel ist.

4.77 Für das Parkhaus am Hauptplatz gelten folgende Tarife: Die erste Stunde parkt man gratis, ab der zweiten Stunde kostet jede begonnene Stunde 2,00 €. **ABC**

1) Stelle die Kostenfunktion grafisch dar.
2) Für Abendveranstaltungen gibt es Tickets um 2,50 €, mit denen man maximal 4 Stunden parken darf. Ab welcher Parkdauer ist dieses Ticket günstiger als der Normaltarif? Wie viel erspart man sich mit diesem Ticket an einem Abend höchstens?

4.78 Stelle die Funktion $y = |2x - 4|$ grafisch dar. **B**

Lösung:

$2x - 4 \geq 0 \Rightarrow 2x \geq 4 \Rightarrow x \geq 2$

$2x - 4 < 0 \Rightarrow 2x < 4 \Rightarrow x < 2$

$$|2x - 4| = \begin{cases} 2x - 4 \text{ für } x \geq 2 \\ -2x + 4 \text{ für } x < 2 \end{cases}$$

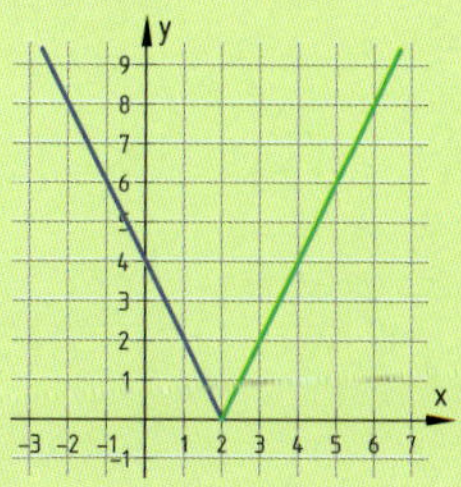

Bemerkung: In den meisten technologischen Hilfsmitteln wird die Betragsfunktion mit dem Befehl **ABS(x)** (Absolutbetrag von x) eingegeben.

B **4.79** Stelle die gegebene Funktion grafisch dar. Überprüfe mit deinem Rechenwerkzeug.

a) $y = |x + 1|$ **b)** $y = |4 - x|$ **c)** $y = \left|\frac{1}{2}x + 1\right|$

AC **4.80** Gib die Funktionsgleichung der skizzierten Funktion an.

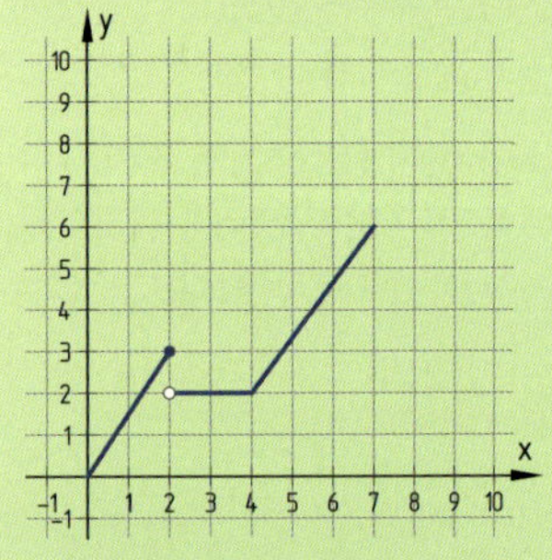

Lösung:

Teilstück 1: $k = \frac{3}{2}, d = 0 \Rightarrow y_1(x) = \frac{3}{2}x$

Teilstück 2: $k = 0, d = 2 \Rightarrow y_2(x) = 2$

Teilstück 3: $k = \frac{4}{3}$, zB $P(7|6)$ einsetzen in die Funktionsgleichung:

$\Rightarrow 6 = 7 \cdot \frac{4}{3} + d \Rightarrow d = -\frac{10}{3}$

$\Rightarrow y_3(x) = \frac{4}{3}x - \frac{10}{3}$

$$y(x) = \begin{cases} \frac{3}{2}x & \text{für } 0 \leqslant x \leqslant 2 \\ 2 & \text{für } 2 < x \leqslant 4 \\ \frac{4}{3}x - \frac{10}{3} & \text{für } 4 < x \leqslant 7 \end{cases}$$

ABC **4.81** Ein Paketdienst befördert nach folgenden Tarifen: Für Pakete bis 2 kg werden 3,70 €, bis 4 kg 4,70 € und bis 8 kg 5,70 € verlangt. Stelle diesen Sachverhalt als stückweise definierte Funktion dar. Verwende deine Technologie zur Veranschaulichung.

ABC **4.82** Informiere dich bei der österreichischen Post über die Tarife zur Beförderung von Standardbriefen und stelle das Tarifmodell mit deinem Rechenwerkzeug grafisch dar.

AC **4.83** Gib die Funktionsgleichung der skizzierten Funktion an. Verwende anschließend dein Rechenwerkzeug, um die Funktion wie dargestellt „nachzubauen".

a)

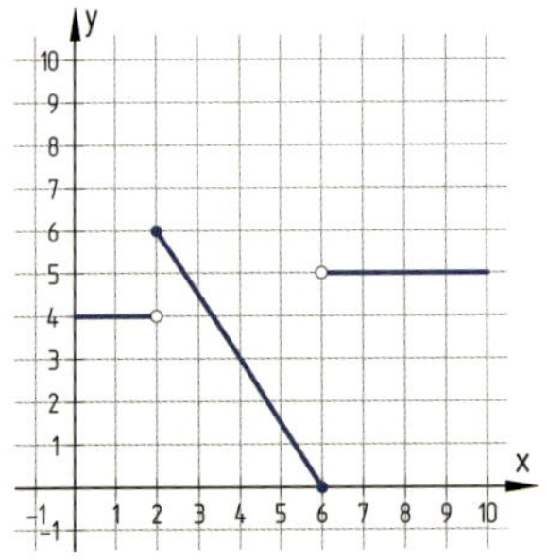

c)

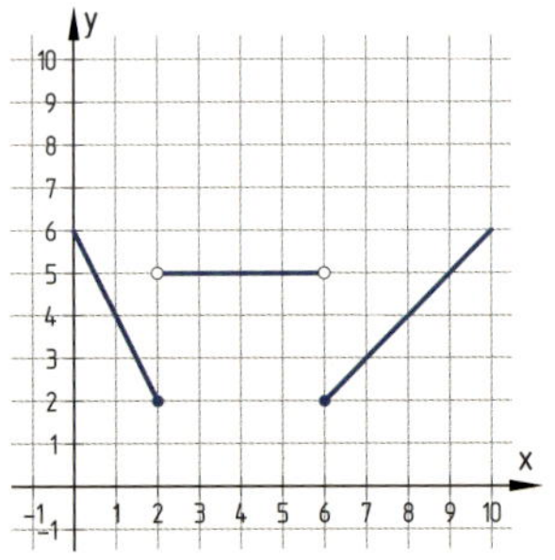

b)

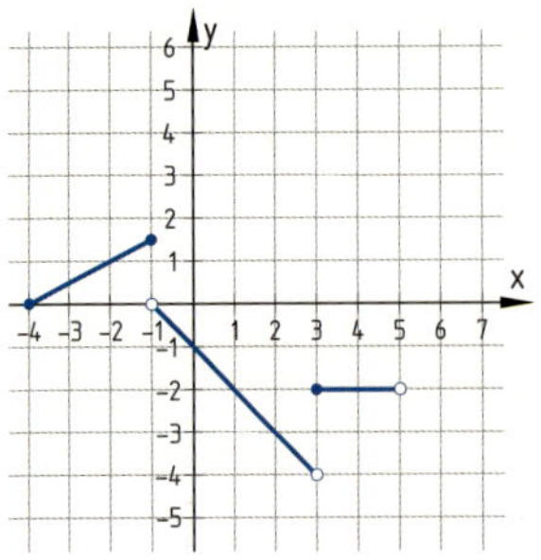

d)

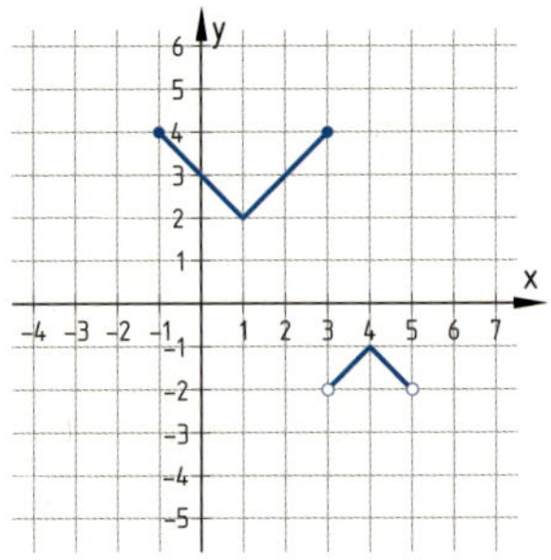

4.4 Proportionalität

4.4.1 Proportionen

In Abschnitt 1.3.2 haben wir eine Möglichkeit kennen gelernt, zwei Größen mithilfe eines Verhältnisses zu vergleichen.

4.84 „Die Steigung einer Straße beträgt 1 : 50" bedeutet:
Höhendifferenz : Horizontalabstand = 1 : 50.
Was bedeuten die folgenden Aussagen?
1) „Der Maßstab einer Landkarte beträgt 1 : 50 000."
2) „Das Mischungsverhältnis zweier Flüssigkeiten beträgt 2 : 3."
3) „Das Übersetzungsverhältnis zweier Zahnräder beträgt 1 : 2." AC

Abb. 4.7

Vergleicht man die Höhen der Gebäude in Abbildung 4.7, so kann man sagen: „Das große Gebäude ist viermal so hoch wie das kleine.", „Das Höhenverhältnis beträgt vier zu eins." oder „Die Höhe des großen Gebäudes verhält sich zur Höhe des kleinen Gebäudes wie 4 : 1."
Wenn wir diese Aussagen mithilfe von Variablen anschreiben, entstehen Gleichungen. Wir nennen sie **Proportionen** oder **Verhältnisgleichungen**, hier $h_1 : h_2 = 4 : 1$
Da Verhältnisse Quotienten sind, kann die Proportion auch als Bruchgleichung $\frac{h_1}{h_2} = \frac{4}{1}$ geschrieben und anschließend bruchfrei gemacht werden. Es entsteht die Produktgleichung $h_1 = 4 \cdot h_2$.

> Verbindet man zwei Verhältnisse durch ein Gleichheitszeichen, so entsteht eine **Verhältnisgleichung** oder **Proportion** $a : b = c : d$ $(a, b, c, d \neq 0)$ bzw.
> in bruchfreier Form eine **Produktgleichung** $a \cdot d = b \cdot c$.
> Für Proportionen $a : b = c : d$ gilt also:
> **Das Produkt der Außenglieder a und d ist gleich dem Produkt der Innenglieder b und c.**

4.85 Für Himbeersaft wird Wasser mit Himbeersirup im Verhältnis 7 : 2 vermischt. Wie viel Wasser muss zu 32 mℓ Sirup gegeben werden? Passt der Saft in ein 150-mℓ-Glas? ABC

Lösung:

$w : 32\,m\ell = 7 : 2$ • Wasser : Sirup = 7 : 2

$2 \cdot w = 7 \cdot 32\,m\ell$ • Produkt der Außenglieder = Produkt der Innenglieder

$w = 112\,m\ell$

$32\,m\ell + 112\,m\ell = 144\,m\ell < 150\,m\ell$

Man muss 112 mℓ Wasser dazugeben. Der Saft passt gerade noch in das Glas.

Durch Umformen der gegebenen Proportion können weitere Zusammenhänge abgelesen werden.

$a : b = c : d \Rightarrow a \cdot d = b \cdot c$

$a \cdot d = c \cdot b \Rightarrow a : c = b : d$

Werden in der Produktgleichung die Faktoren auf der rechten Seite vertauscht und die Gleichung wieder als Proportion angeschrieben, so sind gegenüber der ursprünglichen Proportion die Innenglieder vertauscht. Ebenso führt das Vertauschen der Faktoren auf der linken Seite der Produktgleichung zum Vertauschen der Außenglieder.

> Die beiden Innenglieder bzw. die beiden Außenglieder einer Proportion dürfen miteinander vertauscht werden.

Funktionen

Eine Proportion kann auch mithilfe von Anteilen beschrieben werden. Zum Beispiel bedeutet $a : b = 2 : 3$, dass a aus 2 Teilen einer Größe und b aus 3 Teilen derselben Größe besteht. Aus dieser Darstellung erkennt man, dass a und b zusammen 5 Teile ergeben.

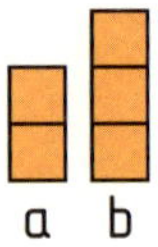

Man kann daher auch die Schreibweise $a = 2 \cdot k$ und $b = 3 \cdot k$ verwenden, denn es gilt:
$a : b = 2 : 3 \;\Leftrightarrow\; a : b = 4 : 6 \;\Leftrightarrow\; a : b = 10 : 15$ ...

Für eine Proportion gilt: $a : b = c : d \;\Rightarrow\; a = k \cdot c$ und $b = k \cdot d$
k wird als **Proportionalitätsfaktor** bezeichnet.

AB **4.86** Für den Umfang des abgebildeten gleichschenkligen Dreiecks gilt $u = 2 \cdot x + y$. Berechne die Längen der Seiten, wenn der Umfang u = 68 cm beträgt und für die Längen der Seiten gilt $x : y = 7 : 3$.

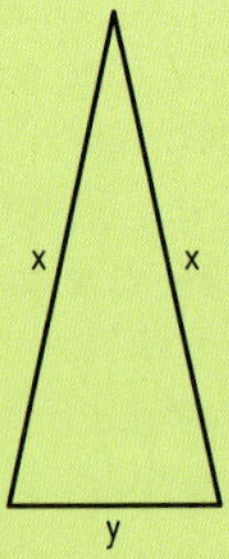

Lösung:

$u = 2 \cdot x + y$

$68\text{ cm} = 2 \cdot x + y$

$x : y = 7 : 3 \;\Rightarrow\; x : y = 7\text{ cm} : 3\text{ cm}$

$x = k \cdot 7\text{ cm}$

$y = k \cdot 3\text{ cm}$

- x und y sind Längen
- k ... Proportionalitätsfaktor

$68\text{ cm} = 2x + y$

$68\text{ cm} = 2 \cdot k \cdot 7\text{ cm} + k \cdot 3\text{ cm}$

$68\text{ cm} = k \cdot 17\text{ cm}$

$k = 4$

$x = k \cdot 7\text{ cm} = 28\text{ cm}$

$y = k \cdot 3\text{ cm} = 12\text{ cm}$

- Durch Einsetzen in die Gleichung können k und die gesuchten Längen berechnet werden.

Jeder Schenkel ist 28 cm lang, die Basis ist 12 cm lang.

Fortlaufende Proportionen

ABC **4.87** Maximilians Schwester Sophie ist zwei Jahre älter als er und erhält doppelt so viel Taschengeld wie er. Maximilians Schwester Anna ist sechs Jahre älter als er und erhält sechsmal so viel Taschengeld wie er.

1) Wie verhält sich das Taschengeld der drei Geschwister zueinander? Gib die beiden fehlenden Zahlen an:
Maximilian : Sophie : Anna = 1 : ? : ?

2) Lies aus der entstehenden Gleichung ab, wie sich das Taschengeld von Sophie zu Annas Taschengeld verhält.

Eine Proportion der Form $a : b : c = d : e : f$ ($a, b, c, d, e, f \neq 0$) heißt **fortlaufende Proportion**. Sie beinhaltet die Proportionen $a : b = d : e$, $b : c = e : f$ und $a : c = d : f$.

Analog sind auch fortlaufende Proportionen mit mehr als drei Gliedern auf jeder Seite möglich.

4.88 Bei einem Triathlon muss jeder Teilnehmer eine Strecke von 154 km zurücklegen. Dabei ist das Verhältnis von geschwommener Strecke s zu gelaufener Strecke ℓ 2 : 15 und das Verhältnis von gelaufener Strecke ℓ zu der mit dem Fahrrad zurückgelegten Strecke f 1 : 4. Berechne die Längen der drei Teilstrecken. **AB**

Lösung:

$s : \ell = 2\text{ km} : 15\text{ km}$

$\ell : f = 1\text{ km} : 4\text{ km} \quad | \cdot 15$

$s : \ell = 2\text{ km} : 15\text{ km}$

$\ell : f = 15\text{ km} : 60\text{ km}$

$s : \ell : f = 2\text{ km} : 15\text{ km} : 60\text{ km}$

- Aus der Angabe ergeben sich zwei Proportionen. Um diese als fortlaufende Proportion anzuschreiben, muss die Größe, die in beiden Proportionen vorkommt, gleich sein.
- Daher werden die Glieder der rechten Seite der zweiten Proportion mit 15 multipliziert.

$s = 2\text{ km} \cdot k,\ \ell = 15\text{ km} \cdot k,\ f = 60\text{ km} \cdot k$

- k ... Proportionalitätsfaktor

$$s + \ell + f = 154\text{ km}$$
$$2\text{ km} \cdot k + 15\text{ km} \cdot k + 60\text{ km} \cdot k = 154\text{ km}$$
$$77\text{ km} \cdot k = 154\text{ km}$$
$$k = 2$$

$s = 2\text{ km} \cdot 2 = 4\text{ km}$

$\ell = 15\text{ km} \cdot 3 = 30\text{ km}$

$f = 60\text{ km} \cdot 2 = 120\text{ km}$

Die Schwimmstrecke beträgt 4 km, die Laufstrecke 30 km und die mit dem Fahrrad zurückgelegte Strecke 120 km.

Proportionen

4.89 Welche der Gleichungen entsprechen der gegebenen Proportion? Welche Umformungen wurden durchgeführt? **BC**

a) $a : b = 3 : 4$ **1)** $4 : 3 = b : a$ **2)** $a : 3 = 4 : b$ **3)** $a = 0{,}75 \cdot b$

b) $r_1 : r_2 = z_1 : z_2$ **1)** $r_1 : z_1 = z_2 : r_2$ **2)** $r_1 \cdot z_2 = r_2 \cdot z_1$ **3)** $r_1 : z_1 = r_2 : z_2$

Aufgaben 4.90 – 4.94: Löse die folgenden Proportionen nach x.

4.90 **a)** $x : 4 = 2 : 7$ **b)** $3 : 5 = x : 9$ **c)** $2 : x = 8 : 3$ **d)** $9 : 40 = 5 : x$ **B**

4.91 **a)** $2{,}4 : x = 1{,}5 : 2{,}1$ **b)** $x : 1{,}25 = 5{,}28 : 1{,}65$ **c)** $\frac{6}{11} : x = \frac{2}{5} : \frac{3}{8}$ **d)** $\frac{9}{4} : \frac{1}{3} = x : \frac{5}{2}$ **B**

4.92 **a)** $(x - 1) : 9 = 5 : 3$ **b)** $5 : (3x - 2) = 6 : \frac{2}{3}$ **c)** $4 : 5 = 12 : (x + 5)$ **B**

4.93 **a)** $x : a = 3 : 4$ **b)** $x : \frac{2}{b} = \frac{1}{a} : 4b$ **c)** $3a : 2b = 2x : 9ab$ **B**

4.94 **a)** $(a + 1) : b = (b + 1) : x$ **b)** $ab : (x + 2) = b : (x - 3)$ **c)** $(2 - x) : 3a = (x + 1) : (2a - 2)$ **B**

4.95 Verwende dein Rechenwerkzeug um folgende Proportionen nach x zu lösen. **B** **TE**

a) $(x + 2) : (2x - 3) = 9 : 2$ **c)** $x : (x + 3) = \frac{1}{3} : \frac{2}{5}$ **e)** $(2x + 1) : (x - 1) = 4x : (2x + 2)$

b) $(3x - 5) : (4x - 2) = \frac{3}{7} : 4$ **d)** $5 : 3 = 2x : (x + 7)$ **f)** $(2x - 1) : (3x - 4) = 4x : (6x - 1)$

ABC **4.96** Bei einer Balkenwaage im Gleichgewicht besteht zwischen den Massen in den Waagschalen und den Längen des Waagbalkens der Zusammenhang $m_1 : m_2 = \ell_2 : \ell_1$.

1) Welche Masse m_1 hat der zu wiegende Gegenstand, wenn das Wiegegewicht die Masse $m_2 = 0{,}33$ kg hat und das Verhältnis der Längen $\ell_1 : \ell_2 = 1 : 7$ beträgt?

2) Schreibe die Proportion als Produktgleichung an. Welches dir bekannte physikalische Gesetz ergibt sich daraus?

AB **4.97** Das Verhältnis der Winkel α und β eines rechtwinkligen Dreiecks beträgt 11 : 4. Berechne die Größe der Winkel.

AB **4.98** Das Verhältnis der Winkel α und β eines Parallelogramms beträgt 3 : 7. Berechne die Größe der Winkel.

AB **4.99** Der Umfang eines Rechtecks beträgt u = 76 cm und für das Verhältnis der Seiten gilt Länge : Breite = 9 : 4. Berechne die Länge ℓ und die Breite b.

ABD **4.100** Am Ende des Jahres 2012 sollen zwei Unternehmer den Gewinn von 150 000,00 € im Verhältnis 1 : 3 aufteilen.

1) Der erste Unternehmer behauptet, dass er daher ein Drittel des Gewinns bekommt. Der Zweite erklärt ihm aber, dass er nur ein Viertel erhält. Wer von den beiden hat Recht? Begründe deine Entscheidung.

2) Wie müsste das Verhältnis lauten, damit der erste Unternehmer ein Fünftel erhält?

3) Sie einigen sich auf das Verhältnis 3 : 7. Wie viel Geld erhält jeder?

BCD **4.101** Stehen zwei Größen so im Verhältnis zueinander, dass a : b = (a + b) : a gilt, so spricht man vom **goldenen Schnitt**. Dieses Verhältnis wird schon seit der Antike als besonders ästhetisch empfunden und wird daher zum Beispiel in der Architektur verwendet. Dabei ist $a : b = \frac{1+\sqrt{5}}{2} : 1 \approx 1{,}618 : 1$.

1) Finde mithilfe des Internets Bauwerke, bei denen der goldene Schnitt verwendet wurde.

2) In welchen Bereichen tritt der goldene Schnitt auf bzw. soll er angeblich auftreten? Arbeitet in Kleingruppen und präsentiert ein Plakat mit interessanten Beispielen.

Fortlaufende Proportionen

Aufgaben 4.102 – 4.103: Gib die Proportionen an, die die angegebenen fortlaufenden Proportionen beinhalten. Verwende möglichst einfache Zahlenwerte.

B **4.102** ***a)*** a : b : c = 2 : 7 : 5 ***b)*** u : v : w = 3 : 15 : 20 ***c)*** n : m : o = 1 : 10 : 100

B **4.103** ***a)*** $t_1 : t_2 : t_3 = 5 : 10 : 14$ ***b)*** $V_1 : V_2 : V_3 = 9 : 27 : 81$ ***c)*** $\eta_1 : \eta_2 : \eta_3 = 0{,}84 : 0{,}86 : 0{,}87$

Aufgaben 4.104 – 4.106: Bilde fortlaufende Proportionen.

B **4.104** ***a)*** a : b = 3 : 5, b : c = 1 : 4 ***b)*** a : b = 2 : 3, a : c = 6 : 1 ***c)*** $R_1 : R_2 = 10 : 100$, $R_2 : R_3 = 5 : 10$ ***d)*** $F_1 : F_2 = 5 : 9$, $F_1 : F_3 = 2 : 7$

B **4.105** ***a)*** $u : v = 2 : \frac{1}{2}$, $v : w = 2 : 3$ ***b)*** $a : b = 7 : \frac{3}{4}$, $b : c = \frac{2}{3} : 2$ ***c)*** $x : y = \frac{5}{6} : 2$, $x : z = 3 : \frac{1}{3}$

B **4.106** ***a)*** r : s = 0,9 : 0,4, s : t = 0,3 : 0,7 ***b)*** a : b = 0,2 : 5, a : c = 0,5 : 8 ***c)*** l : b = 2,5 : 2,7, b : h = 3,6 : 3,0

4.107 Für die Seiten eines Dreiecks soll a : b : c = 3 : 2 : 6 gelten. **BCD**
1) Begründe, warum diese Angabe nicht stimmen kann.
2) Ändere den Wert für c so ab, dass die Angabe möglich ist. Berechne anschließend die Längen der Seiten b und c, wenn a = 9 cm lang ist.

4.108 Zum Abmischen von 1 m^3 Beton sind 1 900 kg Sand notwendig. Wie viel Kilogramm Zement und wie viel Kilogramm Wasser müssen dem Sand zugesetzt werden, wenn das Mischungsverhältnis von Zement : Sand : Wasser = 1 : 5 : 0,6 beträgt? Gib an, welche Dichte der so entstandene Beton hat, und dokumentiere deine Überlegungen. **ABC**

4.109 Für das Verhältnis der Winkel eines Dreiecks gilt $\alpha : \beta : \gamma = 11 : 12 : 13$. Berechne die Größen der Winkel. **B**

4.110 Drei Gesellschafter haben bei der Gründung eines Unternehmens folgende Investitionen getätigt: 3 000,00 €, 25 000,00 € und 40 000,00 €. Wie kann ein Gewinn von 429 998,00 € gerecht aufgeteilt werden? Berechne die einzelnen Beträge. **BD**

4.111 Bei einem Radrennen müssen in drei Etappen insgesamt 480 km zurückgelegt werden. Dabei ist das Verhältnis der Länge der ersten Etappe zur Länge der zweiten Etappe 3 : 5 und das Verhältnis der Länge der zweiten Etappe zur Länge der dritten Etappe 3 : 2. Berechne die Längen der drei Etappen. **AB**

4.112 Die genormten Papierformate A0, A1 usw. sind so gewählt, dass das Verhaltnis von Höhe zu Breite immer gleich ist und die nächstkleinere Größe jeweils durch Halbieren des Blatts entsteht. Das A3-Blatt ist 420 mm hoch. **ABD**
1) Berechne die Breite des A4-Blatts.
2) Gib die Proportion mit dem Verhältnis Höhe zu Breite der beiden Papiergrößen an und berechne damit die Breite des A3-Blatts.
3) Welcher Mittelwert wird hier berechnet? Begründe.

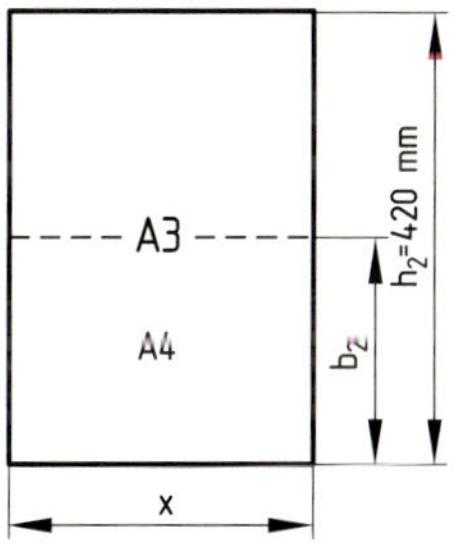

4.113 Herr Kaiser möchte Wasserleitungsrohre kaufen. Im Baumarkt werden Rohre mit 19 mm Außendurchmesser und mit 29 mm Außendurchmesser angeboten. Herr Kaiser weiß, dass es dazwischen noch eine Größe gibt. Welchen Außendurchmesser hat diese, wenn das Verhältnis der Außendurchmesser der im Handel erhältlichen Wasserleitungsrohre konstant ist? **AB**

4.114 Der Umsatz einer Schlosserei betrug im Jahr 2009 194 000,00 € und im Jahr 2011 betrug er 230 490,00 €. Wie hoch war der Umsatz im Jahr 2010, wenn **AB**
a) das Verhältnis der jährlichen Umsätze konstant ist?
b) die Differenz der Umsätze zweier aufeinander folgender Jahre konstant ist?

4.115 Der Wert einer Aktie ist in den letzten beiden Jahren von 28,60 € auf 24,10 € gesunken, wobei das Verhältnis Kurs : Vorjahreskurs konstant war. **AB**
a) Wie hoch war der Wert einer Aktie vor einem Jahr?
b) Wie hoch wird der Wert einer Aktie in zwei Jahren sein, wenn das Verhältnis der Aktienkurse weiterhin konstant bleibt?

4.4.2 Direkte und indirekte Proportionalität, Schlussrechnung

Oft ist der Zusammenhang zweier Größen so gegeben, dass sich bei Änderung der einen Größe die andere im selben Verhältnis bzw. genau gegengleich ändert.

Direkt proportionale Zusammenhänge

Sind zwei Größen zueinander **direkt proportional**, lässt sich dieser Zusammenhang mithilfe eines konstanten Änderungsfaktors beschreiben. Vereinfacht gesagt gilt: **Mehr** von der einen Größe bedeutet **mehr** von der anderen Größe; **weniger** von der einen Größe bedeutet **weniger** von der anderen Größe. ZB: Wird die eine Größe verdoppelt, verdreifacht, halbiert ..., so wird auch die andere Größe verdoppelt, verdreifacht, halbiert ... .

ABC **4.116** 1 kg Orangen kostet 2,00 €.
1) Gib als Funktionsgleichung an, wie der Preis von der Menge x (in kg) abhängt.
2) Zeichne den Funktionsgraphen in ein Koordinatensystem ein. Wie nennt man diesen Graphen?

Der Zusammenhang zwischen **direkt proportionalen Größen** lässt sich in der Form
$y = k \cdot x$
angeben. Der **Proportionalitätsfaktor k** gibt die Steigung der Funktion an.
Die Funktionsgleichung entspricht einer **linearen Funktion** mit **d = 0**.

ZB: Eine Pumpe fördert in 4 Stunden 128 m^3 Wasser. Welche Wassermenge kann sie in 6,5 Stunden fördern, welche in t Stunden?

Für die Wassermenge gilt: Je **länger** die Förderzeit ist, desto **größer** ist die geförderte Menge. Zum Beispiel wird in der doppelten Förderzeit die doppelte Fördermenge, in der dreifachen Zeit die dreifache Menge an Wasser gefördert.

↓ 4 Stunden ...... 128 m^3 ↓
6,5 Stunden x

Die geförderte Wassermenge und die dafür benötigte Zeit sind zueinander **direkt proportional**.

Soll nur der Wert nach 6,5 Stunden berechnet werden, kann eine Schlussrechnung oder eine Proportion verwendet werden.

Schlussrechnung:

4 Stunden .... 128 m^3

: 4 ↓   ↓ : 4

1 Stunde .... $\frac{128\ m^3}{4}$

· 6,5 ↓   ↓ · 6,5

6,5 Stunden .... $x = \frac{128\ m^3}{4} \cdot 6{,}5 = 208\ m^3$

Proportion:

$4\ h : 6{,}5\ h = 128\ m^3 : x$

$4\ h \cdot x = 128\ m^3 \cdot 6{,}5\ h$

$x = \frac{128\ m^3 \cdot 6{,}5\ h}{4\ h} = 208\ m^3$

Der allgemeine Zusammenhang wird mithilfe einer linearen **Funktion** beschrieben.

W(t) ... Wassermenge (in Litern), t ... Zeit (in Stunden)

$W(t) = k \cdot t$

$W(4\ h) = 128\ m^3$

$128\ m^3 = k \cdot 4\ h \Rightarrow k = \frac{128\ m^3}{4\ h} = 32\ \frac{m^3}{h}$

$W(t) = 32\ \frac{m^3}{h} \cdot t$

$W(6{,}5\ h) = 32\ \frac{m^3}{h} \cdot 6{,}5\ h = 208\ m^3$

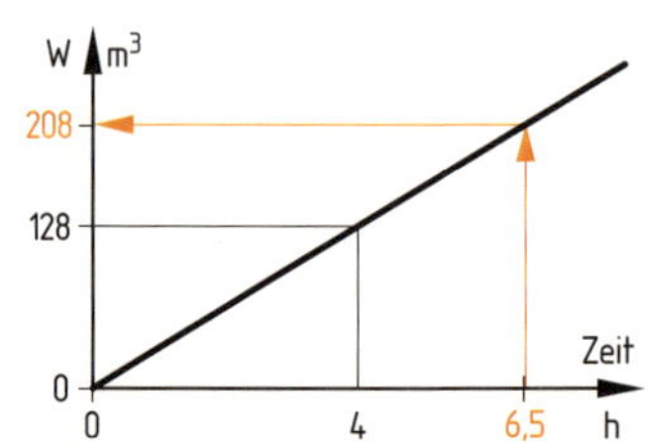

Indirekt proportionale Zusammenhänge

Sind zwei Größen zueinander **indirekt proportional**, so ist das Produkt aus Ausgangsgröße und zugeordneter Größe konstant. Vereinfacht: **Mehr** von der einen Größe bedeutet **weniger** von der anderen Größe; **weniger** von der einen Größe bedeutet **mehr** von der anderen Größe.
Verdoppelt, verdreifacht, halbiert ... man die eine Größe, so halbiert, drittelt, verdoppelt ... sich die andere Größe.

ZB: Die Längen und die Breiten aller Rechtecke mit dem konstanten Flächeninhalt 48 cm² sind zueinander indirekt proportionale Größen. Drückt man aus dem Zusammenhang $\ell \cdot b = 48\ \text{cm}^2$ zum Beispiel die Variable b aus, erhält man die Formel $b = \frac{48\ \text{cm}^2}{\ell}$.

b kann also als Funktion der Größe ℓ aufgefasst werden, man schreibt zur Verdeutlichung auch $b(\ell)$.
Ebenso kann man ℓ als Funktion von b angeben.

ℓ	b
3	16
4	12
6	8
8	6
12	4
16	3

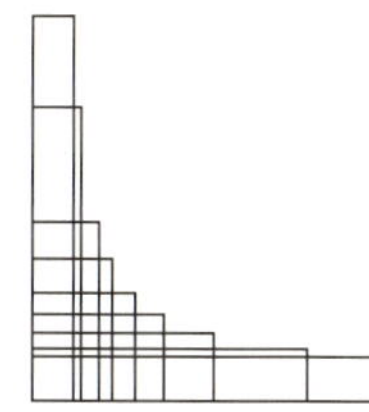

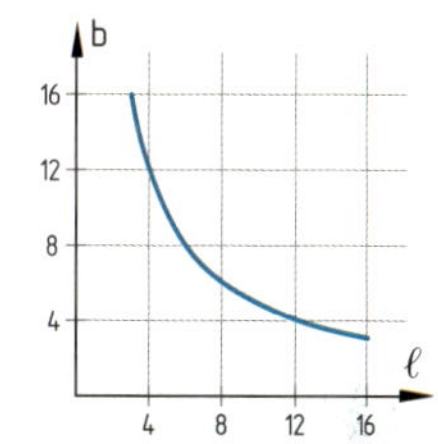

Das Produkt von **indirekt proportionalen Größen** x und y ist konstant, es gilt: $x \cdot y = k$
Drückt man aus dem Zusammenhang eine der beiden Größen aus, so erhält man eine **Reziprokfunktion** der Form $y = \frac{k}{x}$.

4.117 Eine Gemeinde rechnet damit, im kommenden Winter an 48 Tagen jeweils 1 200 kg Streusand auf den Gehsteigen zu benötigen und legt einen entsprechenden Vorrat an. Berechne, wie viele Tage früher der Vorrat aufgebraucht ist, wenn aufgrund zusätzlich zu streuender Flächen 1 440 kg pro Streutag verbraucht werden. Erkläre, um welches Verhältnis es sich handelt. Führe die Berechnung mithilfe einer Schlussrechnung und mithilfe einer Proportion durch und stelle den Zusammenhang grafisch dar.

ABCD

Lösung:
Je **mehr** Streusand verbraucht wird, desto **weniger** Tage reicht der Vorrat. Zum Beispiel reicht die doppelte Menge an Streusand nur für die halbe Anzahl der Tage. Die Streumenge und die Streutage sind zueinander **indirekt proportional**.

$1\,200\ \frac{\text{kg}}{\text{d}}$ .... 48 Tage
$1\,440\ \frac{\text{kg}}{\text{d}}$ x

Schlussrechnung:

: 1 200 → $1\,200\ \frac{\text{kg}}{\text{d}}$ .... 48 d → · 1 200
· 1 440 → $1\ \frac{\text{kg}}{\text{d}}$ .... $48\ \text{d} \cdot 1\,200$ → : 1 440
$1\,440\ \frac{\text{kg}}{\text{d}}$ ...... $x = \frac{48\ \text{d} \cdot 1\,200}{1\,440} = 40\ \text{d}$

Proportion:

$$1\,200\ \tfrac{\text{kg}}{\text{d}} : 1\,440\ \tfrac{\text{kg}}{\text{d}} = x : 48\ \text{d}$$
$$1\,440\ \tfrac{\text{kg}}{\text{d}} \cdot x = 48\ \text{d} \cdot 1\,200\ \tfrac{\text{kg}}{\text{d}}$$
$$x = \frac{48\ \text{d} \cdot 1\,200\ \frac{\text{kg}}{\text{d}}}{1\,440\ \frac{\text{kg}}{\text{d}}} = 40\ \text{d}$$

Funktion:
$t(s) = \frac{k}{s}$ mit $k = s \cdot t = 1\,200\ \frac{\text{kg}}{\text{d}} \cdot 48\ \text{d} = 57\,600\ \text{kg}$
k ... Gesamtmenge an Streusand
$$t\left(1\,440\ \tfrac{\text{kg}}{\text{d}}\right) = \frac{57\,600\ \text{kg}}{1\,440\ \frac{\text{kg}}{\text{d}}} = 40\ \text{d}$$

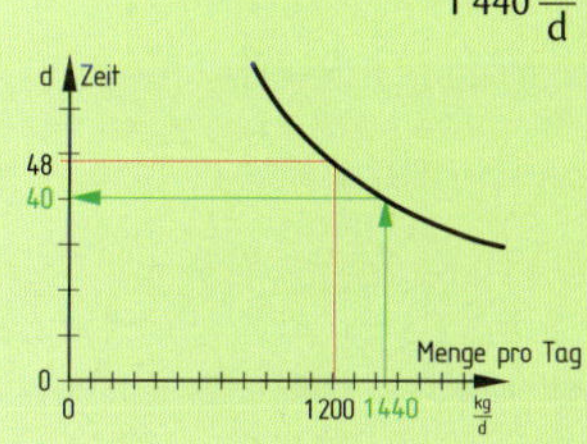

Der Vorrat ist acht Tage früher aufgebraucht.

CD **4.118** Ein Zusammenhang zwischen zwei Größen ist durch eine Funktion gegeben. Handelt es sich bei diesem Zusammenhang um proportionale Größen? Begründe deine Entscheidung und gib gegebenenfalls an, ob die Größen direkt oder indirekt proportional sind.
a) $A(r) = r^2 \cdot \pi$ ***b)*** $s(t) = v \cdot t$ ***c)*** $v(t) = \frac{s}{t}$ ***d)*** $n(p) = \frac{x}{p^2}$ ***e)*** $V(h) = r^2 \cdot \pi \cdot h$

ACD **4.119** Gib an, ob es sich um direkt proportionale oder indirekt proportionale Größen handelt oder keines von beiden. Begründe jeweils deine Antwort.
1) Umfang eines Kreises und dessen Radius
2) Höhe und Grundfläche eines quadratischen Prismas mit konstantem Volumen
3) Druck und Kraft, die auf eine konstante Fläche wirkt
4) Anzahl von Eiern und deren Kochzeit
5) Anzahl von Malern und die für eine Malerarbeit benötigte Zeit
6) Gesprächsdauer und Telefonkosten

ABC **4.120** Eine Ware wird in 0,5-kg-Paketen verkauft. 3 kg dieser Ware kosten 3,60 €.
1) Sind Masse und Preis zueinander direkt oder indirekt proportional?
2) Wie viel kosten 4 kg dieser Ware?
3) Gib den Zusammenhang zwischen dem Preis P und der Menge x (in kg) als Formel an.
4) Erstelle eine Wertetabelle für Verkaufsmengen von 1 kg bis 4 kg mit 0,5 kg Schrittweite.
5) Stelle den Zusammenhang zwischen verkaufter Menge und Preis für Mengen von 0 kg bis 5 kg grafisch dar (1 kg ≙ 1 cm, 1,00 € ≙ 1 cm). Überprüfe das Ergebnis aus ***2)***.

AB **4.121** Ein Schwimmbecken wird eingelassen. Das Befüllen des Schwimmbeckens dauert 30 Stunden, wenn pro Stunde 2 000 Liter zufließen.
1) Wie lang dauert das Befüllen bei einem Zufluss von 1 000 $\frac{\ell}{h}$?
2) Wie viel Kubikmeter Wasser fasst das Schwimmbecken?
3) Gib eine Formel für die Fülldauer t(w), abhängig vom Zufluss w (in Liter pro Stunde) an.
4) Erstelle eine Wertetabelle für t(w) mit w = 500 $\frac{\ell}{h}$, 1 000 $\frac{\ell}{h}$ ... 4 000 $\frac{\ell}{h}$ und eine Grafik.

ABC TE **4.122** Bei einer Betrachtung der Erlöse E beim Verkauf eines Produkts wurden nebenstehende Werte ermittelt. Ist der Zusammenhang direkt proportional, indirekt proportional oder weder noch?
Überlege anhand einer Grafik und überprüfe durch eine Rechnung. Arbeite mit Technologieeinsatz.

Verkaufsmenge x (in 1 000 Stück)	2	15	34	66
Erlös E (in 1 000,00 €)	3	22,5	51	99

Lösung:
Weil man den Eindruck hat, dass die Punkte auf einer Geraden liegen, nimmt man an, dass der Zusammenhang direkt proportional ist und
$E = k \cdot x$ bzw. $k = \frac{E}{x}$ gilt.
Überprüfung: $k = \frac{3}{2} = \frac{15}{22,5} = \frac{34}{51} = \frac{66}{99} \frac{€}{\text{Stück}}$
Die Vermutung war richtig.

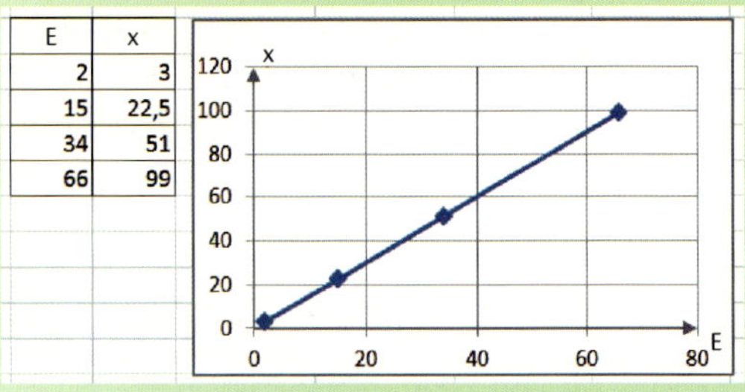

ABC TE **4.123** Beschreiben die Wertepaare direkt proportionale, indirekt proportionale Größen oder weder noch? Überlege anhand einer Grafik und überprüfe durch eine Rechnung.
a) (0|1), (2|6), (4|12), (7|21) ***b)*** (1|2), (8|0,25), (0,1|20)

4.124 Ein PKW verbraucht für eine Strecke von 250 km 16 ℓ Diesel. ABC

1) Für welche Strecke reicht der Tankinhalt von 50 ℓ Diesel bei gleich bleibendem mittleren Verbrauch?

2) Wie groß ist der mittlere Verbrauch je 100 km?

3) Stelle die gefahrene Strecke s(ℓ), abhängig vom Verbrauch ℓ (in Litern) grafisch dar. Wie kann der mittlere Verbrauch abgelesen werden?

4.125 Die Funktion f(x) beschreibt einen direkt proportionalen Zusammenhang mit f(10) = 15. Ermittle den Proportionalitätsfaktor k und gib die Funktionsgleichung an. Stelle den Zusammenhang grafisch dar. AB

4.126 **1)** Gib eine möglichst umfassende Definitionsmenge für die gegebene Funktion an. B

2) Erstelle eine Wertetabelle in einem sinnvoll gewählten Bereich.

3) Stelle die Funktion grafisch dar.

a) $y = \frac{1}{x}$ **b)** $y = \frac{4}{x}$ **c)** $y = \frac{5}{2x}$

4.127 Ein Körper hat auf dem Mond rund $\frac{1}{6}$ des Gewichts auf der Erde, auf dem Mars das 0,38-fache des Gewichts auf der Erde. AB

1) Gib den Zusammenhang zwischen Gewicht auf der Erde und Gewicht auf dem Mond bzw. dem Mars als Funktionsgleichung an.

2) Stelle die Zusammenhänge für Gewichte von 0 N bis 1 000 N (Erdgewicht) in einem Diagramm grafisch dar, wähle geeignete Maßstäbe.

4.128 Um das Alter von Bäumen zu bestimmen, wird folgende „Faustregel" verwendet: Misst man den Umfang in 1,30 m Höhe in Zentimeter und dividiert ihn durch $\frac{\pi \cdot 0{,}8\ \text{cm}}{\text{Jahr}}$, so erhält man das Alter in Jahren. ABC

1) Gib das Alter a als Funktion des Umfangs u an und stelle den Zusammenhang grafisch dar. Achte auf eine sinnvolle Definitionsmenge.

2) Beantworte die Fragen durch Berechnung und kontrolliere in der Zeichnung: Wie alt ist ein Baum mit 1,8 m Umfang? Welchen Umfang hat ein 50 Jahre alter Baum?

4.129 Von Tulln verläuft entlang der Donau ein Radweg stromabwärts annähernd geradlinig und eben. Roland fährt eine Strecke von 36 km. Gib die Funktion an, die die Abhängigkeit der Fahrzeit von der Geschwindigkeit beschreibt. Wähle eine realistische Definitionsmenge und stelle die Funktion grafisch dar. AB

4.130 Ein Wanderer benötigt für eine 6 km lange Wanderung 1,4 Stunden. Wie lang benötigt er voraussichtlich, um 10 km zu wandern? AB

4.131 Bei einer mittleren Geschwindigkeit von 122 $\frac{\text{km}}{\text{h}}$ dauert die Zugfahrt von Salzburg nach Wien 2,6 Stunden. Um wie viel Kilometer pro Stunde muss die mittlere Geschwindigkeit erhöht werden, wenn sich die Fahrzeit auf 2,25 Stunden verkürzen soll? AB

AB **4.132** Sieben Arbeiter würden 16 Tage benötigen, um die Fenster einer Wohnhausanlage auszutauschen. Wie viele Arbeiter müssen zusätzlich eingesetzt werden, wenn die Arbeit bereits nach 11 Tagen abgeschlossen sein soll?

AB **4.133** Um das in eine Baugrube eingedrungene Wasser abzupumpen, würden vier Pumpen 11 Stunden benötigen. Wie viele Pumpen müssen zusätzlich eingesetzt werden, wenn das Wasser bereits nach 8 Stunden abgepumpt sein muss?

AB **4.134** Um einen Lärmschutzdamm aufzuschütten, werden 3 LKW eingesetzt, die zur Durchführung der Arbeit voraussichtlich 8 Tage benötigen. In wie vielen Tagen kann die Arbeit durchgeführt werden, wenn nach 2 Tagen 2 zusätzliche LKW eingesetzt werden?

ABCD **4.135** Viele Hunde werden mit Trockenfutter gefüttert. Die Futtermenge pro Tag hängt dabei vom Gewicht des Hundes ab und liegt zwischen 90 g pro Tag und 700 g pro Tag. Ein Sack mit 15 kg Trockenfutter kostet 39,90 €.

1) Gib die Funktion an, die der Futtermenge pro Tag die Zeitdauer (in Tagen) zuordnet, für die ein 15-kg-Sack ausreicht und stelle sie im angegebenen Bereich grafisch dar. Gib die Funktion an, die der täglichen Futtermenge die Kosten (in Euro) zuordnet. Um welche Art von Proportionalität bzw. um welchen Funktionstyp handelt es sich jeweils? Begründe deine Antwort.

2) Familie Müller hat für einige Wochen einen Gasthund, der tägliche Verbrauch an Hundefutter hat sich dadurch verdoppelt.
Wie ändern sich die täglichen Kosten, wenn sich der Verbrauch verdoppelt?
Wie ändert sich die Zeitdauer, für die ein Sack ausreicht, wenn sich der tägliche Verbrauch verdoppelt?

ABC **4.136** Für den Zusammenhang zwischen Spannung, Stromstärke und Widerstand in einem elektrischen Leiter gilt das Ohm'sche Gesetz $U = R \cdot I$.

U ... Spannung in Volt, I ... Stromstärke in Ampere, R ... Widerstand in Ohm

a) Gib für die folgenden Zusammenhänge an, ob direkte oder indirekte Proportionalität vorliegt. Gib die Zusammenhänge als Funktionen an und stelle sie grafisch dar.

1) Spannung U, abhängig von der Stromstärke I, wenn $R = 10\,\Omega$.; $I \in [0\text{ A}; 15\text{ A}]$

2) Widerstand R, abhängig von der Spannung U, wenn $I = 10$ A; $U \in [0\text{ V}; 100\text{ V}]$

3) Widerstand R, abhängig von der Stromstärke I, wenn $U = 230$ V; $I \in \,]0\text{ A}; 20\text{ A}]$

b) Drücke I aus der Formel aus. Welche der Größen U bzw. R muss nun konstant und welche eine Variable sein, damit es sich um eine Reziprokfunktion, also ein indirektes Verhältnis, handelt?

AC **4.137** In den Skizzen sind zueinander proportionale Größen dargestellt. Gib jeweils die Funktionsgleichung an.

a)

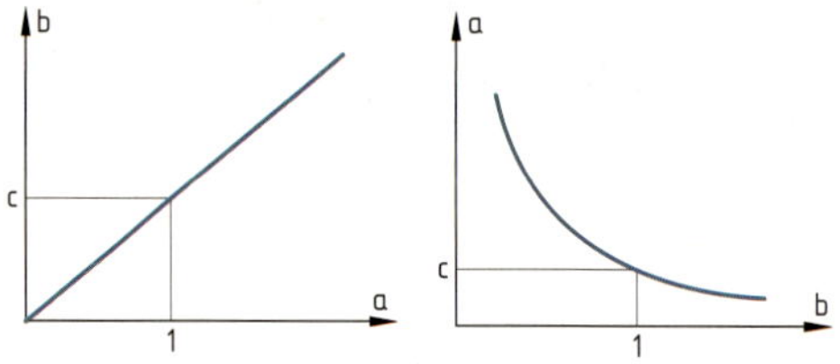

b)

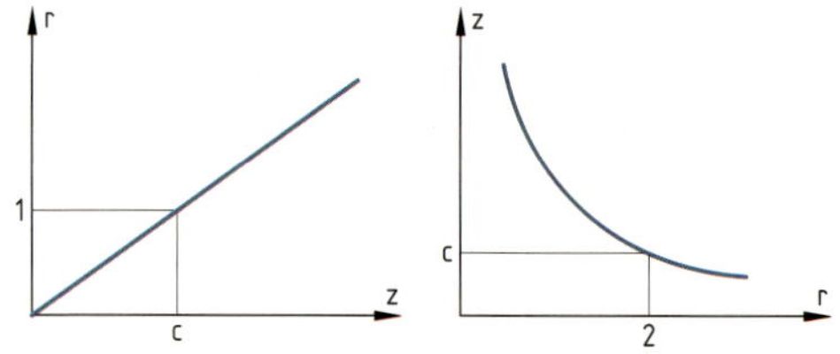

4.5 Umkehrfunktionen

4.5.1 Umkehrung von Zusammenhängen

4.138 Ein 120 cm hohes Aquarium wird gleichmäßig mit Wasser bis 20 cm unter den Rand befüllt. Zu Beginn der Füllung steht das Wasser bereits 10 cm hoch. Die jeweilige Wasserstandshöhe h (in cm) in Abhängigkeit von der Zeit t (in Minuten) nach Beginn der Füllung lässt sich durch die Funktion $h(t) = 3\,\frac{\text{cm}}{\text{min}} \cdot t + 10\text{ cm}$ berechnen. **AB**

1) Gib an, welche Definitionsmenge sinnvoll ist. Erstelle eine Wertetabelle für die Höhe des Wasserstands in 5-Minuten-Schritten und zeichne den Graphen. Welche Werte für die Wasserstandshöhe ergeben sich dadurch?
2) Forme die Funktionsgleichung nach t um.
3) Erstelle eine Wertetabelle für die Fülldauer des Aquariums bei einer Höhe von h = 10 cm bis h = 100 cm in 10-cm-Schritten.
4) Gib die Definitionsmenge und die Wertemenge für die neue Funktion an.
5) Zeichne den neuen Graphen in ein neues Koordinatensystem ein und vergleiche diese Funktion mit dem ursprünglichen Graphen.

Ist der Zusammenhang zwischen zwei Größen als Funktion gegeben, kann man der unabhängigen Variablen immer eindeutig einen Funktionswert zuordnen. In vielen Fällen ist es auch möglich, den umgekehrten Weg zu gehen, also den Funktionswert vorzugeben. ZB lässt sich bei einem fallen gelassenen Stein, wenn die Fallzeit gegeben ist, der zugehörige Fallweg berechnen. Auch umgekehrt lässt sich, wenn der Fallweg bekannt ist, die dazugehörige Fallzeit berechnen. Die so entstandene Funktion heißt **Umkehrfunktion**.

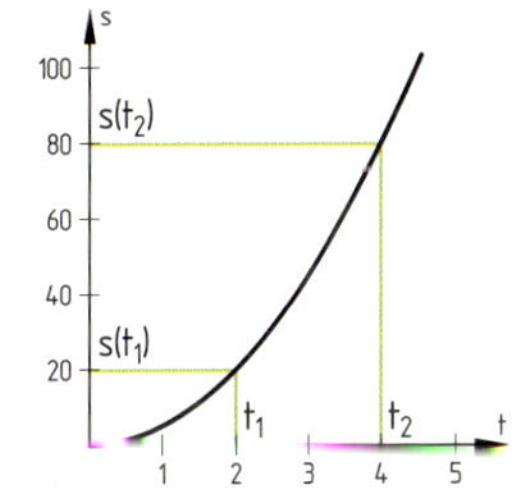

In manchen Fällen ist die Umkehrung nicht eindeutig. ZB lässt sich bei einem nach oben geworfenen Stein, der dann hinunter fällt, aus der Flugzeit die Höhe berechnen. Umgekehrt gibt es, wenn die Höhe bekannt ist, zwei mögliche Flugzeiten.

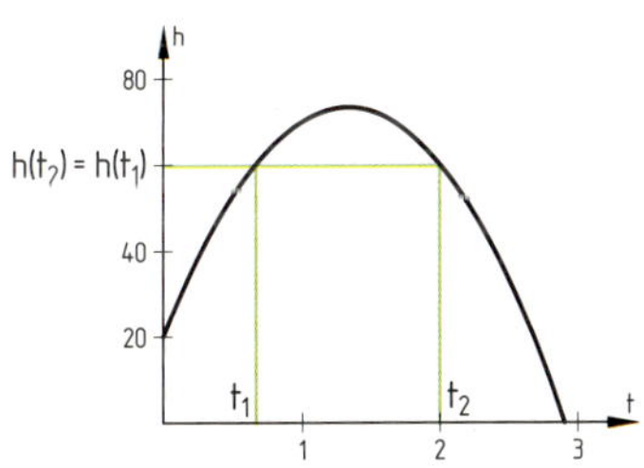

4.139 Ein Radfahrer fährt mit einer mittleren Geschwindigkeit von $12\,\frac{\text{km}}{\text{h}}$. Der zurückgelegte Weg s (in km) abhängig von der Zeit t (in Stunden) lässt sich durch die Funktion $s(t) = 12\,\frac{\text{km}}{\text{h}} \cdot t$ berechnen. **AB**

1) Erstelle eine Wertetabelle für den zurückgelegten Weg für t = 0,5 h bis t = 3 h in 0,5-Stunden-Schritten und zeichne den Graphen.
2) Forme die Funktionsgleichung nach t um und erstelle eine Wertetabelle.
3) Zeichne den neuen Graphen in ein neues Koordinatensystem ein und vergleiche diese Funktion mit dem ursprünglichen Graphen.

4.5.2 Darstellung von Umkehrfunktionen

BC **4.140** Zeichne auf eine Overheadfolie mithilfe einer Wertetabelle die Funktion $y = x^2$ im Bereich [0; 4], wähle als Einheit 1 cm.

1) Halte die Folie links unten und rechts oben fest. Drehe sie so um, dass die linke obere und die rechte untere Ecke Platz tauschen.

2) Welche Funktion wird nun dargestellt?

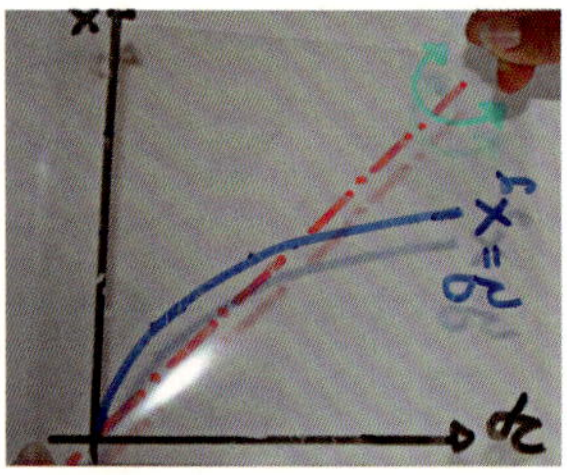

Wir überlegen, ob zur Funktion $y = 2x + 5$ eine Umkehrfunktion existiert.
Durch Spiegelung des Funktionsgraphen an der 1. Mediane erhält man die **Umkehrrelation**.
Dem Spiegeln an der 1. Mediane entspricht das Vertauschen von x- und y-Werten.
Weiters erstellen wir eine Wertetabelle im Bereich [−3; 2].

x	y
−3	−1
−2	1
−1	3
0	5
1	7
2	9

x	y
−1	−3
1	−2
3	−1
5	0
7	1
9	2

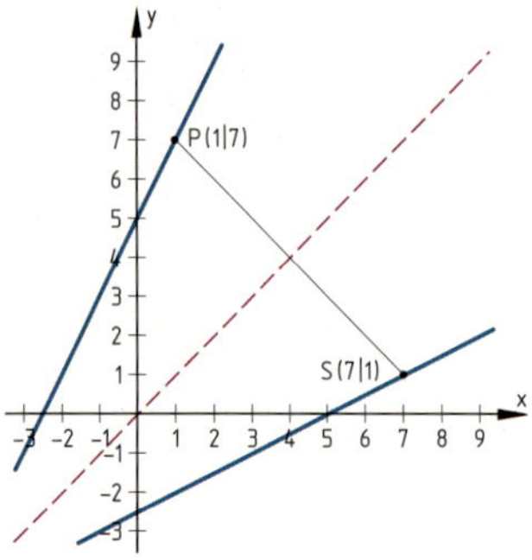

An der grafischen Darstellung sieht man, dass die Verbindungsstrecke der beiden Punkte P(1|7) und S(7|1) normal auf die 1. Mediane steht.

Wir ermitteln nun die Gleichung der gespiegelten Funktion.

$y = 2x + 5$ • Vertauschen der beiden Variablen x und y.

$x = 2y + 5 \Rightarrow y = \frac{x-5}{2}$ • Durch explizites Ausdrücken von y erhält man die Umkehrfunktion.

Bemerkung: Das Spiegeln einer Funktion an der 1. Mediane ist nur dann sinnvoll, wenn die beiden Koordinatenachsen keine physikalische Bedeutung haben.

Wir überlegen, ob zur Funktion $y = x^2$ eine Umkehrfunktion existiert.
Wir erstellen eine Wertetabelle im Bereich [−2; 2].

x	y
−2	4
−1	1
0	0
1	1
2	4

x	y
4	−2
1	−1
0	0
1	1
4	2

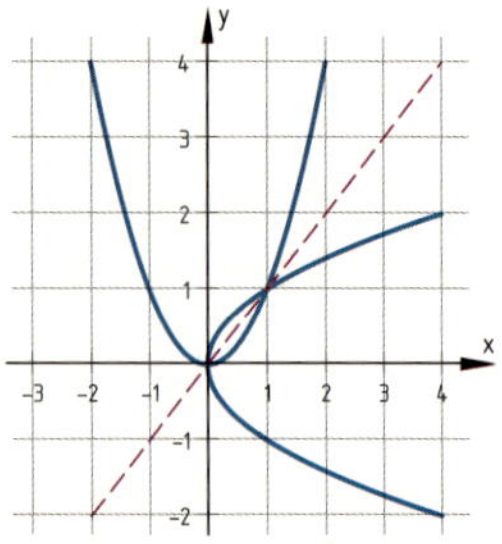

Der gespiegelte Graph stellt eine Relation dar, die keine Funktion ist, da zu jedem $x > 0$ zwei y-Werte existieren. Wenn wir den Definitionsbereich von $y = x^2$ auf $\mathbb{R}_0^+$ einschränken, ist die Umkehrrelation eine Funktion, da zu jedem $x \geqslant 0$ genau ein y-Wert existiert.

Die Umkehrrelation ist nur dann eine Funktion, wenn der Definitionsbereich von $y = x^2$ so eingeschränkt wird, dass verschiedenen x-Werten immer verschiedene y-Werte zugeordnet werden.

Wir überlegen, wann die Umkehrrelation einer Funktion wieder eine Funktion ist.

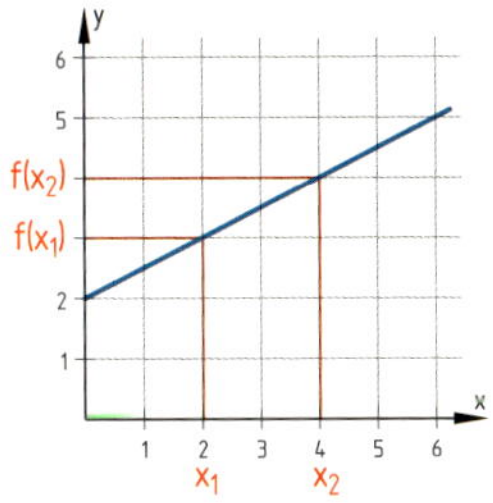

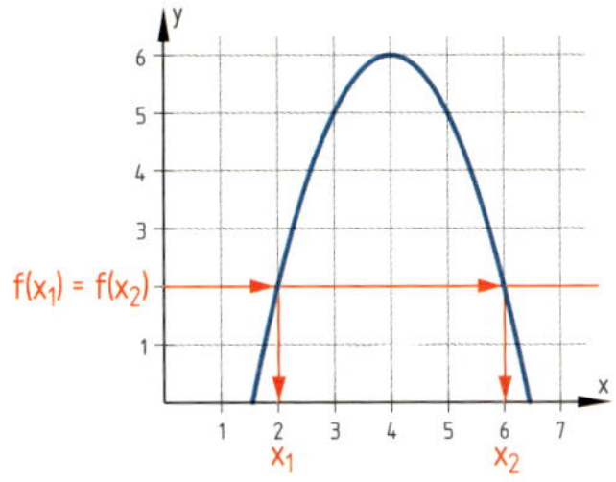

$y = f(2) = f(6) = 2$

Zu $y = 2$ ist der x-Wert nicht mehr eindeutig ermittelbar, da es zwei x-Werte gibt.

Wenn aus $x_1 \neq x_2 \Rightarrow f(x_1) \neq f(x_2)$, dann ist die Umkehrrelation einer Funktion wieder eine Funktion.
Bemerkung: Wird der Graph einer Funktion von allen Parallelen zur x-Achse genau einmal geschnitten, dann ist die Umkehrrelation eine Funktion.

Ist der Graph einer Funktion f(x) im gesamten **Definitionsbereich streng monoton steigend** bzw. **streng monoton fallend**, dann ist die **Umkehrrelation** eine **Funktion**.
Die Funktion $y = f(x)$ mit der Definitionsmenge D und der Wertemenge W ordnet jedem x eindeutig ein y zu. Kann umgekehrt auch jedem y eindeutig ein x zugeordnet werden, so entsteht die **Umkehrfunktion** von f(x) (oft geschrieben als f^{-1}).

4.141 Zeichne die Funktion $y = \frac{1}{3}x + 2$ in ein Koordinatensystem und stelle die Umkehrrelation grafisch dar. Begründe, ob die Umkehrrelation eine Funktion ist; wenn ja, gib deren Funktionsgleichung an. ABC

Lösung:

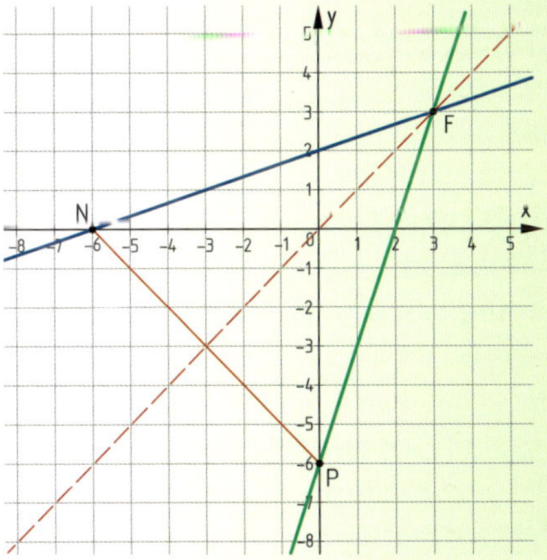

- Die lineare Funktion wird mithilfe der Steigung und des y-Achsenabschnitts gezeichnet.
- Da der gespiegelte Graph wieder eine Gerade ist, genügt es, zwei Punkte zu ermitteln.
  Zum Beispiel bleibt der Punkt F(3|3) unverändert, da er auf der 1. Mediane liegt, also ein Fixpunkt ist. Als weiteren Punkt erhält man P(0|−6) durch Spiegeln von N(−6|0).

Die Umkehrrelation ist eine Funktion, da die ursprüngliche Funktion linear, also im gesamten Definitionsbereich streng monoton steigend ist.

$y = \frac{1}{3}x + 2$ • x und y vertauschen

$x = \frac{1}{3}y + 2$ • y ausdrücken

$f^{-1}: y = 3x - 6$ • Die Umkehrfunktion ist ebenfalls eine lineare Funktion.

BD **4.142** Zeichne die skizzierte Funktion und spiegle sie an der 1. Mediane. Gib an, ob es sich bei der entstehenden Relation um eine Funktion handelt und begründe deine Antwort.

1)

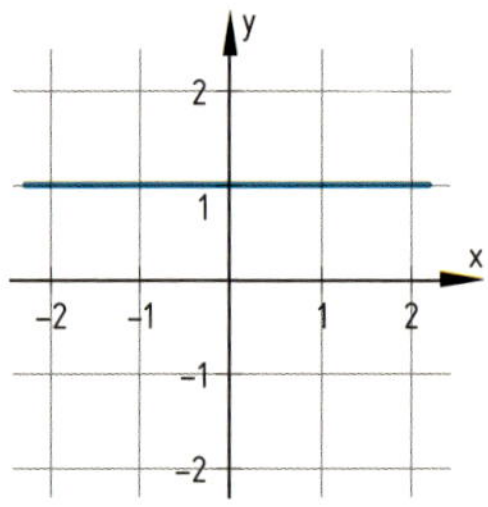

3)

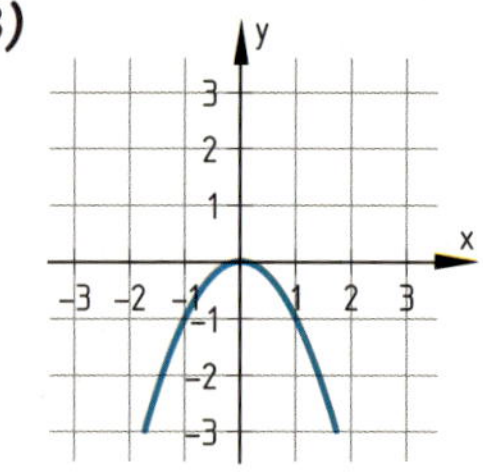

2)

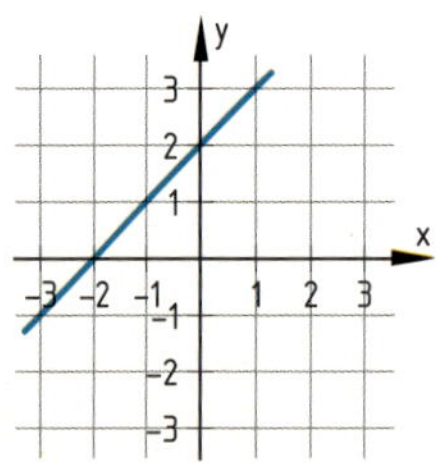

4)

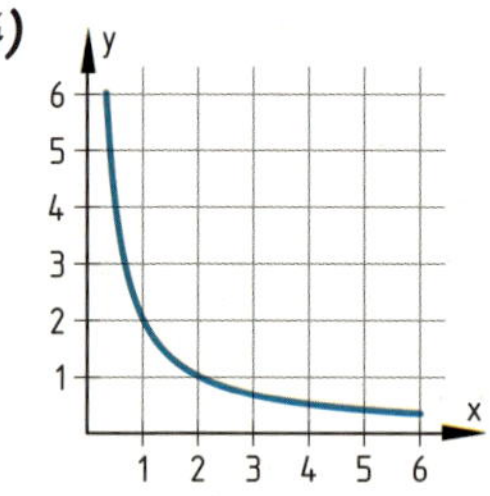

BD **4.143** Zeichne jeweils die Funktion in ein Koordinatensystem und stelle die Umkehrrelation grafisch dar. Begründe, ob die Umkehrrelation eine Funktion ist; wenn ja, gib deren Funktionsgleichung an.

a) $y = 5x$ **c)** $y = 2x - 1$ **e)** $y = -x + 1$ **g)** $y = 4$

b) $y = x^2 + 2$ **d)** $y = x^2 - 3$ **f)** $y = \frac{x}{2}$ **h)** $y = \frac{2}{x + 3}$

ABCD **4.144** Bei Rechtecken mit der Seitelänge a = 10 cm lässt sich durch Angabe der Seite b der Flächeninhalt eindeutig ermitteln.

1) Gib die Funktionsgleichung an, die der Seite b eines Rechtecks den Flächeninhalt A zuordnet. Erstelle eine Wertetabelle für den Flächeninhalt mit b = 10 cm bis b = 120 cm in 10-cm-Schritten und zeichne den Graphen.

2) Forme die Funktionsgleichung nach b um und erstelle eine Wertetabelle mit $A = 100\ cm^2$ bis $A = 1\,200\ cm^2$ in $100\text{-}cm^2$-Schritten.

3) Zeichne den neuen Graphen in ein neues Koordinatensystem ein. Warum ist es nicht sinnvoll dasselbe Koordinatensystem zu verwenden?

4) Ist die Umkehrrelation eine Funktion? Wenn ja, gib den Funktionstyp an.

5) Vergleiche den Graphen der ursprünglichen Funktion mit dem neuen Graphen. Beschreibe die Unterschiede bzw. die Gemeinsamkeiten.

BCD **4.145** Die Nachfragefunktion x(p) für x verkaufte Eprouvetten kann durch die Gleichung $x(p) = 500 - a_1 \cdot p$ beschrieben werden, wobei p € der Preis einer Eprouvette ist.

1) Berechne den Koeffizienten a_1, wenn 150 Eprouvetten für 70,00 € verkauft werden.

2) Gib die Umkehrfunktion p(x) an.

3) Beschreibe in eigenen Worten, welchen Zusammenhang diese Umkehrfunktion angibt.

4) Stelle beide Funktionen grafisch dar.

Zusammenfassung

Eine **Funktion** y = f(x) ist eine **Zuordnung**, bei der jedem Element x einer **Definitionsmenge genau ein Element** y zugeordnet wird. Die Menge aller Werte, die y dabei annimmt, nennt man **Wertemenge**.

x ... unabhängige Variable, Stelle, Argument   y ... abhängige Variable, Funktionswert

Eine Funktion kann durch eine Funktionsgleichung (Formel), eine Tabelle oder einen Funktionsgraphen angegeben werden.

Eine **lineare Funktion** wird durch eine Gleichung der Form $\mathbf{y = k \cdot x + d}$ angegeben.

d ... y-Achsenabschnitt

k ... Steigung, Differenzenquotient $k = \frac{\Delta y}{\Delta x} = \frac{y_2 - y_1}{x_2 - x_1}$ $\frac{\Delta y}{\Delta x}$ ... Differenzenquotient

Der Graph einer linearen Funktion ist eine Gerade.

Nullstelle: x-Wert des Schnittpunkts des Funktionsgraphen mit der x-Achse (y = 0)

Anwendungen der linearen Funktion:

Lineare Tarife:	$\mathbf{P(x) = k \cdot x + G}$	P(x) ... Preis für x Einheiten, k ... Preis pro Einheit, G ... Grundpreis
Lineare Kostenfunktion:	$\mathbf{K(x) = k \cdot x + F}$	K(x) ... Kosten für x Stück, k ... proportionale (variable) Kosten, F ... Fixkosten
Lineare Abschreibungsfunktion:	$\mathbf{B(t) = -\frac{A}{n} \cdot t + A}$	B(t) ... Buchwert (Restwert) nach t Jahren, A ... Anschaffungswert, n ... Nutzungsdauer
Erlösfunktion:	$\mathbf{E(x) = p \cdot x}$	E(x) ... Erlös für x Stück, p ... Preis pro Stück
Gewinnfunktion:	$\mathbf{G(x) = E(x) - K(x)}$	

Proportionalität

Verhältnisgleichung oder **Proportion**: $a : b = c : d$ $(a, b, c, d \neq 0)$

Produktgleichung: $a \cdot d = b \cdot c$ **Proportionalitätsfaktor** k: $a = k \cdot c$ und $b = k \cdot d$

Fortlaufende Proportion: $a : b : c = d : e : f$ $(a, b, c, d, e, f \neq 0)$

Arithmetisches Mittel von a, b: $\bar{m} = \frac{a + b}{2}$ **Geometrisches Mittel** von a, b: $\bar{m}_g = \sqrt{a \cdot b}$

Direkt proportionale Größen x und y: $\mathbf{y = k \cdot x}$ (lineare Funktion); „Je mehr, desto mehr."

Indirekt proportionale Größen x und y: $\mathbf{y = \frac{k}{x}}$ (reziproke Funktion); „Je mehr, desto weniger."

Zu einer Funktion existiert die Umkehrfunktion, wenn verschiedene Stellen immer verschiedene Funktionswerte haben. Sie entsteht durch Spiegelung an der 1. Mediane.

Weitere Aufgaben

4.146 Welche der Relationen sind Funktionen? Begründe deine Anworten. D

1)

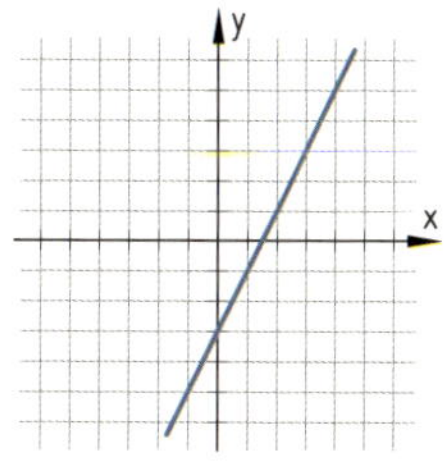

2)

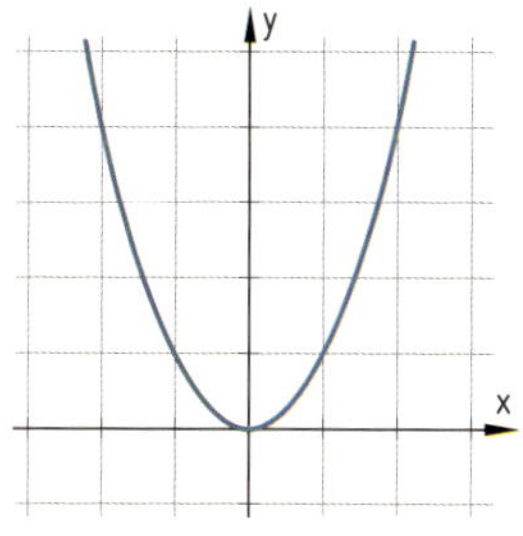

3)

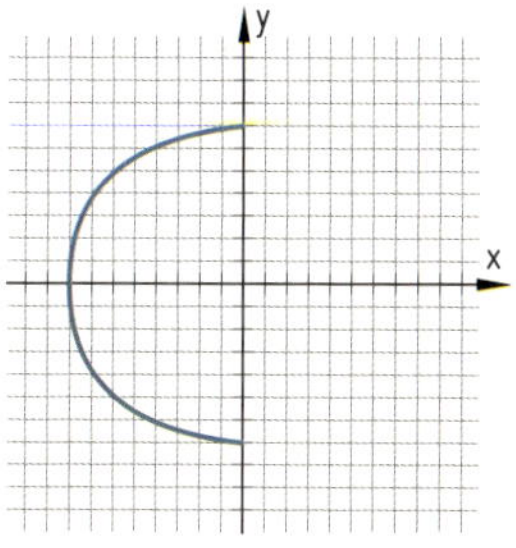

ABC **4.147** Am Morgen enthält die Regentonne in Herrn Haikers Garten 20 Liter Wasser. Um 10:00 Uhr beginnt ein gleichmäßiger Regen, durch den der Inhalt der Tonne alle 5 Minuten um einen Liter zunimmt. Zwischen 12:30 Uhr und 14:00 Uhr regnet es gar nicht, aber dann beginnt es stärker zu regnen, sodass in jeder Minute ein halber Liter Wasser mehr in der Tonne ist.

1) Berechne die Wassermengen zu den gegebenen Uhrzeiten.

Uhrzeit	10:00	10:30	11:00	12:00	12:30	14:00	14:20	14:50	15:00	16:00
Wassermenge in Liter										

2) Stelle die Wassermenge in der Tonne in einem Diagramm dar. Trage die Uhrzeit auf der waagrechten Achse auf, beginne mit 10:00 Uhr, 1 cm ≙ 1 Stunde. Trage auf der senkrechten Achse die Wassermenge in Liter auf, 1 cm ≙ 20 Liter.

3) Um 14:54 Uhr ist die Tonne genau halb voll. Wie viel Wasser passt in die volle Tonne?

4) Um wie viel Uhr ist die Tonne voll, wenn es gleichmäßig weiterregnet?

B **4.148** Ergänze die fehlende Mengenangabe.

	Funktions-gleichung	Definitions-menge	Wertemenge
a)	$y = 2x^2$	[0; 2]	
b)	$y = -x + 5$	{−4, −2, 0, 2, 4}	

	Funktions-gleichung	Definitions-menge	Wertemenge
c)	$y = \frac{3}{4}x$		[0; 8]
d)	$y = 3x + 1$		{−1, 0, 1, 2, 3, 4, 5}

AC **4.149** Ordne den Graphen die zugehörige Funktionsgleichung zu. Welche der angegebenen Funktionen sind nicht gezeichnet?

$f_1(x) = 2x - 3$ $\qquad$ $f_4(x) = \frac{2}{3}x + 1$

$f_2(x) = -\frac{1}{2}x - 3$ $\qquad$ $f_5(x) = \frac{3}{2}x + 1$

$f_3(x) = \frac{1}{2}x - 3$ $\qquad$ $f_6(x) = -2x - 3$

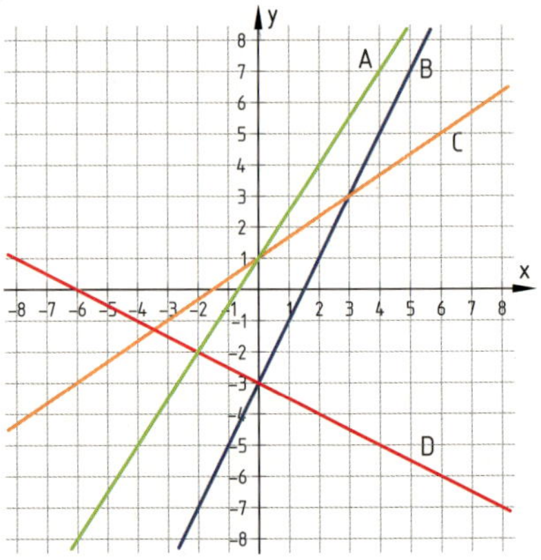

BC **4.150** Ermittle die Steigung k der gezeichneten Funktion. Achte auf die Skalierung.

a)

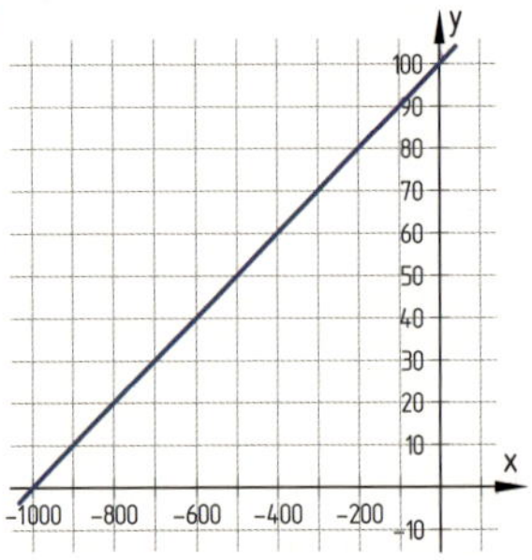

b)

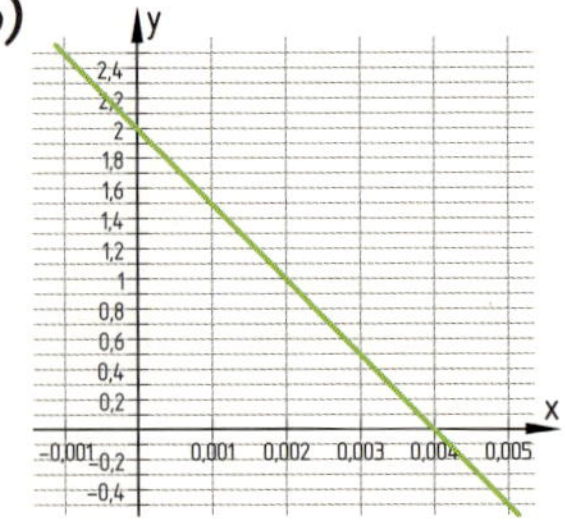

c)

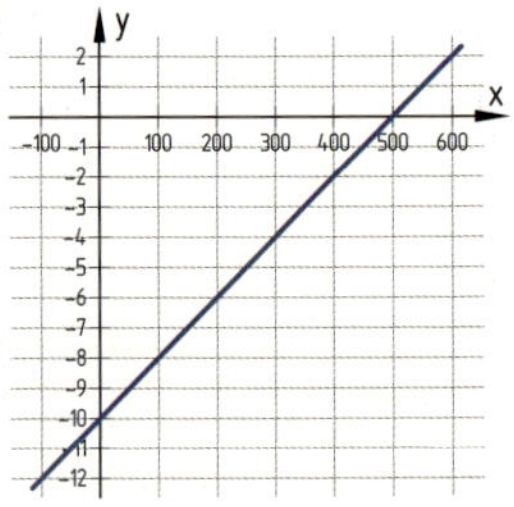

4.151 Ermittle k und d aus der Grafik und gib die Gleichung der dargestellten Funktion an. BC

a)

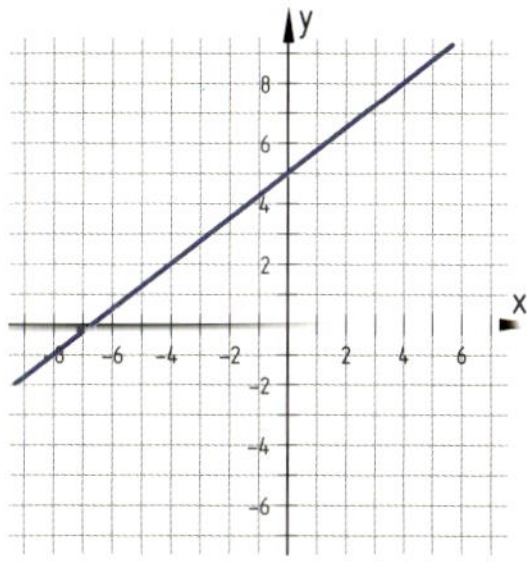

b)

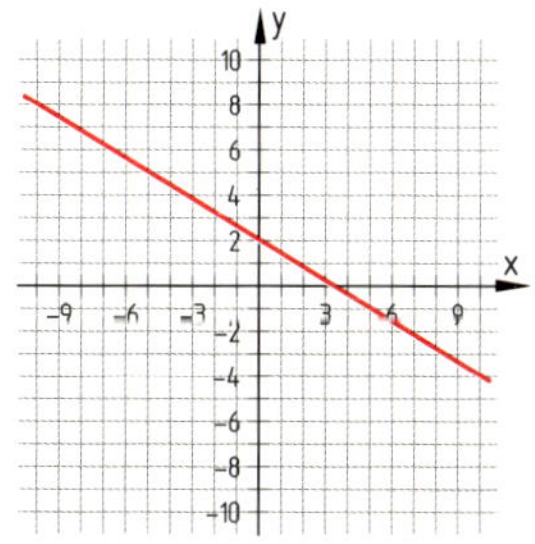

c)

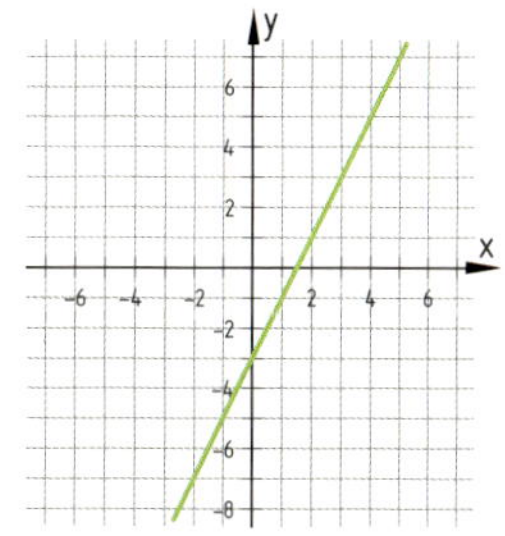

4.152 Gib die Gleichung der dargestellten Geraden an. Überprüfe anschließend mit deinem Rechenwerkzeug. ABC

a)

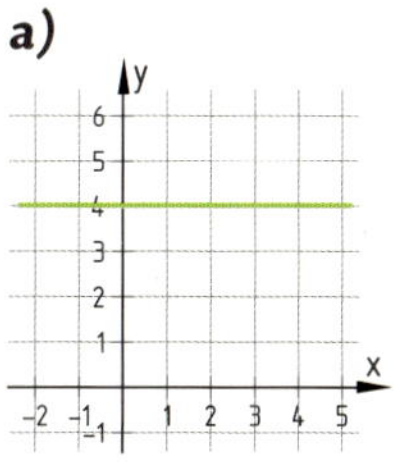

b)

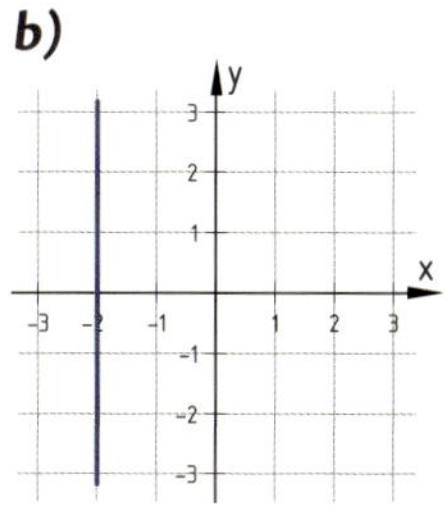

c)

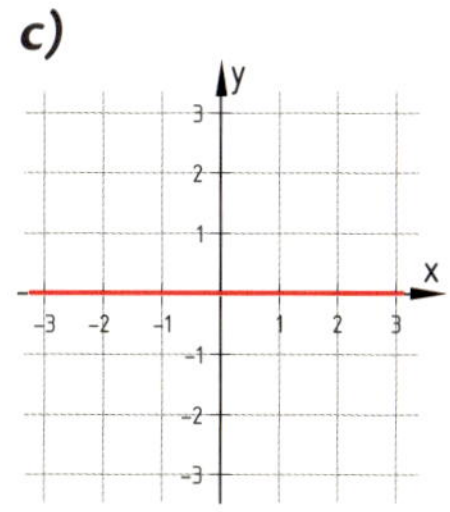

d)

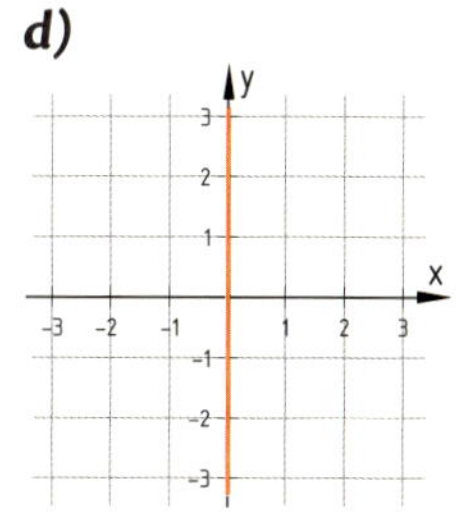

4.153 Zeichne die Gerade mithilfe des y-Achsenabschnitts und des Steigungsdreiecks. B

a) $y = -3x + 5$ **b)** $y = \frac{3}{4}x + 2$ **c)** $y = -\frac{1}{2}x - 1$ **d)** $y = -x + 1$

4.154 Ermittle rechnerisch, ob der Punkt P auf, unterhalb oder oberhalb der Geraden g liegt. Prüfe durch eine Zeichnung nach. Verwende dazu dein Rechenwerkzeug. BC

a) $P(-2|3)$, g: $y = x - 5$
b) $P(1|3)$, g: $y = -\frac{1}{2}x + \frac{3}{2}$
c) $P\left(1\middle|-\frac{3}{4}\right)$, g: $y = -\frac{3}{4}x + 1$
d) $P(3|-5)$, g: $y = -2x + 1$

4.155 Der Punkt P liegt auf der Geraden g. BCD

1) Ermittle die fehlende Koordinate.
2) Liegt P oberhalb der Geraden, wenn diese Koordinate vergrößert wird? Begründe deine Antwort.

a) $P(2|y_P)$, g: $y = 4x - 5$
b) $P(x_P|3)$, g: $y = -x + 2$
c) $P(0{,}5|y_P)$, g: $y = x + 3$
d) $P(x_P|-2{,}5)$, g: $y = \frac{1}{4}x - 1$

4.156 **1)** Die Gerade h_p verläuft parallel zur Geraden g durch den Punkt A. Gib ihre Gleichung an. B
2) Die Gerade h_n verläuft normal zur Geraden g durch den Punkt A. Gib ihre Gleichung an.

a) g: $y = \frac{2}{5}x + 4$, $A(5|1)$ **b)** g: $y = -2x + 1$, $A(3|-6)$

4.157 Ermittle die Gleichung und die Nullstelle der Geraden, die durch die Punkte A und B verläuft. Überprüfe dein Ergebnis anhand einer Zeichnung. Verwende dazu dein Rechenwerkzeug. BC

a) $A(-3|2)$, $B(5|-2)$ **b)** $A(6|4)$, $B(-1|2)$

4.158 Von einer Geraden sind die Punkte A und B gegeben. Ermittle die fehlende Koordinate des auf der Geraden liegenden Punkts P, ohne die Gleichung der Geraden aufzustellen. B

a) $A(12|34)$, $B(20|48)$, $P(16|y_P)$ **b)** $A(75|40)$, $B(30|36)$, $P(x_P|15)$

D **4.159** Welche der angegebenen Gleichungen stellen lineare Funktionen dar? Begründe.

1) $f_1(x) = \frac{3x+4}{2}$ **2)** $f_2(x) = x^2 - 2$ **3)** $y = 7$ **4)** $x = 3$

AB **4.160** Bei einem Bootsverleih bezahlt man für ein Elektroboot für die ersten beiden Stunden 4,00 €, für jede weitere angefangene Stunde 2,00 €. Die maximale Verleihdauer beträgt 5 Stunden.

1) Gib die Funktion P(t) an, die jeder Verleihdauer t einen Preis P zuordnet.
2) Stelle die Funktion grafisch dar.

AB **4.161** Eine Maschine hat einen Anschaffungswert von 10 800,00 € und eine Nutzungsdauer von 8 Jahren. Berechne den Restwert nach 5 Jahren und stelle den Sachverhalt mit deiner Technologie in Form einer Treppenfunktion dar.

ABC **4.162** In einer Firma werden T-Shirts bedruckt. Die fixen Kosten pro Monat betragen 35 000,00 €. Die proportionalen Kosten für ein fertig bedrucktes T-Shirt belaufen sich auf 12,00 €, der Verkaufspreis (ohne MWSt) beträgt 21,00 €.

1) In einem Monat werden x T-Shirts erzeugt. Gib die Funktionsgleichungen für die Gesamtkosten und für die Einnahmen an.
2) Erstelle eine Grafik, in der du die Gesamtkosten und die Einnahmen, abhängig von der Stückzahl, einzeichnest. Lies ab, bei welcher Stückzahl die Werkstatt beginnt, kostendeckend zu arbeiten (Break-Even-Point bzw. Gewinnschwelle).
3) Überprüfe den in **2)** abgelesenen Wert rechnerisch.

ABC **4.163** Ein Bootsverleih auf einer Südseeinsel bietet zwei verschiedene Tarife an.
Bei Tarif 1 kosten10 Minuten inklusive Versicherung 70 Inseldollar (I$), bei Tarif 2 kosten 10 Minuten 60 I$, die Versicherung kostet einen einmaligen Betrag von 100 I$.

1) Gib die beiden Kostenfunktionen an, erstelle eine Wertetabelle (mindestens 4 Werte pro Funktion) und zeichne die beiden Funktionen in einem geeigneten Maßstab.
2) Ermittle durch Ablesen aus der Zeichnung, für welche Fahrzeit die beiden Tarife gleich günstig sind bzw. welcher Tarif bei welcher Fahrzeit billiger kommt.

ABC **4.164** Die Profiltiefe von Autoreifen nimmt mit der gefahrenen Strecke kontinuierlich (das heißt gleichmäßig) ab.
Frau Schmid stellt 20 000 km nach dem Kauf neuer Reifen eine Profiltiefe von 5 mm fest, nach 35 000 km beträgt die Profiltiefe noch 3,5 mm.

1) Ermittle eine Funktion, die die Abnahme der Profiltiefe beschreibt.
2) Stelle die Abnahme der Profiltiefe grafisch dar.
3) Lies ab, bei welchem Kilometerstand Frau Schmid neue Reifen kaufen sollte, wenn das bei einer Profiltiefe von 3 mm empfohlen wird.
4) Berechne, wie viel Kilometer Frau Schmid mit dieser Reifengarnitur maximal zurücklegen kann.
Hinweis: Die gesetzlich vorgeschriebene Mindestprofiltiefe für Sommerreifen beträgt 1,6 mm.

ABC **4.165** Die fixen Kosten einer Fabrik betragen 19 500,00 € je Monat, die proportionalen Kosten 2,49 €/Stück. Beim Verkauf erzielt das Produkt einen Preis von 4,15 €.

1) Bestimme die Kosten-, Erlös-, und Gewinnfunktion und stelle diese grafisch dar.
2) Erkläre den Begriff „Break-Even" und bestimme den Wert des Break-Even-Point.
3) Lies aus der Grafik ab, bei welcher Verkaufsmenge der Gewinn 6 000,00 € bzw. 12 000,00 € beträgt. Kontrolliere dann rechnerisch.

ABC

4.166 Verwende die gegebene Zeichnung und dein Rechenwerkzeug.

1) Gib die Gleichung der blau gezeichneten Geraden g_1 an.

2) Ermittle die Gleichung jener Geraden g_2, die parallel zu g_1 und durch den Punkt A(2|5) verläuft.

3) Ermittle die Gleichung der Geraden g_3, die normal auf g_1 steht und durch den Punkt B(−3|6) verläuft.

4) Ermittle die Nullstellen der Geraden g_1, g_2 und g_3.

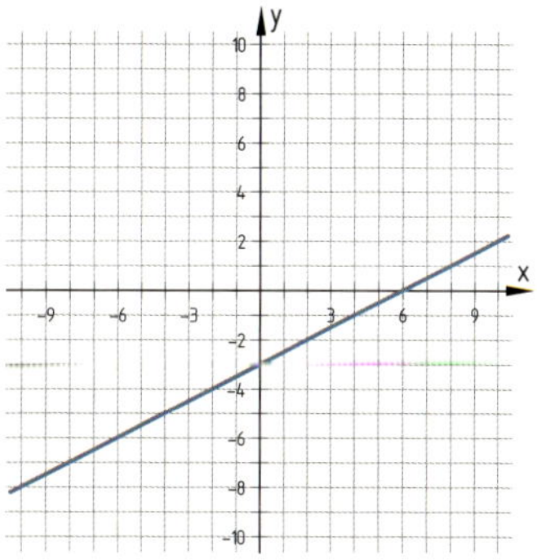

AC

4.167 Dem Vergessen ein Schnippchen schlagen!
Am Beginn des 20. Jahrhunderts hat der Psychologe Hermann Ebbinghaus (1850 – 1909) das Vergessen erforscht. Ohne Wiederholung vergessen wir einen Lernstoff schnell wieder. Nach 20 Minuten wissen wir nur mehr rund 60 % des vorher Erlernten (rote Kurve). Da hilft nur rechtzeitiges Wiederholen!

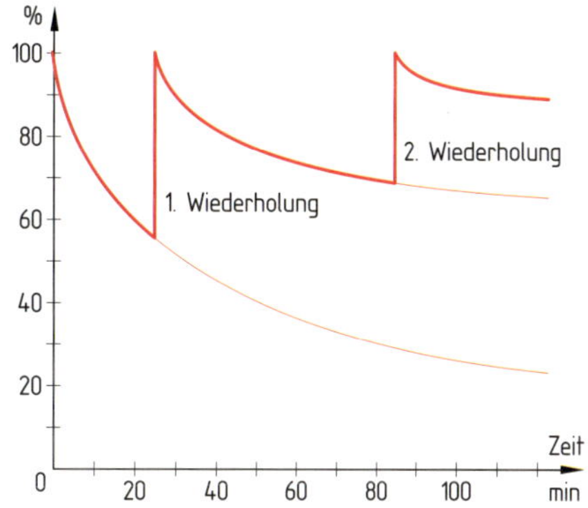

1) Wie viel Prozent des Erlernten wissen wir (ohne Wiederholen) nach einer Stunde noch?

2) Nach welcher Zeit haben wir rund 30 % des Gelernten vergessen?

3) Wie groß ist der „Vergessensunterschied" zwischen einem Schüler, der rechtzeitig wiederholt und einem, der darauf verzichtet, nach einer Stunde bzw. nach zwei Stunden?

ABC

4.168 Die Firma Hotvolley erzeugt Volleybälle. Die fixen Kosten betragen je Monat 25 000,00 €, die proportionalen Kosten k je Ball betragen 7,25 €. Die monatliche Kapazität beträgt 120 000 erzeugte Bälle (das heißt, dass bei voller Ausnutzung aller Betriebsmittel höchstens 120 000 Bälle in einem Monat produziert werden können).

1) Gib die Kostenfunktion K(x) für die Produktion von x Bällen in einem Monat an.

2) Als Stückkosten $\overline{K}(x)$ bezeichnet man die durchschnittlichen Kosten je Stück bei der Produktion von x Stück. Für $\overline{K}(x)$ gilt: $\overline{K}(x) = \frac{K(x)}{x}$. Wie groß sind die Stückkosten pro Ball bei 80 %iger bzw. bei voller Ausnutzung der Kapazität?

3) Bei welcher Produktionsmenge x betragen die Stückkosten je Ball 11,25 €? Zu wie viel Prozent wird dabei die Kapazität ausgenützt?

4) Die Bälle werden zu einem Preis von 12,00 € verkauft. Gib die Erlösfunktion E(x) an. Wie viele Bälle müssen verkauft werden, damit die Firma kostendeckend arbeitet, also kein Verlust auftritt (Break-Even-Point bzw. Gewinnschwelle)? Wie hoch müsste der Verkaufspreis sein, damit die Firma bei einem Verkauf von 4 500 Stück kostendeckend arbeitet?

5) Gib die Gewinnfunktion G(x) bei einem Verkaufspreis von 12,00 € an. Welcher Gesamtgewinn wird bei Verkauf der gesamten Kapazität von 120 000 Bällen erzielt?

6) Stelle alle in **1)** bis **5)** benötigten Funktionen in einem Diagramm in geeignetem Maßstab dar. Kennzeichne alle ermittelten Werte in diesem Diagramm.

AB **4.169** Die Kostenfunktion eines Betriebs lautet $K(x) = 7{,}00 \cdot x + 54\,000{,}00$ (x ... Menge in Mengeneinheiten ME, K(x) ... Kosten in Geldeinheiten GE).

1) Berechne, bei welcher Produktionsmenge die Durchschnittskosten (Stückkosten) 11,50 € betragen.

2) Errechne den Verkaufspreis, der notwendig ist, um bei der in ***1)*** berechneten Verkaufsmenge einen Gewinn von 28 000,00 € zu erreichen.

Proportionalität

B **4.170** Löse die gegebene Proportion nach x.

a) $\frac{3}{7} : x = \frac{9}{4} : \frac{1}{3}$ ***b)*** $\frac{5}{7} : \frac{3}{2} = x : \frac{4}{7}$ ***c)*** $\frac{10}{4} : \frac{5}{6} = 6 : x$

Aufgaben 4.171 – 4.172: Bilde fortlaufende Proportionen.

B **4.171** ***a)*** $x : y = 9 : 11;\ y : z = 12 : 5$ ***b)*** $m : n = 2 : \frac{4}{5};\ m : o = \frac{3}{4} : 3$

B **4.172** ***a)*** $r : s = 0{,}75 : 0{,}25;\ s : t = 0{,}35 : 0{,}65$ ***b)*** $e : f = 2{,}4 : 3{,}8;\ e : g = 1{,}2 : 4{,}3$

AB **4.173** In früheren Zeiten gab es in verschiedenen Regionen unterschiedliche Längeneinheiten, die alle mit „Fuß" bezeichnet wurden. Es verhält sich der Berliner Fuß zum Wiener Fuß wie 4 703 : 4 800, der Wiener Fuß zum Londoner Fuß wie 14 400 : 13 883, der Londoner Fuß zum Rheinländer Fuß wie 13 883 : 14 298 und der Rheinländer Fuß zum Dresdner Fuß wie 4 766 : 4 299. Rechne die gegebene Länge in Berliner Fuß um.

a) 32 Londoner Fuß ***b)*** 18 Dresdner Fuß ***c)*** 125 Rheinländer Fuß

AB **4.174** Ein Verlust von 48 500,00 € ist auf die drei Eigentümer einer Firma im Verhältnis 48 : 7 : 25 aufzuteilen. Berechne die einzelnen Anteile.

AB **4.175** Acht Straßenarbeiter bessern in sechs Tagen zu je zehn Arbeitsstunden 150 m Straße aus. Wie viele Tage brauchen 15 Arbeiter für 300 m, wenn sie täglich 8 Stunden arbeiten?

ABC **4.176** Ein Vorrat an Holzpellets reicht bei einem täglichen Verbrauch von 30 kg 140 Tage.

1) Wie viele Tage reicht der Vorrat, wenn der tägliche Verbrauch um 5 % gesenkt wurde?

2) Gib eine Funktion an, die die Anzahl der Tage in Abhängigkeit vom Verbrauch beschreibt. Um welchen funktionalen Zusammenhang handelt es sich?

3) Stelle die Funktion für einen täglichen Verbrauch zwischen 1 kg und 40 kg grafisch dar und ermittle daraus, wie groß der tägliche Verbrauch ist, wenn man 120 Tage auskommt.

4.177 In einer Fischzucht wird dem Futter eine Vitaminmischung zugesetzt. Dabei reicht der Vorrat der Mischung für 6 000 Fische 90 Tage, wenn jeder Fisch täglich 2 g davon erhält. Es werden 1 000 Tiere verkauft und der Vorrat der Vitaminmischung muss für die übrigen Fische 130 Tage lang ausreichen. Wie viel Gramm können pro Tag an jeden Fisch verfüttert werden? Gib eine Formel an, die die Futtermenge in Abhängigkeit der Fischanzahl a und der Tage d angibt. **AB**

4.178 Mit dem Tankinhalt eines PKW kann bei einem mittleren Verbrauch von 7,1 ℓ Diesel auf 100 km eine Strecke von 850 km zurückgelegt werden. **ABC**

1) Für wie viel Kilometer reicht der Tankinhalt, wenn der mittlere Verbrauch durch sparsamere Fahrweise auf 5,9 ℓ pro 100 km gesenkt wird?

2) Welche Treibstoffmenge wird dadurch pro Jahr eingespart? Nimm dazu an, dass in einem Jahr 35 000 km zurückgelegt werden.

3) Gib die Funktionsgleichung für die gefahrene Strecke in Abhängigkeit von der Treibstoffmenge an. Stelle die Funktionen für den alten und neuen Verbrauch grafisch dar und beschreibe den Unterschied. Überprüfe das Ergebnis aus **2)**.

4) Wie hoch ist die jährliche Ersparnis in Euro? Arbeite mit dem aktuellen Preis.

4.179 Die Kraft, die dich in einem durch eine Kurve fahrenden Auto nach außen „drängt", ist die Fliehkraft bzw. Zentrifugalkraft. Sie hängt vom Kurvenradius r, der bewegten Masse m und der Geschwindigkeit v ab: **ABC**

$F = \frac{mv^2}{r}$ $\left(\text{F in Newton, m in kg, v in } \frac{m}{s}\text{, r in m}\right)$

1) Ein Auto mit einer Masse m (samt Insassen) fährt mit 60 $\frac{km}{h}$ durch eine Kurve mit einem Radius von 20 m. Erstelle eine Tabelle, die angibt, wie die Fliehkraft von der Masse m abhängt. Stelle den Zusammenhang grafisch dar und erkläre, um welche Art von funktionalem Zusammenhang es sich handelt.

2) Welche Fliehkräfte entstehen, wenn ein Auto mit einer Masse von 1 800 kg (samt Insassen) und einer Geschwindigkeit von 54 $\frac{km}{h}$ durch verschiedene Kurven fährt? Erstelle eine Tabelle, die angibt, wie die Fliehkraft vom Radius r abhängt. Stelle den Zusammenhang grafisch dar und erkläre, um welche Art von funktionalem Zusammenhang es sich handelt.

4.180 Legt man an einen Leiter mit dem Widerstand R eine Spannung U an und bildet einen geschlossenen Stromkreis, so fließt durch den Leiter ein bestimmter Strom I. Für den Zusammenhang zwischen diesen Größen gilt das Ohm'sche Gesetz $U = R \cdot I$. **ABC**

1) Gib an, ob es sich um direkte oder indirekte Proportionalität handelt.

2) Stelle den Zusammenhang im gegebenen Bereich grafisch dar.

a) Spannung U, abhängig vom Strom I; Widerstand R = 5 Ω. $0\,A \leq I \leq 40\,A$

b) Strom I, abhängig von der Spannung U; Widerstand R = 2 Ω. $0\,V \leq U \leq 230\,V$

c) Spannung U, abhängig vom Widerstand R; Strom I = 10 A. $0\,\Omega \leq R \leq 10\,\Omega$

d) Widerstand R, abhängig von der Spannung U; Strom I = 10 A. $0\,V \leq U \leq 200\,V$

e) Strom I, abhängig vom Widerstand R; Spannung U = 100 V. $5\,\Omega \leq R \leq 25\,\Omega$

f) Widerstand R, abhängig vom Strom I; Spannung U = 100 V. $20\,A \leq I \leq 100\,A$

Funktionen

Wissens-Check

		gelöst
1	Ich kann erklären, was eine Funktion ist und kenne mindestens zwei Möglichkeiten eine Funktion darzustellen.	
2	Welche der folgenden Definitionsmengen ergibt für die Funktion $y = \frac{x}{2} - 3$ die Wertemenge $W_f = \{-3, -2, -1\}$? A) $D_f = \{0, 1, 2\}$ B) $D_f = \{-3, -2, -1\}$ C) $D_f = \{0, 2, 4\}$ D) $D_f = \{1, 3, 5\}$	
3	Der Graph einer linearen Funktion ist … .	
4	Welche der folgenden Aussagen sind richtig, welche falsch? Begründe jeweils. Die Graphen zweier linearer Funktionen sind jedenfalls parallel, A) wenn d gleich ist. B) wenn k gleich ist. C) wenn d und k gleich sind.	
5	Welche der folgenden Aussagen sind für die Geraden $y_1 = \frac{x}{4} - 1$ und $y_2 = \frac{x}{2} - 1$ richtig? Begründe. A) y_1 hat den größeren Steigungswinkel. B) y_1 und y_2 schneiden die y-Achse an derselben Stelle. C) y_1 und y_2 schneiden die x-Achse an derselben Stelle. D) Eine der beiden Geraden ist parallel zur x-Achse.	
6	Gib die Schritte an, mit denen der Schnittpunkt der linearen Funktion $y = 5x - \frac{5}{2}$ mit der x-Achse berechnet werden kann. Wie heißt die Stelle?	
7	Nenne mindestens zwei spezielle stückweise lineare Funktionen und zeichne ihre Graphen mit deiner Technologie.	
8	Gib an, wie die y-Koordinate des Punkts $P(3\|y_P)$ berechnet werden kann, wenn er auf der Geraden durch die Punkte $A(1\|3)$ und $B(5\|-1)$ liegt.	
9	Wähle eine beliebige lineare Funktion und erstelle mit deinem Rechenwerkzeug eine Wertetabelle, zeichne den Graphen und bestimme rechnerisch und grafisch die Nullstelle.	
10	Beschreibe die Begriffe direkt proportional bzw. indirekt proportional durch Angabe einer Formel und indem du sie mit eigenen Worten erklärst.	

Lösung:
1) siehe Seiten 138ff. 2) C 3) eine Gerade. 4) A) falsch, da die Steigungen verschieden sein können, B) richtig, da sie gleiche Steigungen haben, C) richtig, da sie gleiche Steigungen haben 5) A) falsch, $\frac{1}{2} > \frac{1}{4}$, B) richtig, d = −1 für beide Funktionen, C) falsch, beide Funktionen schneiden die y-Achse an derselben Stelle und haben verschiedene Steigungen, D) falsch, beide Steigungen sind verschieden null
6) y null setzen und x berechnen ergibt $N(x_N|0)$, Nullstelle 7) siehe Seiten 167ff. 8) $y_P = 1$
9) – 10) siehe Seiten 176ff.

Lineare Gleichungssysteme 5

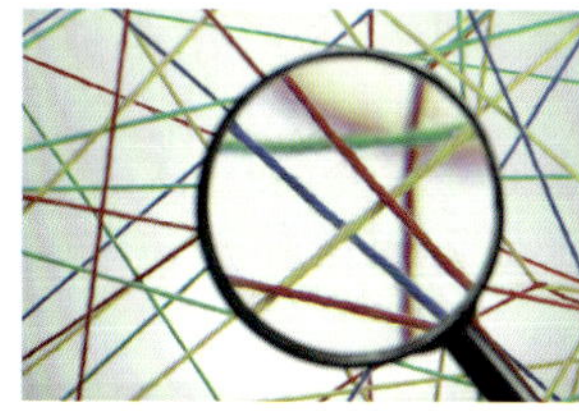

Eine unbekannte Zahl oder Größe kann oft mithilfe einer Gleichung ermittelt werden. In der Praxis treten jedoch häufig Probleme auf, die von mehreren Einflussgrößen abhängen. Zum Beispiel erfordert die Bestimmung der Position mittels GPS (Global Positioning System) die Berechnung von vier Unbekannten (x-, y-, z-Koordinate, Empfangszeitpunkt). Um diese zu ermitteln, benötigt man vier Gleichungen, die ein Gleichungssystem bilden. In der Industrie führen Simulationen von Vorgängen wie zum Beispiel Crash-Tests oder die Steuerung von Robotern auf Systeme mit vielen Gleichungen. Diese werden mithilfe leistungsstarker Computer gelöst. Wir beschränken uns im Folgenden auf Systeme linearer Gleichungen bzw. auf solche, die sich auf lineare Gleichungssysteme zurückführen lassen.

5.1 Eine lineare Gleichung mit zwei Variablen

5.1 Ein Schüler möchte in der Pause beim Getränkeautomaten ein Erfrischungsgetränk kaufen. Der Automat nimmt nur Münzen an und gibt kein Wechselgeld. Eine Flasche kostet 1,10 €, der Schüler hat 10-Cent- und 50-Cent-Münzen zur Verfügung. Welche Münzen kann der Schüler einwerfen? Überlege dir mehrere Möglichkeiten. ABC

5.2 Welche beiden Zahlen ergeben die Summe 12? ABCD

1) Überlege zunächst, welche Paare natürlicher Zahlen in Frage kommen. Trage sie in eine Tabelle ein und zeichne sie in ein Koordinatensystem (x ... 1. Zahl, y ... 2. Zahl).

2) Wie ändert sich der Graph, wenn alle reellen Zahlen erlaubt sind? Kann dann noch eine vollständige Tabelle angegeben werden?

3) Wie lautet die Gleichung, die die beiden Zahlen erfüllen müssen?

Eine Gleichung der Form $a \cdot x + b \cdot y = c$ ist eine **lineare Gleichung mit zwei Variablen**. Erfüllen zwei Zahlen x und y die Gleichung, so nennt man das Zahlenpaar $(x|y)$ eine Lösung der Gleichung. Die Lösungsmenge einer linearen Gleichung mit zwei Variablen enthält alle Zahlenpaare $(x|y)$, die die Gleichung erfüllen. Es müssen also auch die Elemente der Grund- bzw. Definitionsmenge einer solchen Gleichung Zahlenpaare sein.

Sind A und B beliebige Mengen, dann bezeichnet man die Menge M der Paare $(a|b)$ mit $a \in A$ und $b \in B$ als **Produktmenge** von A und B und schreibt $M = A \times B$ [sprich: „A kreuz B"].

Dürfen die Variablen x und y zum Beispiel jeweils alle Zahlen aus $\mathbb{N}$ annehmen, so gilt $G = \mathbb{N} \times \mathbb{N}$; für $x \in \mathbb{R}$ und $y \in \mathbb{R}$ ergibt sich $\mathbb{R} \times \mathbb{R}$. Die Anzahl der Lösungen einer linearen Gleichung mit zwei Variablen hängt von der gewählten Grundmenge ab.

ZB: $x + y = 3$:

$G = \mathbb{N} \times \mathbb{N} \Rightarrow$ Endlich viele Lösungen: $(0|3), (1|2), (2|1), (3|0)$

$G = \mathbb{R} \times \mathbb{R} \Rightarrow$ Unendlich viele Lösungen: $(0|3), (-0{,}1|3{,}1), (0{,}01|2{,}99), (0{,}001|2{,}999)$ ...

Werden Zahlenpaare der Lösungsmenge als Koordinaten von Punkten aufgefasst und in ein Koordinatensystem eingetragen, so liegen diese Punkte auf einer Geraden. Diese Gerade ist durch die Gleichung $a \cdot x + b \cdot y = c$ festgelegt (vergleiche Abschnitt 5.2 Lineare Funktionen).

Eine Gleichung der Form $a \cdot x + b \cdot y = c$ ($a, b \in \mathbb{R}$ und $a, b \neq 0$) heißt **lineare Gleichung mit zwei Variablen**. Alle Zahlenpaare $(x|y)$, die die Gleichung erfüllen, bilden die Lösungsmenge. Grafisch veranschaulicht liegen diese Zahlenpaare auf einer Geraden.

ABC **5.3** In einem Fitnessstudio stehen für eine Langhantel „Gewichte" zu 2 kg und zu 5 kg zur Verfügung. Jemand möchte mit 23 kg auf jeder Seite trainieren. Wie kann er die „Gewichte" für eine Seite kombinieren? Stelle eine Gleichung auf und trage in eine Tabelle die Anzahl der benötigten 5-kg-Scheiben ein, wenn 1, 2 ... 11 Scheiben mit 2 kg verwendet werden.

Lösung:
x ... Anzahl der 2-kg-Scheiben
y ... Anzahl der 5-kg-Scheiben

$2x + 5y = 23$

$y = \frac{23 - 2x}{5}$

- Die Gleichung, die die beiden Variablen erfüllen müssen, wird aufgestellt und nach y umgeformt.

x	1	2	3	4	5	6	7	8	9	10	11
y	4,2	3,8	3,4	3	2,6	2,2	1,8	1,4	1	0,6	0,2

$x = 4$ und $y = 3$ oder $x = 9$ und $y = 1$

- Diese Lösungen erhalten wir, da nur ganze Scheiben möglich sind.

Um 23 kg zu erreichen, können vier Scheiben zu 2 kg und drei Scheiben zu 5 kg oder neun Scheiben zu 2 kg und eine Scheibe zu 5 kg aufgesteckt werden.

B **5.4** Stelle die Lösungen der Gleichung $3x + 4y = 16$ für $G = \mathbb{R} \times \mathbb{R}$ grafisch dar.

Lösung:

$y = -\frac{3}{4}x + 4$

- Die Gleichung wird auf Normalform umgeformt und anschließend gezeichnet.

Alle Punkte, die auf der Geraden liegen, sind Lösungen der Gleichung: $L = \{(x|y) \in \mathbb{R} \times \mathbb{R} \mid 3x + 4y = 16\}$

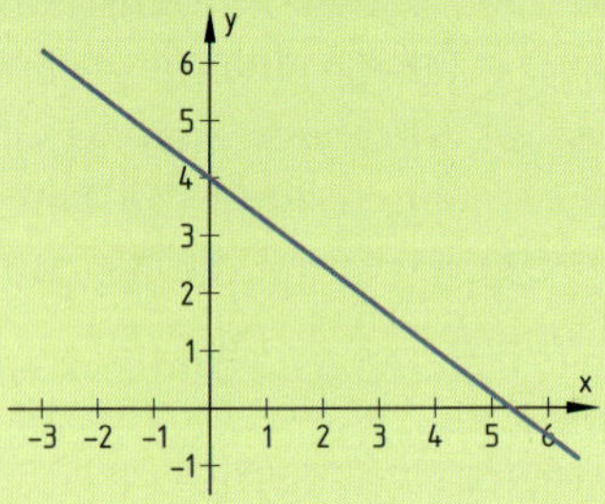

B **5.5** Gib fünf Zahlenpaare an, die Lösungen der Gleichung sind.
a) $x - y = 5$ **b)** $2x + 3y = 15$ **c)** $4x - 2y = -2$ **d)** $x + 2y = 8$

B **5.6** Stelle die Lösungen der Gleichung grafisch dar.
a) $2x - y = 6$; $G = \mathbb{R} \times \mathbb{R}$ **b)** $3x + 4y = 8$; $G = \mathbb{R} \times \mathbb{R}$ **c)** $-5x + 3y = 6$; $G = \mathbb{R} \times \mathbb{R}$

BC **5.7** Stelle die Lösungen der Gleichung grafisch dar.
a) $x + y = 4$; $G = \mathbb{N} \times \mathbb{N}$ **b)** $-x + 2y = 8$; $G = \mathbb{N} \times \mathbb{N}$ **c)** $2x - y = 6$; $G = \mathbb{N} \times \mathbb{N}$

ABC **5.8** Jemand will beim Geldautomaten 150,00 € abheben. Er möchte eine Stückelung von 10-€- und 50-€-Scheinen, wobei mindestens ein 10-€-Schein und ein 50-€-Schein dabei sein sollen. Welche Möglichkeiten der Stückelung gibt es?

ABC **5.9** In einem Baumarkt gibt es Zaunelemente mit Breiten von 50 cm und 62,5 cm. Wie viele schmale und breite Elemente müssen kombiniert werden, um einen Zaun zu errichten, der 6,50 m lang ist? Gib alle Möglichkeiten an.

BC **5.10** Von einer linearen Gleichung mit zwei Variablen sind drei Lösungen gegeben. Stelle die Gleichung auf. Beschreibe deine Vorgehensweise.
a) (1|1), (2|2), (3|3) **b)** (0|3), (2|2), (4|1) **c)** (1|−2), (2|−3), (3|−4)

5.2 Lineare Gleichungssysteme mit zwei Variablen

5.2.1 Einleitung

5.11 In einem Schlafwagen stehen insgesamt zehn Einzel- und Doppelabteile zur Verfügung. In einem Waggon können so 16 Personen untergebracht werden. Finde heraus, wie viele Einzel- bzw. Doppelabteile sich in einem Waggon befinden. ABC

5.12 Die Summe zweier Zahlen ist 12. Subtrahiert man vom Doppelten der ersten Zahl die zweite Zahl, so ergibt sich 3. Wie lauten die Zahlen? ABC

1) Erstelle für jede der beiden Bedingungen eine Tabelle. Wähle für die erste Zahl jeweils 1, 2 ... 7 und überlege im Kopf die passende zweite Zahl. Vergleiche die Wertepaare.

2) Schreibe jede der beiden Bedingungen als Gleichung an und stelle deren Lösungen im selben Koordinatensystem grafisch dar. Lies das passende Zahlenpaar ab.

Werden für zwei Variablen zwei Bedingungen formuliert, so erhält man – in mathematischer Schreibweise – zwei Gleichungen mit zwei Unbekannten. Sie bilden gemeinsam ein **Gleichungssystem**. Die Gleichungen werden oft mit I und II gekennzeichnet. Gibt es für ein lineares Gleichungssystem mit zwei Variablen ein Zahlenpaar, das beide Gleichungen erfüllt, so nennt man es Lösung des Gleichungssystems.

Beim **Lösen von linearen Gleichungssystemen** können **drei Fälle** auftreten, die von den Koeffizienten abhängen. Die möglichen Lösungsfälle werden anhand von Beispielen gezeigt:

- I: $x + y = 12$ $\quad\Rightarrow\quad$ I*: $y = -x + 12$
  II: $2x - y = 3$ $\quad\quad\quad$ II*: $y = 2x - 3$

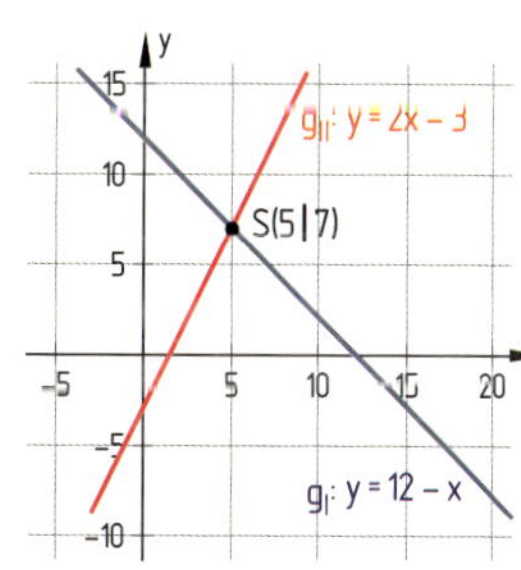

Werden die Lösungen jeder Gleichung in ein Koordinatensystem eingezeichnet, so erhält man den **Schnittpunkt** S(5|7). Geometrisch interpretiert gibt dieser Schnittpunkt die Lösung an.
Das Gleichungssystem hat **eine eindeutige Lösung**, $L = \{(5|7)\}$.

- I: $x + y = 2$ $\quad\Rightarrow\quad$ I*: $y = -x + 2$
  II: $2x + 2y = 6$ $\quad\quad$ II*: $y = -x + 3$

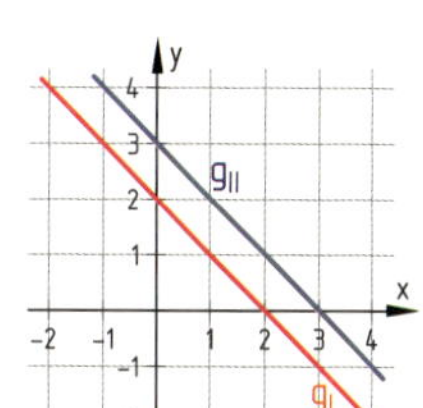

Die Steigungen der Geraden haben zwar den gleichen Wert (–1), die y-Achsenabstände sind aber unterschiedlich. Die Geraden sind daher **parallel**. Die Gleichungen widersprechen einander. Es gibt keinen Schnittpunkt, das Gleichungssystem hat **keine Lösung**, $L = \{\ \}$.

- I: $x + y = 2$ $\quad\Rightarrow\quad$ I*: $y = -x + 2$
  II: $2x + 2y = 4$ $\quad\quad$ II*: $y = -x + 2$

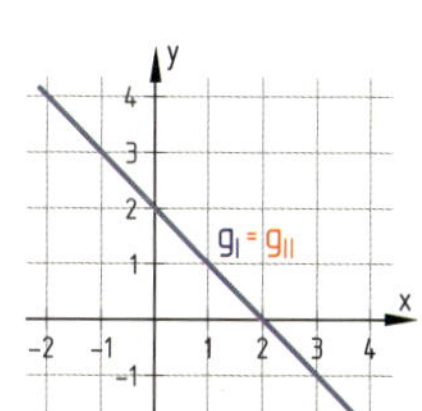

Gleichung II ist ein Vielfaches von Gleichung I. Die Geraden fallen zusammen und haben daher unendlich viele Punkte gemeinsam. Sie sind **ident**. Jeder Punkt der Geraden ist also eine Lösung, das Gleichungssystem hat **unendlich viele Lösungen**,
$L = \{(x|y) \in \mathbb{R} \times \mathbb{R} \mid x + y = 2\}$.

Lineare Gleichungssysteme

Allgemeine Form eines linearen Gleichungssystems mit zwei Variablen:

I: $a_{11} \cdot x + a_{12} \cdot y = b_1$ $\quad$ $a_{11}, a_{12}, a_{21}, a_{22}$ ... Koeffizienten;

II: $a_{21} \cdot x + a_{22} \cdot y = b_2$ $\quad$ b_1, b_2 ... Konstanten ($a_{ij}, b_i \in \mathbb{R}$)

Lösung eines linearen Gleichungssystems sind jene Zahlenpaare, die beide Gleichungen erfüllen. Es kann **keine** Lösung, **genau eine** Lösung oder **unendlich viele** Lösungen geben.

Die Indizes der Koeffizienten von a sind zum Beispiel bei a_{12} wie „a-Eins-Zwei" zu lesen. a_{12} bedeutet, dass sich dieser Koeffizient in der ersten Zeile zur zweiten Variablen befindet.

BC **5.13** ***1)*** Forme jeweils die Gleichungen des Gleichungssystems in eine Geradengleichung um.
2) Zeichne beide Geraden mit deinem Rechenwerkzeug in ein Koordinatensystem ein.
3) Untersuche die gegenseitige Lage zueinander und gib die Anzahl der Lösungen an.

a) I: $4x + y = 7$, II: $3x - 2y = 8$
b) I: $3x - y = 2$, II: $-6x + 2y = 5$
c) I: $-2x + y = -2$, II: $3x - 2y = 1$
d) I: $4x - 8y = 16$, II: $-x + 2y = -4$

5.2.2 Lösungsverfahren

Wenn nicht anders angegeben, gilt im Folgenden stets $G = \mathbb{R} \times \mathbb{R}$.

Grafisches Lösungsverfahren

Da die Lösungen jeder Gleichung auf einer Geraden liegen, formt man jeweils auf die Normalform der Geradengleichung um und zeichnet sie in ein Koordinatensystem ein. Haben die Geraden einen Schnittpunkt, so sind die Koordinaten des Schnittpunkts die Lösung des Gleichungssystems.

B **5.14** Löse das gegebene Gleichungssystem grafisch. Führe die Probe durch.

I: $-3x + 2y = -5$
II: $2x + y = 8$

Lösung:

$g_I: y = \frac{3}{2}x - \frac{5}{2}$ $\qquad$ $g_{II}: y = -2x + 8$

- Umformen der Gleichungen I und II auf die Geradengleichungen g_I und g_{II}
- Einzeichnen der Geraden in ein Koordinatensystem und markieren des Schnittpunkts

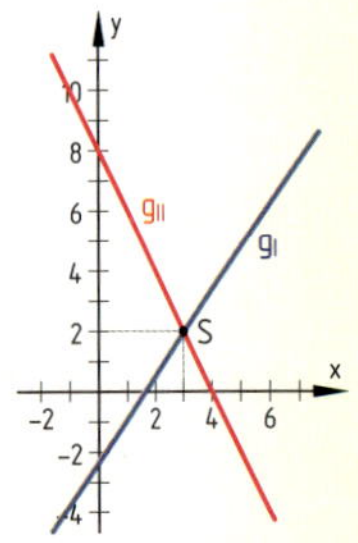

Die beiden Geraden schneiden einander im Punkt S(3|2).
Für die Lösung schreibt man: L= {(3|2)} oder x = 3, y = 2

Probe: I: LS: $-3 \cdot 3 + 2 \cdot 2 = -5$ $\quad$ LS = RS
II: LS: $2 \cdot 3 + 2 = 8$ $\quad$ LS = RS

Das grafische Lösungsverfahren ist unter anderem wegen der Zeichenungenauigkeit nur bedingt einsetzbar. Daher benötigt man andere Lösungsverfahren. Deren Ziel ist es, durch geeignetes Kombinieren der beiden Gleichungen eine Gleichung mit einer Variablen zu erhalten.

Gleichsetzungsverfahren (Komparationsmethode)

Beide Gleichungen werden nach derselben Variablen umgeformt und anschließend gleichgesetzt.

5.15 Löse das Gleichungssystem mithilfe des Gleichsetzungsverfahrens. Führe die Probe durch. **B**

I: $5x - y = 17$
II: $4x + y = 19$

Lösung:

I*: $y = 5x - 17$
II*: $y = -4x + 19$

- Wir formen beide Gleichungen nach derselben Variablen um. Hier wählen wir zum Beispiel die Variable y.

$5x - 17 = -4x + 19$
$9x = 36$
$x = 4$

- Die beiden Rechtsterme werden gleichgesetzt. Man erhält eine lineare Gleichung mit einer Unbekannten, die wie gewohnt gelöst wird.

In II*: $y = -4 \cdot 4 + 19 = 3$
Lösung: $x = 4, y = 3$

- Das Ergebnis für x wird in eine Gleichung eingesetzt, die noch beide Variablen enthält.

Probe: I: LS: $5 \cdot 4 - 3 = 17$ LS = RS
II: LS: $4 \cdot 4 + 3 = 19$ LS = RS

Diese Methode eignet sich vor allem für Gleichungen in Normalform und zur Berechnung des Schnittpunkts zweier Geraden.

Einsetzungsverfahren (Substitutionsmethode)

Eine Gleichung wird nach einer Unbekannten umgeformt. Der erhaltene Term wird in die andere Gleichung anstelle dieser Unbekannten eingesetzt. Dieses Verfahren eignet sich gut, wenn eine Variable einer Gleichung den Koeffizienten 1 hat.

5.16 Löse das Gleichungssystem mithilfe des Einsetzungsverfahrens. Führe die Probe durch. **B**

I: $x + 7y = 6$
II: $2x - 4y = 30$

Lösung:

I*: $x = 6 - 7y$

- Wir formen Gleichung I nach der Variablen x auf die Gleichung I* um.

In II: $2 \cdot (6 - 7y) - 4y = 30$
$12 - 14y - 4y = 30$
$-18y = 18$
$y = -1$

- In Gleichung II wird x durch den Rechtsterm von I* ersetzt (substituiert). Wir erhalten eine lineare Gleichung mit der Variablen y, deren Lösung wir berechnen.

In I*: $x = 6 - 7 \cdot (-1) = 13$
Lösung: $x = 13, y = -1$

- Um x zu erhalten, wird die Lösung für y in I* eingesetzt.

Probe: I: LS: $13 + 7 \cdot (-1) = 6$ LS = RS
II: LS: $2 \cdot 13 - 4 \cdot (-1) = 30$ LS = RS

Das **Substituieren** (latein: „substituere" = ersetzen) wird auch bei vielen anderen Berechnungen verwendet, um Rechenschritte abzukürzen oder zu vereinfachen.

Lineare Gleichungssysteme

Additions- oder Subtraktionsverfahren (Eliminationsmethode)

Die Gleichungen werden mit geeigneten Zahlen so multipliziert, dass die Koeffizienten einer Variablen Gegenzahlen sind. Anschließend werden sie addiert. Man kann auch so multiplizieren, dass die Koeffizienten einer Variablen gleich sind und die Gleichungen anschließend subtrahieren.

B **5.17** Löse das Gleichungssystem mittels Additionsverfahren. Führe die Probe durch.

I: $4x - 3y = 2$
II: $3x + 2y = 27$

Lösung:

$I^* = 3 \cdot I$: $12x - 9y = 6$
$II^* = -4 \cdot II$: $-12x - 8y = -108$ ⊕

- Es soll zB x wegfallen. Gleichung I wird mit 3 und Gleichung II mit (–4) multipliziert, sodass die Koeffizienten 12 und (–12), also Gegenzahlen sind.

$I^* + II^*$: $0 - 17y = -102$
$y = 6$

- Die neuen Gleichungen werden addiert.
- Nun kann y berechnet werden.

In I: $4x - 3 \cdot 6 = 2 \Rightarrow x = 5$
Lösung: $x = 5$, $y = 6$

- Um x zu erhalten, wird die Lösung für y zum Beispiel in Gleichung I eingesetzt.

Probe:
I: LS: $4 \cdot 5 - 3 \cdot 6 = 2$ LS = RS
II: LS: $3 \cdot 5 + 2 \cdot 6 = 27$ LS = RS

Technologieeinsatz: Lösungsverfahren für lineare Gleichungssysteme mit 2 Variablen

Das folgende lineare Gleichungssystem wird mit verschiedenen Rechenwerkzeugen gelöst:

I: $x + y = 7$
II: $4x + 6y = 36$

TI-Nspire:

Grafisches Lösungsverfahren

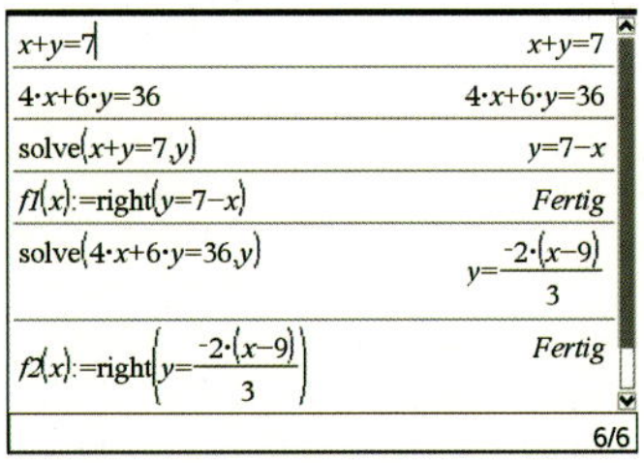

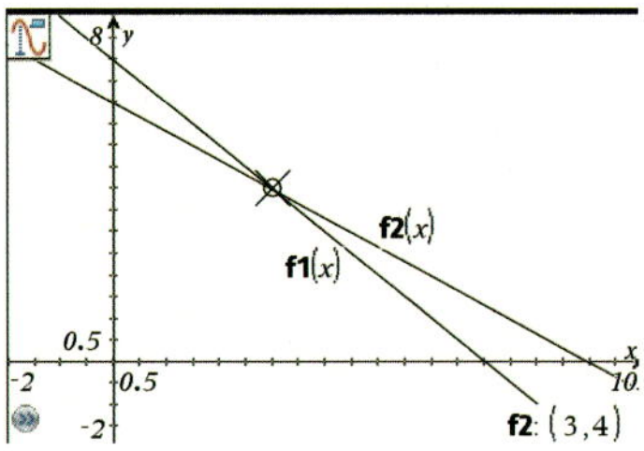

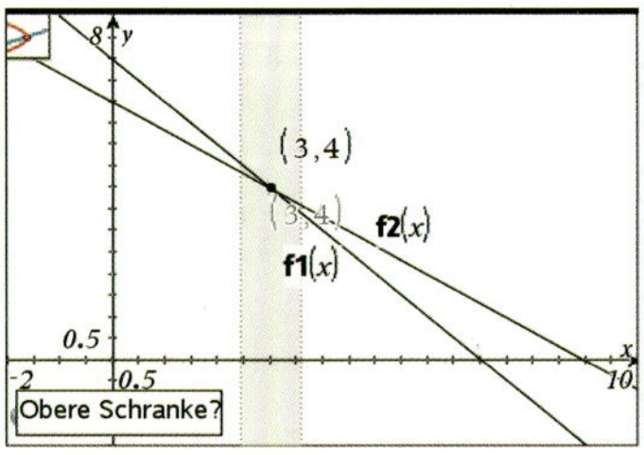

- Umformen der beiden Gleichungen zu Geradengleichungen in Normalform: f1(x) und f2(x).
- Der Befehl **right** greift nur auf die rechte Seite einer Gleichung zu.

- Zeichnen der beiden Funktionen.
- Über den **Spurmodus** (rechte Maustaste auf einen Graphen, dann **Spur → Grafikspur** auswählen) bis zum Schnittpunkt fahren und die Koordinaten ablesen.

- Alternativ: Funktionen zeichnen lassen, dann eine Funktion auswählen, rechte Maustaste → **Graph analysieren → Schnittpunkte**.
- Jetzt zweite Funktion auswählen und Bereich markieren, in dem sich der Schnittpukt befindet. Die Koordinaten werden dann sofort angegeben.

Gleichsetzungsverfahren (Komparationsmethode)

$x+y=7$	$x+y=7$
$4\cdot x+6\cdot y=36$	$4\cdot x+6\cdot y=36$
$\text{solve}(x+y=7,y)$	$y=7-x$
$\text{solve}(4\cdot x+6\cdot y=36,y)$	$y=\frac{^-2\cdot(x-9)}{3}$
$\text{right}(y=7-x)=\text{right}\left(y=\frac{^-2\cdot(x-9)}{3}\right)$	$7-x=\frac{^-2\cdot(x-9)}{3}$
$\text{solve}\left(7-x=\frac{^-2\cdot(x-9)}{3},x\right)$	$x=3$
$y=7-x \mid x=3$	$y=4$
	7/7

- Gleichungen nach einer Variablen (y) umformen.
- Die beiden rechten Seiten gleichsetzen. (Statt **right** zu verwenden, können natürlich auch die rechten Seiten kopiert werden.)
- Gleichung nach der einzigen Unbekannten (x) lösen.
- Berechneten Wert (x = 3) mit dem „**With-Operator**“ (senkrechter Strich) einsetzen, um y zu erhalten.

Einsetzungsverfahren (Substitutionsmethode)

$x+y=7$	$x+y=7$
$4\cdot x+6\cdot y=36$	$4\cdot x+6\cdot y=36$
$\text{solve}(x+y=7,y)$	$y=7-x$
$4\cdot x+6\cdot y=36 \mid y=7-x$	$42-2\cdot x=36$
$\text{solve}(42-2\cdot x=36,x)$	$x=3$
$y=7-x \mid x=3$	$y=4$
	6/6

- Eine Gleichung nach einer Variablen (y) umformen.
- In der anderen Gleichung diese Variable (y) durch den errechneten Term substituieren (**With-Operator**).
- Gleichung nach der verbleibenden Variablen (x) lösen.
- Zweite Variable (y) durch Einsetzen berechnen.

Additions- oder Subtraktionsverfahren (Eliminationsmethode)

$x+y=7$	$x+y=7$
$4\cdot x+6\cdot y=36$	$4\cdot x+6\cdot y=36$
$4\cdot(x+y=7)-(4\cdot x+6\cdot y=36)$	$^-2\cdot y=^-8$
$\frac{^-2\cdot y=^-8}{^-2}$	$y=4$
$x+y=7 \mid y=4$	$x+4=7$
$(x+4=7)-4$	$x=3$
	6/6

- Die mit den einzelnen Gleichungen durchzuführenden Rechenschritte können direkt eingegeben werden (4·I – II). Jede Gleichung muss dabei in Klammern stehen.
- Gleichung nach der verbleibenden Variablen (y) lösen.
- Wert in I oder II einsetzen.
- Gleichung nach der anderen Variablen (x) lösen.

Auch rein numerische Rechenwerkzeuge (zB GTR, Excel ...) ermöglichen das Lösen von Gleichungen und Gleichungssystemen. Im Gegensatz zu Computeralgebrasystemen finden diese Rechenwerkzeuge exakte Lösungen im Allgemeinen nicht. Sie beschränken sich auf die Bestimmung von Näherungswerten.

TI-84:

Grafisches Lösungsverfahren

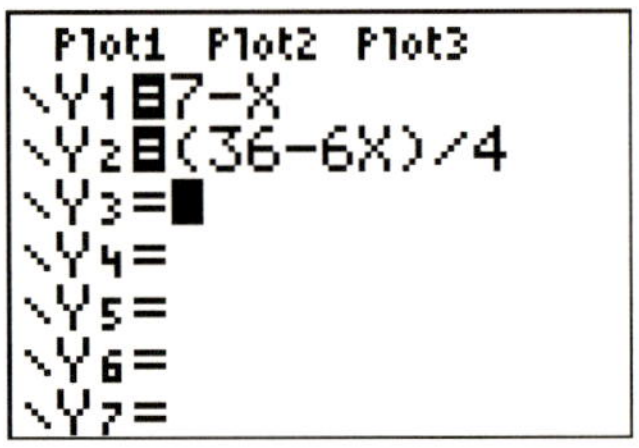

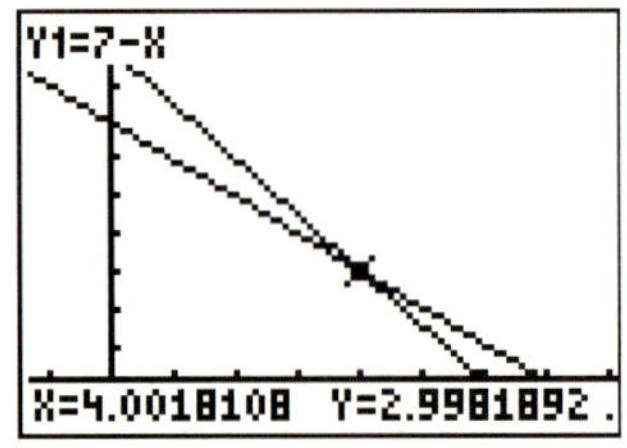

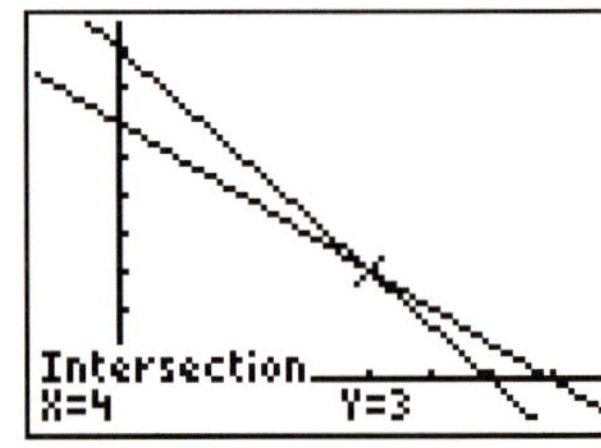

- Geradengleichungen in Normalform im **Y=-Editor** eingeben. Für Y_2 wäre natürlich (9–3/2·x) „schöner".
- Funktionen zeichnen lassen, interessanten Bereich **Zoomen** (zB mit **ZBox**) und mit **Trace** zum Schnittpunkt fahren.
- Alternativ: **CALC-Menü** aufrufen und **Intersect** auswählen. Dann die beiden Graphen auswählen und bei „**Guess?**" einen Punkt in der Nähe des Schnittpunkts angeben.

Gleichsetzungsverfahren (Komparationsmethode)

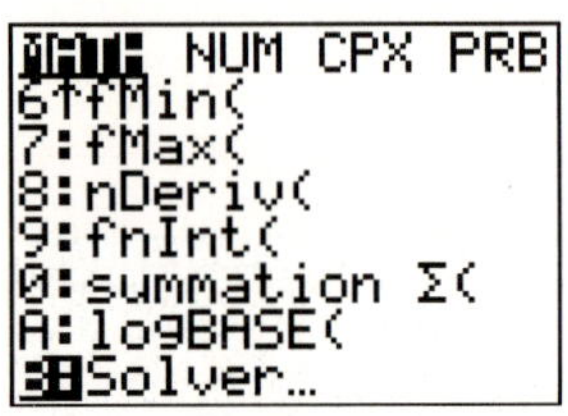

- Solver aus dem Menü **MATH** aufrufen.

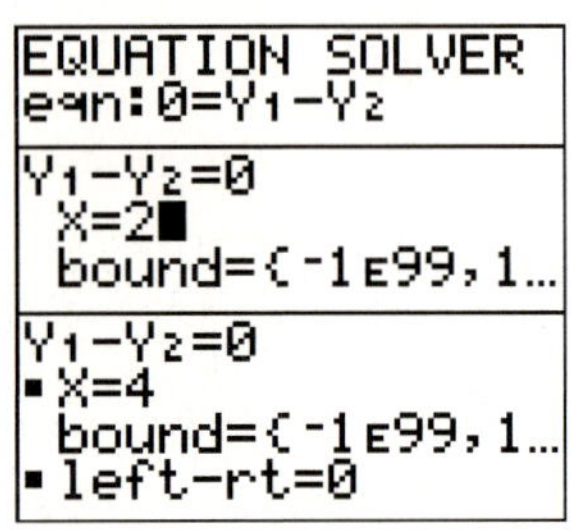

- $Y_1 = Y_2$ muss als **$0 = Y_1 - Y_2$** eingegeben werden.
- Für **X=** einen Wert nahe der Lösung von x angeben. Bei **bound=** sind die Grenzen, in denen gesucht werden soll, anzugeben (können belassen werden).
- Mit **ALPHA → Enter** die Lösung numerisch berechnen lassen. (**left-rt=0** bedeutet, dass die Lösung exakt gefunden wurde oder zumindest innerhalb der Rechengenauigkeit $Y_1 = Y_2$ ist.)

GeoGebra:

Grafisches Lösungsverfahren

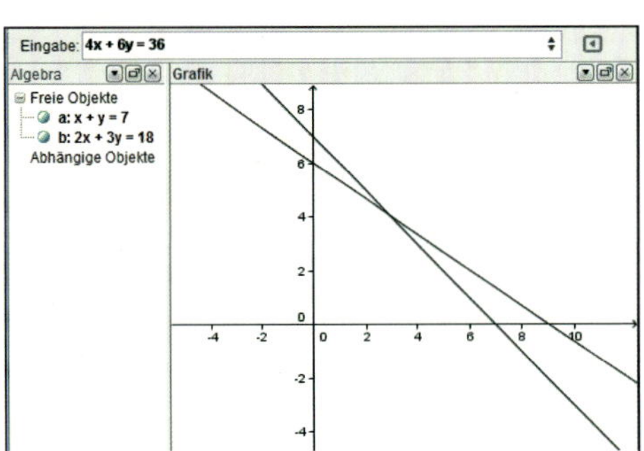

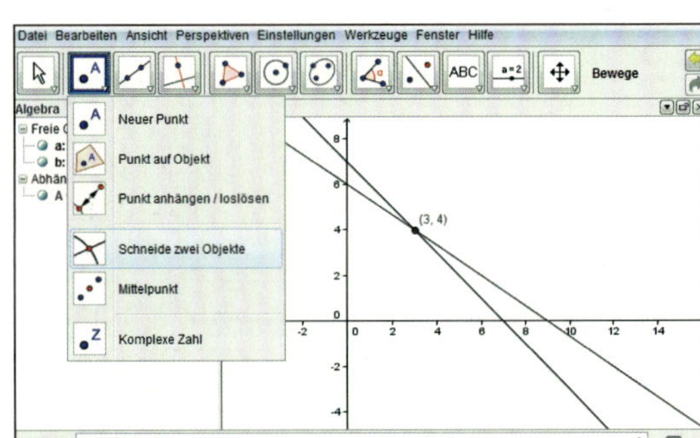

- Gleichungen direkt eingeben, die Graphen der zugehörigen Funktion werden automatisch gezeichnet.
- Das Werkzeug **Schneide zwei Objekte** auswählen und die beiden Geraden anklicken. Der Schnittpunkt wird berechnet und dargestellt.
- Alternativ kann man auch den Befehl **Schneide[Gerade1, Gerade2]** verwenden (siehe Eingabezeile).

Untersuchung der Lösbarkeit von Gleichungssystemen

Wir betrachten folgendes Gleichungssystem:
$$\begin{aligned} I:&\ 2x + y = 6 \\ II:&\ 4x + 2y = 4 \end{aligned}$$

Multipliziert man Gleichung I mit 2, so erhält man die gleichen Koeffizienten wie in Gleichung II, aber verschiedene Konstanten. Die Gleichungen widersprechen einander.

Beim Lösen mit dem Additionsverfahren ergibt sich die Gleichung $0 = 8$.

Das ist eine falsche Aussage, daher gilt:
$L = \{\,\}$.

Nun ändern wir eine Konstante des obigen Gleichungssystems:
$$\begin{aligned} I:&\ 2x + y = 2 \\ II:&\ 4x + 2y = 4 \end{aligned}$$

Da Gleichung II nun ein Vielfaches von Gleichung I ist, führt dieses Verfahren auf die Gleichung $0 = 0$.

Das ist für jedes x bzw. jedes y eine wahre Aussage.

Die Lösungsmenge besteht daher – wie bei einer Gleichung mit zwei Variablen – aus unendlich vielen Zahlenpaaren, die Gleichung I und auch Gleichung II erfüllen:
$L = \{(x|y) \in \mathbb{R} \times \mathbb{R} \mid 2x + y = 2\}$.

Beim **Lösen eines Gleichungssystems** unterscheidet man drei Fälle:

Das Gleichungssystem hat **genau eine** Lösung.	Das Gleichungssystem hat **keine** Lösung.	Das Gleichungssystem hat **unendlich viele** Lösungen.
Die Gleichungen sind voneinander unabhängig. Entstandene Gleichung: zB $a \cdot x = b$	Die Gleichungen widersprechen einander. Entstandene Gleichung: $0 = a$	Eine Gleichung ist ein Vielfaches der anderen. Entstandene Gleichung: $0 = 0$

5.18 Löse grafisch. B

a) $\begin{aligned} I:&\ y = -x + 1 \\ II:&\ y = 2x + 7 \end{aligned}$ **b)** $\begin{aligned} I:&\ y = \frac{1}{4}x - 1 \\ II:&\ y = x + 2 \end{aligned}$ **c)** $\begin{aligned} I:&\ 2x = 3 \\ II:&\ -4x + 3y = 6 \end{aligned}$

5.19 Gib an, wie man das folgende Gleichungssystem verändern müsste, damit es **1)** keine, **2)** unendlich viele Lösungen hat. Verwende dazu jeweils dein Rechenwerkzeug. BC TE

a) $\begin{aligned} I:&\ 3x + 2y = 5 \\ II:&\ x - 2y = 5 \end{aligned}$ **b)** $\begin{aligned} I:&\ 6x - 4y = 12 \\ II:&\ -3x + y = 1 \end{aligned}$ **c)** $\begin{aligned} I:&\ x + y = 3 \\ II:&\ x - y = 2 \end{aligned}$

5.20 Löse mit dem Gleichsetzungsverfahren. Verwende dazu dein Rechenwerkzeug. B TE

a) $\begin{aligned} I:&\ x - y = -4 \\ II:&\ 2x + y = 4 \end{aligned}$ **b)** $\begin{aligned} I:&\ -8x + 4y = 12 \\ II:&\ 9x - 3y = \frac{33}{2} \end{aligned}$ **c)** $\begin{aligned} I:&\ 4x - 2y = 36 \\ II:&\ x + 3y = 23 \end{aligned}$

B **5.21** Löse mit dem Einsetzungsverfahren. Verwende dazu dein Rechenwerkzeug.

a) I: $-2x + y = -8$ II: $3x - 3y = 9$

b) I: $2x + y = 8$ II: $x - 3y = -9$

c) I: $3a - 2b = -3$ II: $a + 3b = 21$

d) I: $6r - 5s = -7$ II: $3r + 4s = 16$

e) I: $4x - 2y = 0$ II: $-5x + 3y = 2$

f) I: $5t - 3u = 23$ II: $\frac{t}{8} + \frac{u}{2} = 1$

B **5.22** Löse mit dem Gleichsetzungsverfahren. Verwende dazu dein Rechenwerkzeug.

a) I: $-x + y = -1$ II: $x + 2y = 7$

b) I: $v + s = 6$ II: $4v + 6s = 30$

c) I: $3x + 2y = 11$ II: $2x - y = -2$

d) I: $-2x + y = 3$ II: $x - 3y = -6$

e) I: $6r + 2s = 10$ II: $2r + s = 3$

f) I: $5a_1 - 3a_2 = 14$ II: $12a_1 + a_2 = 9$

B **5.23** Löse mit der Eliminationsmethode. Verwende dazu dein Rechenwerkzeug.

a) I: $5a - 6b = 17$ II: $-2a + 4b = -2$

b) I: $7x_1 + 13x_2 = 59$ II: $5x_1 + 3x_2 = 17$

c) I: $-10x + 8y = -10$ II: $15x + 6y = 6$

d) I: $22a + 7b = 79$ II: $33a - 14b = -4$

e) I: $4x + 3y = 12$ II: $12x - 5y = -6$

f) I: $4x - 3y = 6$ II: $x + 2y = 7$

BD **5.24** Löse das Gleichungssystem. Gib an, ob es keine Lösung, eine Lösung oder unendlich viele Lösungen hat. Entscheide dies, bevor du das Gleichungssystem löst, und begründe deine Vermutung.

1) I: $3x + 2y = 7$ II: $\frac{1}{2}x - 3y = \frac{1}{2}$

2) I: $2x + y = 0$ II: $4x + 2y = 3$

3) I: $3x - 5y = 12$ II: $x - \frac{5}{3}y = 4$

Vermischte Aufgaben

BD **5.25** Gib an, welches Lösungsverfahren das günstigste ist, und erkläre mit eigenen Worten warum. Löse das Gleichungssystem danach mit deinem Rechenwerkzeug.

a) I: $y = -2x + 4$ II: $2y = 3x + 1$

b) I: $-\frac{3}{4}x + y = 1$ II: $6x = 8$

c) I: $u : v = 3 : 1$ II: $-2u + 5v = -\frac{1}{2}$

d) I: $2y - 2 - x = 0$ II: $x = y + 1$

e) I: $3a + b = 0$ II: $7a - 2b = -13$

f) I: $t_2 = t_1 - 10$ II: $10t_2 = 12t_1$

ABC **5.26** Gegeben sind die Geraden g und h. Trage in die Tabelle ein, welche Werte die Koeffizienten c und d in der Geradengleichung von h annehmen müssen, um die jeweils angegebene Bedingung zu erfüllen.

g: $\frac{3x}{4} + \frac{y}{3} = 2$

h: $3x + c \cdot y = d$

Bedingung	c	d
$g \cap h = S$, das heißt g und h schneiden einander		
$g \cap h = \{\,\}$, das heißt g und h sind parallel zueinander		
$g \cap h = g = h$, das heißt g und h sind ident		
$g \perp h$, das heißt g steht normal auf h		

Aufgaben 5.27 – 5.31: Bringe die Gleichungen jeweils auf die Form $a \cdot x + b \cdot y = c$ und löse anschließend die Gleichungssysteme. Wähle jeweils die Methode selbst und überprüfe mit deinem Rechenwerkzeug.

5.27 **a)** I: $5x - (2y + 36) = 12x + 4y - 10$
II: $8x + 20 = -6x - (7y - 33)$

b) I: $3x + 11y - 61 = 17x - (5y - 9)$
II: $4x - (2y + 2) = -6x + 2y$ B

5.28 **a)** I: $3(2x - 4) + 4(y + 4) = 20x - 7(3y + 2)$
II: $15x - 3(5y - 3) = 8(2x + 3) - 10y$

b) I: $25x - 5(7y + 12) = 4(2x - 7) + 14y$
II: $-(3x + 3) + 22y = 6(8x + 3) - 2(9y + 5)$ B

5.29 **a)** I: $(x + 2)^2 + 4y^2 = (x - 3)(x + 3) + (2y - 3)^2$
II: $9x^2 - (y + 4)(2y - 3) = (3x - 4)^2 - 2y^2$ B

b) I: $2x + (x - 2y)(x + 2y) + 4(x + 1) = (x + 2)^2 - y \cdot (4y - 3)$
II: $12(x + y) - (5x - y)^2 + y^2 = 5 - 5x \cdot (5x - 2y)$

5.30 **a)** I: $\frac{x}{4} - \frac{y}{3} = \frac{1}{6}$
II: $\frac{x}{5} + \frac{3y}{2} = \frac{19}{10}$

b) I: $\frac{x + 2}{7} + \frac{3y}{2} = 7$
II: $\frac{2x}{5} - \frac{y + 5}{9} = 1$

c) I: $\frac{5x - y}{2} - 2 = 0$
II: $-\frac{4x}{3} + \frac{y + 3}{2} = \frac{2}{3}$ B

5.31 **a)** I: $\frac{2x + 5}{3} - \frac{y - 4}{4} = \frac{3y - 3}{2}$
II: $\frac{y + 5}{7} + \frac{x}{3} = \frac{2x + y}{7} + \frac{2}{3}$

b) I: $\frac{2x + 4}{5} - 3y = 1 - \frac{x + 3y}{3}$
II: $\frac{3}{4} + \frac{3x - 10y + 7}{3} = \frac{3x + 2y}{4}$ B

5.32 Löse das Gleichungssystem. B

I: $\frac{2}{x} - \frac{3}{y} = 0$
II: $\frac{3}{x} + \frac{3}{y} = \frac{5}{4}$

Lösung:

$x \neq 0$ und $y \neq 0$
$D = \{(x|y) \mid (x|y) \in \mathbb{R}\backslash\{0\} \times \mathbb{R}\backslash\{0\}\}$

- Bestimmen der Definitionsmenge
- Die Multiplikation mit dem gemeinsamen Nenner ist nicht zielführend, da sie auf der rechten Seite zu dem nichtlinearen Ausdruck $x \cdot y$ führt. Wir ersetzen daher die Bruchterme durch die Hilfsvariablen u und v.

$u = \frac{1}{x}, v = \frac{1}{y}$

I: $2u - 3v = 0$
II: $3u + 3v = \frac{5}{4}$

- Durch diese Substitution erhalten wir ein lineares Gleichungssystem.

I + II: $5u = \frac{5}{4} \Rightarrow u = \frac{1}{4}$

In I: $2 \cdot \frac{1}{4} - 3v = 0 \Rightarrow v = \frac{1}{6}$

$u = \frac{1}{x} \Rightarrow \frac{1}{4} = \frac{1}{x} \Rightarrow x = 4$

- Nun wird rücksubstituiert.

$v = \frac{1}{y} \Rightarrow \frac{1}{6} = \frac{1}{y} \Rightarrow y = 6$

Lineare Gleichungssysteme

Aufgaben 5.33 – 5.34: Bestimme jeweils zuerst die Definitionsmenge und löse die Gleichungssysteme durch geeignete Substitution. Gib die Lösungsmengen an.

B **5.33** **a)** I: $-\frac{4}{x} - \frac{2}{y} = -2$
II: $\frac{2}{x} + \frac{3}{y} = -1$

b) I: $\frac{1}{f} + \frac{1}{g} = \frac{5}{6}$
II: $\frac{3}{f} - \frac{1}{g} = \frac{7}{6}$

c) I: $\frac{2}{x} - \frac{8}{y} = 0$
II: $\frac{3}{x} + \frac{6}{y} = 1$

B **5.34** **a)** I: $\frac{3}{x+2} + \frac{5}{y-3} = \frac{37}{20}$
II: $\frac{6}{x+2} + \frac{2}{y-3} = \frac{17}{10}$

c) I: $\frac{4}{3-p} - \frac{1}{5+q} = 0$
II: $\frac{2}{3-p} + \frac{2}{5+q} = \frac{5}{2}$

e) I: $\frac{1}{2a+b} + \frac{2}{a-3b} = \frac{1}{5}$
II: $\frac{3}{2a+b} - \frac{4}{a-3b} = -\frac{7}{5}$

b) I: $\frac{2}{x+1} - \frac{3}{y-1} = 1$
II: $\frac{3}{x+1} - \frac{2}{y-1} = -1$

d) I: $-\frac{3}{r+3} + \frac{5}{s+5} = 2$
II: $\frac{5}{r+3} + \frac{3}{s+5} = 8$

f) I: $\frac{3}{m-1} - \frac{1}{n-3} = 2$
II: $\frac{3}{m-1} + \frac{5}{n-3} = 8$

BCD **5.35** Welche Zahlen können für a bzw. a und b eingesetzt werden, sodass das Gleichungssystem keine Lösung bzw. unendlich viele Lösungen hat? Begründe deine Auswahl.

a) I: $3x - ay = 11$
II: $9x - 12y = 33$

c) I: $2x + 8y = 6$
II: $3x + 12y = a$

e) I: $-4x + 3y = 3$
II: $4x + ay = 5$

b) I: $2x + ay = 3$
II: $6x - 3y = b$

d) I: $5x - 3y = 1$
II: $bx + 2y = a$

f) I: $ax - 2y = -1$
II: $3x + 4y = b$

TE Aufgaben 5.36 – 5.37: Löse folgende Gleichungssysteme nach x und y. Gib jeweils an, was für die übrigen Variablen gelten muss, damit die Berechnung sinnvoll ist. Überprüfe deine Ergebnisse mit einem CAS.

B **5.36** **a)** I: $rx + y = rs$
II: $sx - ry = s^2$

b) I: $bx - ay = 2ab$
II: $(a+b)x - 3ay = 3a^2$

c) I: $2x + ay = 8a + 4b$
II: $x - 3y = 3a + 2b - 6$

B **5.37** **a)** I: $\frac{x}{a} + \frac{y}{b} = \frac{a-b}{ab}$
II: $bx - ay = a + b$

b) I: $\frac{x}{ab} - \frac{y}{a} = \frac{1-a}{a}$
II: $2x + \frac{y}{b} = \frac{2b^2+a}{b}$

c) I: $\frac{x}{a+b} + y = 2a$
II: $x - (a-b)y = 0$

BD **5.38** Chiara und Robin erhalten bei einer Mathematikhausübung unterschiedliche Ergebnisse. Chiara hat folgendermaßen gerechnet:

I: $4x + 3y = 5 \quad |\cdot(-3)$
II: $3x - 5y = 11 \quad |\cdot 4$
$\Rightarrow$ I*: $-12x - 9y = 5$
II*: $12x - 20y = 11$
$\Rightarrow$ I* + II*: $-29y = 16$
$y = -\frac{16}{29}, \; x = \frac{167}{64}$

Robins Berechnung lautet:

I: $4x + 3y = 5 \quad |\cdot 5$
II: $3x - 5y = 11 \quad |\cdot 3$
$\Rightarrow$ I*: $20x + 15y = 25$
II*: $9x - 15y = 33$
$\Rightarrow$ I* + II*: $29x = 58$
$x = 2, \; y = -1$

Prüfe beide Rechnungen nach und gib an, wer richtig gerechnet hat. Begründe, welcher Fehler gemacht wurde.

Textaufgaben mit Zahlen und Ziffern

5.39 Die Differenz zweier Zahlen ist vier. Addiert man zum Doppelten der ersten Zahl das Dreifache der zweiten Zahl, so ist die Summe 93. Wie lauten die Zahlen? **AB**

5.40 Das Dreifache der Differenz zweier Zahlen ist 7,2. Viertelt man die Summe dieser Zahlen, erhält man 1,8. Zur Ermittlung der beiden Zahlen werden Lösungsansätze vorgeschlagen. Begründe, welche dieser Ansätze richtig bzw. falsch sind. **ACD**

A) I: $3x - 3y = 7{,}2$ II: $\frac{x}{4} + \frac{y}{4} = 1{,}8$

B) I: $x - y = 7{,}2 \cdot 3$ II: $x + y = \frac{1{,}8}{4}$

C) I: $\frac{x-y}{3} = 7{,}2$ II: $4 \cdot (x + y) = 1{,}8$

D) I: $3 \cdot (x - y) = 7{,}2$ II: $\frac{x+y}{4} = 1{,}8$

5.41 Beim Fußball-WM-Finale 2006 fielen mit dem Elfmeterschießen 10 Tore. Italien gewann gegen Frankreich mit zwei Toren Differenz. Wie viele Tore schoss jede Mannschaft? **AB**

5.42 Eine Mutter sagt zu ihrer Tochter: „Ich bin 21 Jahre älter als du und in drei Jahren werde ich doppelt so alt wie du dann sein." Wie alt ist die Mutter, wie alt die Tochter? **AB**

5.43 Die Ziffernsumme einer zweistelligen Zahl ist 5. Vertauscht man Einer- und Zehnerziffer, so ist die neue Zahl um neun kleiner als die ursprüngliche Zahl. Wie lautet die Zahl? **AB**

Lösung:

	Zehnerziffer	Einerziffer	Wert
Ursprüngliche Zahl	x	y	10x + y
Vertauschte Ziffern	y	x	10y + x

I: $x + y = 5$

II: $10x + y = 10y + x + 9$

I: $x + y = 5$

II*: $9x - 9y = 9$

$9 \cdot \text{I} + \text{II*}$: $18x = 54 \Rightarrow x = 3$

In I: $3 + y = 5 \Rightarrow y = 2$

Die ursprüngliche Zahl lautet 32.

5.44 Bei einer zweistelligen Zahl ist die Einerziffer doppelt so groß wie die Zehnerziffer. Vertauscht man die beiden Ziffern, so ist die neue Zahl um 27 größer als die gegebene Zahl. Wie lautet die Zahl? **AB**

5.45 Erfinde eine ähnliche Aufgabe wie Aufgabe 6.51 für Familienmitglieder oder Freunde. Präsentiere diese Aufgabe in der Klasse und lasse deine Mitschüler das Alter dieser Personen ermitteln. **ABD**

Geometrische Aufgaben

5.46 In einem gleichschenkligen Dreieck ist jeder Schenkel doppelt so lang wie die Basis. Der Umfang beträgt 35 cm. Berechne die Längen der Schenkel und der Basis. **AB**

5.47 Der Umfang eines Rechtecks beträgt 72 cm. Verlängert man ein Seitenpaar um 4 cm, so entsteht ein Quadrat. Gib die Längen der Rechteckseiten an. **AB**

5.48 Der Umfang eines Rechtecks beträgt 70 cm. Verlängert man die kürzeren Seiten um 3 cm und die längeren um 2 cm, so vergrößert sich der Flächeninhalt um 96 cm^2. Gib die Abmessungen des ursprünglichen Rechtecks an. **AB**

5.49 Die beiden spitzen Winkel in einem rechtwinkligen Dreieck verhalten sich wie 3 : 2. Wie groß sind die Winkel? **AB**

Mischungsaufgaben

AB **5.50** Um eine 32 %ige Salzlösung zu erhalten, werden 60 kg und 40 kg von zwei verschiedenen Salzlösungen gemischt. Für eine 20 %ige Salzlösung werden 40 kg der ersten Salzlösung mit 30 kg Wasser versetzt. Ermittle den Prozentgehalt der Salzlösungen.

Lösung:

	Masse	Salzanteil	Salzmasse
Salzlösung 1	60 kg	x %	$\frac{x}{100} \cdot 60$ kg
Salzlösung 2	40 kg	y %	$\frac{y}{100} \cdot 40$ kg
Mischung 1	100 kg	32 %	$\frac{32}{100} \cdot 100$ kg

	Masse	Salzanteil	Salzmasse
Salzlösung 1	40 kg	x %	$\frac{x}{100} \cdot 40$ kg
Wasser	30 kg	0 %	0 kg
Mischung 2	70 kg	20 %	$\frac{20}{100} \cdot 70$ kg

I: $\frac{x}{100} \cdot 60\text{ kg} + \frac{y}{100} \cdot 40\text{ kg} = 32\text{ kg} \quad | \cdot 100 \quad | : \text{kg}$

II: $\frac{x}{100} \cdot 40\text{ kg} + 0\text{ kg} = 14\text{ kg} \quad | \cdot 100 \quad | : \text{kg}$

- Die Mischung enthält die Summe der einzelnen Salzmassen.

I: $60x + 40y = 3\,200$

II: $40x = 1\,400$

$x = 35,\ y = 27{,}5$ Die erste Salzlösung ist 35 %ig, die zweite 27,5 %ig.

Merke: Massen dürfen addiert werden, Prozentsätze nicht!

AB **5.51** Jemand mischt je 500 g von zwei verschiedenen Zuckerlösungen und erhält eine 70 %ige Mischung. Danach werden 250 g der ersten Lösung und 750 g der zweiten Lösung gemischt und man erhält eine 65 %ige Zuckerlösung. Ermittle den Prozentgehalt der ursprünglichen Lösungen.

AB **5.52** In einem chemischen Betrieb benötigt man zur Säuberung der Gefäße 70 %-igen Alkohol. Im Einkauf sind aber nur 80 %-iger und 56 %-iger Alkohol zu erwerben. Um die 1 400 verschmutzten Gefäße des Betriebs zu desinfizieren, benötigt man 600 Liter Alkohol mit 70 %. Berechne, wie viel Liter jeder Sorte eingekauft werden müssen?

AB **5.53** Weißgold ist eine Legierung aus Gold, Palladium und weiteren Metallen. Der Goldanteil wird in Promille angegeben. Weißgold 585 enthält 585 ‰ reines Gold. Eine Goldschmiedin mischt für ein Schmuckstück Weißgold 585 mit Weißgold 750 und erhält 15 g Weißgold mit 631,2 ‰ Goldgehalt. Wie viel Gramm verwendet sie von jeder Sorte?

AB **5.54** Ein Apotheker besitzt von einem Medikament eine 5 %-ige Lösung. Von einem Arzt wird nun dieses Medikament in einer Menge von 20 g als 2 %-ige Lösung verschrieben. Berechne, wie viel Gramm der 5 %-igen Lösung und wie viel Gramm destilliertes Wasser der Apotheker mischen muss, um das gewünschte Medikament zu erhalten?

ABC **5.55** Eine Wand soll in einem hellen Grünton gestrichen werden. Dazu mischt man weiße und grüne Farbe im Volumenverhältnis 5 : 3. Die Wand hat eine Fläche von 30 m^2 und man benötigt 200 Milliliter Farbe pro Quadratmeter. Bettina kauft drei Liter grüne Farbe. Reicht der Inhalt aus?

5.56 Ein chemischer Betrieb in Österreich benötigt zur Kühlung von chemischen Substanzen stündlich 500 Liter Wasser mit einer Temperatur von 42 °C. Diese Kühlung ist notwendig, um die aus drei verschiedenen Elementen zusammengesetzte Substanz daran zu hindern, mit dem in der Luft zu etwa 78 % vorhandenen Stickstoff zu reagieren. Zur Kühlung stehen dem Unternehmen einerseits Flusswasser mit einer Temperatur von 4 °C, andererseits auch Wasser mit einer Temperatur von 80 °C, welches während des Mischvorgangs der drei Elemente als Nebenprodukt anfällt, zur Verfügung. Gib an, in welchem Verhältnis das vorhandene Wasser zu mischen ist, damit es für die Kühlung der chemischen Substanz verwendet werden kann. **AB**

Bewegungsaufgaben

5.57 Ein Autofahrer fährt um 8:00 Uhr mit einer mittleren Geschwindigkeit von 90 $\frac{km}{h}$ von Graz nach Linz, das 220 km entfernt ist. Um 8:15 Uhr fährt eine Motorradfahrerin ebenfalls von Graz nach Linz, ihre mittlere Geschwindigkeit beträgt 110 $\frac{km}{h}$. Kann sie den Autofahrer noch vor Linz einholen? Wenn ja, gib die Uhrzeit und die Entfernung von Graz an. Dokumentiere den Lösungsweg und fertige ein Weg-Zeit-Diagramm an. **ABC**

Lösung:

	Auto	Motorrad
Geschwindigkeit	$90\,\frac{km}{h}$	$110\,\frac{km}{h}$
Zeit	t_1	t_2
Weg	$s_1 = 90\,\frac{km}{h} \cdot t_1$	$s_2 = 110\,\frac{km}{h} \cdot t_2$

Die Motorradfahrerin benötigt die Zeit t_2 bis zum Treffpunkt und fährt um 15 Minuten später weg:

I: $t_2 = t_1 - 0{,}25\,h$

Beim Überholvorgang haben beide den gleichen Weg zurückgelegt: $s_1 = s_2$

II: $90\,\frac{km}{h} \cdot t_1 = 110\,\frac{km}{h} \cdot t_2$

I in II: $90\,\frac{km}{h} \cdot t_1 = 110\,\frac{km}{h} \cdot (t_1 - 0{,}25\,h)$ — Einsetzungsverfahren; ausmultiplizieren und durch die Einheit $\frac{km}{h}$ dividieren.

$90\,t_1 = 110\,t_1 - 27{,}5\,h$

$20\,t_1 = 27{,}5\,h \Rightarrow t_1 = 1{,}375\,h$

$s_1 = 90\,\frac{km}{h} \cdot t_1 = 90\,\frac{km}{h} \cdot 1{,}375\,h = 123{,}75\,km$ — Berechnung des zurückgelegten Wegs

$1{,}375\,h = 1\,h\ 22\,min\ 30\,s \Rightarrow$ Überholvorgang um ca. 9:22 Uhr

Weg-Zeit-Diagramm:

Auto: $s(t) = 90\,\frac{km}{h} \cdot t$

Motorrad: $s(t) = 110\,\frac{km}{h} \cdot (t - 0{,}25\,h)$

Der Autofahrer wird um ca. 9:22 Uhr nach einer Fahrtstrecke von 123,75 km eingeholt. Auch aus der Zeichnung geht hervor, dass dies noch vor Linz passiert.

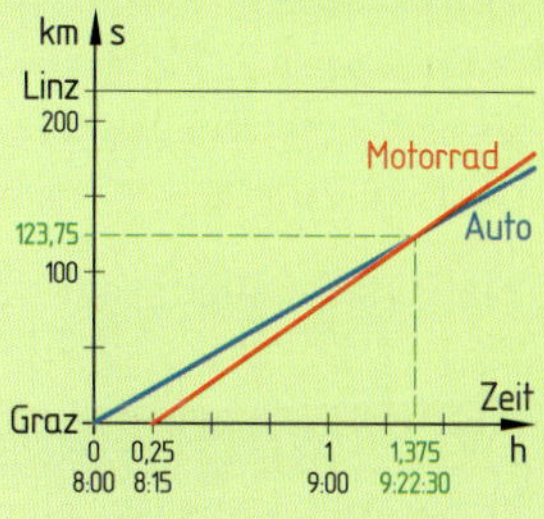

5.58 Eine Schwimmerin schwimmt in einem Fluss. Mit der Strömung erreicht sie eine mittlere Geschwindigkeit von 1,2 $\frac{m}{s}$, gegen die Strömung erreicht sie 0,2 $\frac{m}{s}$. Mit welcher mittleren Geschwindigkeit schwimmt sie? Wie groß ist die Strömungsgeschwindigkeit? **AB**

TE Aufgaben 5.59 – 5.60: Dokumentiere den Rechenweg und fertige mit deinem Rechenwerkzeug Weg-Zeit-Diagramme an.

ABC **5.59** Die Bahnhöfe A, B und C liegen auf einer Zugstrecke, wobei B zwischen A und C liegt. Ein Inter-City-Zug fährt um 10:03 Uhr von A in Richtung C ab. 53 Minuten später fährt ein Regionalzug auf einem parallelen Gleis vom 124 km entfernten Bahnhof B ebenfalls in Richtung C ab. Der Inter-City-Zug erreicht eine um 26 $\frac{km}{h}$ höhere mittlere Geschwindigkeit und holt den Regionalzug um 13:14 Uhr ein.

1) Mit welchen mittleren Geschwindigkeiten fahren die beiden Züge?

2) Wie weit von Bahnhof B entfernt findet der Überholvorgang statt?

ABC **5.60** Zwei PKW fahren einander auf der Strecke München – Wien (Entfernung 435 km) entgegen. Fahren sie gleichzeitig los, so treffen sie einander nach 2 Stunden und 48 Minuten. Wenn die Fahrerin aus München 34 Minuten später losfährt und ihre Geschwindigkeit um 16 $\frac{km}{h}$ erhöht, trifft sie nach 2 Stunden und 14 Minuten den Autofahrer aus Wien.

1) Welche mittleren Geschwindigkeiten erreichen die beiden PKW?

2) In welcher Entfernung von Wien ist ihr Treffpunkt?

Leistungsaufgaben

ABC **5.61** Klaus und Franz streichen einen Raum in ihrer gemeinsamen Wohnung. Die erste Stunde arbeitet Franz allein, danach arbeiten beide noch drei Stunden gemeinsam, um den Raum fertig zu stellen. Beim zweiten Anstrich arbeiten beide zwei Stunden gemeinsam und streichen $\frac{7}{12}$ des Raums. Berechne, wie lang jeder allein für den ganzen Raum gebraucht hätte. Erstelle dazu eine Tabelle mit den Angaben. Welche Annahmen müssen vorher getroffen werden, damit diese Aufgabe lösbar ist?

Lösung:

Annahmen: – Beide streichen den Raum mit einer konstanten Geschwindigkeit.
– Der zweite Anstrich dauert für jeden gleich lang wie der erste.

x ... Arbeitszeit von Klaus, y ... Arbeitszeit von Franz

	Arbeitsfortschritt pro Stunde	Fläche beim 1. Anstrich	Fläche beim 2. Anstrich
Klaus	$\frac{A}{x}$	$3\,h \cdot \frac{A}{x}$	$2\,h \cdot \frac{A}{x}$
Franz	$\frac{A}{y}$	$4\,h \cdot \frac{A}{y}$	$2\,h \cdot \frac{A}{y}$

Gleichungssystem:

I: $3\frac{A}{x} + 4\frac{A}{y} = A \quad |:A$

II: $2\frac{A}{x} + 2\frac{A}{y} = \frac{7}{12}A \quad |:A$

- Ersetzen von $\frac{1}{x}$ durch u und $\frac{1}{y}$ durch v

I: $3u + 4v = 1$
II: $2u + 2v = \frac{7}{12}$

$I - 2 \cdot II: -u = -\frac{1}{6} \Rightarrow x = 6\,h,\ v = \frac{1}{8} \Rightarrow y = 8\,h$

Klaus hätte allein sechs Stunden gebraucht, Franz acht Stunden.

AB **5.62** Zwei Fliesenleger verlegen in einem Haus Fliesen in vier gleich großen Zimmern mit je 24 m^2. In Zimmer 1 beginnt Fliesenleger A 1 Stunde 45 Minuten vor Fliesenleger B. Nach 4,5 Stunden gemeinsamer Arbeit sind sie fertig. In Zimmer 2 arbeitet Fliesenleger B 1,2 Stunden allein und 4 Stunden gemeinsam mit Fliesenleger A, wobei sie nur 20 m^2 schaffen.

1) Wie lang würden die Fliesenleger allein für ein Zimmer benötigen?

2) Wie viel Stunden benötigen sie gemeinsam für die restliche Fläche aller Zimmer?

5.63 Ein Swimmingpool wird zu Sommerbeginn durch zwei Schläuche befüllt. Dabei wird mit dem ersten Schlauch begonnen und nach drei Stunden zusätzlich der zweite verwendet. Danach dauert es noch weitere fünf Stunden, bis der Pool voll ist. Im Herbst wird das Wasser durch zwei Abflüsse abgelassen, wobei die Abflüsse die gleiche Kapazität wie die Zuflüsse haben und im Pool um 10 % weniger Wasser enthalten ist. Das Ablassen dauert sechs Stunden. Wie lang würde das Entleeren durch jeden Abfluss allein dauern? **AB**

Verschiedenes

5.64 In einer Zeitung steht folgende Fußballtabelle. Leider hat ein Druckfehler einen Fleck hinterlassen. Vervollständige die Tabelle.
Hinweis: Niederlage (N) – 0 Punkte, Sieg (S) – 3 Punkte, Unentschieden (U) – 1 Punkt **AB**

Mannschaft	Spiele	S	U	N	Punkte
FC Grün	8			1	15
FC Violett	7			3	10
SC Post	8			2	8

5.65 Ein Gastwirt bestellt 90 Liter Traubensaft in zwei verschiedenen Flaschengrößen zu 0,75 ℓ bzw. 1 ℓ Inhalt. Insgesamt bekommt er 100 Flaschen geliefert. Wie viele Flaschen von jeder Größe bekommt der Wirt? **AB**

5.66 Eine Vertreterin mietet für einen Tag ein Auto, wobei sich die Miete aus einer Tagesgebühr inklusive 400 km und einem Kilometer-Tarif für jeden weiteren Kilometer zusammensetzt. Sie fährt 500 km und bezahlt 115,00 €. Eine Woche später mietet sie denselben Wagen noch einmal für einen Tag und bezahlt für 440 km 91,00 €. Wie hoch ist die Tagesgebühr und wie hoch der Kilometer-Tarif? **AB**

5.67 Herr Redl hat Gäste und bestellt bei einem Cateringservice drei Schnitzel und vier Portionen Erdäpfelsalat. Er bezahlt dafür insgesamt 21,60 €. Eine Woche später ordert er beim selben Cateringservice fünf Schnitzel und drei Portionen Erdäpfelsalat. Die Rechnung beträgt um 10,00 € mehr als beim letzten Mal. **ABD**

1) Berechne, wie viel ein Schnitzel und eine Portion Erdäpfelsalat kosten.

2) Ist die Aufgabe eindeutig lösbar, wenn Herr Redl bei der zweiten Bestellung sechs Schnitzel und acht Portionen Salat bestellt und dafür 43,20 € bezahlt? Begründe deine Antwort.

5.68 Der indische Mathematiker Bhaskara II. (1114 – 1185) schrieb in einem seiner Werke, der Vija Ganita, folgende Aufgabe nieder: **ABCD**
„Jemand sagt zu seinem Freund: ‚Gib mir 100 Rupien und ich bin doppelt so reich wie du!'. Dieser antwortet: ‚Wenn du mir 10 gibst, bin ich sechsmal so reich wie du!'. Sag mir, wie groß ihre Vermögen waren."

1) Bildet Kleingruppen und löst diese Aufgabe gemeinsam.

2) Sucht nach weiteren Aufgaben zu linearen Gleichungssystemen aus vergangenen Zeiten. Übersetzt die Texte in die „heutige Sprache" und arbeitet die Lösungen aus. Präsentiert eure Arbeit der ganzen Klasse in Form eines Referats.

5.3 Gleichungssysteme mit drei oder mehreren Variablen

Mithilfe der im vorangegangenen Abschnitt behandelten Methoden lässt sich ein Gleichungssystem mit drei oder mehr Variablen auf ein Gleichungssystem mit zwei Variablen reduzieren.

B **5.69** Versuche, das gegebene Gleichungssystem mit drei Unbekannten zu lösen. Drücke dazu zum Beispiel aus Gleichung III z durch y aus und setze diesen Term in die Gleichungen I und II anstelle von z ein.

$$\begin{aligned} \text{I: } & 2x + y - 2z = -1 \\ \text{II: } & 3x - 2y + z = 7 \\ \text{III: } & 3y - z = 0 \end{aligned}$$

Die eindeutige Lösung eines Gleichungssystems mit drei Variablen ist ein **Zahlentripel** $(x|y|z)$, das alle Gleichungen erfüllt. In Abschnitt 5 wurde gezeigt, dass die Gleichung $a \cdot x + b \cdot y = c$ eine Gerade in der Ebene beschreibt. Analog legt die Gleichung $a \cdot x + b \cdot y + c \cdot z = d$ eine Ebene im dreidimensionalen Raum fest. Drei Ebenen können so liegen, dass sie einen gemeinsamen Punkt haben. Die Koordinaten dieses Schnittpunkts sind ein Zahlentripel, das der eindeutigen Lösung eines linearen Gleichungssystems mit drei Unbekannten entspricht.

Lösen mittels Reduktion auf ein Gleichungssystem von zwei Gleichungen mit zwei Variablen

B **5.70** Ermittle die Lösung des Gleichungssystems.

$$\begin{aligned} \text{I: } & 3x - 2y + 5z = 7 \\ \text{II: } & x - 2y + 3z = -3 \\ \text{III: } & -6x + 3y + 10z = 1 \end{aligned}$$

Lösung:

Methode 1: Reduktion mithilfe des Einsetzungsverfahrens

$\text{II}^*: x = 2y - 3z - 3$
$\text{I}^*: 3 \cdot (2y - 3z - 3) - 2y + 5z = 7$
$\text{III}^*: -6 \cdot (2y - 3z - 3) + 3y + 10z = 1$

- Gleichung II wird nach x umgeformt und dieser Term wird in die Gleichungen I und III anstelle von x eingesetzt.

$\text{I}^*: 4y - 4z = 16$
$\text{III}^*: -9y + 28z = -17$

$7 \cdot \text{I}^* + \text{III}^*: 19y = 95$
$y = 5$

- Wir erhalten ein Gleichungssystem von zwei Gleichungen (I* und III*) mit zwei Unbekannten, das zum Beispiel mithilfe des Additionsverfahrens gelöst werden kann.

$\text{I}^*: 4 \cdot 5 - 4z = 16 \Rightarrow z = 1$
$\text{II}^*: x = 2 \cdot 5 - 3 \cdot 1 - 3 = 4$

- Um x zu ermitteln, werden die Lösungen für y und z in II* eingesetzt.

Methode 2: Reduktion mithilfe der Eliminationsmethode

$\text{IV} = \text{I} - \text{II}: 2x + 2z = 10$
$\text{V} = 3 \cdot \text{I} + 2 \cdot \text{III}: -3x + 35z = 23$

- Wir eliminieren y durch Kombination der Gleichungen I und II bzw. I und III. Wir erhalten zwei Gleichungen, in denen kein y vorkommt.

$3 \cdot \text{IV} + 2 \cdot \text{V}: 76z = 76$
$z = 1$

- Aus dem erhaltenen Gleichungssystem wird x eliminiert und nach z gelöst.

$\text{IV}: 2x + 2 \cdot 1 = 10 \Rightarrow x = 4$
$\text{I}: 3 \cdot 4 - 2y + 5 \cdot 1 = 7 \Rightarrow y = 5$

- Um x zu berechnen, wird die Lösung für z in Gleichung IV eingesetzt.
- Nun werden die Lösungen für x und z in I eingesetzt und y berechnet.

Lösung: $x = 4, y = 5, z = 1$

Probe:
I: LS: $3 \cdot 4 - 2 \cdot 5 + 5 \cdot 1 = 7$ LS = RS
II: LS: $4 - 2 \cdot 5 + 3 \cdot 1 = -3$ LS = RS
III: LS: $-6 \cdot 4 + 3 \cdot 5 + 10 \cdot 1 = 1$ LS = RS

Gauß'sches Eliminationsverfahren

Dieses Verfahren ist eine spezielle Art des Additionsverfahrens. Es lässt sich – im Gegensatz zu den bisher besprochenen Methoden – auch für Gleichungssysteme mit mehr als drei Variablen anwenden, ohne unübersichtlich zu werden.

Das Ziel des Eliminationsverfahrens ist es, durch folgende Umformungen ein lineares Gleichungssystem in Halbdiagonalenform (Dreiecksform) zu erzeugen:

- Multiplikation einer Gleichung mit einer Zahl ($\neq 0$)
- Addition einer Gleichung mit einer anderen
- Vertauschen von Gleichungen
- Vertauschen der Reihenfolge der Variablen (nicht unbedingt erforderlich)

Aus der Dreiecksform wird dann die Lösung für eine Variable errechnet und mittels Rückwärtssubstitution werden Schritt für Schritt die anderen Variablen bestimmt.

5.71 Löse das Gleichungssystem mithilfe des Gauß'schen Eliminationsverfahrens. B

I: $a - 3b + 4c - d = -1$
II: $3a - 2b - 2c + 4d = 4$
III: $-2a + 4b + c + 2d = -4$
IV: $-a + 2b + 7c - 5d = 10$

Lösung:

I: $a - 3b + 4c - d = -1$
II: $7b - 14c + 7d = 7$ (II − 3 · I)
III: $-2b + 9c = -6$ (III + 2 · I)
IV: $-b + 11c - 6d = 9$ (IV + I)

I: $a - 3b + 4c - d = -1$
II: $b - 2c + d = 1$
III: $5c + 2d = -4$ (III + 2 · II)
IV: $9c - 5d = 10$ (IV + II)

I: $a - 3b + 4c - d = -1$
II: $b - 2c + d = 1$
III: $5c + 2d = -4$
IV: $43d = -86$ (9 · III − 5 · IV)

Aus IV: $d = -2$
In III: $5c + 2 \cdot (-2) = -4 \Rightarrow c = 0$
In II: $b - 2 \cdot 0 + (-2) = 1 \Rightarrow b = 3$
In I: $a - 3 \cdot 3 + 4 \cdot 0 - (-2) = -1 \Rightarrow a = 6$

- Die erste Gleichung wird unverändert abgeschrieben. Zu den Gleichungen **II**, **III** und **IV** werden passende Vielfache von **I** addiert, sodass jeweils die Variable a wegfällt.
- Bevor wir Gleichung II aufschreiben, dividieren wir durch 7 ⇒ II. Nun wird die Variable b in allen Gleichungen unterhalb von II durch Addition geeigneter Vielfacher von II eliminiert.
- Gleichung III wird abgeschrieben und c in IV eliminiert.
- Das System hat Dreiecksform und die Lösung für d kann einfach berechnet werden.
- Nun wird von unten nach oben aufgelöst: Einsetzen des Ergebnisses für d in die vorletzte Zeile (III) ergibt die Lösung für c. Einsetzen der Lösung von c und d in II ergibt b, usw.

Lineare Gleichungssysteme

Lösbarkeit von Gleichungssystemen

Ein lineares Gleichungssystem kann keine Lösung, eine Lösung oder unendlich viele Lösungen haben. Es ist eindeutig lösbar, wenn genau so viele voneinander unabhängige und widerspruchsfreie Gleichungen wie Variablen gegeben sind. Gleichungen sind **linear unabhängig** voneinander, wenn keine Gleichung ein Vielfaches einer anderen Gleichung oder eine Kombination der anderen Gleichung ist. Sonst nennt man sie **linear abhängig** voneinander. Mithilfe der Werte der Determinanten kann auf die Anzahl der Lösungen geschlossen werden. Dies gilt auch für größere Systeme.

Bei einem linearen Gleichungssystem mit drei Unbekannten hängt die Anzahl der Lösungen (geometrisch gesehen) von der Lage der drei Ebenen zueinander ab.

Eindeutige Lösung	Keine Lösung		Unendlich viele Lösungen	
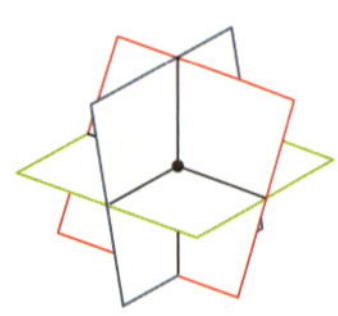	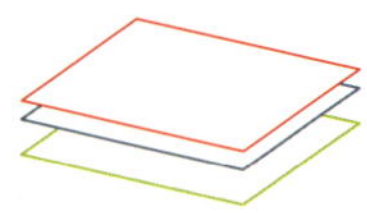	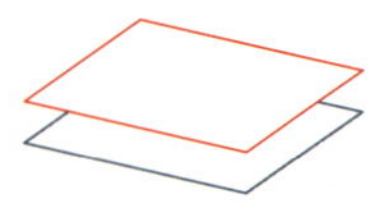	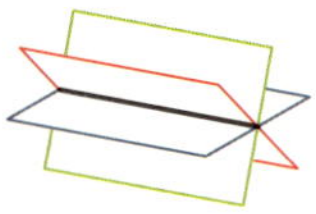	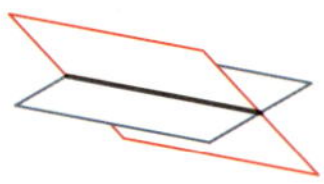
	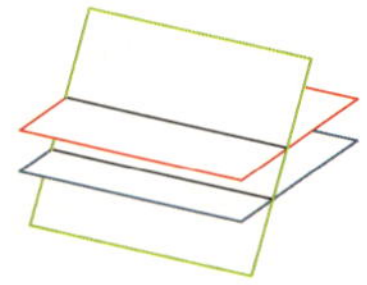	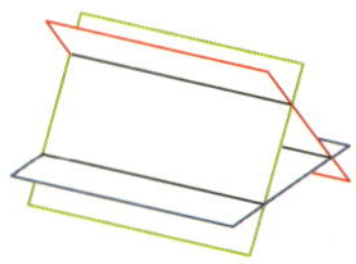	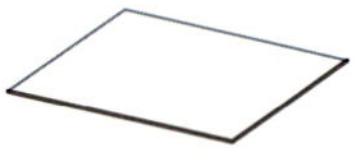	

Aufgaben 5.72 – 5.75: Löse die Gleichungssysteme.

B 5.72

a)
$$\begin{array}{ll} \text{I:} & 2x + 3y - z = -3 \\ \text{II:} & -5x + 7y + 4z = 25 \\ \text{III:} & x - 2y + 3z = 2 \end{array}$$

b)
$$\begin{array}{ll} \text{I:} & 4x + 2y - z = 1 \\ \text{II:} & 5x - 3y + 2z = -12 \\ \text{III:} & -2x + y - 3z = 2 \end{array}$$

c)
$$\begin{array}{ll} \text{I:} & 2a - 3b - c = 10 \\ \text{II:} & -3a - 4b + 2c = -4 \\ \text{III:} & 5a + 2b - 3c = 8 \end{array}$$

B 5.73

a)
$$\begin{array}{ll} \text{I:} & -5x + y - 2z = -29 \\ \text{II:} & x + 4y + 3z = 3 \\ \text{III:} & 2x - 3y + z = 26 \end{array}$$

b)
$$\begin{array}{ll} \text{I:} & 3I_1 + I_2 - I_3 = 8 \\ \text{II:} & 5I_1 - 4I_2 + 5I_3 = -18 \\ \text{III:} & -I_1 + 6I_2 - 4I_3 = 23 \end{array}$$

c)
$$\begin{array}{ll} \text{I:} & 2x + y - 3z = 5 \\ \text{II:} & -5x + 3y + 2z = 14 \\ \text{III:} & -30x - 4y + 23z = 18 \end{array}$$

B 5.74

a)
$$\begin{array}{ll} \text{I:} & -3u + 3v - 2w = -9 \\ \text{II:} & 6u - v + 5w = 23 \\ \text{III:} & 2u - 6v - 3w = 2 \end{array}$$

b)
$$\begin{array}{ll} \text{I:} & x - 2y + 4z = -15 \\ \text{II:} & -5x + 3y + 6z = 7 \\ \text{III:} & x - 5y - 2z = -27 \end{array}$$

c)
$$\begin{array}{ll} \text{I:} & r + 2q = 10 \\ \text{II:} & -2r + p - q = -11 \\ \text{III:} & 3r - 2p - 3q = 0 \end{array}$$

B 5.75

a)
$$\begin{array}{ll} \text{I:} & 3x + 2y - z = -4 \\ \text{II:} & y + z = 1 \\ \text{III:} & -4x - y + 2z = 4 \end{array}$$

b)
$$\begin{array}{ll} \text{I:} & a + 2b - 3c = -3 \\ \text{II:} & 4a + 2c = 10 \\ \text{III:} & 3b + 5c = 2 \end{array}$$

c)
$$\begin{array}{ll} \text{I:} & y - 2z = 6 \\ \text{II:} & -x - 2y + z = -3 \\ \text{III:} & 4x - y = -14 \end{array}$$

Technologieeinsatz: Lösen linearer Gleichungssysteme

Das folgende lineare Gleichungssystem soll gelöst werden.

I: $3x + 4y - 2z = 15$
II: $4x - y + 3z = 28{,}7$
III: $5x + 2y - 6z = 10{,}2$

TI-Nspire:

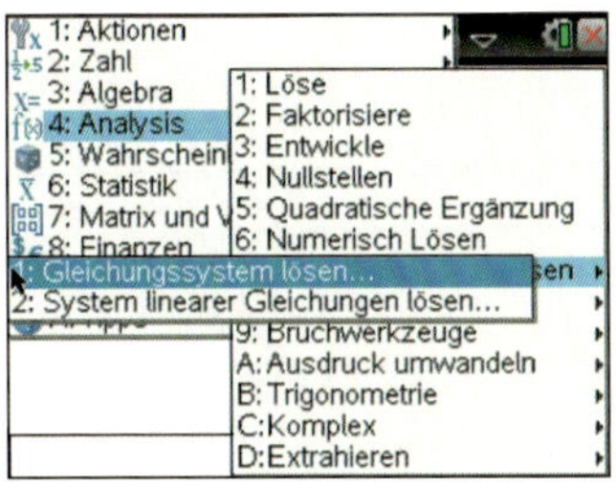

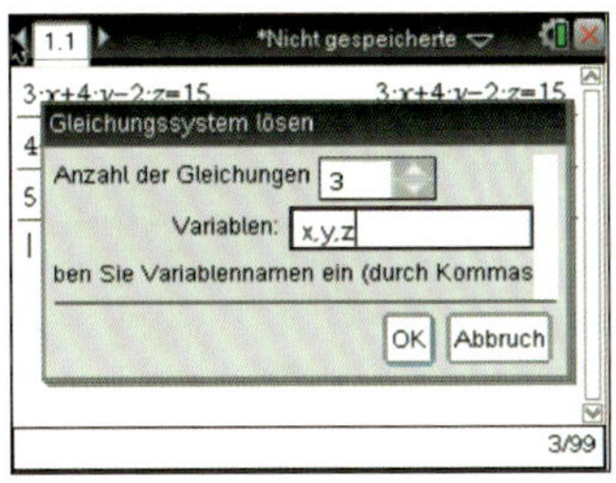

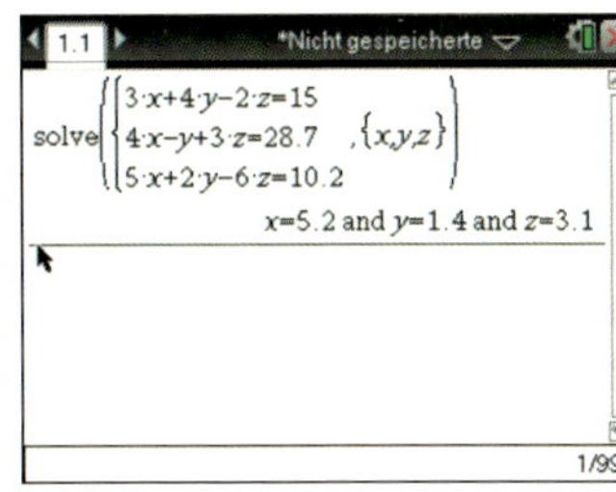

- Aus dem Menü **Algebra** den Punkt **Gleichungssystem lösen** wählen, dann „**1**" auswählen (auch „**2**" ist möglich).
- Anzahl der Gleichungen und Bezeichnung der Variablen eingeben.
- Gleichungen eingeben, das System wird nach dem Bestätigen mit **Enter** automatisch gelöst.

TI-Nspire & TI-84+:

Am angenehmsten wäre es natürlich, wenn es gelingt, das lineare Gleichungssystem gleich in „Diagonalform" zu bringen, dh. ober- und unterhalb der Diagonalen enthält das lineare Gleichungssystem nur noch Nullwerte.

CAS und **GTR** bieten die Möglichkeiten, lineare Gleichungssysteme (sofern möglich) zu diagonalisieren, dh. in Diagonalform oder zumindest in Halbdiagonalform zu bringen. Dafür gibt es den Befehl **rref** (erweiterte Koeffizientenmatrix). Dieser Befehl erfordert allerdings eine besondere Eingabe der Gleichungen: Dabei werden nur die Koeffizienten der Gleichungen ohne die Variablen eingegeben und die rechte Seite der Gleichungen angehängt. Diese Schreibweise bezeichnet man als Matrizenschreibweise (näheres dazu in Band 2). Diese spezielle Matrix nennt man **erweiterte Koeffizientenmatrix**.

rref liefert eine spezielle Diagonalform, bei der die Koeffizienten der Diagonale gleich 1 sind. Das hat für das Auffinden der Lösung des linearen Gleichungssystems enorme Vorteile.

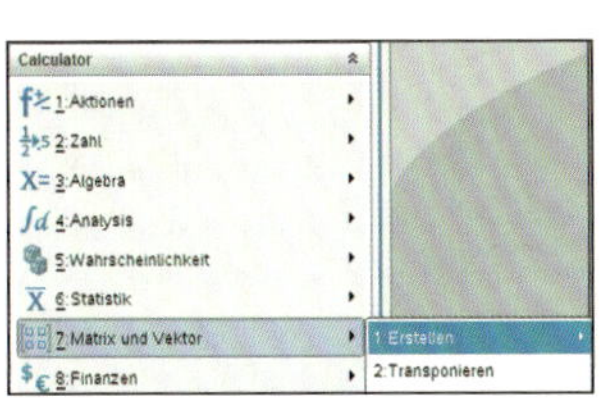

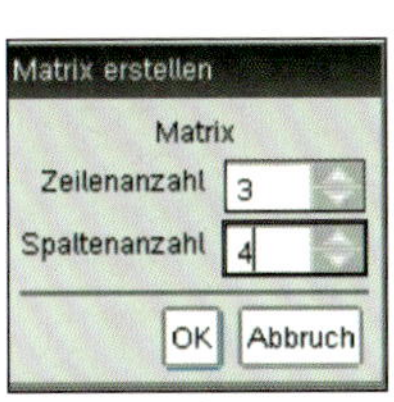

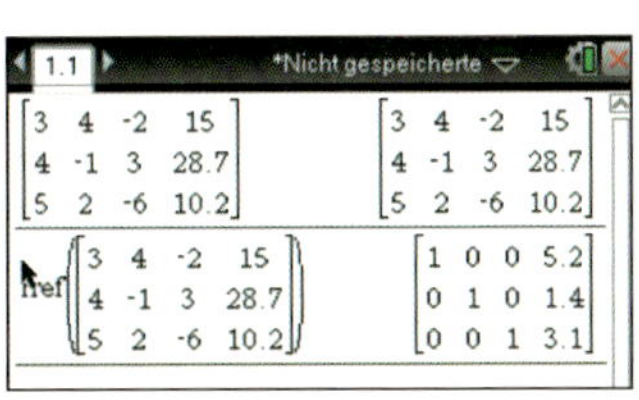

- Aus dem Menü **Matrix und Vektor** den Punkt **Erstellen** wählen, dann **Matrix**.
- Zeilenanzahl (= Anzahl der Gleichungen) und Spaltenanzahl (= Anzahl der Variablen **+1**) eingeben.
- Sofern eine eindeutig Lösung existiert, stehen in der Diagonalen nur noch Einser und ober- und unterhalb davon nur Nullen. Die Lösung steht dann in der rechten Spalte.

Verwendet man ein **CAS**, so können für die Koeffizienten auch Variablen eingegeben werden, im **GTR** müssen es Zahlen sein.

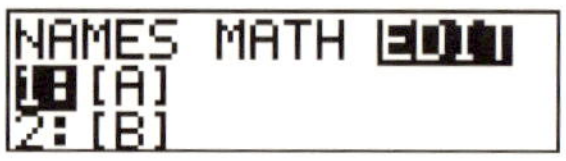

Über das **Matrix-Menü →** **Edit** einen Namen für die Matrix wählen.

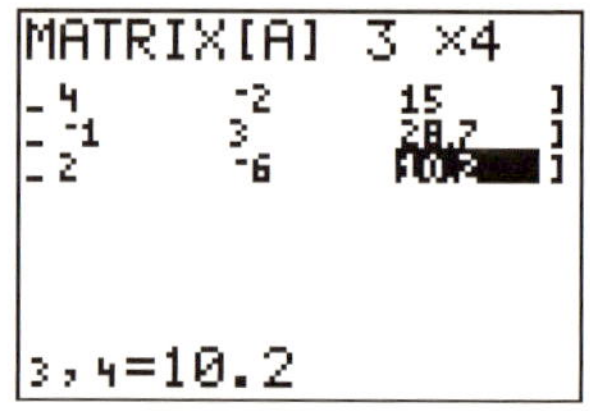

- Matrixgröße angeben (1. Wert = Anzahl der Gleichungen, 2. Wert = Anzahl der Variablen **+1**); weiter immer mit **ENTER**

Über das **Matrix-Menü →** **Math** den Befehl **rref** wählen.

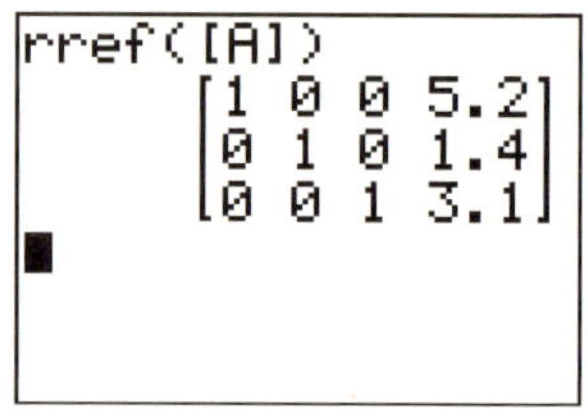

- Aus dem **Matrix-Menü** die Matrix A wählen und das Ergebnis berechnen lassen. Sofern eine eindeutig Lösung existiert, stehen in der Diagonalen nur noch Einser und ober- und unterhalb davon nur Nullen. Die Lösung steht dann in der rechten Spalte.

Aus dem Ergebnis von **rref** lässt sich auch auf die Anzahl der Lösungen schließen: Stehen oberhalb und unterhalb der Diagonalen nicht nur „0", so ist das Gleichungssystem nicht eindeutig lösbar. Man betrachtet dann die letzte von „0" verschiedene Zeile. Führt diese zu einem Widerspruch (dh. alle Einträge außer dem letzten sind „0"), dann ist das Gleichungssystem unlösbar, andernfalls hat es unendlich viele Lösungen.

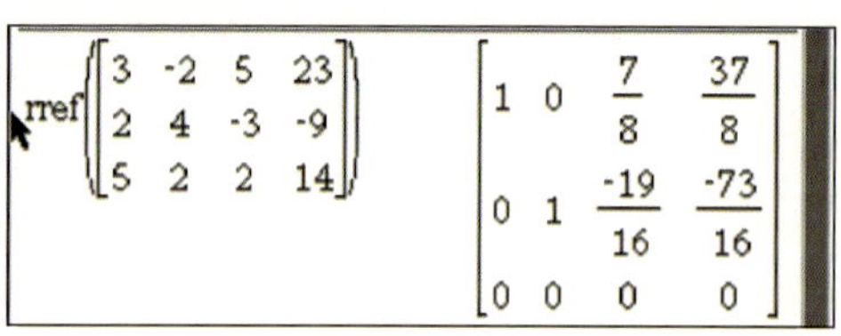

Dieses Gleichungssystem hat unendlich viele Lösungen. Oberhalb der Diagonalen befinden sich von „0" verschiedene Zahlen, die letzte von „0" verschiedene Zeile beinhaltet die Gleichung
$0 \cdot x + 1 \cdot y - \frac{19}{16} \cdot z = -\frac{73}{16}$. Das ist durchaus zulässig.

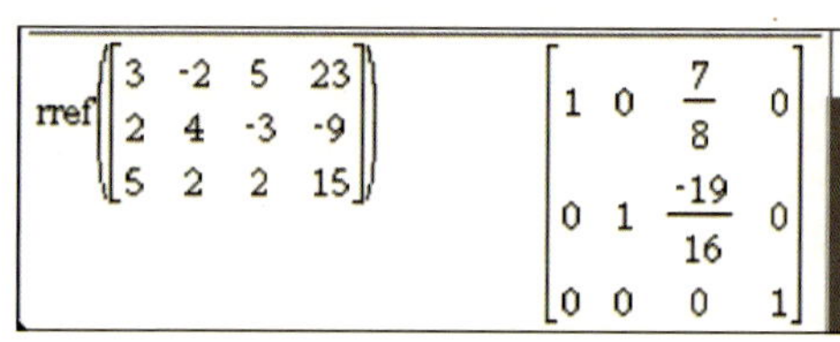

Dieses Gleichungssystem ist unlösbar. Im Gegensatz zum links führt die letzte von „0" verschiedene Zeile zu
$0 \cdot x + 0 \cdot y + 0 \cdot z = 1$. Das ist ein Widerspruch!

Aufgaben 5.76 – 5.77: Löse die Gleichungssysteme mit deinem Rechenwerkzeug.

B 5.76 ***a)*** I: $x - 3y + 4z = 7$
II: $-2x + 4y - z = 5$
III: $4x + 2y + 3z = 3$

b) I: $2a - b + 5c = 5$
II: $a + 3b - 4c = 2$
III: $-5a - 2b + c = -17$

B 5.77 ***a)*** I: $a + 2b - 5c + d = 7$
II: $-a - b + 3c - 2d = -5$
III: $4a - 3b + c + 3d = -5$
IV: $-3a + 4b - 2c + d = 10$

b) I: $-3a - b + 2c - 4d = -1$
II: $2a + 2b - c + 3d = -3$
III: $a - 2b + 4c - d = 12$
IV: $5a + 3b + c - 2d = 2$

Aufgaben 5.78 – 5.80: Löse die Gleichungssysteme mit deinem Rechenwerkzeug.

5.78 **a)** $\begin{array}{ll} \text{I:} & 25x + 17y - 8z = 114 \\ \text{II:} & -12x - 16y + 13z = 58 \\ \text{III:} & 41x - 23y + 2z = -4 \end{array}$

b) $\begin{array}{ll} \text{I:} & 18{,}2a - 14{,}6b + 0{,}8c = 0{,}12 \\ \text{II:} & 23{,}8a + 8{,}8b - 12c = -4{,}8 \\ \text{III:} & 0{,}76a - 2{,}5b - 7{,}9c = -12{,}43 \end{array}$ B

5.79 **a)** $\begin{array}{ll} \text{I:} & x + y = -1 \\ \text{II:} & 2x - z = -5 \\ \text{III:} & y - 2z = 4 \end{array}$

b) $\begin{array}{ll} \text{I:} & -3m - 2n = -9 \\ \text{II:} & k + m - 4n = -6 \\ \text{III:} & -2l - m = 3 \\ \text{IV:} & 2k + 3l = 4 \end{array}$

c) $\begin{array}{ll} \text{I:} & w + x + z = 7 \\ \text{II:} & 2y + 5z = 3 \\ \text{III:} & 3w - 4z = 2 \\ \text{IV:} & w - 2y - 3z = 1 \end{array}$

d) $\begin{array}{ll} \text{I:} & 2a - c + 2d = 9 \\ \text{II:} & 3b + 2e = 11 \\ \text{III:} & -2c - 5d = 1 \\ \text{IV:} & 2a + e = 2 \\ \text{V:} & -b + 5d = 0 \end{array}$ B

5.80 **a)** $\begin{array}{ll} \text{I:} & x : y = 2 : 1 \\ \text{II:} & y : z = 3 : 4 \\ \text{III:} & x - 2y + z = 2 \end{array}$

b) $\begin{array}{ll} \text{I:} & x + 2z = 10 \\ \text{II:} & y : z = 3 : 2 \\ \text{III:} & 2x - y + 3z = 18 \end{array}$

c) $\begin{array}{ll} \text{I:} & a : b : c = 7 : 5 : 10 \\ \text{II:} & a + b + c = 110 \end{array}$

Hinweis: Teile die Proportion. B

Aufgaben 5.81 – 5.82: Bestimme jeweils die Definitionsmenge und löse die Gleichungssysteme durch Substitution mithilfe deines Rechenwerkzeugs.

5.81 **a)** $\begin{array}{ll} \text{I:} & \frac{2}{x} - \frac{6}{y} + \frac{1}{z} = 0 \\ \text{II:} & -\frac{1}{x} + \frac{2}{y} - \frac{3}{z} = -\frac{17}{6} \\ \text{III:} & \frac{3}{x} - \frac{3}{y} + \frac{2}{z} = \frac{5}{2} \end{array}$

b) $\begin{array}{ll} \text{I:} & \frac{1}{a} + \frac{4}{b} - \frac{2}{c} = -\frac{1}{2} \\ \text{II:} & \frac{3}{a} + \frac{2}{b} - \frac{6}{c} = -4 \\ \text{III:} & -\frac{7}{a} - \frac{16}{b} + \frac{8}{c} = -\frac{3}{2} \end{array}$ B

5.82 **a)** $\begin{array}{ll} \text{I:} & \frac{2}{x+1} - \frac{3}{z+2} = 0 \\ \text{II:} & \frac{1}{x+1} + \frac{1}{y+2} - \frac{1}{z+2} = \frac{5}{12} \\ \text{III:} & \frac{3}{y+2} - \frac{6}{z+2} = -\frac{5}{4} \end{array}$

b) $\begin{array}{ll} \text{I:} & \frac{6}{x} + 2y - \frac{1}{z-1} = 5 \\ \text{II:} & \frac{2}{x} - y + \frac{2}{z-1} = \frac{2}{3} \\ \text{III:} & \frac{3}{x} + 4y - \frac{5}{z-1} = 4 \end{array}$

c) $\begin{array}{ll} \text{I:} & \frac{1}{x+3} + \frac{3}{y} = 2 \\ \text{II:} & \frac{4}{y} + \frac{2}{z+1} = 5 \\ \text{III:} & \frac{2}{x+3} - \frac{1}{z+1} = -\frac{3}{2} \end{array}$ B

Textaufgaben

5.83 Der Winkel α eines Dreiecks ist doppelt so groß wie der Winkel β. Der Winkel γ ist um 20° kleiner als β. Wie groß sind die Winkel? AB

5.84 Der Umfang eines Dreiecks beträgt 140 cm. Die Längen der Seiten a und b verhalten sich wie 5 : 3 und die Seite c ist doppelt so lang wie b. Wie lang sind die Seiten? AB

5.85 Bei einem Turnier erhalten die Teilnehmerinnen und Teilnehmer, die die drei ersten Plätze einnehmen, Geldpreise. Der erste und der zweite Preis machen insgesamt 16 000,00 € aus, der zweite und der dritte insgesamt 8 000,00 €, der erste und der dritte insgesamt 12 000,00 €. Wie hoch ist der Gewinn für den ersten, zweiten und dritten Platz? AB

AB **5.86** Drei Bagger B1, B2 und B3 werden eingesetzt, um drei gleich große Baugruben auszuheben. Bagger B1 und Bagger B2 brauchen 4 Tage, um die erste Baugrube auszuheben. Bei der zweiten Baugrube wird Bagger B2 zwei Tage allein und weitere vier Tage gemeinsam mit Bagger B3 eingesetzt, um die Baugrube auszuheben. Bei der dritten Baugrube beginnen B1 und B2, nach zwei Tagen werden sie durch B3 ersetzt und dieser hat nach vier weiteren Tagen die Aushubarbeiten beendet.

1) Wie lang benötigt jeder Bagger für das Ausheben einer Baugrube?

2) Wie lang würden alle drei gemeinsam für eine Baugrube brauchen?

AB **5.87** Eine Firma verkauft Badehosen B, Sonnenhüte S und Ventilatoren V. Nebenstehende Tabelle zeigt die Verkaufszahlen und Einnahmen von drei Monaten.
Wie viel kostet jedes Produkt?

	B	S	V	Einnahmen
Mai	50	21	2	1 876,90 €
Juni	26	0	40	4 714,00 €
Juli	0	35	17	2 064,50 €

AB **5.88** Bei einer Serienschaltung verhalten sich die Widerstände R_1 und R_2 wie 1 : 4. Der Gesamtwiderstand R beträgt 25 Ω. Berechne die Werte der Einzelwiderstände. (Hinweis: $R = R_1 + R_2$)

AB **5.89** 150 Volksschulkinder wollen einen Ausflug machen. Das Busunternehmen teilt mit, dass es zwei Arten von Kleinbussen hat und dass man entweder zehn Busse vom Typ A und 6 Busse vom Typ B oder fünf Busse vom Typ A und 18 vom Typ B benötigt. Berechne, wie viele Personen in jeweils einen der Bustypen passen.

AB **5.90** Beim Druck eines Buchs werden auf jeder Seite 38 Zeilen zu je 45 Buchstaben gedruckt. Würde man auf jeder Seite die Zeilenzahl um 2 erhöhen und dabei um 3 Buchstaben mehr pro Zeile setzen, so könnte man beim Buch 56 Seiten einsparen. Ermittle, wie viele Seiten das Buch ursprünglich hatte.

Zusammenfassung

Eine Gleichung der Form $\mathbf{a \cdot x + b \cdot y = c}$ heißt **lineare Gleichung mit zwei Variablen.**

Ein System aus zwei (oder mehr) linearen Gleichungen mit zwei (oder mehr) Variablen heißt **lineares Gleichungssystem** mit zwei (oder mehr) Variablen.

Allgemeine Form:
$$\begin{array}{l} \text{I: } a_{11} \cdot x + a_{12} \cdot y = b_1 \\ \text{II: } a_{21} \cdot x + a_{22} \cdot y = b_2 \end{array}$$
bzw.
$$\begin{array}{l} \text{I: } a_{11} \cdot x + a_{12} \cdot y + a_{13} \cdot z = b_1 \\ \text{II: } a_{21} \cdot x + a_{22} \cdot y + a_{23} \cdot z = b_2 \\ \text{III: } a_{31} \cdot x + a_{32} \cdot y + a_{33} \cdot z = b_3 \end{array}$$

Lösungsverfahren:
Grafisches Lösungsverfahren, Gleichsetzungs-, Einsetzungs-, (Gauß'sches) Eliminationsverfahren

Lineare Gleichungssysteme können keine Lösung, eine eindeutige Lösung oder unendlich viele Lösungen haben.

Weitere Aufgaben

5.91 Bestimme die Lösungen grafisch. BC

1) $2x - y = 4$, $G = \mathbb{N} \times \mathbb{N}$ ***2)*** $2x - y = 4$, $G = \mathbb{Z} \times \mathbb{Z}$ ***3)*** $2x - y = 4$, $G = \mathbb{R} \times \mathbb{R}$

5.92 Löse grafisch und überprüfe mit dem Gleichsetzungsverfahren. BC

a) I: $2y = -5$; II: $3x + y = 0{,}5$
b) I: $-x + y = 2$; II: $x - 3y = 6$
c) I: $\frac{3}{2}x + y = 1$; II: $x + \frac{2}{3}y = 2$

5.93 Löse mit dem Einsetzungsverfahren oder mit der Eliminationsmethode. B

a) I: $a : b = 2 : 5$; II: $3a - b = 6$
b) I: $-2{,}5x + 4y = 1$; II: $x - 1{,}4y = 0{,}4$
c) I: $12x - 7y = 47$; II: $-5x - 13y = 60$
d) I: $2x = -6$; II: $4x + 7y = 30$

Aufgaben 5.94 – 5.95: Löse die Gleichungssysteme. Wähle jeweils die Methode selbst.

5.94 B

a) I: $2{,}2x - 1{,}8y = 6{,}374$; II: $1{,}4x + 3{,}1y = -4{,}647$
b) I: $-\frac{2x - y}{4} - \frac{x - 2y}{3} = -\frac{10}{3}$; II: $\frac{x - y}{4} + \frac{2x + 3y}{3} = 1$
c) I: $2x - \frac{2}{y} = -2$; II: $-5x + \frac{3}{y} = 4$
d) I: $(r + 2)^2 - 4s = (r - 3) \cdot (r + 4) + 2 \cdot (r + s)$; II: $-3 \cdot (r - s) + 5r = 4 \cdot (r + 8) - 9s$
e) I: $-\frac{3}{a} + \frac{4}{b} = 7$; II: $\frac{5}{a} - \frac{2}{b} = -\frac{11}{3}$

5.95 B

a) I: $-3a + 2b - c = 4$; II: $2a - 3b + 4c = -\frac{39}{4}$; III: $a + 6b - 2c = 5$
b) I: $u + 2v - 4w = -6$; II: $-3u + 3v + w = 2$; III: $8u - 2v - 10w = 14$
c) I: $F_1 + F_2 - F_3 = 35$; II: $2F_1 - 3F_2 + F_3 = -25$; III: $-3F_1 + 5F_2 - 2F_3 = 35$
d) I: $-5x + y - 2z = -7$; II: $3x - 2y + 3z = 14$; III: $12x - y + 3z = 7$
e) I: $-\frac{2}{x} + y - \frac{3}{z + 2} = -1$; II: $\frac{4}{x} - 2y - \frac{2}{z + 2} = -\frac{2}{3}$; III: $-\frac{1}{x} - 3y - \frac{6}{z + 2} = 3$
f) I: $(a - b) : (a + b) : c = 2 : 6 : 5$; II: $2a + 3b - c = 9$

5.96 Gegeben ist folgendes unvollständige lineare Gleichungssystem: ABC

I: $9x + 10y - z = 44$
II: $8x + 8y - 3z = 28$

Vervollständige das Gleichungssystem durch eine dritte Gleichung so, dass gilt:

a) Es existiert keine Lösung.
b) Es existiert genau eine Lösung.
c) Es existieren genau drei Lösungen.
d) Es existieren unendlich viele Lösungen.

Überprüfe die Ergebnisse mithilfe deiner Technologie.

5.97 Setze für a einen Wert so ein, dass das lineare Gleichungssystem ABC

I: $-4x + 3y = 3$
II: $4x + ay = 5$

a) keine Lösung hat ***b)*** unendlich viele Lösungen hat

Überprüfe anschließend mit deinem Rechenwerkzeug.

Lineare Gleichungssysteme

Textaufgaben

AB **5.98** Mischt man 12 %igen Ethanol mit Wasser, so erhält man 14 Liter 8 %igen Ethanol. Wie viel Ethanol und Wasser wurden gemischt?

ABD **5.99** Eine Mutter kauft zu Schulbeginn für ihre Kinder Blöcke und Hefte ein. Sie bezahlt 14,20 €. Wie viele Blöcke und Hefte hat sie gekauft, wenn ein Block 1,40 € und ein Heft 50 Cent kostet? Gib alle Möglichkeiten an. Überlege und begründe, welche Möglichkeit deiner Meinung nach am ehesten der Realität entspricht.

AB **5.100** Ein IC (Intercity-Zug) und ein EC (Eurocity-Zug) fahren vom selben Bahnhof in dieselbe Richtung ab. Der IC fährt um 8:20 Uhr ab, der EC um 8:35 Uhr. Da der EC im Mittel um $30 \frac{km}{h}$ schneller fährt, wird er den IC überholen. Dies soll um 9:10 Uhr in einem Bahnhof geschehen.

1) Wie schnell fahren die Züge im Mittel?

2) Wie weit ist der Bahnhof, in dem der EC überholt, vom Abfahrtsbahnhof entfernt?

AB **5.101** Eine Baufirma besitzt unter anderem drei Kipper K1, K2 und K3 mit unterschiedlichen Nutzlasten. Fährt K1 dreimal und K2 zweimal, so können 45 Tonnen transportiert werden. Mit einer Fahrt von K1 und vier Fahrten von K3 können 83 Tonnen verladen werden. Werden zwei Fahrten mit K1, drei mit K2 und eine mit K3 durchgeführt, so beträgt die Gesamtlast 69 Tonnen. Wie groß sind die Nutzlasten jedes Kippers?

AB **5.102** Ein Aquarium wird frisch befüllt. Dazu wird 46 Minuten lang kaltes Wasser eingelassen, danach noch 8 Minuten lang kaltes und warmes Wasser gleichzeitig aus zwei verschiedenen Zuflüssen. Nach einer Woche wird das Wasser aufgefrischt. Dazu werden 35 % des Wassers ausgelassen und zwölf Minuten mit Warm- und Kaltwasser gleichzeitig frisch befüllt.

1) Wie lang dauert das Befüllen, wenn nur Kalt- bzw. nur Warmwasser eingefüllt wird?

2) Wie viel Liter fasst das Aquarium, wenn die Durchflussmenge des Kaltwassers 0,125 Liter pro Sekunde beträgt?

ABC **5.103** Ein Dreieck hat einen Umfang von 36 cm. Die Seitenlängen b und c verhalten sich wie 4 : 5. Wird die Seite a um 3 cm verlängert, so ist sie gleich lang wie b.

1) Wie lang sind die Seiten des ursprünglichen Dreiecks?

2) Welches Dreieck ist entstanden?

AB **5.104** Eine Fußgängerin und ein Radfahrer gehen bzw. fahren einander auf einer Strecke von 10 km entgegen. Der Radfahrer fährt 20 Minuten, nachdem sich die Fußgängerin mit einer mittleren Geschwindigkeit von $5 \frac{km}{h}$ auf den Weg gemacht hat, mit einer mittleren Geschwindigkeit von $20 \frac{km}{h}$ ab.

1) Berechne, wann und wo sie einander treffen.

2) Zeichne das Weg-Zeit-Diagramm der Fußgängerin und das des Radfahrers in ein Koordinatensystem. Beachte, dass sie einander entgegenfahren, also eine der beiden Geschwindigkeiten negativ anzusehen ist.

5.105 Für Zweitaktmotoren von Mopeds müssen Benzin-Öl-Gemische von 50 : 1 bzw. 25 : 1 getankt werden. Zwei Freunde betanken ihre Mopeds, Thomas tankt 10 Liter des 50 : 1-Gemischs und bezahlt 15,98 €, Stefan bezahlt für 8 Liter des 25 : 1-Gemischs 14,08 €. AB

1) Wie viel Liter Benzin bzw. Öl tankt jeder?

2) Wie teuer ist ein Liter Benzin bzw. ein Liter Öl?

Aufgaben aus der Wirtschaft

5.106 Zwei Geldbeträge im Wert von gesamt 17 000,00 € werden so angelegt, dass nach einem Jahr insgesamt 800,00 € an Zinsen anfallen. Berechne die Höhe der beiden Geldbeträge, wenn die Zinsen 4 % bzw. 5 % pro Jahr betragen. AB

5.107 Roman leiht sich von Aron einen Betrag zu einem Zinssatz von 5 % p. a. und von Tina einen anderen Betrag zu einem Zinssatz von $4\frac{1}{2}$ % p. a. Die jährlichen Zinsen, die Roman an die beiden zahlen muss, betragen 744,00 €. Hätte er sich den bei Aron geliehenen Betrag bei Tina ausgeborgt und umgekehrt, so hätte er jährlich nur 738,00 € an Zinsen gezahlt. Berechne die beiden geliehenen Geldbeträge. AB

5.108 Ein Betrieb muss seine Lohnkosten senken. Deshalb werden zwei Mitarbeiter gekündigt und dafür die Löhne der verbleibenden Angestellten um 10 % angehoben (da diese ja nun die Arbeit der beiden anderen mitmachen müssen). Durch diese Maßnahme sinken die Lohnkosten um 64,80 € pro Tag. Würde bei gleicher Lohnerhöhung nur ein Angestellter gekündigt, so würden die Lohnkosten um 54,00 € pro Tag steigen. Bestimme die ursprüngliche Anzahl von Beschäftigten und den Tagesverdienst eines Angestellten vor der Lohnerhöhung. AB

5.109 Für die Neuanschaffung einer Maschine wird ein Kredit in der Höhe von 200 000,00 € aufgenommen. Der Betrag wird auf zwei Banken aufgeteilt, wobei Bank A einen Kreditzinssatz von 6 % p. a. und Bank B einen Kreditzinssatz von 8 % p. a. verlangt. Die Jahreszinsen betragen 13 600,00 € bei jährlicher Abrechnung und ohne Berücksichtigung bereits zurückbezahlter Beträge. Ermittle die Höhe der beiden Teilkredite. AB

Aufgaben 5.110 – 5.111: Aufgaben aus Irland

5.110 Mr. X sells three grades of coal, A, B, C priced at £ x, £ y, £ z per bag. The table gives the number of bags of each grade bought by three different customers: AB

	Grade			Total amount paid (£)
	A	B	C	
Customer 1	2	5	7	67,00
Customer 2	3	10	1	75,00
Customer 3	1	8	6	71,00

1) Find the values of x, y and z.

2) A fourth customer spent £ 70,00 on buying four bags of grade A, two bags of grade B and some bags of grade C. How many bags of grade C did he buy?

AB **5.111** A, B and C each made a fresh fruit salad using apples, bananas and pears in the quantities shown in the table. A and B bought all their fruit from the „Fresh Fruit“ counter of their local supermarket paying totals of 41 p and 49 p respectively. C bought the fruit from the „Over-ripe Fruit“ counter where all fruit is half-price, paying only 16 p altogether.

	Apples	Bananas	Pears
A	2	1	3
B	3	2	2
C	1	2	1

Using x, y, z to denote the „Fresh Fruit“ costs of an apple, banana, pear respectively, find the values of x, y, z.
D bought two apples and three pears from the „Fresh Fruit“ counter and three bananas form the „Over-ripe“ counter. How much did these cost altogether?

ABCD **5.112** Innerbetriebliche Leistungsverrechnung
Zwischen zwei oder mehreren Abteilungen innerhalb eines Betriebs findet ein Leistungsaustausch (zB Energie, Zwischenprodukte, Dienstleistungen, Transporte, ...) statt, der auch verrechnungsmäßig erfasst werden muss. Die Verrechnungspreise innerhalb des Betriebs für die Leistungen sind zu ermitteln. (Es könnte ja vielleicht billiger sein, diese Leistungen von außen zu beziehen (Outsourcing) ...)
Eine Unternehmung besteht aus einem Hauptbetrieb und den drei Hilfsbetrieben (Kostenstellen) „Strom“, „Heizung“ und „Werkstatt“:

	Hilfsbetrieb	**Empfänger**			**Haupt-betrieb**	**Gesamt-leistung**	**Fixkosten (in €)**
		Heizung (in kWh)	**Strom (in kWh)**	**Werkstatt (in h)**			
Lieferant	Heizung (in kWh)	–	400	2 000	50 000	52 400	2 898,00
	Strom (in kWh)	500	1 000	5 000	20 000	26 500	2 142,00
	Werkstatt (in h)	20	40	10	200	270	8 260,00
						Summe =	13 300,00

Die internen Verrechnungspreise für eine Leistungseinheit sind gesucht:
p_1 = Preis pro kWh Heizung
p_2 = Preis pro kWh Strom
p_3 = Preis pro Werkstattstunde
Hinweis: Für jeden Hilfsbetrieb (Kostenstelle) muss die grundlegende Gleichung gelten:
Wert der produzierten Leistung (= Gesamtleistung · Preis/Einheit) = Wert der empfangenen Leistung + Fixkosten (= empfangene Leistung · Preis/Einheit)
zB Kostenstelle 1 (HEIZUNG): $52\,400 \cdot p_1 = 500 \cdot p_2 + 20 \cdot p_3 + 2\,898$

1) Erkläre die obige Gleichung in Worten und bestimme die Gleichungen für die Kostenstellen 2 (STROM) und 3 (WERKSTATT).
2) Löse das lineare Gleichungssystem und interpretiere das Ergebnis.
3) Was verrechnet jeder Teilbetrieb an den Hauptbetrieb?
4) Wie sieht die innerbetriebliche Verrechnung an jeder Kostenstelle aus?

Wissens-Check

		gelöst
1	Wie viele Lösungen hat eine lineare Gleichung mit zwei Variablen mit der Grundmenge $G = \mathbb{R} \times \mathbb{R}$?	
2	Ich kann mehrere Verfahren zum Lösen von linearen Gleichungssystemen aufzählen.	
3	Ich kann die Lösung eines linearen Gleichungssystems grafisch darstellen.	
4	Entscheide: Liegen die zugehörigen Geraden eines linearen Gleichungssystems parallel zueinander, so gibt es A) unendlich viele Lösungen. B) keine Lösung.	
5	Welches der Lösungsverfahren ist für die folgenden Gleichungssysteme wahrscheinlich am besten geeignet? Begründe deine Antwort. A) I: $y = 3x - 1$ II: $2x - y = 4$ B) I: $3a + 2b = 5$ II: $a - 2b = 3$ C) I: $y = 0{,}5x + 2$ II: $y = 0{,}75x - 8$	
6	Welches der unten stehenden linearen Gleichungssysteme ist nach allen Variablen eindeutig lösbar? Warum sind es die anderen nicht? A) I: $3x - 8y + 2z = 4$ II: $2x + 3y - 7z = -1$ B) I: $2a + 3b - 2c = 13$ III: $-a + b + 3c = 19$ II: $4a - 5b + c = 8$ C) I: $4d + 2e - 3f = -6$ II: $8d + 4e - 6f = -12$ III: $3e + 7f = 9$	
7	Ich kann lineare Gleichungssysteme mit meinem Rechenwerkzeug lösen.	
8	Gib an, welche der folgenden Aussagen richtig sind und erkläre, warum die anderen falsch sind. A) Die Lösungen einer linearen Gleichung in zwei Variablen lassen sich bei einer Grundmenge von $G = \mathbb{N} \times \mathbb{N}$ als Gerade in einem Koordinatensystem darstellen. B) Bei der Eliminationsmethode müssen die Koeffizienten einer Variablen gleich oder gegengleich sein. C) Beim Berechnen der Determinante einer Matrix werden die Produkte der Elemente der Hauptdiagonale zu denen der Elemente der Nebendiagonale addiert. D) Beim Gleichsetzungsverfahren kann man eine Variable weglasssen. E) Um ein lineares Gleichungssystem eindeutig lösen zu können, muss die Determinante der Koeffizientenmatrix von Null verschieden sein. F) Bei Mischungsaufgaben ist es nicht erlaubt, die Prozentsätze zu addieren bzw. zu subtrahieren.	

Lösung:
1) unendlich viele 2) Grafisch; Gleichsetzungs-, Einsetzungs-, Eliminationsverfahren; Cramer'sche Regel; Gauß'sches Eliminationsverfahren 3) siehe Seiten 195f. 4) B 5) siehe Seiten 196ff.
6) B ist eindeutig lösbar; A nicht, weil eine Gleichung fehlt; C nicht, weil Gleichung II ein Vielfaches von Gleichung I ist
7) siehe Seiten 198ff., 213f. 8) A) Falsch, weil dafür die Grundmenge $G = \mathbb{R} \times \mathbb{R}$ sein muss. B) Richtig.
C) Falsch, weil subtrahiert werden muss. D) Falsch, weil das Weglassen einer Variablen zu keinem Lösungspaar führt.
E) Richtig. F) Richtig.

6 Lineare Optimierung

6.1 Einführung

ABC **6.1** Die Veranstalter eines jährlich stattfindenden Schulballs verkaufen unterschiedlich teure Eintrittskarten für Erwachsene und für Jugendliche. Eine erwachsene Person bezahlt 27,00 €. Der Preis für Jugendliche beträgt 18,00 € pro Karte. Insgesamt dürfen maximal 1 500 Karten verkauft werden.

1) Gib eine Formel für die Einnahmen aus dem Kartenverkauf an.

2) Im ersten Jahr werden 300 Karten zu je 27,00 € und 950 Karten zu je 18,00 €; im zweiten Jahr 230 Karten zu je 27,00 € und 1 150 zu je 18,00 € und im dritten Jahr 370 Karten zu je 27,00 € und 980 Karten zu je 18,00 € verkauft. Berechne jeweils die Einnahmen. In welchem Jahr waren sie am höchsten?

3) Wie viele Karten sollten von jeder Sorte verkauft werden, um noch höhere Einnahmen zu erzielen? Wie groß wäre der maximale Gewinn und warum wird dieser Fall niemals eintreten?

Viele Probleme der Wirtschaft und Technik führen zu mathematischen Aufgabenstellungen, für die es mehr als eine korrekte Lösung gibt. Methoden, die darauf abzielen, aus der Vielzahl von Möglichkeiten eine „beste" Lösung zu ermitteln, nennt man **Optimierungsverfahren**.

Verkauft man zB Eintrittskarten für einen Märchenpark zu unterschiedlichen Preisen für Kinder, Jugendliche und Erwachsene, so will man möglichst hohe Einnahmen erzielen. An einem bestimmten Tag besuchen K Kinder, J Jugendliche und E Erwachsene den Märchenpark. Sind nun verschiedene Bedingungen vorgegeben, beeinflussen diese die Höhe der Einnahmen.

- Jeder Erwachsene muss von mindestens einem Kind begleitet werden, dh. $E \leqslant K$.
- Drei Jugendliche müssen von einem Erwachsenen begleitet werden, dh. $J = 3E$.
- Es dürfen maximal 2 000 Kinder in den Märchenpark hinein, dh. $K \leqslant 2\,000$.
- Es dürfen insgesamt 5 000 Personen in den Märchenpark hinein, dh. $K + J + E \leqslant 5\,000$

Im Allgemeinen gilt zusätzlich die **Nichtnegativitätsbedingung**. Darunter versteht man, dass die gegebenen Größen wie zB Anzahl der Personen, Arbeitsstunden ... nur nichtnegative Werte annehmen können, dh. diese Größen sind größer oder gleich null.

Alle vorgegebenen Bedingungen müssen erfüllt sein, erst dann kann die „beste" Lösung, in diesem Beispiel die höchsten Einnahmen, ermittelt werden. Diese Bedingungen sind mathematisch gesehen Ungleichungen mit einer oder mehreren Variablen. In diesem Abschnitt werden nur Aufgaben behandelt, bei denen diese Methoden auf Systeme von linearen Gleichungen oder Ungleichungen in zwei Variablen führen. Man nennt das für das Lösen dieser Aufgaben geeignete Optimierungsverfahren deshalb **lineare Optimierung**.

6.2 Grafisches Lösungsverfahren für lineare Ungleichungen

6.2 Gib die Lösungsmenge der folgenden Ungleichungen an. **B**

a) $7 - 6x > 17$ ***b)*** $\frac{5}{x} < 4$ mit $x \neq 0$ ***c)*** $12 - 5y \leqslant 10$ ***d)*** $5 \geqslant 9y - 10$

Die Lösungen einer Gleichung mit zwei Unbekannten liegen auf einer Geraden zB $y = 0{,}5x - 1$. Diese Gerade teilt die Ebene in zwei **Halbebenen**, die durch zwei Ungleichungen beschrieben werden können. So liegen alle Punkte, für die $y > 0{,}5x - 1$ gilt, in der **oberen Halbebene**, alle Punkte, für die $y < 0{,}5x - 1$ gilt, in der **unteren Halbebene**. Ist die Gerade ebenfalls Teil der Halbebene, was durch das $\geqslant$- bzw. $\leqslant$-Relationszeichen angegeben wird, so spricht man von einer **abgeschlossenen Halbebene**, andernfalls von einer **offenen Halbebene**.

$y > 0{,}5x - 1$ 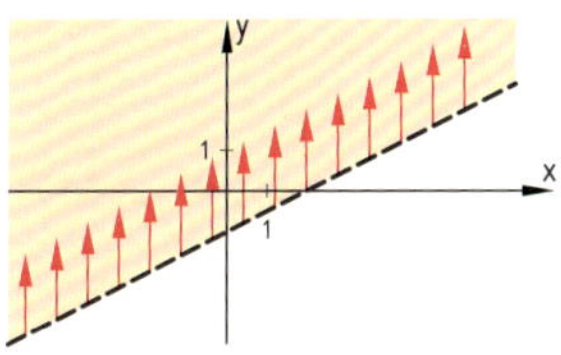 obere offene Halbebene	$y < 0{,}5x - 1$ 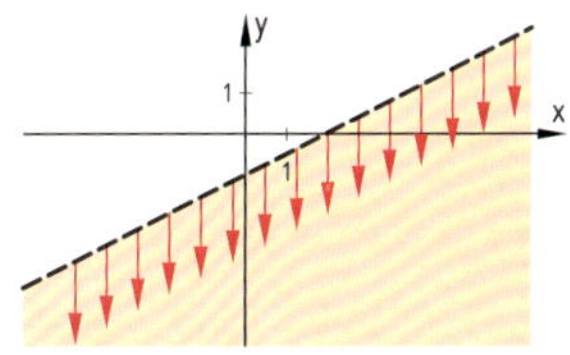 untere offene Halbebene
$y \geqslant 0{,}5x - 1$ 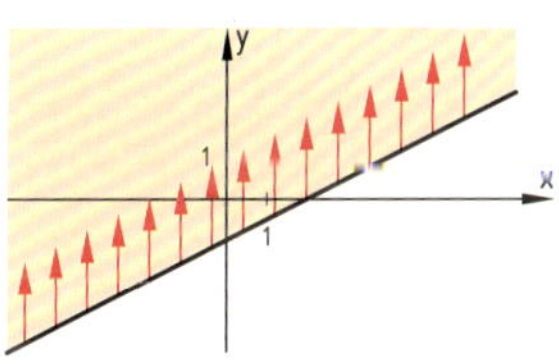 obere abgeschlossene Halbebene	$y \leqslant 0{,}5x - 1$ 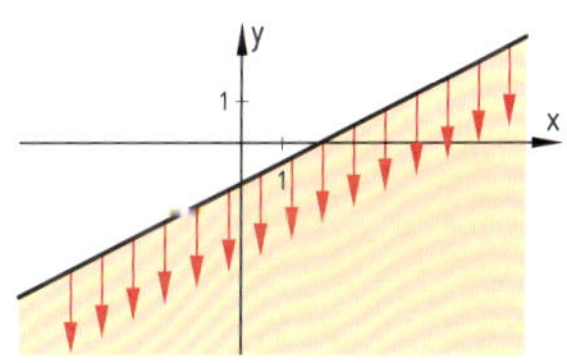 untere abgeschlossene Halbebene

6.3 Stelle die Lösungsmenge der Ungleichung grafisch dar. **B**

a) $-\frac{1}{3}x - y > 1$ ***b)*** $35 \geqslant 10x - 40y$

Lösung:

a) $-\frac{1}{3}x - y > 1$

$-y > \frac{1}{3}x + 1$

$y < -\frac{1}{3}x - 1$

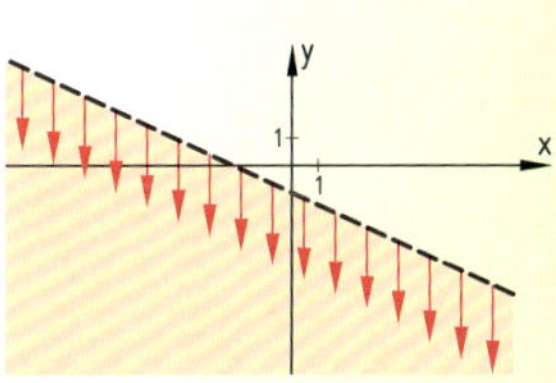

Zur Lösungsmenge gehören alle Punkte der unterhalb der Geraden liegenden offenen Halbebene.

b) $35 \geqslant 10x - 40y$

$40y \geqslant 10x - 35$

$y \geqslant 0{,}25x - 0{,}875$

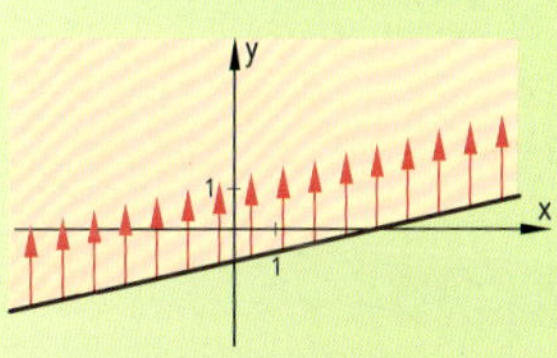

Zur Lösungsmenge gehören alle Punkte der oberhalb der Geraden liegenden abgeschlossenen Halbebene.

Technologieeinsatz: Grafische Darstellung linearer Ungleichungen

Die meisten Technologien bieten Möglichkeiten, lineare Ungleichungen grafisch darzustellen.

Wir bleiben bei der Angabe von **6.3 a)** und stellen die Funktion nun mit verschiedenen Rechenwerkzeugen dar:

TI-Nspire:

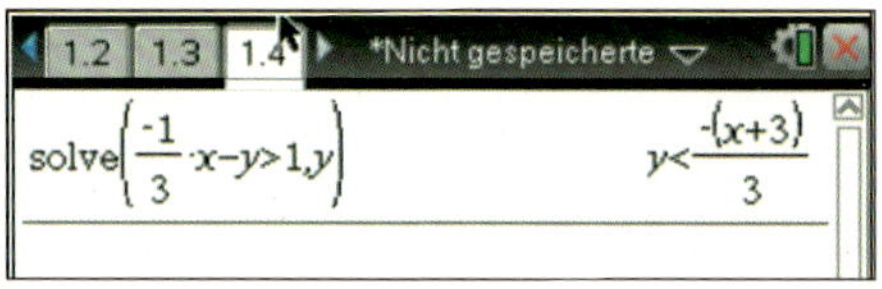

- Wie im Kapitel Gleichungen kennengelernt, wird hier eine Ungleichung vorerst mit dem Befehl **SOLVE** auf die Form y > ... bzw. y < ... gebracht.

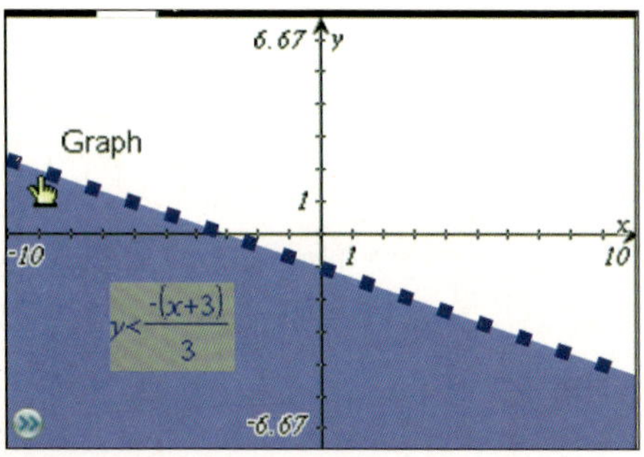

- Die Ungleichung wird nun kopiert und im **Graphs**-Fenster anstelle des Ausdrucks **f1(x) =** eingefügt.
  Danach wird diese Ungleichung grafisch dargestellt.

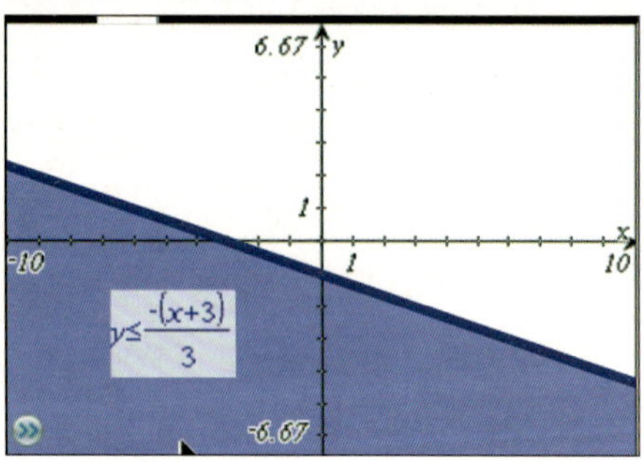

- Der Unterschied zwischen „kleiner gleich" und „kleiner" lässt sich deutlich an der durchgezogenen beziehungsweise strichlierten Linie erkennen.

GeoGebra:

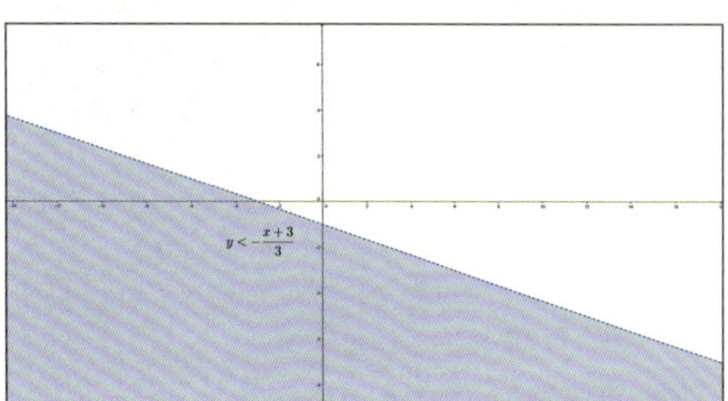

- In **GeoGebra** kann die Ungleichung direkt in die Eingabezeile eingegeben werden. Sie wird dann mit einem Variablennamen belegt und ganz ähnlich wie beim CAS als Fläche unterhalb beziehungsweise oberhalb einer linearen Funktion dargestellt.

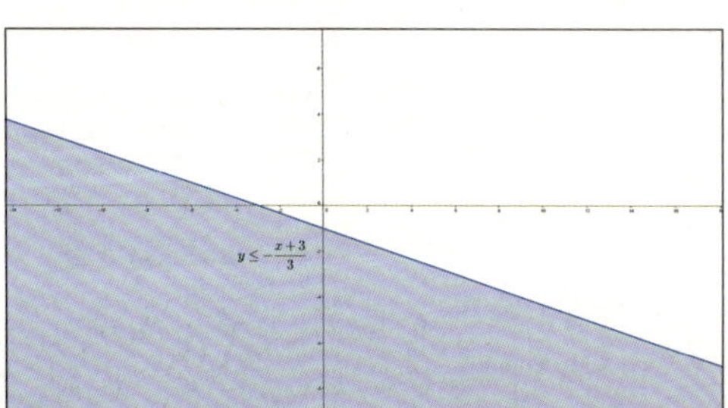

- Auch hier zeigt sich der Unterschied zwischen „kleiner gleich" und „kleiner" deutlich an der durchgezogenen beziehungsweise strichlierten Linie.

Aufgaben 6.4 – 6.8: Stelle jeweils die Lösungsmenge grafisch dar und verwende dazu auch dein Rechenwerkzeug.

6.4 **a)** $y \geqslant 5$ **b)** $x > -3$ **c)** $y \leqslant -1$ **d)** $x < 0$ B

6.5 **a)** $5x < 8y$ **b)** $-7x \leqslant 4y$ **c)** $-5x - 18y > 0$ **d)** $x \geqslant -y$ B

6.6 **a)** $-8x - 3y > 66$ **b)** $8x - 11y < 15$ **c)** $4x + 5y > 39$ **d)** $-3x + 2y < 22$ B

6.7 **a)** $16x + 9y \leqslant 12$ **b)** $-6x + 35y \leqslant -40$ **c)** $-9x + 11y \geqslant 1$ **d)** $9x + 2y \geqslant 53$ B

6.8 **a)** $20x - (8x - 3y) < 4y - (2x + y - 2)$ **b)** $3\,(x - 3y) + 3y + 1 \leqslant 6x + 9$ B

6.3 Grafisches Lösungsverfahren für lineare Ungleichungssysteme

Lineare Ungleichungssysteme bestehen aus mindestens zwei Ungleichungen. Für jede dieser Ungleichungen kann die Lösungsmenge, eine Halbebene, grafisch dargestellt werden. Die Lösungsmenge des Ungleichungssystems ist dann der Durchschnitt aller Halbebenen, die sich aus den Ungleichungen ergeben. Man bezeichnet diese Durchschnittsmenge als **Lösungsmenge des Ungleichungssystems**. Die Lösungsmenge kann dabei leer, unbeschränkt oder beschränkt sein.

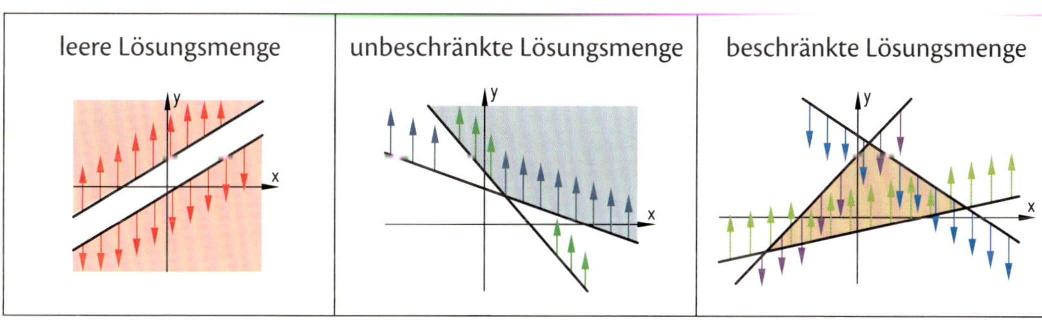

Bemerkung: Ein Ungleichungssystem liegt auch dann vor, wenn neben Ungleichungen auch Gleichungen vorkommen.

6.9 Stelle die Lösungsmenge des Ungleichungssystems grafisch dar. B

I: $x + 3y \geqslant 6$
II: $4x > y + 1$

Lösung:

I: $x + 3y \geqslant 6$
II: $4x > y + 1$

I: $y \geqslant -\frac{1}{3}x + 2$
II: $y < 4x - 1$

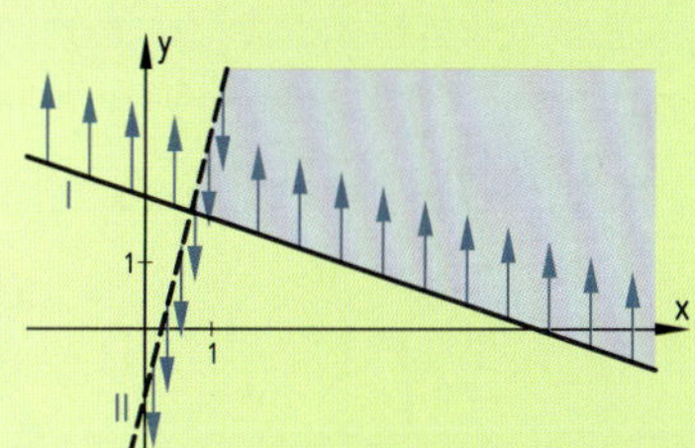

Technologieeinsatz: Grafische Darstellung linearer Ungleichungssysteme

TI-Nspire:

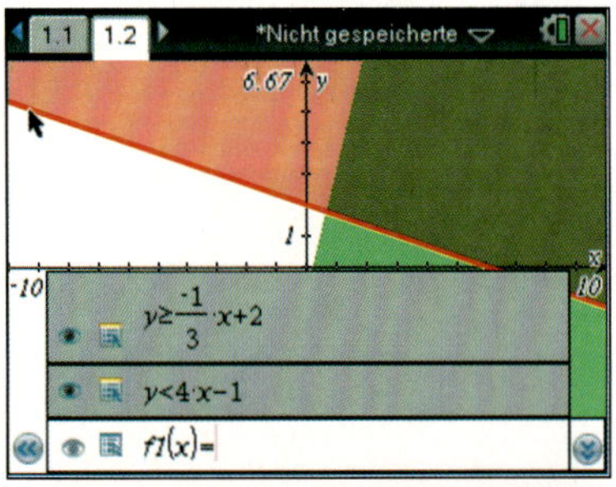

- Wie schon in Abschnitt 6.2 erwähnt, werden die Ungleichungen durch den Befehl **SOLVE** in die Form y > bzw. y < gebracht, kopiert und im **GRAPHS**-Fenster anstelle des Ausdruckes **f1(s) =** eingefügt.

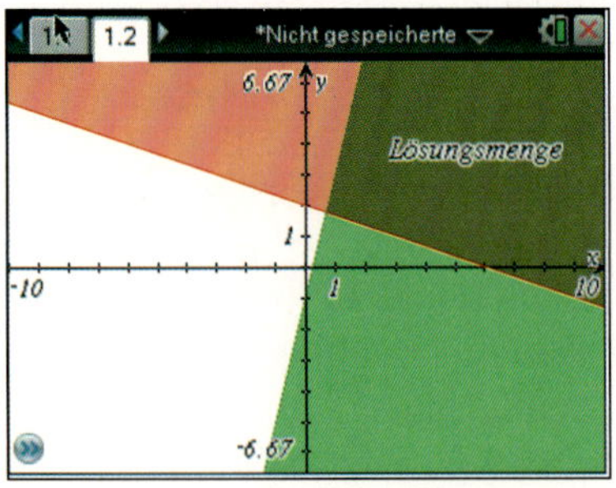

- Durch die farbliche Darstellung lässt sich die Lösungsmenge als Schnittfläche gut erkennen.

GeoGebra:

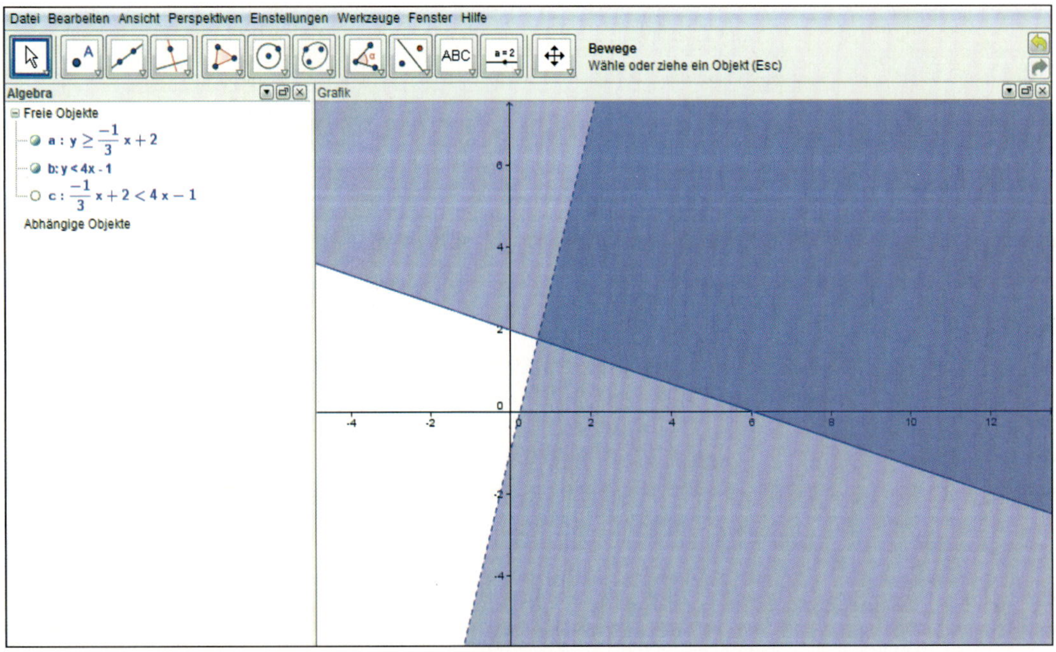

- Auch in **GeoGebra** kann man durch die farbliche Gestaltung bei Eingabe mehrerer Ungleichungen die Schnittfläche der Halbebenen deutlich erkennen.

Aufgaben 6.10 – 6.12: Löse die Ungleichungssysteme grafisch mit Hilfe deines Rechenwerkzeugs.

TE

6.10 B

a) I: $x > 4$; II: $y \geqslant 3{,}5$

b) I: $x < 5$; II: $y > -2$

c) I: $2x + y \leqslant 9$; II: $x + 2y > -1$

d) I: $0{,}5x - 2y > 1$; II: $x + 0{,}2y \leqslant 0{,}5$

6.11 B

a) I: $x - y \geqslant 5$; II: $x + 2y \leqslant 5$; III: $y \geqslant 0$

b) I: $x + y < 4$; II: $y = -2$; III: $10 \geqslant 3x - 2y$

c) I: $x = -2$; II: $x + y < 7$; III: $-8x + 6y \leqslant 27$

d) I: $x + y \geqslant 0$; II: $-2x + y \leqslant 2$; III: $3x + y > 9$

6.12 B

a) I: $x - 2y > -14$; II: $2x - y \geqslant -12$; III: $x - 2y < 8$

b) I: $x < 5$; II: $x + y \geqslant 8$; III: $4x + 5y \leqslant 20$

c) I: $x + 3y \geqslant -8$; II: $2x - y \geqslant -16$; III: $x - 4y < 23$

d) I: $-x + y \leqslant 4$; II: $2x - y \leqslant 18$; III: $3x + 4y < 36$

6.13 Skizziere den durch das gegebene Ungleichungssystem beschriebenen Bereich zuerst mit der Hand. Überprüfe anschließend deine Skizze mit einem geeigneten Hilfsmittel (Taschenrechner oder PC). Bestimme die Ecken des jeweils beschriebenen Bereichs. B

a) I: $x + 4y < 66$; II: $4x + 2y < 90$; III: $x > 0$; IV: $y > 0$

b) I: $x + 3y < 20$; II: $5x + 2y < 36$; III: $-x + y < 4$; IV: $x > 1$; V: $y > 0{,}5$

c) I: $x + 5y > 10$; II: $4x + 2{,}5y > 10$; III: $x + y > 4$; IV: $0 < x < 6$; V: $0 < y < 4$

6.14 Gib die Ungleichungen an, die den skizzierten Bereich beschreiben. ABC

a)

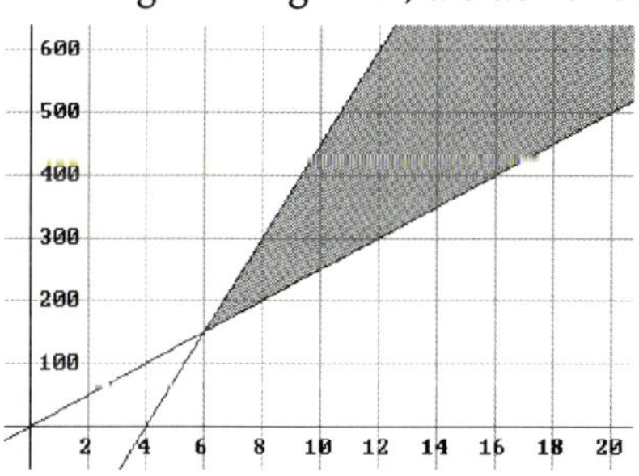

c)

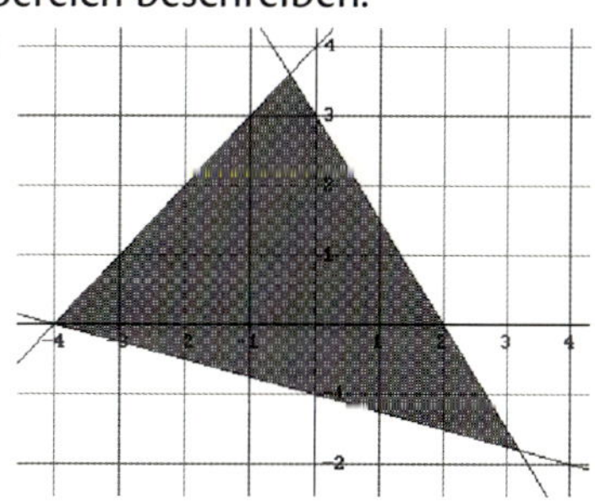

b)

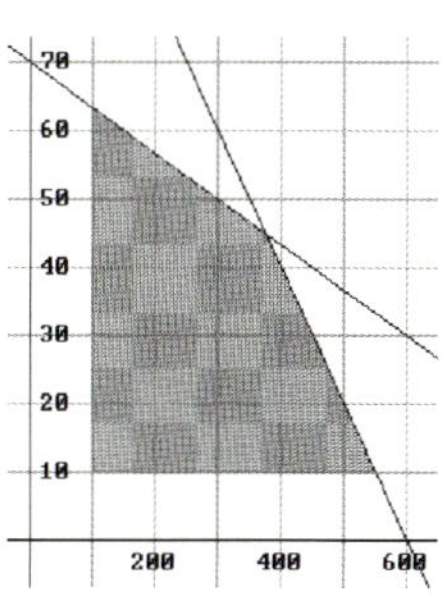

ABC **6.15** Welches Ungleichungssystem beschreibt dieses „Haus“?

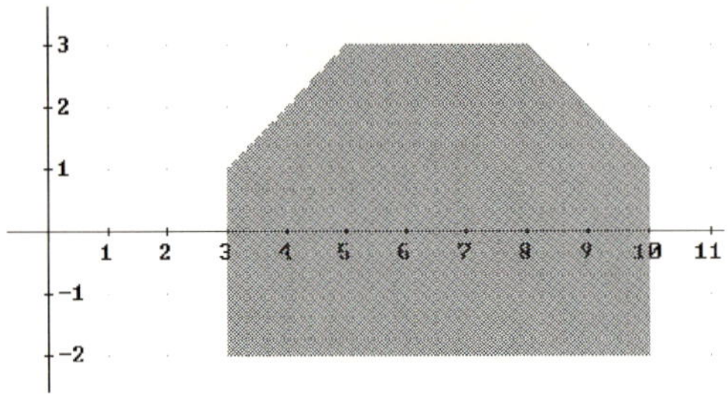

ABC **6.16** In einer meteorologischen Fachzeitschrift wird die Verbreitung der Landschaftsformen Wüste, Grasland und Wald in Abhängigkeit von der durchschnittlichen Jahrestemperatur und der Niederschlagsmenge grafisch dargestellt.

TE

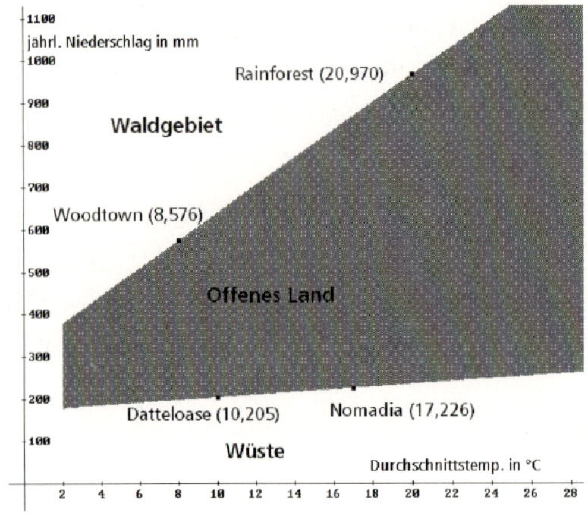

1) Beschreibe die Bereiche der drei Landschaftsformen durch lineare Ungleichungssysteme. Berücksichtige dabei, dass für ihr Auftreten eine Mindesttemperatur von 2 °C erforderlich ist.

2) Gib für die Durchschnittstemperatur 15 °C die begrenzenden Niederschlagsmengen für Wald, Grasland und Wüstengebiete an.

3) Überprüfe grafisch mithilfe deines Rechenwerkzeugs.

AB **6.17** Der Nahrungsmittelhersteller XUND&GUAT erwägt die Erweiterung seiner Produktpalette um zwei Müslisorten. Sie sollen die Namen *WakeUp* und *SuperFit* erhalten. Zur Herstellung von 1 kg *WakeUp* werden unter anderem 55 dag Getreideflocken, 15 dag Kürbiskerne und 5 dag Sonnenblumenkerne verwendet, während für 1 kg *SuperFit* 35 dag Flocken, 5 dag Kürbiskerne und 12 dag Sonnenblumenkerne verwendet werden. Für eine Testphase sollen nicht mehr als 3 600 kg Getreideflocken, 900 kg Kürbiskerne und 750 kg Sonnenblumenkerne – alles aus biologischem Landbau – verbraucht werden. Zusätzliche Ingredienzien müssen zugekauft werden, und zwar für jeden kg *WakeUp* im Wert von 0,15 € und für jeden kg *SuperFit* im Wert von 0,65 €. Dafür stehen insgesamt höchstens 3 800,00 € zur Verfügung.

TE

1) Modelliere alle Bedingungen durch ein Ungleichungssystem. Denke auch daran, dass nur positive Werte sinnvoll sind.

2) Erstelle eine geeignete grafische Darstellung mithilfe deiner Technologie.

3) Bestimme die Ecken des entstandenen Vielecks und stelle dieses Vieleck auch dar.

6.4 Grafisches Verfahren zur Lösung linearer Optimierungsaufgaben

Die lineare Optimierung ist ein Verfahren, um die unter einem vorgegebenen Gesichtspunkt beste Lösung aus unendlich vielen möglichen Lösungen zu ermitteln. Zum besseren Verständnis werden die Aufgabenstellungen bzw. die Zahlenangaben zum Teil vereinfacht. Die Vorgehensweise bei einer solchen Maximum- bzw. Minimumaufgabe soll anhand von Beispielen erklärt werden.

Maximumaufgabe

In einem Produktionsbetrieb werden mithilfe dreier Maschinen M_1, M_2 und M_3 zwei Werkstücke A und B hergestellt. Das Werkstück A wird zuerst von der Maschine M_1 eine Stunde bearbeitet, dann von M_2 vier Stunden und anschließend von M_3 zwei Stunden. Das Werkstück B wird von M_1 drei Stunden, von M_2 drei Stunden und von M_3 eine Stunde bearbeitet. Insgesamt steht die Maschine M_1 für maximal 24 Wochenstunden, Maschine M_2 für maximal 42 Wochenstunden und Maschine M_3 für maximal 20 Wochenstunden zur Verfügung. Der Gewinn pro Werkstück A beträgt 215,00 €, der Gewinn für B 327,00 € pro Stück. Wie viele Werkstücke von A und B sollten hergestellt werden, damit der Gewinn möglichst groß wird?

Zur besseren Übersicht werden die Angaben zuerst in Form einer Tabelle angeschrieben. Die gegebenen Bedingungen werden anschließend als Ungleichungen formuliert. Zusätzlich gelten die Nichtnegativitätsbedingungen. Wir erhalten somit ein Ungleichungssystem. Der Lösungsbereich dieses Ungleichungssystems wird in ein Koordinatensystem eingezeichnet.

Maschine	Anzahl der Arbeitsstunden		Maximale Wochenstundenanzahl
	für A	für B	
M_1	1	3	24
M_2	4	3	42
M_3	2	1	20
Gewinn	215,00 €	327,00 €	

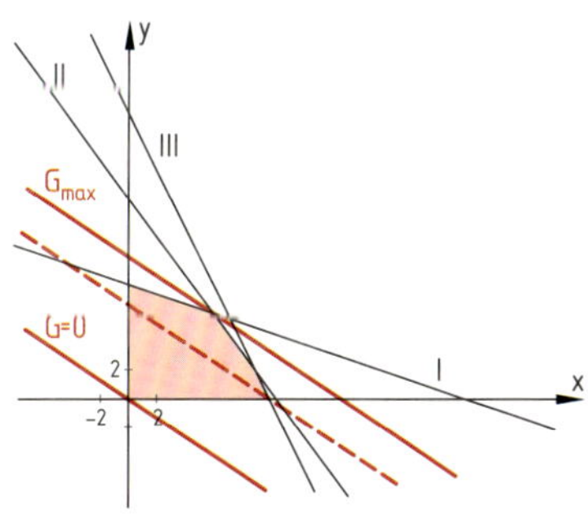

x ... Stückzahl für A, y ... Stückzahl für B

I: $x + 3y \leqslant 24 \Rightarrow y \leqslant -\frac{1}{3}x + 8$

II: $4x + 3y \leqslant 42 \Rightarrow y \leqslant -\frac{4}{3}x + 14$

III: $2x + y \leqslant 20 \Rightarrow y \leqslant -2x + 20$

IV: $x \geqslant 0$ und V: $y \geqslant 0$

Nun wird die **Zielfunktion** festgelegt. In diesem Beispiel ist das Ziel, maximalen Gewinn (Gewinn = Stückzahl · Gewinn pro Stück) zu erreichen. Die Zielfunktion lautet daher $G = 215{,}00\,\frac{€}{\text{Stück}} \cdot x + 327{,}00\,\frac{€}{\text{Stück}} \cdot y$, wobei G möglichst groß werden soll. Formt man auf die Normalform $y = -\frac{215}{327}x + \frac{G}{327}$ um, so sieht man, dass wir lauter parallele Geraden erhalten, deren „Höhe" jeweils von G abhängt. Wir zeichnen zuerst die Gerade mit G = 0 ein. Diese Gerade verschieben wir nun parallel, sodass der Ordinatenabschnitt $\frac{G}{327}$ und damit auch G möglichst groß wird, die Gerade aber noch durch mindestens einen Punkt des Lösungsbereichs verläuft. In diesem Beispiel ist das der Punkt P(6|6). Daher sollten jeweils sechs Stück von jedem Werkstück hergestellt werden.

AB **6.18** Ein Familienunternehmen produziert süße und saure Delikatessen, die in unterschiedlich großen Glasverpackungen abgefüllt und verkauft werden. Besonders gerne gekauft werden Essiggurken im 314-ml-Glas und Salzgurken im 580-ml-Glas. Die Gesamtproduktionskosten betragen 1,85 € für ein Glas Essiggurken und 3,63 € für ein Glas Salzgurken. Der Verkaufspreis für Großkunden des Unternehmens beträgt 2,27 € für ein Glas Essiggurken und 4,21 € für ein Glas Salzgurken.
Aufgrund der wirtschaftlichen Situation stehen im Moment 90 000,00 € für die Produktion zur Verfügung, es können aber insgesamt aufgrund der maschinellen Kapazität maximal 30 000 Gläser produziert werden.
Wie viele Gläser von jeder Sorte sollten produziert werden, damit der Deckungsbeitrag aller Gläser maximal wird? Wie hoch ist dieser Deckungsbeitrag (DB)?

Lösung:

Angaben pro Glas	Produktions-kosten (PK)	Verkaufs-preis (VP)	Deckungs-beitrag
Essiggurken	1,85	2,27	0,42
Salzgurken	3,63	4,21	0,58

- Angabe in Form einer Tabelle anschreiben
- DB = VP – PK

x ... Anzahl der Gläser Essiggurken
y ... Anzahl der Gläser Salzgurken

- Variablen festlegen

I: $x + y \leq 30\,000$
II: $1{,}85x + 3{,}63y \leq 90\,000$

- Ungleichungssystem aufstellen

$x \geq 0, y \geq 0$

- Nichtnegativitätsbedingungen beachten

DB-Funktion: $DB = 0{,}42x + 0{,}58y$ ... maximal

$$y = \frac{-0{,}42x}{0{,}58} + \frac{DB}{0{,}58}$$

- Zielfunktion (Gewinnfunktion) festlegen
- Lineare Ungleichungen in ein Koordinatensystem einzeichnen

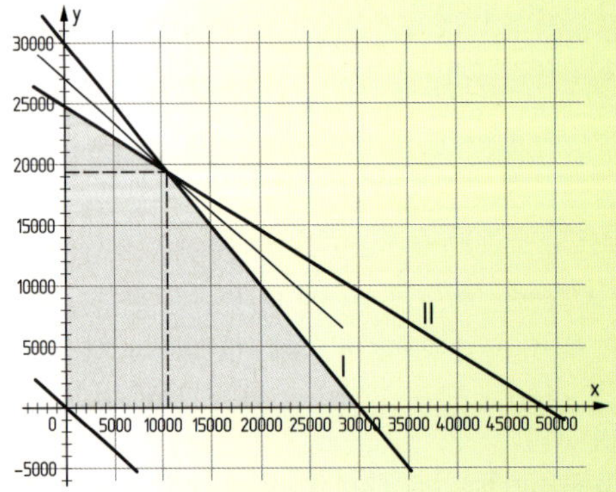

- Zielfunktion einzeichnen
- Zielfunktion solange parallel verschieben, bis sich ein maximaler DB ergibt.
- Koordinaten des Schnittpunkts aus dem Diagramm ablesen bzw. berechnen und geeignet runden.

Der maximale Deckungsbeitrag aller Gläser ergibt sich bei x = 10 618 und y = 19 382. Er beträgt 15 701,12 €.

Minimumaufgabe

Bei einer Minimumaufgabe beschreibt die Zielfunktion jene Größe, die minimal werden soll. Dies können zB die Produktionskosten oder der Energieverbrauch sein. Der Lösungsweg ist analog zu jenem bei Maximumaufgaben, allerdings ist jetzt ein möglichst kleiner Ordinatenabschnitt gesucht, wie das folgende Beispiel zeigt.

Ein Nahrungsmittelproduzent produziert aus zwei verschiedenen Vitaminmischungen V_1 und V_2 seine eigene Spezialmischung. V_1 und V_2 bestehen jeweils aus den Vitaminen A, C und D, aber in unterschiedlicher Zusammensetzung und zu unterschiedlichen Preisen. Der Produzent möchte die Einkaufskosten möglichst gering halten. Aufgrund der (hier nicht angegebenen) Bedingungen ergibt sich die Zielfunktion $K = 4x + 5y$ bzw. $y = -\frac{4}{5}x + \frac{K}{5}$. Die Gerade $y = -\frac{4}{5}x$ wird so lange verschoben, bis sie den Lösungsbereich „erstmalig" berührt. Dadurch ergeben sich der kleinste Ordinatenabschnitt und somit die geringsten Einkaufskosten.

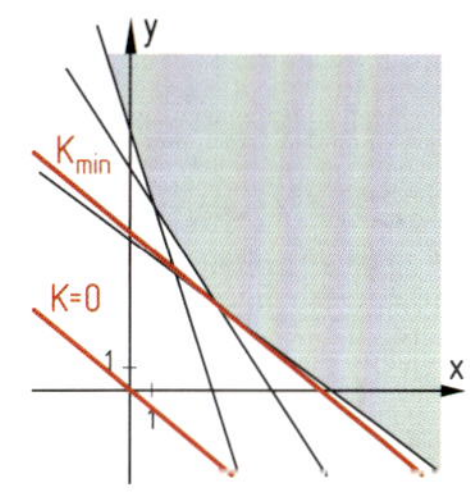

Hauptsatz der linearen Optimierung

Wie man bei den beiden besprochenen Aufgaben sehen kann, liegen die Lösungen jeweils an einem Eckpunkt des Lösungsbereichs. Dies wird durch den **Hauptsatz der linearen Optimierung** beschrieben, der sich aber mit den bisher bekannten Methoden nicht beweisen lässt.

Gegeben ist ein System von linearen Ungleichungen in zwei Variablen mit der Lösungsmenge L. Die Zielfunktion f ordnet jedem Zahlenpaar der Lösungsmenge einen Funktionswert z, $z \in \mathbb{R}$ zu, $L \to \mathbb{R}$, $(x|y) \mapsto z(x|y)$. Falls f auf L ein Maximum bzw. Minimum annimmt, so liegt dieses in einem Eckpunkt des Lösungsbereichs.

Wird das Maximum bzw. Minimum in genau einem Punkt angenommen, so ist die Optimierungsaufgabe eindeutig lösbar. Dies muss aber nicht immer der Fall sein. Verläuft der Graph der Zielfunktion parallel zu einer Seite des Lösungsbereichs, so ist jeder Punkt dieser Seite eine optimale Lösung des Problems, zB:

Das Ungleichungssystem lautet:
I: $y \leq -0{,}5x + 7$
II: $y \leq -4x + 25$

Die Zielfunktion lautet: $Z = 150x + 300y \Rightarrow y = -0{,}5x + \frac{Z}{300}$

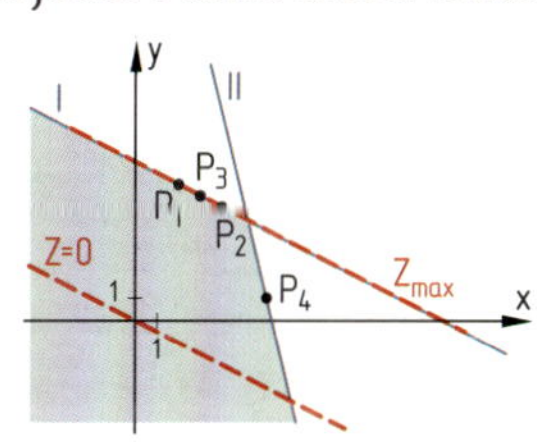

Jeder Punkt der rot markierten Seitenkante des Lösungsbereichs liefert einen maximalen Wert.
ZB $P_1(2|6) \Rightarrow Z = 150 \cdot 2 + 300 \cdot 6 = 2\,100$; $P_2(4|5) \Rightarrow Z = 2\,100$
$P_3(3|5{,}5) \Rightarrow Z = 2\,100$; aber $P_4(6|1) \Rightarrow Z = 150 \cdot 6 + 300 \cdot 1 = 1\,200 \neq 2\,100$

Bemerkung: Die Eckpunkte des Lösungsbereichs müssen keine ganzzahligen Werte annehmen. Bei technisch-wirtschaftlichen Anwendungen sind aber meist nur ganzzahlige Lösungen sinnvoll. Sofern die optimale Lösung ganzzahlige Werte enthält, ist die Aufgabe gelöst. Im obigen Beispiel sind das P_1 und P_2, aber auch noch der Punkt (0|7).
Es gibt aber auch Fälle, wo die ganzzahlige optimale Lösung kein Eckpunkt des Lösungsbereichs ist. Hier ein Beispiel:

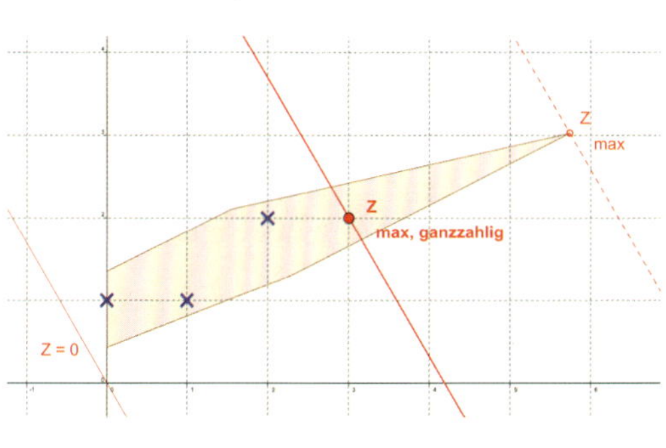

- Die einzigen Punkte mit ganzzahligen Koordinaten liegen hier nicht am Rand des Lösungsbereichs, sondern im Inneren.
- Beim Verschieben der Zielfunktion darf man daher nicht bis Z_{max} verschieben (dort sind die Koordinaten nicht ganzzahlig), sondern muss schon beim „letzten ganzzahligen Punkt" seine Suche beenden und sich mit $Z_{max,\ ganzzahlig}$ als optimale Lösung zufrieden geben.

Technologieeinsatz: Grafisches Verfahren zur Lösung linearer Optimierungsaufgaben

Durch die schon vorgestellten Darstellungsmöglichkeiten linearer Ungleichungssysteme können lineare Optimierungsaufgaben sehr anschaulich mit Hilfe von Technologie gelöst werden.

Am Beispiel der Maximumaufgabe von Seite 229 soll hier gezeigt werden, wie solche Optimierungsaufgaben mithilfe verschiedener Rechenwerkzeuge gelöst werden können.

TI-Nspire:

$f1(x):=\frac{-1}{3}\cdot x+8$	*Fertig*
$f2(x):=\frac{-4}{3}\cdot x+14$	*Fertig*
$f3(x):=-2\cdot x+20$	*Fertig*
solve$(x=0$ and $y=f1(x),x,y)$	$x=0$ and $y=8$

- Vorerst werden die einzelnen Bedingungen in Form von linearen Funktionen definiert. Anschließend können durch die Berechnung der Schnittpunkte die Randpunkte des Lösungsbereichs des Ungleichungssystems berechnet werden. (Hier nur beispielhaft gezeigt.)

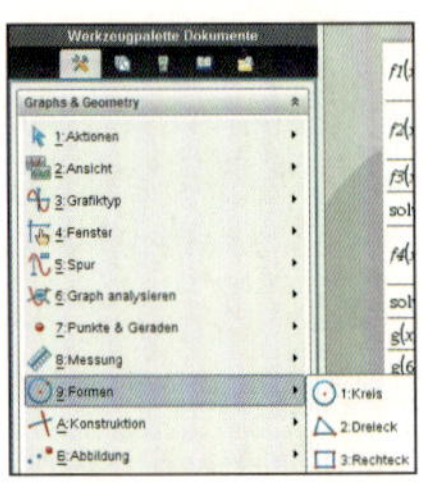

- Im Grafikfenster lässt sich durch ein Polygon die Durchschnittsmenge der Halbebenen sehr schön darstellen. Dazu muss durch Anklicken der Eckpunkte das Polygon begrenzt werden.

$f4(x):=\frac{-215\cdot x}{327}+\frac{g}{327}$	*Fertig*

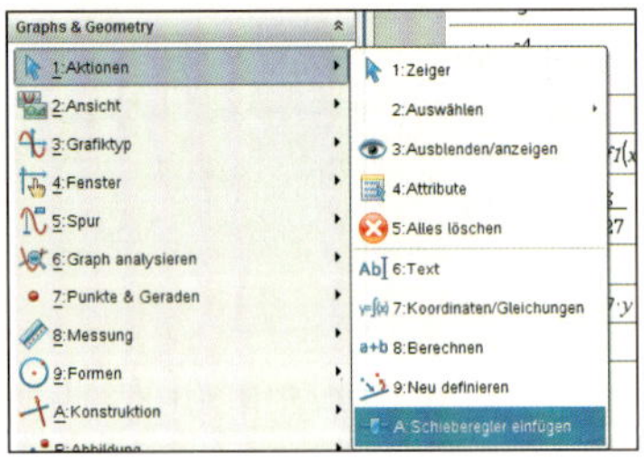

- Anschließend definiert man die Zielfunktion, indem man den Term – wie auf Seite 229 erklärt – als Funktion von x darstellt, die als Formvariable g beinhaltet.
  Um die Gerade im Grafikfenster darstellen zu können fügt man einen Schieberegler mit der Variablen g ein. Achte dabei auf die Wahl des minimalen und maximalen Werts (hier: zB von 0 bis 10 000).

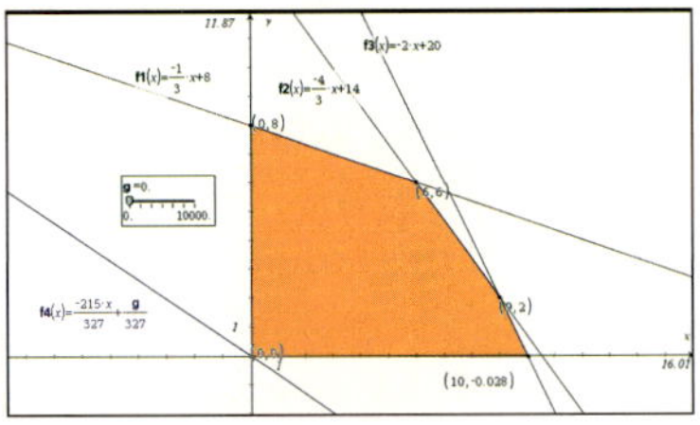

- Durch Bewegen des Schiebereglers ist es nun möglich, den Graph der Zielfunktion so zu verschieben, dass er den Rand des farbig markierten Lösungsbereichs berührt. Die Lösung für die Variable g lässt sich ablesen und stellt den maximalen Gewinn dar.

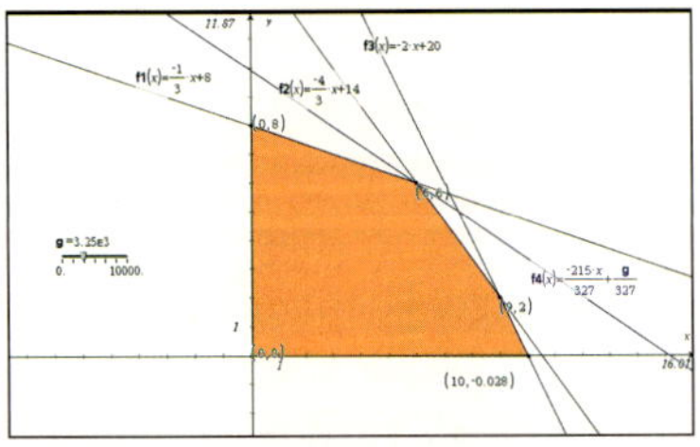

- Zur Überprüfung kann man im Algebrafenster auch durch das Einsetzen des von der Zielfunktion berührten Eckpunkts (hier ergibt sich P(6|6) als Schnittpunkt von f1 und f2) die Lösung rechnerisch ermitteln.

solve$(f4(6)=6,g)$	$g=3252$
$g(x,y):=215\cdot x+327\cdot y$	*Fertig*
$g(6,6)$	3252

GeoGebra:

Anhand des Optimierungsproblems auf Seite 229 wird hier die Lösung mit **GeoGebra** gezeigt.

Ganz ähnlich wie bei CAS kann man in **GeoGebra** eine sehr anschauliche grafische Lösung erhalten.

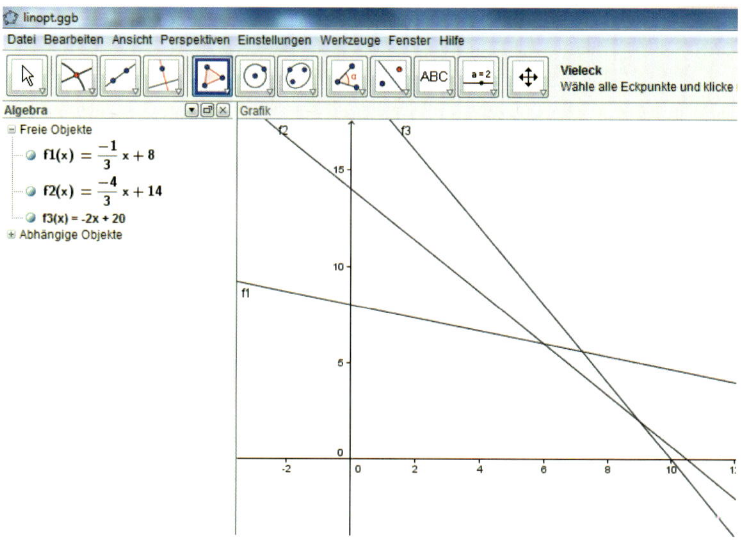

- Dazu definiert man alle Ungleichungen in Form von Funktionen.

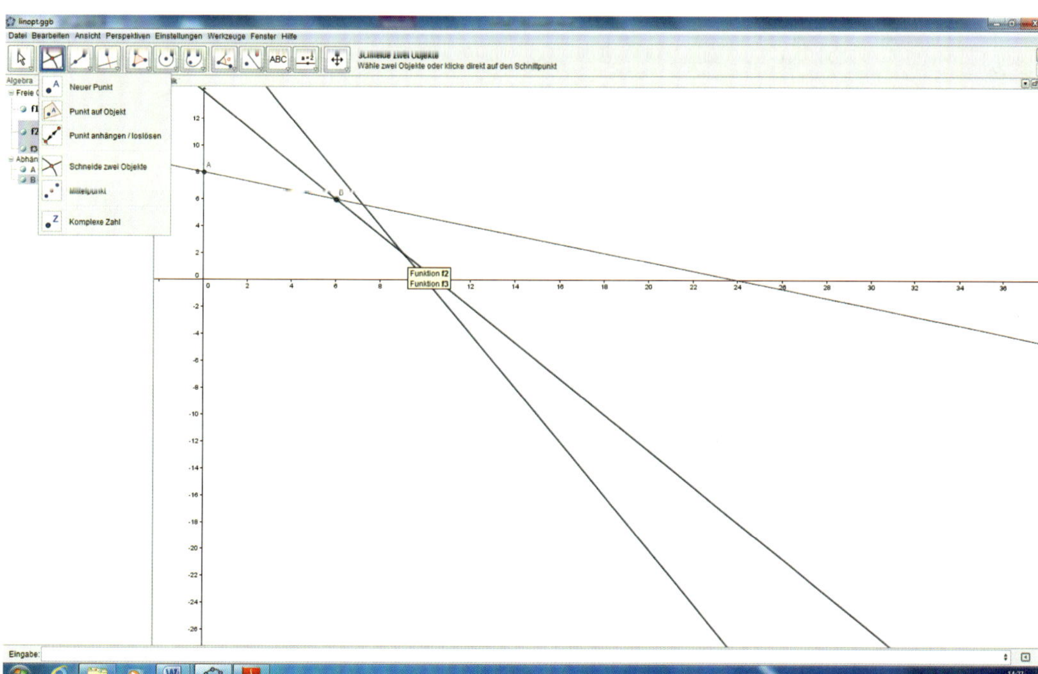

- Danach kann man mithilfe des Menüpunks „**Schneide zwei Objekte**" die Schnittpunkte der einzelnen Geraden einzeichnen.

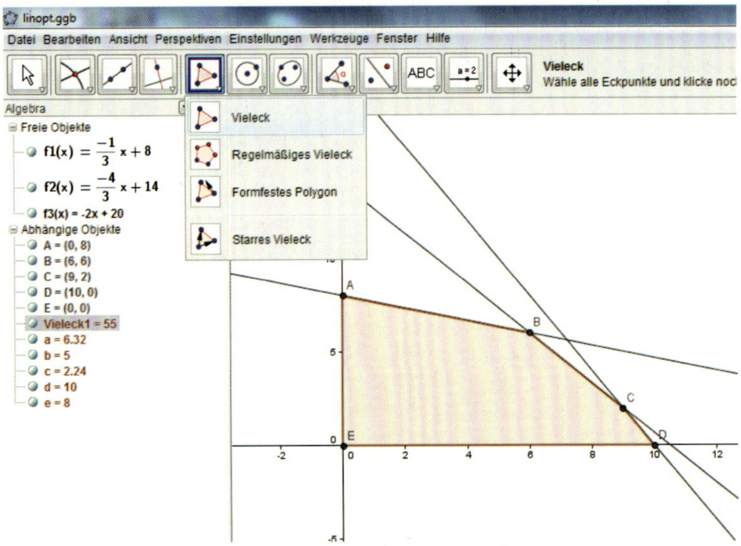

- Schließlich nutzt man den Menüpunkt „**Vieleck**“ und grenzt durch das Markieren der einzelnen Punkte die gesuchte Halbebene ab.

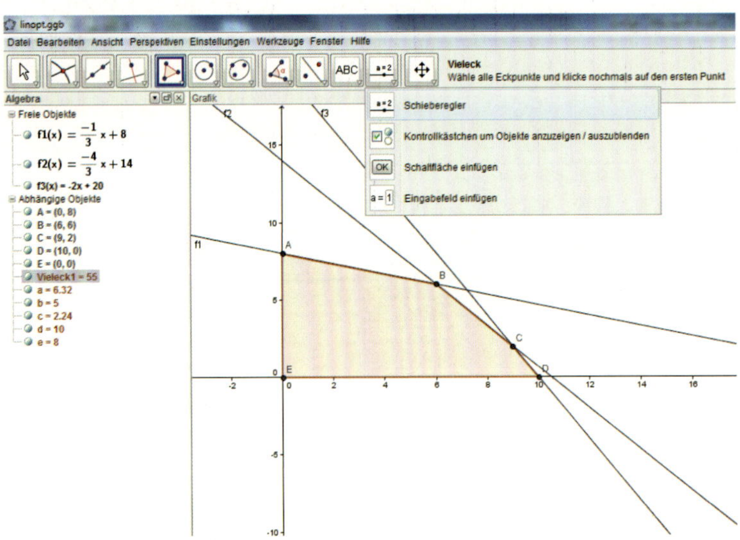

- Die Zielfunktion wird mithilfe der Formvariablen g beschrieben. Zuvor muss ein **Schieberegler** eingefügt werden.

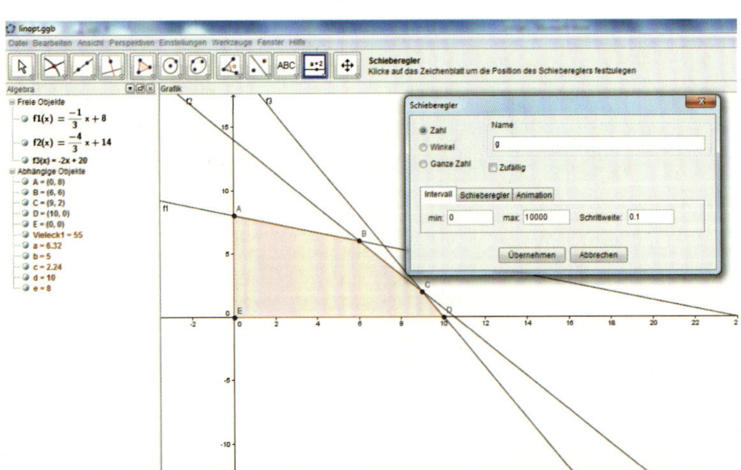

- Dabei werden minimaler und maximaler Wert des Zahlenbereichs sinnvoll gewählt.

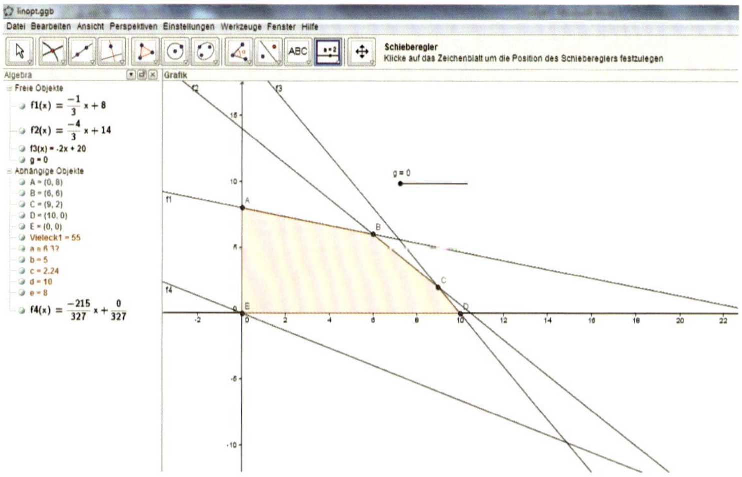

- Zuletzt verschiebt man die Variable g so, dass die Zielfunktion den Randbereich der Halbebene berührt.

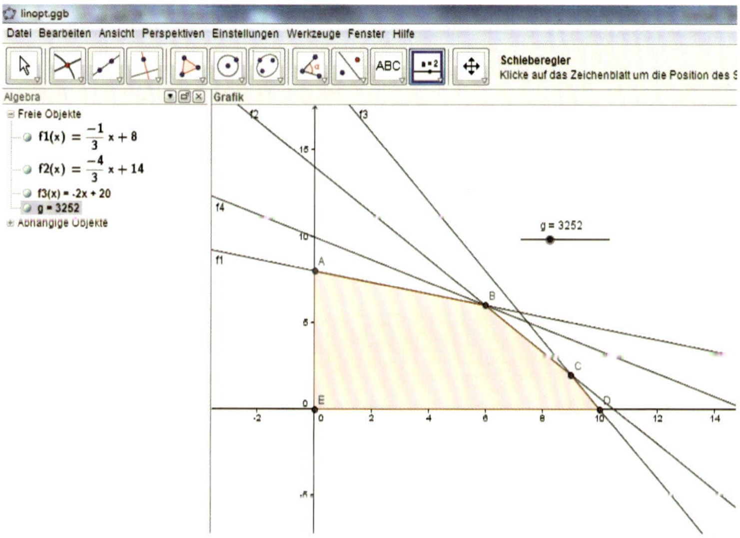

- Wir können den maximalen Wert der Zielfunktion ablesen.

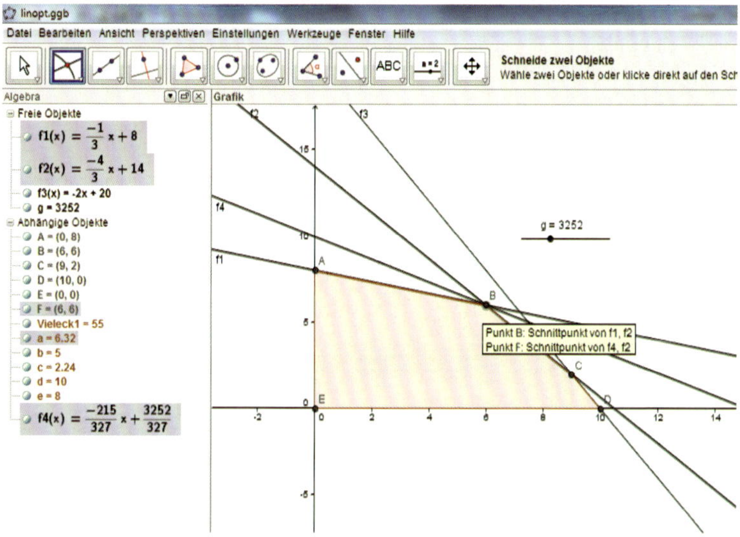

- Zur Überprüfung der grafischen Lösung kann man nach Einsetzen des ermittelten Wertes für g die Schnittpunkte der Funktionen einzeichnen lassen und überprüfen.

Excel:

Excel bietet eine – allerdings nur numerische – Lösungsmethode. Der **Solver** ist ein probates Werkzeug. Wir lösen folgende Aufgabe mit dem Solver.

Zwei Fertignahrungsmittel für Haustiere, FixDog und FastCat, durchlaufen drei Produktionsgänge, P1, P2 und P3. Jeder Produktionsgang wird von einem Kilogramm FixDog und FastCat unterschiedlich lange in Anspruch genommen. Die Produktionszeiten (in min pro kg) und die für die Gesamtproduktion überhaupt verfügbaren Zeiten (in min) sind in der folgenden Input-Matrix zusammengestellt.

In der letzten Zeile sind die Gewinne pro Dose in Cent angegeben.

Welcher Produktionsplan verspricht den größten Gewinn?

E5 = =$B$6*B5+$C$6*C5

	A	B	C	D	E
1		FixDog	FastCat	verfügbar	Modell
2	P1	3	2	1200	500
3	P2	20	1,5	3600	2150
4	P3	10	3	2400	1300
5	Gewinn/kg	30	15		4500
6	Start	100	100		

E
Modell
=$B$6*B2+$C$6*C2
=$B$6*B3+$C$6*C3
=$B$6*B4+$C$6*C4
=$B$6*B5+$C$6*C5

- Nach Aufruf des **Solvers** müssen die Zielzelle (hier **$E$5**), die veränderbaren Zellen (dort sind die Startwerte für die Unbekannten eingetragen) und die begrenzenden Ungleichungen in die entsprechenden Felder eingetragen werden.

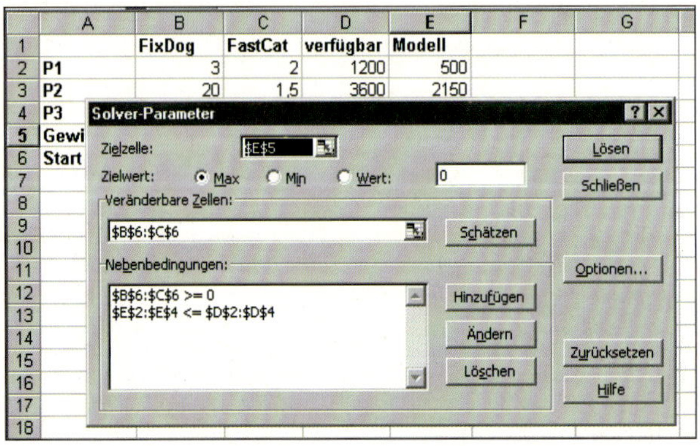

- Vergleiche die hier eingetragenen Parameterwerte (Rechendaten) mit der Ausgangstabelle. Der Schaltknopf **Lösen** setzt den Solver in Gang und die Lösung wird angezeigt.

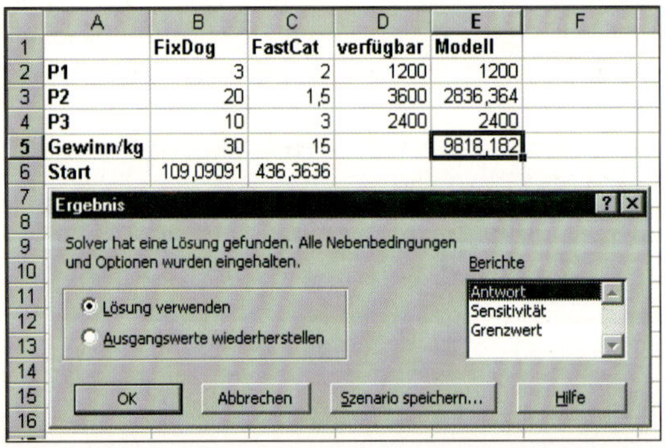

- Auf Wunsch lässt sich zusätzlich ein ausführlicher **Report** ausgeben.

Zielzelle (Max)

Zelle	Name	Ausgangswert	Lösungswert
$E$5	Gewinn/kg Modell	4500	9818,181818

Veränderbare Zellen

Zelle	Name	Ausgangswert	Lösungswert
$B$6	Start FixDog	100	109,0909091
$C$6	Start FastCat	100	436,3636364

Maximumaufgaben

TE

Aufgaben 6.19 – 6.23: Bestimme jeweils das Maximum grafisch und verwende dazu auch deine Technologie.

6.19 Die Firma „Fruchtsaft KG" produziert zwei Sorten Kirschnektar. Die erste Sorte enthält 50 % reinen Kirschsaft und 15 % reinen Apfelsaft, die zweite Sorte 40 % Kirschsaft und 30 % Apfelsaft, der Rest wird mit Wasser aufgefüllt. Insgesamt stehen 40 000 Liter Kirschsaft und 21 000 Liter Apfelsaft zur Verfügung. Der DB pro verkauftem Liter beträgt für die erste Sorte Kirschnektar 0,32 € und für die zweite Sorte 0,44 €. AB

1) Schreibe die Angabe in Form einer Tabelle an.
2) Wie viele Liter von den beiden Nektarsorten muss produziert werden, damit der DB maximal wird? Runde auf ganze Liter.
3) Berechne den maximalen DB.

6.20 Schnellarbeitsstähle (High Speed Steel) sind legierte Werkzeugstähle, die hauptsächlich für Werkzeuge zum Zerspanen eingesetzt werden. Die Kurznamen beginnen mit den Kennbuchstaben HS, gefolgt von den Gehalten der Legierungselemente in der Reihenfolge Wolfram (W), Molybdän (Mo), Vanadium (V) und Kobalt (Co). So enthält zB die Stahlsorte HS 18–9–1–3 (im Mittel) 18 % W, 8 % Mo, 1 % V und 3 % Co. AB

Ein Stahlproduzent erzeugt die Schnellarbeitsstähle HS 12–1–3–1 und HS 6–5–5–10. Im Moment stehen ihm 2 580 t W, 500 t Mo, 750 t V und 900 t Co zur Verfügung. Der DB pro verkaufter Tonne beträgt 224,00 € für die Stahlsorte HS 12–1–3–1 und für die Stahlsorte HS 6–5–5–10 197,00 €.

1) Wie viele Tonnen Schnellarbeitsstähle müssen produziert werden, damit der größtmögliche DB erreicht wird?
2) Wie hoch ist dieser DB?

AB **6.21** Jasmin fertigt mittels Serviettentechnik Wandbilder in unterschiedlichen Formaten an. Für ein Bild der Größe 15 cm x 15 cm benötigt sie eine Stunde und 15 Minuten, für ein Bild der Größe 30 cm x 40 cm vier Stunden. Insgesamt kann sie höchstens 45 Stunden pro Monat an den Bildern arbeiten und nicht mehr als 20 Bilder verkaufen. Der DB liegt bei 4,50 € für ein kleines Bild und bei 12,70 € für ein großes Bild.

1) Wie viele Bilder von jeder Größe soll sie produzieren, damit der DB maximal wird?

2) Wie hoch ist dieser DB?

AB **6.22** Familie Drissner hat 180 000,00 € geerbt und möchte diesen Betrag teilweise in zwei verschiedene Aktien investieren. Die erste Aktie kostet 25,00 € pro Stück, die zweite Aktie kostet 45,00 € pro Stück. Die erste Aktie lieferte im vergangenen Jahr eine Dividende (Gewinnausschüttung) von 5,30 € pro Stück, die Dividende bei der zweiten Aktie betrug 2,10 € pro Stück. Familie Drissner möchte mindestens 20 000,00 €, aber höchstens ein Drittel des Geldes in die erste Aktie investieren. Sie möchte allerdings mindestens 1 000 Stück von der zweiten Aktie kaufen. Zur Vereinfachung der Berechnungen geht sie von gleich bleibenden Dividenden für das laufende Jahr aus.

1) Gib die von Familie Drissner geforderten Bedingungen als Ungleichungen an.

2) Wie viele Stück von jeder Aktie sollte die Familie kaufen, damit ein maximaler Gewinn erzielt werden könnte?

3) Wie hoch wäre dieser maximale Gewinn?

AB **6.23** In einem Lebensmittelbetrieb werden unter anderem Tiefkühltorten der Sorte „Marillentraum" und „Beerenwunder" erzeugt. Die Produktion erfolgt nacheinander auf zwei halbautomatischen Fertigungsstraßen, die Tabelle gibt die Produktionszeiten vor dem Tiefkühlen der Produkte wieder.

	Bearbeitungszeit in Minuten	
	Marillentraum	Beerenwunder
Fertigungsstraße 1	15	25
Fertigungsstraße 2	10	5

Fertigungsstraße 2 wird auch für weitere Produkte des Unternehmens benötigt, sie steht daher nur 15 Stunden pro Woche für die Tortenproduktion zur Verfügung. Fertigungsstraße 1 kann maximal 83 Stunden und 20 Minuten pro Woche eingesetzt werden. Aus langjähriger Erfahrung weiß das Management, dass im 1. Jahresquartal 250 Torten pro Woche verkauft werden. Der DB für eine Torte der Sorte „Marillentraum" beträgt 3,15 € und für eine Torte der Sorte „Beerenwunder" 2,54 €.

1) Wie viele Torten von jeder Sorte sollen im 1. Quartal produziert werden, damit der DB maximal wird? Wie hoch ist dieser?

2) Wie viele Torten können unter diesen Bedingungen von jeder Sorte höchstens produziert werden? Wie hoch ist in diesem Fall der DB?

Minimumaufgaben

TE

Aufgaben 6.24 – 6.26: Bestimme jeweils das Minimum grafisch und verwende dazu auch deine Technologie.

6.24 Neusilber, auch Nickelmessing oder Alpaka genannt, ist eine Legierung aus 45 % bis 67 % Kupfer (Cu), 10 % bis 26 % Nickel (Ni) und 12 % bis 38 % Zink (Zn). Der Preis pro Tonne Metall schwankt stark, zu Jahresende 2008 kostete die Tonne Kupfer 2 520,00 €, die Tonne Nickel 7 120,00 € und die Tonne Zink 892,00 €. Ein metallurgisches Unternehmen benötigt zwei Sorten von Neusilber. Die erste Sorte enthält 45 % Cu und 20 % Ni, die zweite Sorte 56,25 % Cu und 20 % Ni, die restliche Menge stellt den Zn-Anteil dar. Der Firma stehen im Moment mindestens 28,125 t Cu, mindestens 12 t Ni und 20 t Zn zur Verfügung. AB

1) Gib die Zusammensetzung der beiden Legierungen in Tabellenform an.

2) Wie viele Tonnen sollten jeweils produziert werden, damit die Materialkosten für Cu und Ni möglichst gering sind?

3) Wie hoch wären diese Kosten?

4) Wie hoch wären die Gesamtkosten für diese Produktion?

6.25 Ein Vier-Sterne-Hotel in Kufstein (Tirol) stattet einen Teil seiner Appartements mit neuen Fußböden aus. Es soll eine Fläche von mindestens 1 500 m^2 neu verlegt werden, wofür zwei verschiedene Beläge ausgewählt wurden. Die erste Sorte kostet 95,00 € pro m^2, die zweite Sorte 125,00 € pro m^2 Fläche. Das Hotelmanagement kalkuliert für die Gesamtkosten einen Betrag von 130 000,00 € bis 160 000,00 €, wobei mindestens 300 m^2 vom zweiten Belag gekauft werden müssen. Die Bodenbeläge erfordern allerdings eine Spezialpflege. AB

a) Die laufenden monatlichen Kosten für die erste Sorte belaufen sich auf 1,80 € pro m^2 und für die zweite Sorte auf 2,20 € pro m^2. Wie viele Quadratmeter Belag sollten jeweils verlegt werden, um die monatlichen Kosten möglichst gering zu halten?

b) Die Kosten für die Spezialpflege wurden irrtümlich vertauscht, sodass die Berechnungen von Kosten von 2,20 € pro m^2 für den ersten Belag und von 1,80 € pro m^2 für den zweiten Belag ausgehen. Wie viele Quadratmeter Belag würden nun von jeder Sorte bestellt werden, wenn man minimale Kosten für die Pflege anstrebt?

6.26 Eine „Ostfriesenmischung" ist eine Schwarzteemischung, die aus verschiedenen Teesorten aus dem Anbaugebiet Assam (Indien) hergestellt wird. Eine Teehandlung möchte aus zwei bereits bestehenden Mischungen eine neue Mischung herstellen. Die erste Mischung M_1 enthält 50 % der Teesorte A, 30 % der Teesorte B und 10 % der Teesorte C. Die zweite Mischung M_2 enthält 20 % der Sorte A, 30 % der Sorte B und 30 % der Sorte C. Der Rest sind verschiedene Teesorten, die nicht berücksichtigt werden. Insgesamt soll in der neuen Mischung M_N der Gehalt der Sorte A mindestens 240 g, der Sorte B mindestens 270 g und der Sorte C mindestens 150 g sein. Der Preis für 100 g Mischung M_1 beträgt 3,50 €, die zweite Mischung M_2 ist doppelt so teuer. AB

1) Welche Mengen von M_1 und M_2 sollten verwendet werden, um die Kosten für die neue Mischung möglichst gering zu halten?

2) Wie hoch sind die Kosten für die neue Mischung?

3) Die neue Mischung wird für 4,70 € pro 100 g verkauft. Ist der Verkaufspreis richtig angesetzt worden, so dass durch den Verkauf ein positiver DB erzielt werden kann?

Zusammenfassung

Die **lineare Optimierung** ist ein Verfahren, um unter vorgegebenen Bedingungen aus unendlich vielen möglichen Lösungen die beste Lösung zu ermitteln.
Beim **grafischen Lösungsverfahren** sollen jene Punkte $P(x|y)$ ermittelt werden, für die die Zielfunktion möglichst große (Maximum) bzw. möglichst kleine (Minimum) Werte liefert. Wird das Maximum bzw. Minimum in genau einem Punkt angenommen, so ist die Optimierungsaufgabe eindeutig lösbar, anderenfalls gibt es mehrere Lösungen.

Weitere Aufgaben

B **6.27** Stelle die Lösungsmenge grafisch dar.
a) $-3x - 9y < 18$ **b)** $x + 4y \geqslant 36$ **c)** $2x - 7y > 21$ **d)** $-3x + 6y \leqslant 8$

B **6.28** Stelle die Lösungsmenge grafisch dar.
a) $2(x + y) + 8 > 4y - (-7x + 3y - 2)$ **b)** $15 - 7(2x + 3y + 2) \leqslant 8 - (x - 5y + 10)$

B **6.29** Löse das Ungleichungssystem grafisch.
a) I: $x > 0$; II: $y \geqslant 7$
b) I: $x - 5y < 13$; II: $x + 2y \leqslant -12$
c) I: $2x - 4y \leqslant 5$; II: $2x + 5y > 26$; III: $5x - y > -2$
d) I: $x + 3y > 40$; II: $2x + y \leqslant 18$; III: $x - 3y \geqslant -36$

B **6.30** In einem Produktionsbetrieb produzieren vier Maschinen M_1, M_2, M_3 und M_4 zwei Werkstücke A und B. Das Werkstück A wird zuerst von M_1 30 Minuten und anschließend von M_2 eine Stunde bearbeitet. Das Werkstück B wird zuerst von M_1 und anschließend von M_3 jeweils eine Stunde lang bearbeitet. Die vierte Maschine benötigt im letzten Produktionsschritt 40 Minuten für A und 50 Minuten für B. Insgesamt steht die Maschine M_1 für 14, Maschine M_2 für 16, Maschine M_3 für zwölf und Maschine M_4 für zehn Betriebstunden pro Tag zur Verfügung. Der Gewinn des Werkstücks A beträgt 300,00 €, der Gewinn für B 200,00 €. Wie viele Werkstücke von A und B müssen hergestellt werden, damit der Gewinn möglichst groß wird?

AB **6.31** Amalgame sind Quecksilberlegierungen, die unter anderem für Zahnfüllungen verwendet werden. Neben Quecksilber wird eine Mischung aus verschiedenen Metallen wie Silber, Zinn und Kupfer zugesetzt. Aus zwei Mischungen, die aus den Elementen Silber, Zinn und Kupfer bestehen, soll durch Zusammenmischen eine neue Mischung entstehen, die in weiterer Folge für Zahnamalgam verwendet wird. Die erste Mischung enthält 50 % Silber, 30 % Zinn und 20 % Kupfer, die zweite 30 % Silber, 35 % Zinn und 35 % Kupfer. Die Mindestmenge an Silber in der neuen Mischung soll 15 g, an Zinn 12 g und an Kupfer 11 g betragen. Dabei betragen die Kosten für ein Kilogramm der ersten Mischung 360,00 €, für ein Kilogramm der zweiten Mischung 270,00 €.
Ermittle grafisch, wie viel von jeder Mischung verwendet werden muss, um die Kosten für die neue Mischung möglichst gering zu halten. Berechne die Höhe dieser Kosten.

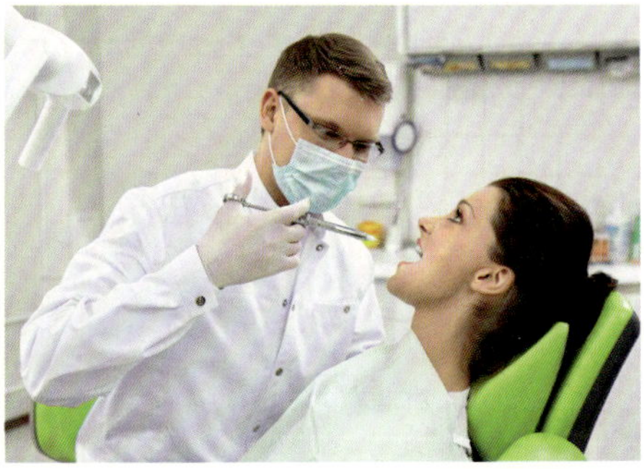

6.32 Die Geschäftsführerin einer Blumenhandlung mischt für ihre Stammkundschaften einen Spezialdünger. Dabei stehen ihr zwei mineralische Feststoffdünger zur Verfügung, deren Hauptbestandteile Stickstoff (N), Phosphor (P) und Kalium(K) sind. Die erste Sorte ist ein Dünger mit der Bezeichnung „NPK = 3 – 1 – 5“, dieser enthält 3 % Stickstoff, 1 % Phosphor und 5 % Kalium. Die zweite Sorte trägt die Bezeichnung „NPK = 3 – 3 – 2“.

AB

Die Geschäftsführerin möchte eine Spezialmischung herstellen, die mindestens 270 g Stickstoff, 150 g Phosphor und 240 g Kalium enthält, wobei die Kosten für diese Mischung minimal sein sollen. Der erste Dünger kostet 30,00 € pro Kilogramm, der zweite 70,00 € pro Kilogramm.

1) Wie viel Kilogramm von jeder Düngersorte muss sie für ihre Spezialmischung nehmen?
2) Wie viel Kilogramm Spezialmischung erhält sie?
3) Wie hoch ist ihr Gewinn, wenn sie ein Kilogramm der Mischung für 55,00 € verkauft?

6.33 Das Kosmetikprodukt „Peach-Skinny“ soll mit einem Werbeaufwand von insgesamt höchstens 15 000,00 € auf den Markt gebracht werden. Die Marketingabteilung schlägt Einschaltungen im Radio und TV bzw. Inserate in der Presse vor. Die Zusammenfassung der Kosten für die Einschaltungen und die geschätzten Reichweiten ergibt die folgende Übersicht (alle Angaben in 1 000).

ABC

Werbeart	Radio	TV	Presse
Kosten/Einschaltung	1,6	2,6	0,9
erreichte Personen gesamt	20	40	45
erreichte Personen über 60	10	30	25

In der beworbenen Region können maximal 450 000 Personen erreicht werden. Erstelle das mathematische Modell und arbeite mit dem Solver.

1) Welche Aufteilung der Werbemittel verspricht möglichst viele Personen über 60 zu erreichen?
2) Welche Aufteilung ist zu wählen, wenn man mindestens 300 000 Personen insgesamt und mindestens 200 000 Personen über 60 mit minimalem Werbekostenaufwand erreichen will?

6.34 Ein Anleger möchte einen Teil seines Kapitals in zwei Fonds anlegen, die sich aus europäischen Aktien, US-Aktien und österreichischen Anleihen zusammensetzen. Fonds „EuCent“ besteht zu 60 % aus europäischen, zu 20 % aus US-Aktien; der Rest sind österreichische Anleihen. Beim Fonds „Equity“ ist die Prozentaufteilung wie folgt: 45 %, 30 % und 25 %. Der Anleger möchte höchstens 6 000,00 € in europäischen Aktien, maximal 3 000,00 € in US-Aktien und höchstens 4 000,00 € in österreichischen Anleihen angelegt wissen. Börsekenner sagen für „EuCent“ eine durchschnittliche Rendite von 5,5 % p. a. und für „Equity“ eine durchschnittliche Rendite von 4,5 % p. a. voraus. Wie sollte der Anleger sein „Portfolio“ zusammenstellen, damit die Gesamtrendite möglichst hoch zu werden verspricht?

AB

Lineare Optimierung

AB 6.35 Ein österreichisches Autozulieferunternehmen erzeugt Automotoren mit einer Leistung von 54 kW bzw. 67 kW. Täglich können maximal 600 Stück mit 54 kW und 400 Stück mit 67 kW erzeugt werden, diese werden an den Autoproduzenten weitergeliefert. Gleichzeitig kann die Reifenfabrik täglich höchstens 3 500 Reifen für vier Räder und ein Ersatzrad pro Auto liefern, sodass eine Mehrproduktion an Motoren nicht zu einer Mehrproduktion an Personenkraftwagen führt. Der Gewinn für einen 54-kW-Motor beträgt 700,00 €, der für den 67-kW-Motor 1 750,00 €.
Ermittle grafisch, wie viele Motoren von jedem Typ täglich erzeugt werden müssen, damit der Gewinn maximal wird. Berechne diesen maximalen Gewinn.

AB 6.36 Die Besitzerin einer Modeboutique in Salzburg, möchte sich zu Beginn der Herbstsaison mit neuer Ware eindecken. Sie möchte 60 Mäntel einkaufen und hat dafür höchstens 20 000,00 € zur Verfügung.
Die Lieferfirma legt zwei Angebote vor: Das Mantelmodell 1 hat einen Einkaufspreis von 250,00 € und einen Verkaufspreis von 310,00 €, das Mantelmodell 2 einen Einkaufspreis von 400,00 € und einen Verkaufspreis von 480,00 €.

1) Wie muss die Besitzerin ihre Kollektion zusammenstellen, damit sie einen größtmöglichen Gewinn erzielen kann?
2) Berechne die Höhe des größtmöglichen Gewinns.
3) Welche Auswahl an Mänteln würdest du wählen? Begründe deine Antwort.

Wissens-Check

		gelöst
1	Beschreibe mit eigenen Worten die Begriffe Halbebene, Ungleichungssystem, Zielfunktion, Nichtnegativitätsbedingung.	
2	Vervollständige folgenden Satz unter Verwendung der in den Klammern stehenden Hinweise: Zur Lösungsmenge der Ungleichung $4x - y > 15$ gehören alle Punkte der ... („oberhalb"/„unterhalb") der Geraden ... (Gleichung angeben!) liegenden ... („abgeschlossenen"/„offenen") Halbebene.	
3	Ich kann ein lineares Ungleichungssystem in zwei Variablen und dessen Lösungsmenge grafisch darstellen.	
4	Welche der folgenden Aussagen sind richtig? A) Die in Optimierungsaufgaben gegebenen Größen können im Allgemeinen nur nichtnegative Werte annehmen. B) Die ganzzahlige Lösung einer Optimierungsaufgabe ist immer eindeutig. C) Es gibt Ungleichungssysteme, deren Lösungsmenge die leere Menge ist. D) Die Eckpunkte des Lösungsbereichs nehmen immer ganzzahlige Werte an.	
5	Gib an, welche der folgenden Nebenbedingungen zu einer Seite des Lösungsbereichs führt, die zur Zielfunktion $Z = 150x + 300y$ parallel verläuft: A) $x \geq 0$ B) $y \geq 0$ C) $y \leq -0{,}5x + 7$ D) $y \leq -4x + 25$	
6	Ich kann mit meiner Technologie eine Optimierungsaufgabe (Ungleichungssystem und Zielfunktion) grafisch darstellen und die optimale Lösung berechnen.	

Lösung:
1) siehe Seiten 222f., 225, 229 2) unterhalb, $y = 4x - 15$, offenen 3) siehe Seiten 225f. 4) A), C)
5) C) 6) siehe Seiten 232ff.

Technologieeinsatz

Tabellenkalkulationsprogramm (zB Excel 2010)

Die folgende Einführung gibt einen Überblick über die grundlegenden Befehle und Anwendungen, um die im Buch gezeigten Aufgaben durchführen zu können.

Einfache Berechnungen

Mithilfe von Formeln und Funktionen können Berechnungen durchgeführt werden. Eine Formel wird immer durch ein Gleichheitszeichen eingeleitet. Anstatt mit Zahlen zu rechnen, werden bei Formeln die Zelladressen eingegeben. Dies hat den Vorteil, dass bei Änderungen in einer Zelle das Ergebnis sofort mitgeändert wird.

Summe zweier Zahlen:

= ☐ + ☐

SUMME | =B1+B2

	A	B
1		5
2		3
3	Summe	=B1+B2

	A	B
1		5
2		3
3	Summe	8

Summe mehrerer Zahlen:

mit Autosumme Σ oder:

=SUMME(☐:☐)
von bis

SUMME | =SUMME(B1:B3)

	A	B	C
1		5	
2		12	
3		34	
4	Summe	=SUMME(B1:B3)	

	A	B
1		5
2		12
3		34
4	Summe	51

Beachte: Bei der Eingabe gegebenenfalls notwendige Klammern nicht vergessen.

ZB: $A = \frac{a+c}{2} \cdot h$

Eingabe:

=(B2+B3)/2*B4

B5 | =(B2+B3)/2*B4

	A	B	C
1			
2	a =	8	
3	c =	6	
4	h =	4	
5	A =	28	

Für die Multiplikation kann auch die Stern-Taste * verwendet werden, als Divisionszeichen der Schrägstrich /.

Damit das Eingeben von Formeln einfacher wird, kann einer Zelle auch ein Name gegeben werden. Dazu wird die Zelle aktiviert und im **Namenfeld** die Zelladresse durch einen beliebigen Namen (Buchstaben) ersetzt.

a

	A
1	

Potenzen und Wurzeln

Für Potenzen kann das Hochzeichen **^** oder die Funktion **=POTENZ(Basis;Exponent)** verwendet werden.

	A	B	C
1			
2	Basis	Exponent	
3	5	3	=B3^B3
4	2	10	=POTENZ(A4;B4)

	A	B	C
1			
2	Basis	Exponent	
3	5	3	27
4	2	10	1024

Die Quadratwurzel wird mit der Funktion **=WURZEL(Zahl)** berechnet.

	A	B
1		
2	Zahl	Wurzel
3	256	=WURZEL(A3)

	A	B
1		
2	Zahl	Wurzel
3	256	16

Beachte: Das Kommazeichen ist standardmäßig der Beistrich und NICHT der Punkt.

Technologieeinsatz

Ausfüllkästchen, Formeln kopieren

Um eine Liste (Zahlen, Wochentage, Monate) oder Formeln logisch fortzusetzen, kann das Ausfüllkästchen verwendet werden. Es erscheint als schwarzes Quadrat in der rechten unteren Ecke der aktiven Zelle.

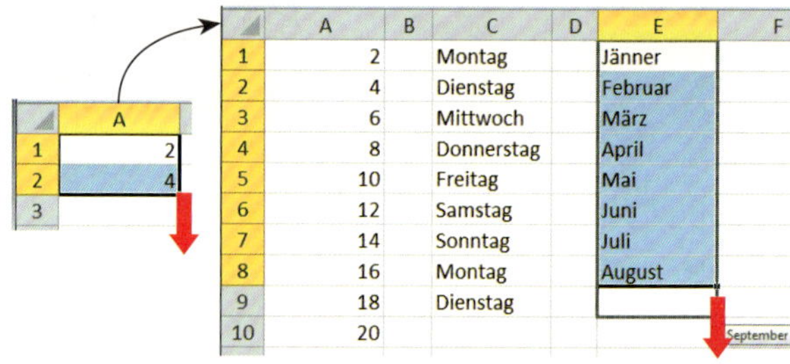

Funktionen

Mit Excel lässt sich eine gegebene Wertetabelle problemlos als Diagramm veranschaulichen. Ist eine Funktion durch ihre Gleichung gegeben, so muss immer zuerst eine Wertetabelle erzeugt werden.

ZB: Temperaturkurve

Die Daten werden als Wertetabelle in Spalten eingegeben. Um ein Diagramm zu erstellen, wird die entstandene Tabelle markiert.

	A	B
1		
2	Monat	Temperatur
3	Jänner	11
4	Februar	13
5	März	16
6	April	19
7	Mai	23
8	Juni	28
9	Juli	31
10	August	31
11	September	27
12	Oktober	21
13	November	16
14	Dezember	12

Danach kann in der Registerkarte **Einfügen** in der Gruppe **Diagramme** ein passender Diagrammtyp ausgewählt werden. Hier wurde der Diagrammtyp **Linie**, **2D-Linie**, **Linie mit Datenpunkten** gewählt, da die Daten gleiche Abstände haben. Man erhält ein Diagramm, das mithilfe der **Diagrammtools** noch verändert werden kann. Zum Beispiel kann die Legende deaktiviert, ein Achsentitel hinzugefügt oder die Achsen verschoben werden.

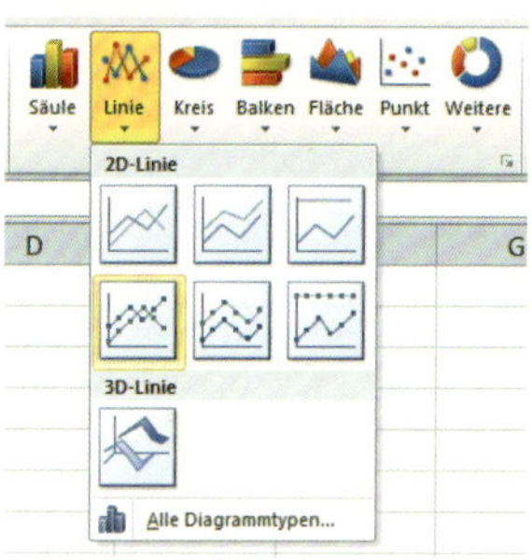

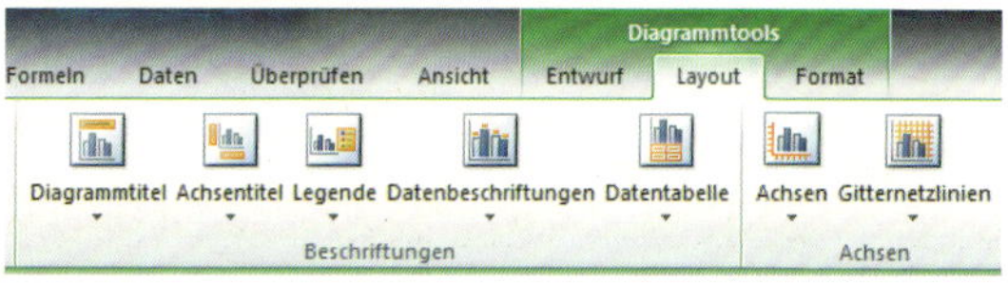

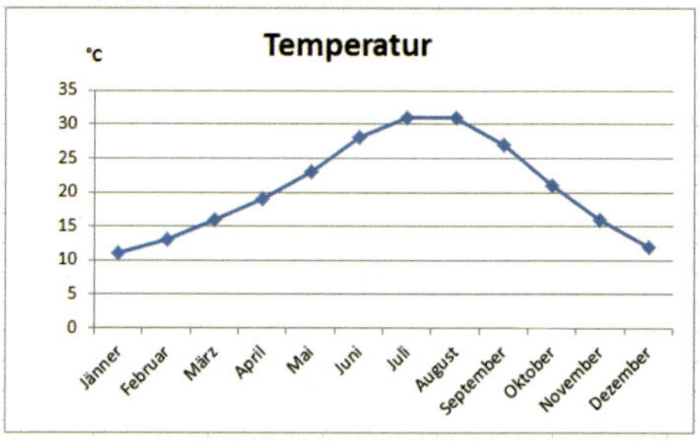

Sind Wertepaare einer Messung gegeben, so ist der geeignete Diagrammtyp **Punkt**.

GeoGebra

GeoGebra ist eine frei zugängliche (www.geogebra.org), dynamische Mathematiksoftware, die Geometrie und Algebra vereint. Der Bildschirm kann im Menü **Ansicht** in eine Algebra-Ansicht, eine Grafik-Ansicht bzw. Tabellen-Ansicht geteilt werden. In der Grafik-Ansicht kann direkt mit den Werkzeugen aus der Werkzeugleiste oder dem Menü **Werkzeuge** konstruiert werden. Es gibt Werkzeuge für Punkte, Geraden … . Die Koordinaten der Punkte bzw. die Funktionsgleichungen werden entsprechend in der Algebra-Ansicht angezeigt. Sie können auch in der Eingabezeile direkt eingegeben werden.

ZB: Es soll die Verbindungsgerade der Punkte A(−2|1) und B(4|4) gezeichnet werden.

Mithilfe des Werkzeugs **Neuer Punkt**  werden die beiden Punkte mit der Maus in der Grafik-Ansicht platziert. In der Nähe ganzzahliger Koordinaten wirkt ein automatischer Fang. Danach werden die Punkte mit dem Werkzeug **Gerade durch zwei Punkte**  verbunden. In der Algebra-Ansicht wird auch die Gleichung der Geraden angezeigt.

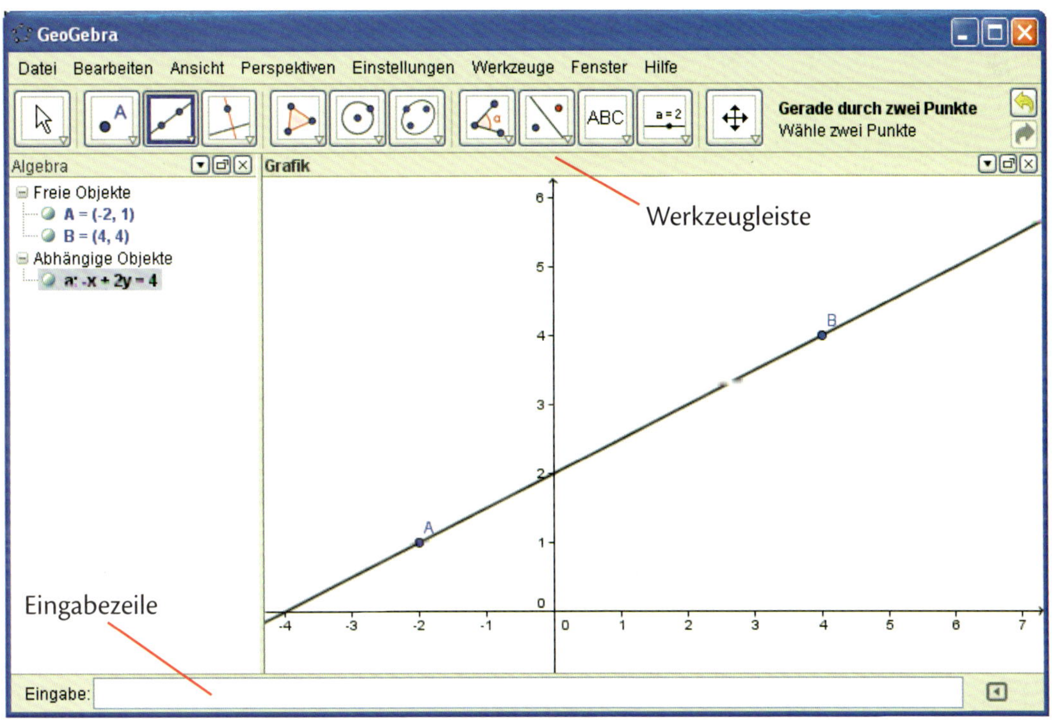

Die Koordinaten der Punkte können auch in der Eingabezeile – in Klammern und durch einen Beistrich getrennt – eingegeben werden. Für die Verbindungsgerade wird der Befehl **Gerade[A,B]** eingegeben.

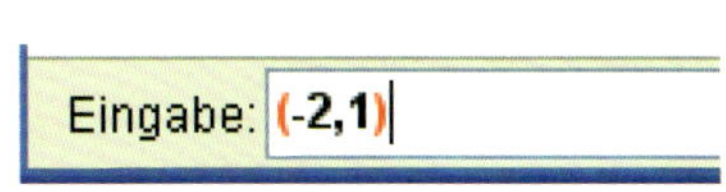

Weitere Werkzeuge werden bei Klicken auf den Pfeil rechts unten bei den Icons angezeigt oder können im Menü **Werkzeuge** ausgewählt werden.

Funktionen

Wird die Funktionsgleichung in der Eingabezeile eingegeben, so erhält die Funktion den Namen f(x), die nächste g(x) usw. Die Funktionsnamen können aber auch zugewiesen werden.

Ebenso muss die unabhängige Variable nicht x sein, dazu wird die Funktion in Abhängigkeit der Variablen eingegeben, zB $f(a) = 2a + 2$.

ZB: Es soll die Funktion $f(x) = 0{,}5x + 2$ grafisch dargestellt werden.

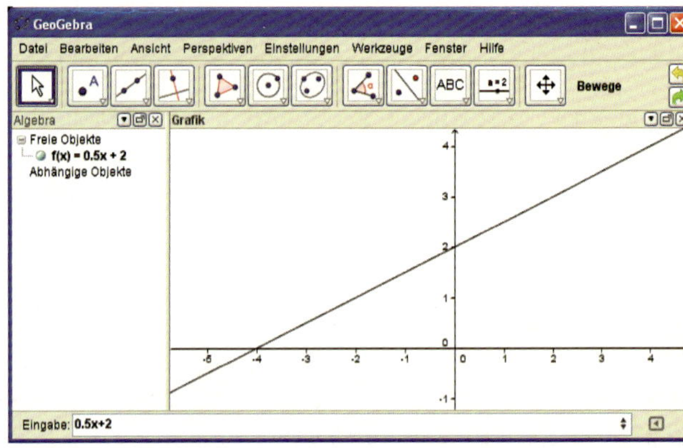

Die Funktionsgleichung wird in der Eingabezeile eingegeben. Dabei muss das Kommazeichen als Punkt eingegeben werden.

Eingabezeile: **0.5x+2**

Mit dem Werkzeug **Verschiebe Zeichenblatt** kann das Koordinatensystem verschoben werden. Auch Vergrößern und Verkleinern ist möglich.

Das Werkzeug **Bewege** bietet die Möglichkeit Objekte zu verschieben.

Objekte können bearbeitet werden, indem man mit der linken Maustaste doppelklickt.

Berechnungen und Algebra

Rechnungen werden in der Eingabezeile eingegeben und mit Enter abgeschlossen. Das Ergebnis wird in der Algebra-Ansicht ausgegeben.

Alle Befehle und deren Befehlsfolge können über die **Eingabehilfe** angezeigt werden.

Die Zuweisung von Werten an eine Variable erfolgt mit einem Gleichheitszeichen. Wird nur eine Zahl eingegeben, so wird diese automatisch mit dem ersten freien Buchstaben des Alphabets als Variable gespeichert.

ZB: Der Term $\frac{a \cdot b^2 + a}{2b}$ soll für $a = 3$ und $b = 2$ ausgewertet werden.

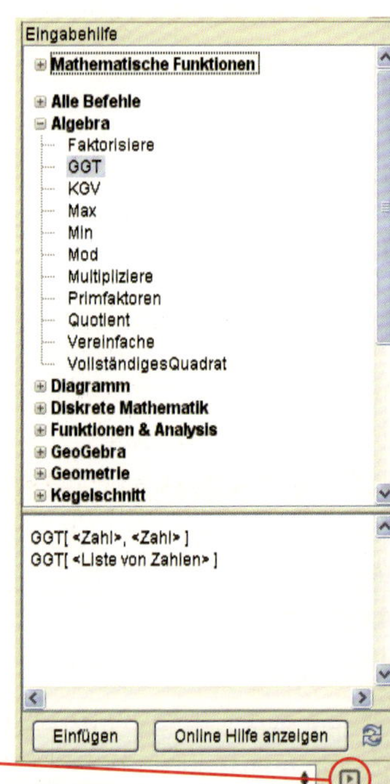

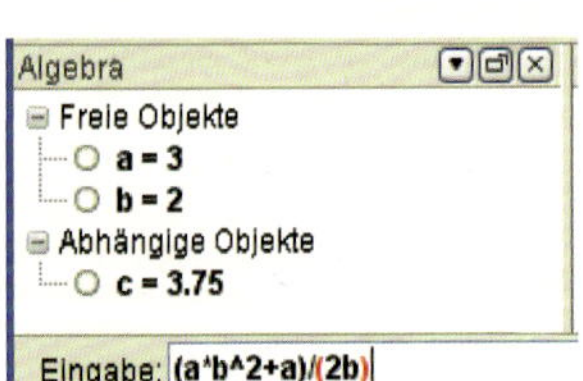

Eingabehilfe

Der TI-Nspire CAS CX (Version 3.0)

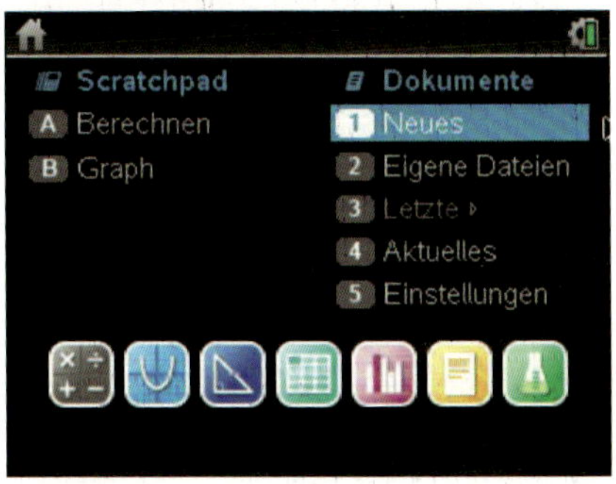

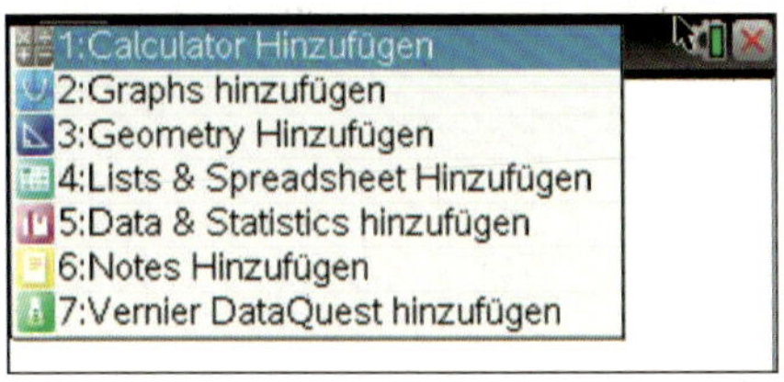

Der **Hauptbildschirm** dient zum Verwalten von Dokumenten und Einstellungen. Die verschiedenen Menüpunkte können mithilfe der Pfeiltasten ausgewählt und durch anschließendes Drücken der [enter]- oder [click]-Taste oder durch Eingabe der davor stehenden Ziffer ausgewählt werden. Der Hauptbildschirm wird durch Drücken der Taste [on] erreicht.

Beim Öffnen eines neuen Dokuments oder einer neuen Seite kann aus den verschiedenen Applikationen (Calculator, Graphs, Geometry ...) gewählt werden. Ein **Dokument** ist in **Probleme** unterteilt (1.x, 2.x ...), welche wiederum verschiedene **Seiten** enthalten (1.1, 1.2 ...). Um Dokumente zu speichern oder neue Probleme oder Seiten hinzuzufügen, kann die Taste [doc] gedrückt werden. Der Wechsel zwischen den Seiten erfolgt durch Drücken von [ctrl] und den Pfeiltasten.

Für schnelle Berechnungen kann auch das Scratchpad benutzt werden.

Ändern der Einstellungen

Die Einstellungen für das **aktuelle** Dokument können in Dokumente ([doc], **7: Einstellungen und Status**, **2: Einstellungen**, **1: Allgemein**) oder im Hauptbildschirm (**5: Einstellungen**) geändert werden.

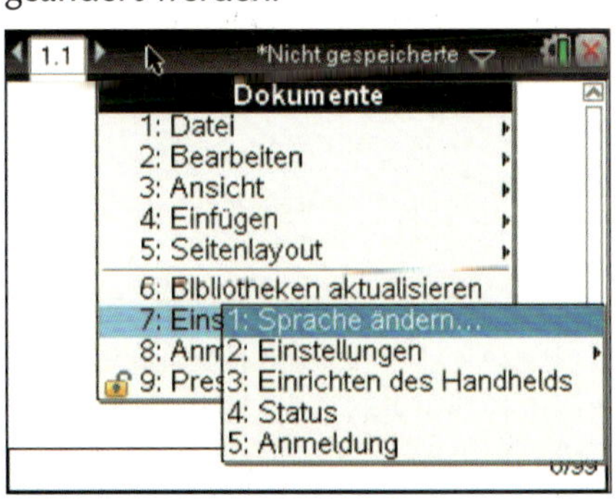

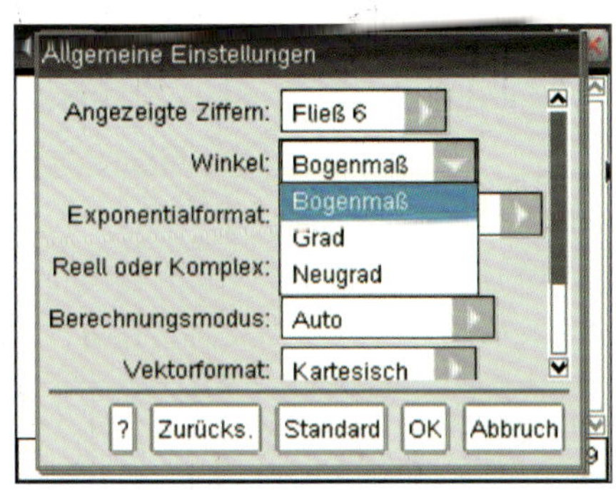

Einfache Berechnungen

Berechnungen werden in der Applikation **Calculator** durchgeführt.

Die Ausdrücke werden im Arbeitsbereich eingegeben und mit [enter] abgeschlossen.

Für den Berechnungsmodus gibt es drei Möglichkeiten: Auto, Exakt oder Approximiert. „Exakt" gibt Ergebnisse ganzzahlig oder als Bruch oder Wurzel aus. Bei „Approximiert" wird das Ergebnis als gerundete Dezimalzahl ausgegeben. Im Format „Auto" wird das Ergebnis wie bei „Exakt" ausgegeben, wenn kein Komma vorkommt. Um ein approximiertes Ergebnis zu erhalten, muss [ctrl] [enter] gedrückt werden.

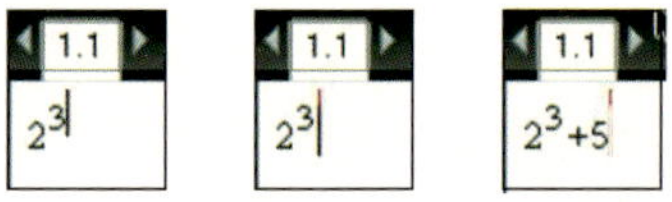

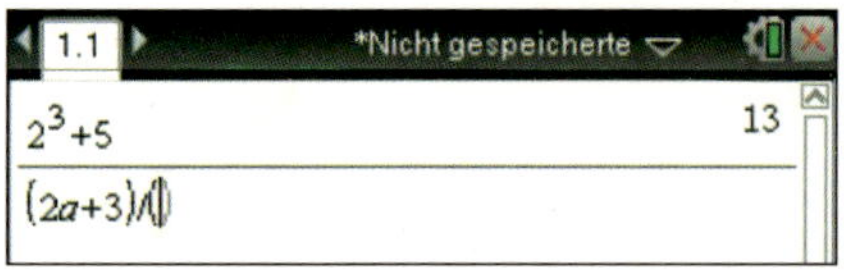

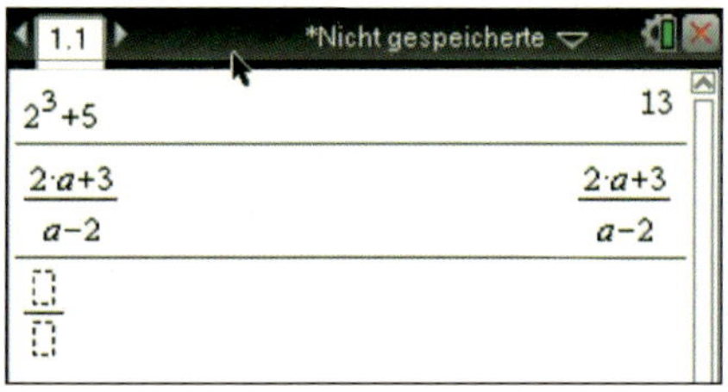

Bei der Eingabe von **Potenzen** muss darauf geachtet werden, wo sich der Cursor befindet.

Nach Drücken der [^]-Taste befindet sich der Cursor im Exponenten, durch Drücken einer Pfeiltaste wird er auf die Grundlinie gesetzt.

Bei **Brüchen** müssen Zähler- und Nennerterm jeweils in Klammern eingegeben werden. Dabei wird die zweite Klammer automatisch gesetzt. Der Bruch wird anschließend in Bruchschreibweise dargestellt. Die Eingabe kann auch mithilfe einer **„Mathematischen Vorlage“** [Vorlage] erfolgen.

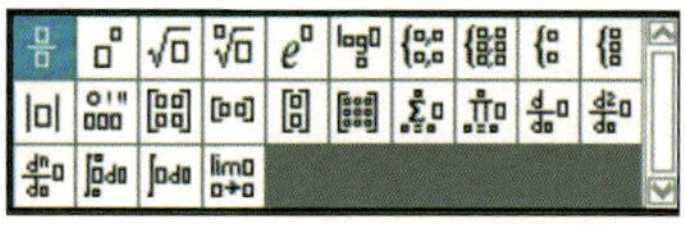

Variable und Funktionen

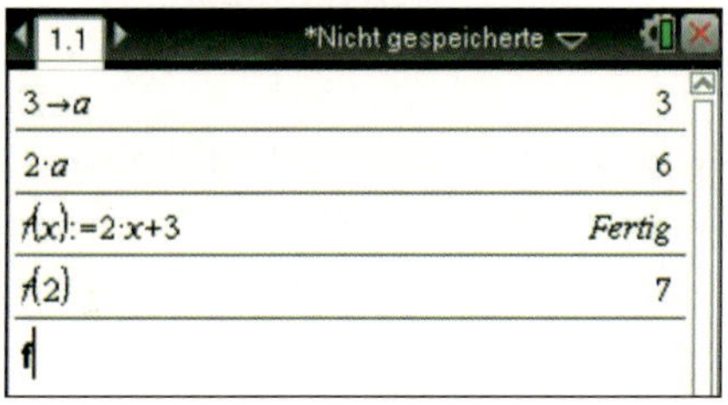

Variablen und auch Funktionen können mithilfe von „sto“ ([ctrl] [var]) oder mit „:=“ ([ctrl] [Vorlage]) gespeichert werden. Wurde eine Variable (Funktion) gespeichert, so wird sie bei erneuter Eingabe fett angezeigt.

Um eine Funktion grafisch darzustellen, muss die Applikation **Graphs** geöffnet werden.

Hier können Funktionsgraphen dargestellt und untersucht werden.

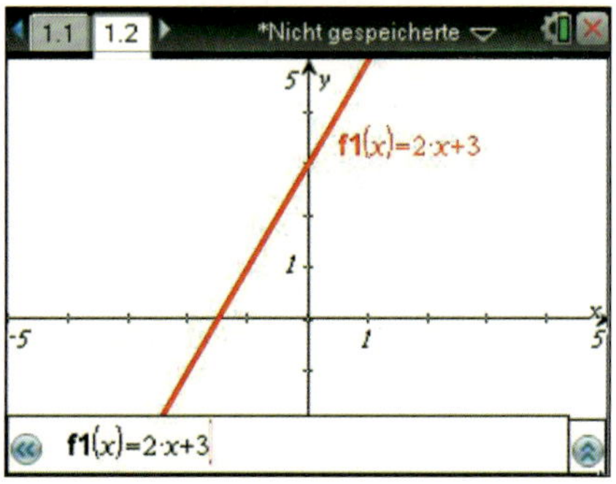

Die Funktionsgleichung wird in der Eingabezeile eingegeben und mit [enter] oder [tab] beendet.

Werden mehrere Funktionen eingegeben, so kann mit der Cursortaste zwischen diesen gewechselt werden. Es kann auch eine zuvor auf einer beliebigen Seite des gleichen Problems definierte Funktion statt der Funktionsgleichung eingegeben werden. Zwischen Eingabezeile und Arbeitsbereich kann mit der [tab]-Taste gewechselt werden. Der Menüpunkt **Fenstereinstellungen** befindet sich im Menü **4: Fenster**.

Im Menü **7: Punkte & Geraden** können spezielle Punkte auf den Graphen, Schnittpunkte ... ermittelt werden.

Der TI-84+

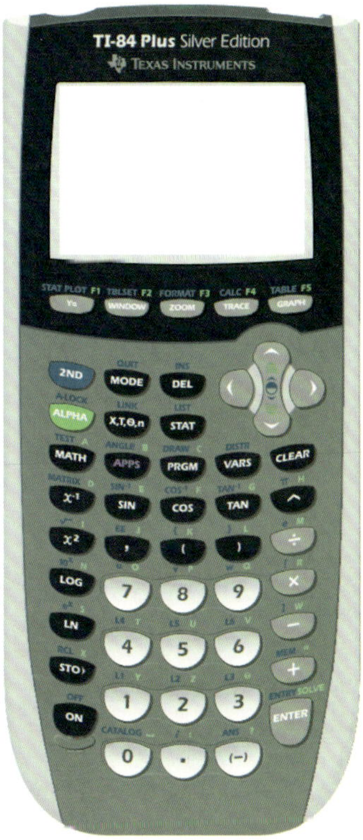

Nach dem Einschalten ist der grafikfähige Taschenrechner (GTR) über die Taste ON sofort bereit für die Eingabe im Rechenfenster. Über 2ND lässt sich die Zweitbelegung (blaue Beschriftung) der Tastatur aufrufen, über ALPHA wird die Drittbelegung (grüne Beschriftung, ua. die Buchstaben und Funktionstasten **F1** bis **F5**) aufgerufen. Eingaben werden mit ENTER abgeschlossen. Die Berechnung erfolgt dann automatisch.

Über 2ND MODE gelangt man immer zum Anfangsbildschirm (Home Screen) zurück. Außerdem können laufende Berechnungen und Zeichnungen durch Drücken der Taste ON unterbrochen werden.

Fehler in der Eingabe kann man entweder dadurch korrigieren, dass man mit den Pfeiltasten ◄ ► an die Stelle des Fehlers fährt und diesen einfach überschreibt, oder mit DEL das aktuell markierte Zeichen löscht bzw. mit 2ND DEL ein Zeichen links von der Markierung einfügt.

Mit der Tastenfolge 2ND (–) wird das zuletzt berechnete Ergebnis in die Eingabezeile übernommen (Anzeige **Ans**), mit 2ND ENTER wird die letzte Eingabe in die neue Zeile kopiert.

Mit CLEAR lässt sich der gesamte Home Screen löschen (wenn man sich in einer neuen Zeile befindet). Befindet man sich gerade mitten in einer Eingabezeile, so wird damit die aktuelle Zeile gelöscht.

Ändern der Einstellungen

Durch Drücken von MODE gelangt man ins Menü für die Standardeinstellungen des GTR.

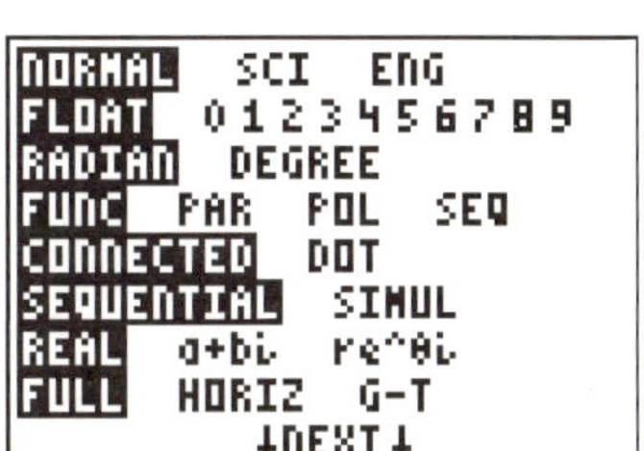

Hier lassen sich unter anderem die Darstellung von Zahlen einstellen (**NORMAL**, **SCI**, **ENG**), die Anzahl der angezeigten Dezimalstellen (**FLOAT**, **0**, **1**, ...), das zu verwendende Winkelmaß (**RADIAN**, **DEGREE**), aber auch die Darstellungsform von Funktionen (**FUNC**, **PAR**, ...), ob Punkte verbunden werden sollen (**CONNECTED**, **DOT**), ob Funktionen hintereinander oder gleichzeitig gezeichnet werden sollen (**SEQUENTIAL**, **SIMUL**), ob bzw. wie komplexe Resultate dargestellt werden sollen (**REAL**, **a+b/**, **re^θ/**), ob der gesamte Bildschirm für Grafiken verwendet werden oder geteilt werden soll (**FULL**, **HORIZ**, **G-T**)

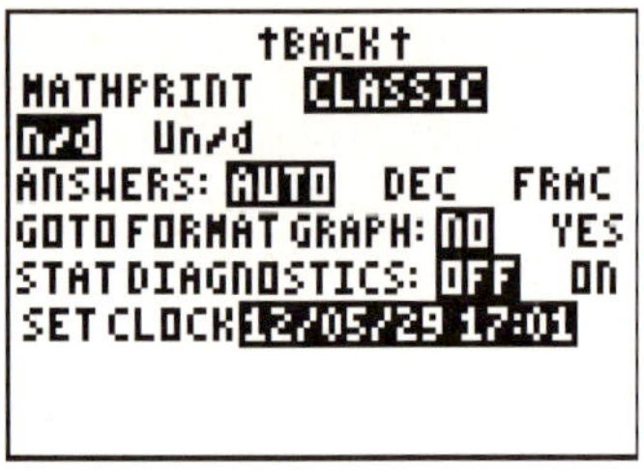

Auf der 2. Menüseite lässt sich die Option für mathematische Vorlagen einschalten (**MATHPRINT**), die Darstellungsform von Brüchen auswählen (**n/d**, **U n/d**), das Ausgabeformat von Berechnungen festlegen (**AUTO**, **DEC**, **FRAC**). Außerdem kann man zu den Grafikeinstellungen wechseln (**GOTO FORMAT GRAPH: NO YES**) und die statistischen Diagnosewerte (Korrelationskoeffizient, Bestimmtheitsmaß) einschalten bzw. abschalten (**STAT DIAGNOSTICS: OFF ON**)

Mithilfe der Tasten , , ,  kann man sich durch die Menüs bewegen, mit  bestätigt man eine Änderung.

Umgang mit Variablen

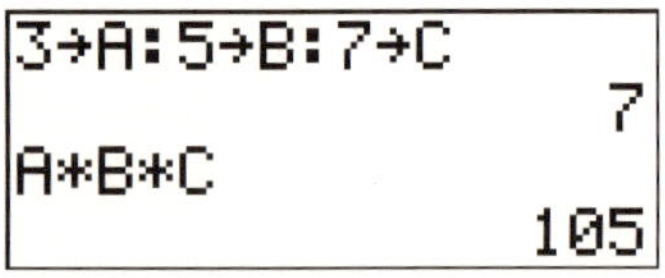

Das Zuweisen eines Werts zu einer Variablen erfolgt mithilfe der Taste  gefolgt vom Variablennamen. Mehrere Zuweisungen können in einer einzigen Zeile durchgeführt werden. Die einzelnen Befehle werden dabei durch einen Doppelpunkt getrennt.

Die Werte können dann wieder mit   gefolgt von der Bezeichnung der Variablen abgerufen werden. Die Zeichenfolge für den oben gezeigten Screenshot lautet:

Funktionen und Graphen

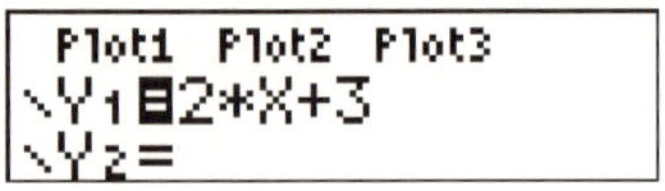

Funktionen können über den **Y=**-Editor eingegeben werden (). Die Variable muss hier X heißen und über die Taste  eingegeben werden.

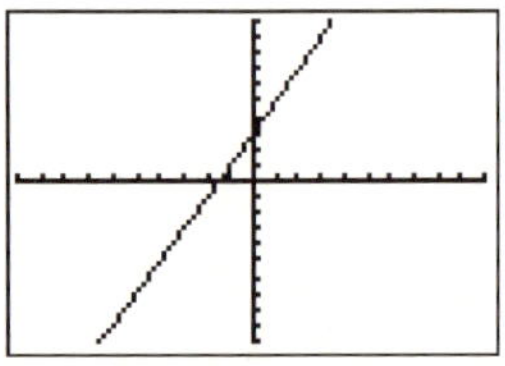
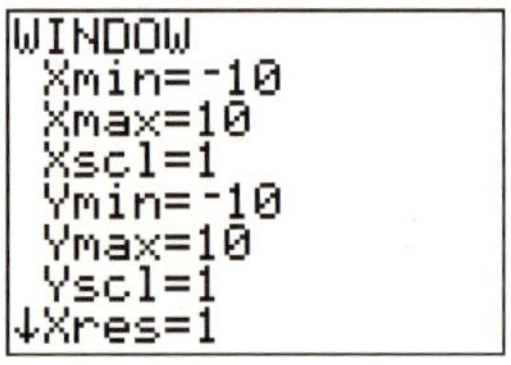

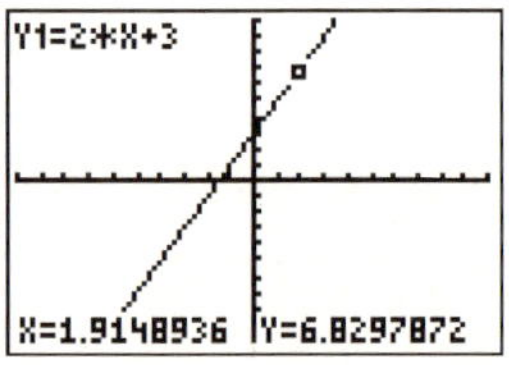

Durch Drücken von  wird der Funktionsgraph gezeichnet, der sichtbare Bildschirmausschnitt kann mittels  eingestellt werden bzw. mit  ein Zoombereich angepasst werden. Zum „Verfolgen" des Graphen verwendet man , wodurch auch gleich die Koordinaten des Spurpunkts und die aktuell ausgewählte Funktion angezeigt werden.

Zusammenfassung wichtiger Formeln

$a^n \cdot a^m = a^{n+m}$	$\frac{a^n}{a^m} = a^{n-m}$	$(a^n)^m = a^{n \cdot m}$	$(a \cdot b)^n = a^n \cdot b^n$	$\left(\frac{a}{b}\right)^n = \frac{a^n}{b^n}$

$a^0 = 1$	$a^1 = a$	$a^{-n} = \frac{1}{a^n}$

Klammernregeln:

$a + (b + c) = a + b + c$
$a + (b - c) = a + b - c$
$a - (b + c) = a - b - c$
$a - (b - c) = a - b + c$

Vorzeichenregeln:

$(+a) \cdot (+b) = +a \cdot b$	$(+a) : (+b) = +a : b$
$(+a) \cdot (-b) = -a \cdot b$	$(+a) : (-b) = -a : b$
$(-a) \cdot (+b) = -a \cdot b$	$(-a) : (+b) = -a : b$
$(-a) \cdot (-b) = +a \cdot b$	$(-a) : (-b) = +a : b$

Quadrieren und Kubieren von Binomen:

$(a + b)^2 = a^2 + 2ab + b^2$
$(a - b)^2 = a^2 - 2ab + b^2$
$(a + b)^3 = a^3 + 3a^2b + 3ab^2 + b^3$
$(a - b)^3 = a^3 - 3a^2b + 3ab^2 - b^3$

$a^2 - b^2 = (a + b) \cdot (a - b)$	$a^3 + b^3 = (a + b) \cdot (a^2 - ab + b^2)$	$a^3 - b^3 = (a - b) \cdot (a^2 + ab + b^2)$

Allgemeines Dreieck:

$A = \frac{a \cdot h_a}{2} = \frac{b \cdot h_b}{2} = \frac{c \cdot h_c}{2}$

$A = \sqrt{s \cdot (s - a) \cdot (s - b) \cdot (s - c)}$

mit $s = \frac{a + b + c}{2}$

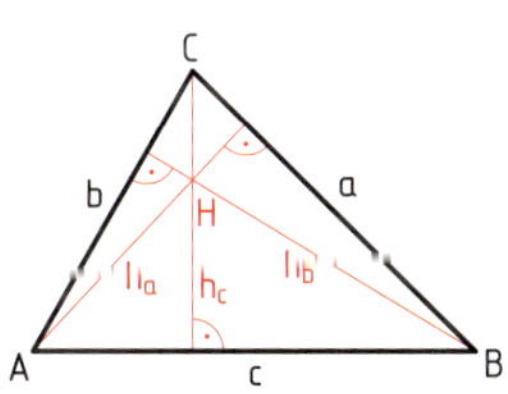

Rechtwinkliges Dreieck:

$a^2 + b^2 = c^2$

$a^2 = c \cdot p$

$b^2 = c \cdot q$

$h^2 = p \cdot q$

$A = \frac{a \cdot b}{2} = \frac{c \cdot h}{2}$

$\alpha + \beta = 90°$

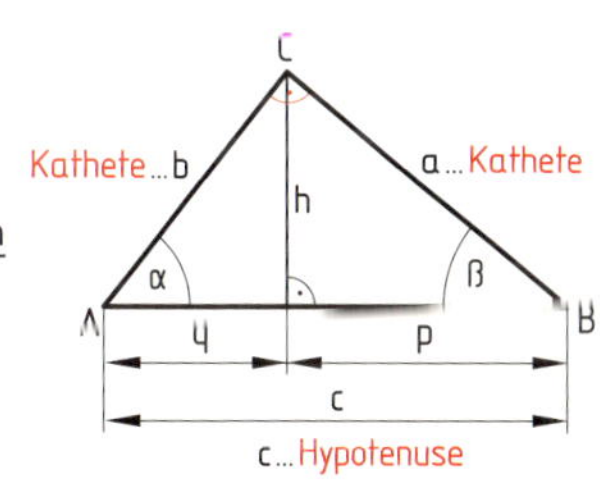

Gleichschenkliges Dreieck:

$A = \frac{c \cdot h_c}{2}$

$\gamma = 180° - 2\alpha$

$u = 2a + c$

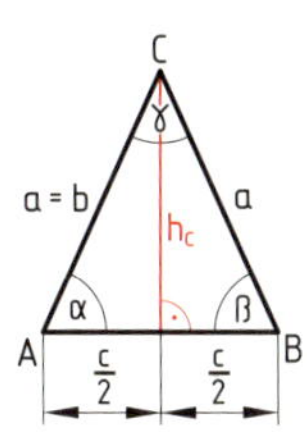

Gleichseitiges Dreieck:

$h = \frac{a}{2} \cdot \sqrt{3}$

$A = \frac{a^2}{4} \cdot \sqrt{3}$

$\alpha = \beta = \gamma = 60°$

$u = 3a$

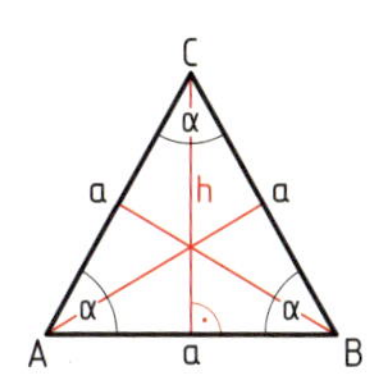

Strahlensätze

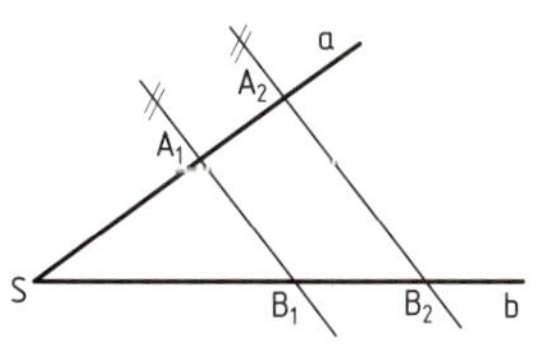

1. Strahlensatz:

$\overline{SA_1} : \overline{SA_2} = \overline{SB_1} : \overline{SB_2}$

$\overline{SA_1} : \overline{A_1A_2} = \overline{SB_1} : \overline{B_1B_2}$

2. Strahlensatz:

$\overline{A_1B_1} : \overline{A_2B_2} = \overline{SA_1} : \overline{SA_2}$

$\overline{A_1B_1} : \overline{A_2B_2} = \overline{SB_1} : \overline{SB_2}$

Zusammenfassung wichtiger Formeln

Trapez: Ein Paar paralleler Seiten

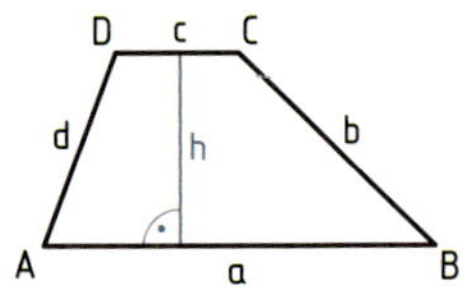

$A = \frac{a + c}{2} \cdot h$

$u = a + b + c + d$

Gleichschenkliges Trapez: $d = b$

Parallelogramm: Zwei Paare paralleler Seiten

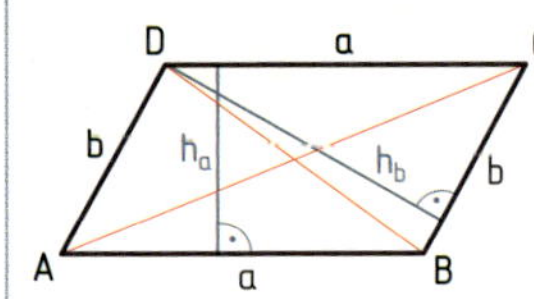

$A = a \cdot h_a = b \cdot h_b$

$u = 2 \cdot (a + b)$

Die Diagonalen e und f halbieren einander.

Rechteck: Vier gleich große (rechte) Winkel

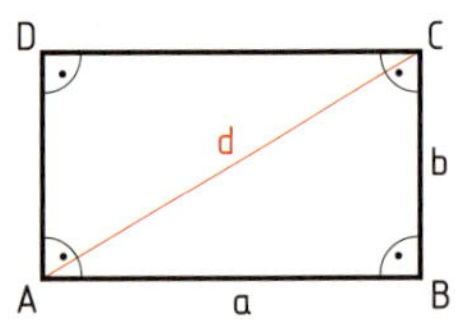

$A = a \cdot b$

$u = 2 \cdot (a + b)$

$d = \sqrt{a^2 + b^2}$

Quadrat: Vier gleich lange Seiten und vier gleich große Winkel

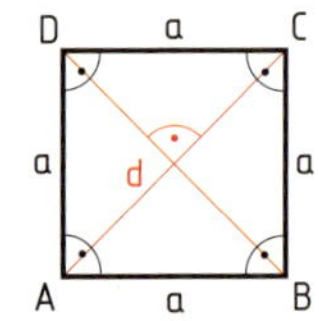

$A = a^2$

$u = 4 \cdot a$

$d = a \cdot \sqrt{2}$

Deltoid: Zwei Paare gleich lange benachbarter Seiten

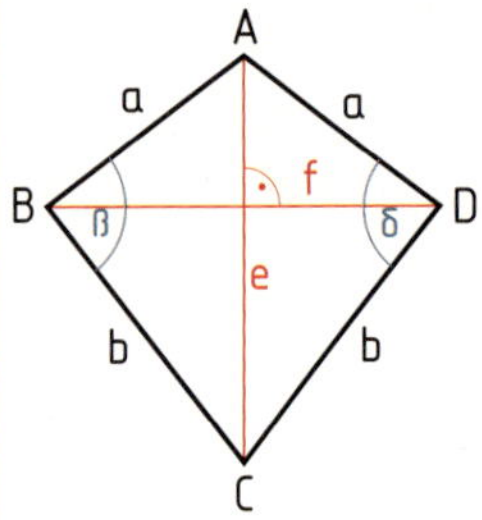

$A = \frac{e \cdot f}{2}$

$u = 2 \cdot (a + b)$

Die beiden Diagonalen stehen normal aufeinander ($e \perp f$).

Die Winkel β und δ sind gleich groß.

Raute (Rhombus): Vier gleich lange Seiten

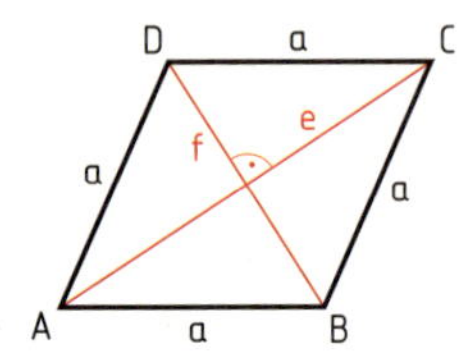

$A = a \cdot h_a = \frac{e \cdot f}{2}$

$u = 4 \cdot a$

Die Diagonalen e und f stehen aufeinander normal und halbieren einander. Sie sind Winkelsymmetralen.

Kreis:

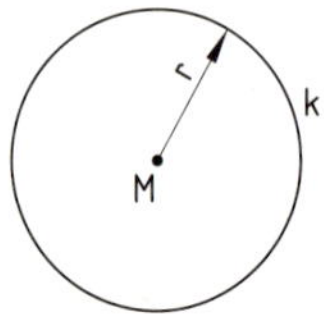

Kreissektor:

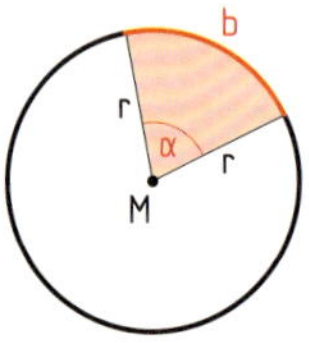

Kreissegment:

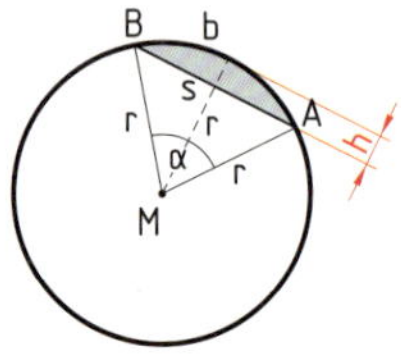

Kreisring:

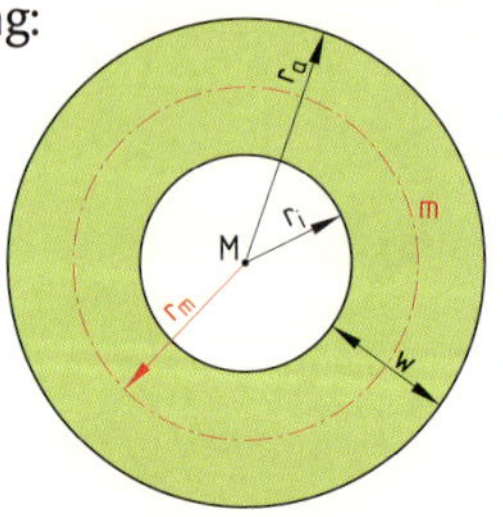

Umfang eines Kreises: $u = d \cdot \pi = 2 \cdot r \cdot \pi$

Flächeninhalt eines Kreises: $A = r^2 \cdot \pi = \frac{d^2 \cdot \pi}{4}$

Kreisbogenlänge: $b = r \cdot \pi \cdot \frac{\alpha}{180°}$

Kreissektorfläche: $A = r^2 \cdot \pi \cdot \frac{\alpha}{360°} = \frac{b \cdot r}{2}$

Kreissegmentfläche: $A = \frac{b \cdot r}{2} - \frac{s \cdot (r - h)}{2}$

Umfang eines Kreisrings: $u = 2 \cdot \pi \cdot (r_a + r_i)$

Kreisringfläche: $A = (r_a{}^2 - r_i{}^2) \cdot \pi = 2 \cdot r_m \cdot \pi \cdot w$

Quader und **Würfel**:

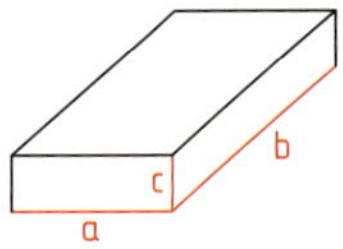

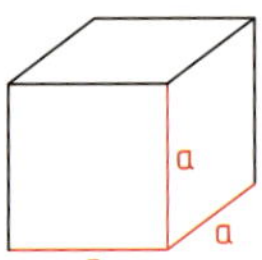

Volumen des Quaders: $V = a \cdot b \cdot c$

Oberfläche des Quaders: $O = 2 \cdot (a \cdot b + a \cdot c + b \cdot c)$

Volumen des Würfels: $V = a^3$

Oberfläche des Würfels: $O = 6 \cdot a^2$

Sachwortverzeichnis

Sachwortverzeichnis